国家林业局普通高等教育"十三五"规划教材

FURNITURE QUALITY
MANAGEMENT AND CONTROL

家具质量
管理与控制

吴智慧 / 主编　　　　　　　　第 2 版

中国林业出版社

图书在版编目（CIP）数据

家具质量管理与控制/吴智慧主编. —2 版 .—北京：中国林业出版社，2017. 12
国家林业局普通高等教育"十三五"规划教材
ISBN 978-7-5038-9213-4

Ⅰ.①家…　Ⅱ.①吴…　Ⅲ.①家具－质量管理－高等学校－教材　②家具－质量控制－
高等学校－教材　Ⅳ. TS664

中国版本图书馆 CIP 数据核字（2017）第 302725 号

国家林业局生态文明教材及林业高校教材建设项目

中国林业出版社·教育出版分社

策划、责任编辑：杜　娟
电话：83143553　　传真：83143516

出版发行　中国林业出版社（100009　北京市西城区德内大街刘海胡同 7 号）
　　　　　　E-mail：jiaocaipublic@ 163. com　电话：（010）83143500
　　　　　　网　址：http：//www.cfph. com. cn
经　销　新华书店北京发行所
印　刷　三河市祥达印刷包装有限公司
版　次　2007 年 9 月第 1 版（共印 2 次）
　　　　　2018 年 1 月第 2 版
印　次　2018 年 1 月第 1 次印刷
开　本　889mm×1194mm　1/16
印　张　16. 5
字　数　554 千字
定　价　45. 00 元

第 2 版前言

《家具质量管理与控制》是全国高等院校木材科学及设计艺术学科教材编写指导委员会确定的规划教材。自 2007 年出版发行以来，先后被全国 10 多所高等院校、职业技术学院的家具设计与制造、木材科学与工程、工业设计、艺术设计、室内设计等相关专业或专业方向的本、专科生和研究生使用，同时也被家具制造企业和质检机构的专业工程技术与管理人员培训选用或学习参考。

当前，家具行业企业正处于转型升级和绿色环保发展的新时期，为了适应国内外激烈的市场竞争，家具企业都将产品质量视为企业的生命，将产品质量管理和控制作为企业生存发展和品牌建设的重要内容。为此，特此修订本教材。本次修订是在第 1 版教材的基础上完成的。与第 1 版相比，修订版的每一章都增加了"本章重点"和"复习思考题"；第 1 章增加了"团体标准"的内容；第 2 章根据最新发布的 ISO 9000《质量管理和质量保证》系列标准，修改、补充了相应内容；第 4 章修改了"检验"的定义和内容；第 6 章根据最新发布的有关家具国家或行业标准，修改了家具产品质量检验项目的内容及技术要求；此外，删除了附录。

本教材修订版由南京林业大学吴智慧教授主编，参加修订的编者及其修订分工如下：第 1 章、第 5~6 章由吴智慧教授修订；第 2 章由南京林业大学刘敏副研究馆员修订；第 3~4 章、第 7~8 章由南京林业大学祁忆青副教授修订。全书由吴智慧教授统稿。

本教材修订版注重理论与实践相结合，突出产品质量管理和检验方法，适合于作为家具设计与制造、木材科学与工程、工业设计、艺术设计、室内设计等相关专业或专业方向的教材或参考书，也可供有关工程技术与管理人员参考。

由于编者水平所限，本次修订不妥之处，欢迎读者批评指正。

吴智慧
2017 年 7 月

第1版前言

质量是企业的生命。质量管理是企业管理的重要方面。近年来，中国家具工业发展迅速，已从传统的手工业发展成为具备相当规模的现代工业化产业，家具的产量和经济效益都有明显的提高，家具市场呈日益扩大的趋势，中国的家具工业在国际家具生产、技术和贸易中已占有一定地位。但是，随着社会的进步，科学技术的发展，全球贸易竞争的加剧，消费者对家具产品的质量提出了越来越严格的要求。家具企业的管理者也已清醒地认识到，高质量的家具产品和满意的销售服务才是取信顾客、立足市场、赢得竞争取胜的根本保证。因此，以家具质量为中心的企业管理，即家具质量管理越来越受到家具企业的重视，他们迫切需要有一套适合于家具质量管理与控制的理论与方法，以此来指导和促进全面质量管理在家具企业中的实施。

为适应我国家具行业的快速发展，家具企业质量管理的不断提高，家具专业人才扩大培养的需要，在吸收国内外最新质量管理成果的基础上，编者集体编写了这本适合于专业教学、自学和培训的《家具质量管理与控制》教材。本教材根据全面质量管理的基本观点和方法，阐述了家具生产全过程的质量管理。全书在体系上充分考虑了质量管理学知识结构的要求，保证了知识的系统性；在内容编排上，尽量与当前家具企业质量管理工作的实际相结合，突出"宽、新、实"的特点，即知识面宽，兼收并蓄，内容新而实，充分反映了各学科的最新进展，做到理论联系实际，符合中国国情和行业实际，具有可操作性和实用性；在知识深度和广度上，尽量与国家有关质量法律、法规、规章、制度，有关国际标准和国际惯例，有关国家标准和行业标准等所涉及的知识深度和广度相一致。因此，通过本教材的学习，能比较全面、系统地掌握家具质量管理、质量保证体系、质量统计方法、质量检验、质量成本和质量管理法制等方面的基本知识。

本教材可作为家具质量管理与控制课程的教材，主要适用于高等院校家具设计与制造、室内设计、工业设计、艺术设计、木材科学与工程等相关专业或专业方向的本、专科生和研究生的教学，也可作为家具企业管理人员、技术人员和员工的质量管理培训教材和自学参考书。

本教材主要介绍了标准化管理、质量管理基础、质量控制方法、质量检验、家具质量管理、家具质量检验、质量成本管理、质量管理法制等内容。由南京林业大学吴智慧教授主编。全教材共分8章，第1~5章、第6章第

6.8 节、第 7～8 章由吴智慧教授负责编写，南京林业大学徐伟、祁忆青、张隐、熊先青、邹媛媛等参加了其中部分章节的编写；北京林业大学于秋菊参加了第 6 章中部分内容的编写。全书由吴智慧教授统稿和修改。

本书在编写过程中参考和借鉴了大量国内外学者的著作、教材、参考书和资料中的内容，对此恕不一一列出和标注，在此向所有被引用文献资料和教材专著的作者表示深深的歉意和谢意！同时也向所有关心、支持和帮助本书出版的单位和人士表示最衷心的感谢！

由于作者时间和水平所限，书中难免有不当之处，敬请读者批评指正。

吴智慧

2006 年 12 月

目　录

第 **1** 章
标准化管理

【本章重点】

1. 标准的含义、分类和分级。

2. 标准实施的方法与制定过程。

3. 标准化的含义、原理和应用形式。

4. 企业标准化管理及其内容与任务。

在现代工业及后工业社会中，不论是产品的开发设计、生产制造，还是产品的性能检测、质量认证等，都必须遵循一定的标准来进行。标准是科研、生产、工程和商品流通等各项活动的技术依据。标准化是组织现代化生产、改进产品质量和工程质量、降低能耗、提高经济效益、发展社会主义市场经济的重要手段。标准化来自技术科学，汇流于现代管理，具有科学技术与科学管理的双重属性。运用各门学科所提供的原理和方法，对事物的多样性作出合理的规定，把重复的经验集中起来，指导今后的实践，最大限度地减少不必要的劳动消耗，增进社会的生产力，这就是标准化的内容。标准化包括制定标准和贯彻标准的全部活动过程。它是从探索标准化对象开始，经过调查、实验和分析进而起草、制定和贯彻，而后修订标准。应当说，标准化是一个不断循环而又不断提高其水平的过程。它是人类实践经验不断积累与不断深化的结果。如今，制定标准的对象，已经从技术领域延伸到了经济和其他领域，其外延已经扩展到无法统计归纳的程度，从生产管理，到服务、消费甚至更广的范围。可以说，标准化工作涉及了人类生活和生产活动的一切范畴，以及国民经济的各个领域，具有广泛的社会性。

随着我国社会主义市场经济的发展，国家需要运用经济的、法律的手段来调整经济活动中的各种关系，标准与标准化正是为适应这种需要而实施和不断完善的。《中华人民共和国标准化法》于1988年12月29日发布，自1989年4月1日起施行。《标准化法》的颁布实施，把标准化工作纳入了法制管理的轨道，标志着我国标准化工作进入了依法管理的新阶段。

1989年施行的《中华人民共和国标准化法》对提升产品质量、促进技术进步和经济发展发挥了重要作用。随着我国国民经济和社会事业的发展，其确立的标准体系和管理措施已不能完全适应实际需要：一是标准范围过窄，主要限于工业产品、工程建设和环保要求，难以满足经济提质增效升级需求；二是强制性标准制定主体分散，范围过宽，内容交叉重复矛盾，不利于建立统一市场体系；三是标准体系不够合理，政府主导制定的标准过多，对团体、企业等市场主体自主制定标准限制过严，导致标准有效供给不足；四是标准化工作机制不完善，制约了标准化管理效能提升，不利于加强事中、事后监管。为解决实践中的突出问题，更好地发挥标准对经济持续健康发展和社会全面进步的促进作用，国家加快了对标准化法的修订工作，新形成的《中华人民共和国标准化法（修订草案）》已经于2017年2月22日国务院第165次常务会议讨论通过，并于2017年4月24日提请第十二届全国人大常委会第二十七次会议审议。这是该修订草案首次提请全国人大常委会审议,修订草案拟扩大标准制定范围,以适应经济社会发展需要。

企业标准化工作考核是实施法律监督的一种有效方式。通过对标准化工作的依法管理,必将使标准化工作更加适应社会主义现代化建设的需要。同时,对于治理经济环境,整顿经济秩序,提高产品质量和社会经济效益都具有十分重要的意义。

1.1 标准

标准(standard)是标准化(standardization)活动的成果,也是标准化系统最基本的要素和标准化学科中最基本的概念,必须首先弄清它及依据不同分类方法而产生的各类标准的含义。

1.1.1 标准的含义

什么是标准? 近百年来,各国标准工作者一直力图做出科学、正确的回答,其中具有代表性的定义有以下4种。

1.1.1.1 盖拉德定义

盖拉德(J. Gaillard)在1934年著的《工业标准化——原理与应用》一书中,把标准定义为:"是对计量单位或基准、物体、动作、程序、方式、常用方法、能力、职能、办法、设置、状态、义务、权限、责任、行为、态度、概念和构思的某些特性给出定义,做出规定和详细说明,它是为了在某一时期内运用,而用语言、文件、图样等方式或模型、样本及其他表现方法所做出的统一规定。"

显然,这个定义比较全面而明确地概括了20世纪30年代标准化对象与标准化活动领域内产生的标准化成果在标准化历史上起到的重要引导作用。

1.1.1.2 桑德斯定义

桑德斯(T. R. Sanders)在1972年发表的《标准化的目的与原理》一书中给出标准的定义为"是经公认的权威机构批准的一个个标准化工作成果,它可以采用以下形式:①文件形式,内容是记述一系列必须达成的要求;②规定基本单位或物理常数,如安培、米、绝对零度等"。

这个定义强调标准是标准化工作的成果,要经权威机构批准,由于该书由国际标准化组织出版,因此,也被广泛流传,具有较大的影响。

1.1.1.3 国际标准定义

国际标准化组织(ISO)的标准化原理委员会(STACO)一直致力于标准化基本概念的研究,先后以"指南"的形式给"标准"的定义做出统一规定。

1983年,国际标准化组织发布的ISO第2号指南(第四版)对"标准"的重新定义是:"由有关各方根据科学技术成就与先进经验,共同合作起草,一致或基本上同意的技术规范或其他公开文件,其目的在于促进最佳的公众利益,并由标准化团体批准。"

1986年,国际标准化组织发布的ISO第2号指南(第五版)提出的"标准"的定义是:"得到一致(绝大多数)同意,并经公认的标准化团体批准,作为工作或工作成果的衡量准则、规则或特性要求,供(有关各方)共同重复使用的文件,目的是在给定范围内达到最佳有序化程度。"

1991年,ISO与IEC联合发布第2号指南《标准化与相关活动的基本术语及其定义(1991年第六版)》,该指南给"标准"定义如下:"标准是由一个公认的机构制定和批准的文件,它对活动或活动的结果规定了规则、导则或特性值,供共同和反复使用,以实现在预定结果领域内最佳秩序的效益"。该定义并附有一条注解:标准应建立在科学、技术和实践经验的综合成果基础上,并以促进最佳社会效益为目的。该定义明确告诉我们,制定标准的目的、基础、对象、本质和作用。由于它具有国际权威性和科学性,无疑应该是世界各国,尤其是ISO和IEC成员共同遵循的。

根据WTO的有关规定和国际惯例,标准是自愿性的,而法规或合同是强制性的,标准的内容只有通过法规或合同的引用才能强制执行。

1.1.1.4 中国标准定义

(1)GB 3935.1—1983《标准技术基本术语》

1983年,我国颁布的国家标准GB 3935.1—1983《标准技术基本术语》中对"标准"的定义是:"标准是对重复性事物和概念所做的统一规定。它以科学、技术和实践经验的综合成果为基础,经有关方面协商一致,由主管机构批准,以特定形式发布,作为共同遵守的准则和依据"。

该定义具体地说明下列4个方面含义:

第一,制定标准的对象是重复性事物或概念。虽然制定标准的对象,早已从生产、技术领域延伸到经济工作和社会活动的各个领域,但并不是所有事物或概念,而是比较稳定的重复性事物或概念。

第二,标准产生的客观基础是"科学、技术和实践经验的综合成果"。这就是说，一是科学技术成果；二是实践经验的总结，并且这些成果与经验都是经过分析、比较和选择、综合，反映其客观规律性的"成果"。

第三，标准在产生过程中要"经有关方面协商一致"。这就是说，标准不能凭少数人的主观意志，而应该发扬民主，与各有关方面协商一致，"三稿定标"（征求意见稿、送审稿和报批稿）。例如产品标准不能仅由生产、制造部门来决定，还要听取技术和管理部门的意见，这样制定出来的标准才能充分考虑各方面尤其是使用者的意见，才更具有权威性、科学性和实用性，实施起来也比较容易。

第四，标准的本质特征是统一。这就是说，标准是"由标准主管机构批准，以特定形式发布，作为共同遵守的准则和依据"的统一规定。不同级别的标准是在不同适用范围内进行统一；不同类型的标准是从不同侧面进行统一；各种各类标准都有自己统一的"特定形式"，有统一的编写顺序和方法；标准的编写格式也应该是统一的；"标准"的这种编写顺序、方法、印刷、幅面格式和编号方法的统一，既可以保证标准的编写质量，又便于标准的使用和管理，同时也体现出"标准"的严肃性和权威性。

（2）GB 3935.1—1996《标准和有关领域的通用术语 第1部分：基本术语》

1996年，国家标准GB 3935.1—1996《标准和有关领域的通用术语 第1部分：基本术语》中对"标准"所下的定义为："标准为在一定的范围内获得最佳秩序，对活动或其结果规定共同的和反复使用的规则、导则或特性文件。该文件经协商一致制定并经一个公认机构的批准"。

（3）GB/T 1.1—2000《标准化工作导则 第1部分：标准的结构和编写规则》

在2000年发布的国家标准GB/T 1.1—2000《标准化工作导则 第1部分：标准的结构和编写规则》中将标准定义为："为在一定的范围内获得最佳秩序，对活动或其结果规定共同的和重复使用的规则、导则或特性的文件。该文件经协商一致制定并经一个公认机构的批准。标准应以科学、技术和经验的综合成果为基础，以促进最佳社会效益为目的。"

这个定义包含下列5个方面的含义：

第一，制定标准的目的是为在一定的范围内获得最佳秩序、促进最大社会效益。这里所说的最佳秩序，指的是通过实施标准使标准化对象的有序化程度提高，发挥出更好的功能。当然，最佳是不易做到的，不过这里所说的"最佳"有两重含义：一是指努力方向、奋斗目标。如果标准所树的目标很低，那就不会有什么积极意义；二是要有全局观念。就是要从全局来看，企业可以是全局，部门可以是全局，国家更是全局，局部服从全局，小局服从大局，是标准化活动的一条基本原则。

这里所说的最大社会效益，就是要求通过实施标准，促使一个企业、一个部门、一个国家、一个地区乃至全世界获得最大社会效益。总之，"获得最佳秩序，促进最大社会效益"集中地概括了标准的作用和制定标准的目的，同时它又是衡量标准化活动和评价标准的重要依据。

第二，制定标准的对象是活动或其结果。这里所说的活动，是指人类的一切活动，诸如工业、农业、建筑、交通运输、信息、能源、资源、商业等。就工业而言，诸如设计、生产、试验、检验、包装、贮存、运输等。换言之，所有活动都可以制定标准。

这里所说的活动的结果是指产品，产品可以是有形的或无形的，也可以是它们的组合。根据ISO的定义，一般把产品分成4种通用的类别：

- 硬件（如零件、部件、组件等）。
- 软件（如计算程序、工作程序、信息、数据、记录等）。
- 流程型材料（如原材料、流体、气体、板材、丝材等）。
- 服务（如保险、金融、运输、商业等）。

第三，制定标准的输出形式是规则、指导原则或特性文件，统称为"标准文件"。这里所说的"标准文件"是一个一般术语，它包含如标准、技术规范、实施规程和法规等文件。其中，技术规范是指规定产品、过程或服务应满足的技术要求的文件，技术规范可以是一个标准、一个标准的一部分或一个独立的文件；实施规程是指为设备、结构或产品的设计、制造、安装、维护或使用规定规则或程序的文件，它也可以是一个标准、一个标准的一部分或一个独立的文件；法规是指包含由权力机构通过的有约束力的立法规则的文件，如技术法规等。

由此可见，标准的形式是多样的，它可以是一个标准、一个技术规范、一个实施规程和一个法规文件。

第四，制定标准应以科学、技术和经验的综合成果为基础，并经协商一致。这里有两个意思：一是将科学研究的成就、技术进步的新成果同实践中积累的先进经验相互结合，纳入标准，奠定标准科学性的基础。这些成果和经验，不是不加分析地纳入标准，而是要经过分析、比较、选择以后再加以综合。它是对科学、技术和经验加以消化、融会贯通、提炼和概括的过程;二是标准中所反映的不应是局部的、片面的经验,也不能仅仅反映局部的利益,而应该同有关部门和有关人员协商一致。也就是说对标准中的实质性问题,有关各界的重要方面应没有坚持反对意见,并应充分考虑所有有关各方面的意见。这样制定出来的标准才能既体现出它的科学性,又体现出它的民主性,并且更具有权威性,实施起来也较容易。

第五,标准必须经一个公认的机构批准。这里所说的"公认的机构"是指各级标准化主管部门。如国际标准化组织、地区标准化组织、国家标准化行政主管部门、行业标准化行政主管部门、地方标准化行政主管部门和企业法定代表人或法定代表人授权的主管领导等。标准须经上述各级主管标准化部门批准,以特定的形式发布,才能在一定范围内作为共同遵守的准则和依据,使标准具有严肃性和权威性。

上述各种关于标准的定义,都从不同角度、不同侧面、不同程度上,反映了标准的本质和特征。因此,用通俗的话来说,标准是对一定范围内的重复性事物和概念所做的统一规定,它以科学、技术和实践经验的综合成果为基础,以获得最佳秩序、促进最佳社会效益为目的,经有关方面协商一致,由主管机构批准,以特定形式发布,作为共同遵守的准则和依据。

1.1.2 标准的分类

随着我国科学技术的进步和工业生产的不断发展,标准化的作用被越来越多的人所认识,它的应用领域也随之被拓宽。标准制定和修订速度的加快,标准数量的增加,显示出其水平明显提高,现已初步形成了较为完善、齐备的全国范围的标准体系。根据不同的目的,可以从各种不同的角度,对标准进行不同的分类。目前,人们常用的分类方法有以下4种。

(1)层级分类法

按照标准本身发生作用的有效范围,可以将标准划分为不同层次和级别的标准。从当今世界范围来看,如国际标准、区域标准、国家标准、行业标准、地方标准和企业标准等。其具体内容将在下一节标准的分级中详细介绍。

(2)对象分类法

按照标准对象的名称归属分类,可以将标准划分为产品标准、工程建设标准、方法标准、工艺标准、环境保护标准、过程标准、数据标准等。

产品标准:为保证产品的使用性,对一个或一组产品应达到的技术要求做出规定的标准。产品技术要求中除了适用性方面的技术要求外,可以直接包括引用,如术语、抽样、试验方法、包装和标签方面的规定。有时,还可以包括工艺方面的要求。

工程建设标准:对基本建设中各类工程的勘察、规划、设计、施工、安装、验收等需要协调统一的事项所制定的标准。

方法标准:以试验、检查、分析、抽样、统计、计算、测定、作业等各种方法为对象制定的标准。

安全标准:以保护人和物的安全为目的而制定的标准。

卫生标准:为保护人的健康,对食品、医药及其他方面的卫生要求制定的标准。

环境保护标准:为保护环境和有利于生态平衡,对大气、水、土壤、噪声、振动等环境质量,污染源等检测方法以及其他事项制定的标准。

服务标准:又称服务规范,即为某项服务工作必须达到的要求所制定的标准。这类标准一般在交通运输、饭店宾馆、邮电、银行等服务部门中制定和使用。

包装标准:为保障物品满足贮藏、运输和销售中安全和科学管理的需要,以包装的有关事项为对象所制定的标准。

数据标准:包含有特性值和数据表的标准。它对产品、过程或服务的特性值或其他数据做出了规定。

过程标准:对一个过程应满足的要求做出规定,以实现其适用性的标准。

此外,还有文件格式标准、接口标准等,都是以对象分类的标准。就不一一叙述了。

(3)性质分类法

按照标准的属性分类,可以把标准划分为基础标准、技术标准、管理标准和工作标准等。

基础标准:在一定范围内作为其他标准的基础并普遍使用,具有广泛指导意义的标准。例如术语标准,符号、代号、代码标准,量与单位标准,互换性标准,通用标准,结构要素标准,实现系列化和保证配套关系的标准,质量保证和环境条件标准等都是目前广泛使用的综合性基础标准。

技术标准:对标准化领域中需要协调统一的技术事项所制定的标准。它是从事科研、设计、生产、检验或商品交换的一种共同遵守的技术依据。技术标准又按标准化对象的特征和作用分为产品标准、原材料标准、零件部件标准、工艺标准、工装标准、设备标准、计量与测试仪器标准、检测方法标准、能源标准、安全卫生及环境保护标准等。

管理标准：对标准化领域中需要协调统一的管理事项所制定的标准。其目的是为了合理组织、利用和发展生产力，正确处理生产、交换、分配和消费中的相互关系，以及科学地行使计划、监督、指挥、调整、控制等管理机构职能。显然，对企业标准化领域中需要协调统一的管理事项（如技术、生产、质量、能源、计量、工艺、设备、安全、卫生、环保、物资等与实施技术标准有关的重复性事项）所制定的标准是企业管理标准。管理标准按管理对象分为技术管理标准、生产管理标准、质量管理标准、劳动工资管理标准、物资管理标准、能动管理标准、设备管理标准、安全环保管理标准、财务管理标准、营销管理标准以及其他经营管理标准等。

工作标准：对标准化领域中需协调统一的工作事项（有关工作程序和工作质量）所制定的标准。内容包括各岗位的职责和任务、每项任务的数量和质量要求及完成期限、完成各项任务的程序和方法、相关岗位的协调与信息传递方式、考核办法及奖惩要求等。对企业标准化领域中需要协调统一的工作事项（即在执行相应技术标准和管理标准时，与工作岗位的工作范围、责任、权限、方法、质量与考核等以及工作程序有关的事项）所制定的标准是企业工作标准。

（4）约束性分类法

按照标准的约束性或标准实施的强制程度，可以把标准分为强制性标准和推荐性标准等。

强制性标准：具有法律属性，在一定范围内通过法律、行政法规等手段强制执行的标准。它是保障人体健康、人身、财产安全的标准和法律以及行政法规规定强制执行的标准。强制性标准是指令性标准。标准一经批准发布，就是技术法规，必须以强制手段加以实施。各级生产、建设、科研、设计管理部门和企业、事业单位都必须严格执行。任何单位和个人都无权擅自更改或降低标准。对因违反标准而造成不良后果以至重大事故者，要根据情节给予处分，直至追究法律责任。根据《国家标准管理办法》和《行业标准管理办法》，下列标准属于强制性标准：

- 药品标准，食品卫生标准，兽药标准。
- 产品及产品生产、储运和使用中的安全、卫生标准，劳动安全、卫生标准，运输安全标准。
- 工程建设的质量、安全、卫生标准及国家需控制的其他工程建设标准。
- 环境保护的污染物排放标准和环境质量标准。
- 重要的通用技术术语、符号、代号和制图方法。

- 通用的试验、检验方法标准。
- 互换配合标准。
- 国家需要控制的重要产品质量标准。

推荐性标准：除强制性标准以外的其他标准属推荐性标准，又称为非强制性标准或自愿性标准。推荐性标准是指导性标准。该标准具有指导性、参考性、无法律的强制性。在生产、交换、使用等方面，通过经济手段或市场调节而自愿采用，违反这方面的标准不构成法律责任。但一经采用，并纳入经济合同之中，就成为共同遵守的技术依据，具有法律上的约束性，必须严格贯彻执行。国家标准（GB/T）中的"T"就是"推荐"的汉语拼音中的"tui"的意思。

目前，我国的国家标准多数是强制性的标准。为活跃经济，提高产品竞争力，今后将逐步增加推荐性标准。

1.1.3 标准的分级

标准根据其协调统一的范围和适用领域不同而分为不同的级别。在各国的标准体系中，级别的划分不尽相同。除了国际标准、区域标准之外，我国（标准化法）还规定：标准分为国家标准、行业标准、地方标准、团体标准和企业标准等。

（1）国际标准

国际标准是由国际标准化团体，如国际标准化组织（ISO）、国际电工委员会（IEC）等组织制定，并批准和公开发布的标准，以及由 ISO 认可的一些列入《国际标准题内关键词索引》的国际组织，如国际计量局（BIPM）、联合国食品法典委员会（CAC）、世界卫生组织（WHO）等组织制定、发布的标准。

（2）区域标准

区域标准是由世界某一区域标准或标准组织制定，并公开发布的标准，如欧洲标准化委员会（CEN）发布的欧洲标准（EN）就是区域标准。

（3）国家标准

国家标准是指对全国经济、技术有重大影响，需在全国范围内统一技术要求所制定的标准。它由国家标准团体制定并公开发布。如 GB、ANSI、BS、NF、DIN、JIS 等是中、美、英、法、德、日等国国家标准的代号。其中 GB 是中国的强制性国家标准代号；GB/T 是中国推荐性国家标准的代号。主要包括互换配合、通用技术语言标准；重要的工农业产品标准；基本原材料标准；保障人体健康和人身财产安全的标准；通用的管理标准；通用基础件标准；通用的试验、检验标准等。

我国国家标准由国务院标准化行政主管部门统一审批、编号、发布，是国家最高一级的规范性技术文件和重要的技术管理法规。我国的国家标准有的等同采用国际标准，有的等效采用国际标准，这对于促进国际间经贸技术合作和进一步坚持改革开放有深远的意义。

（4）行业标准

行业标准是指由行业标准化团体或机构起草制定，发布在某行业范围内统一实施的标准。如美国的材料与试验协会（ASTM）、石油学会标准（API）、机械工程师协会标准（ASME）、英国的劳氏船级社标准（LR），都是国际上有权威性的团体标准，在各自的行业内享有很高的信誉。我国的行业标准是"对没有国家标准而又需要在全国某个行业范围内统一的技术要求所制定的标准"，如 JB、QB、LY、FJ、TB 等就是机械、轻工、林业、纺织、铁路运输行业的标准代号。由国务院有关行政主管部门统一审批、编号、发布，并报国务院标准化行政主管部门备案。相应的国家标准实施后，该行业标准自行废止。

（5）地方标准

地方标准是"由一个国家的地方部门制定并公开发布的标准"。我国的地方标准是"对没有国家标准和行业标准而又需要在省、自治区、直辖市范围内统一的以产品安全、卫生要求，环境保护、食品卫生、节能等有关要求"为对象所制定的标准，它由省、自治区、直辖市标准化行政主管部门统一组织制定、审批、编号和发布。相应的国家标准或行业标准实施后，该地方标准自行废止。地方标准的代号为"DB××/"，DB 后面是省、自治区、直辖市行政区划代码前两位数加上斜线。

（6）团体标准

团体标准是由对标准和标准化工作有共同目的、志向和追求，有相互制约的思想信念与行为准则，且具备一定条件的一群人所组成的集体（如学会、协会、商会和联盟等）制定和发布的标准或规范，又称"团体规范"。

近期国家及有关部委陆续发布《深化标准化工作改革方案》（国发〔2015〕13 号）和《关于培育和发展团体标准的指导意见》（国质检标联〔2016〕109 号）等有关文件，明确提出加快培育和发展团体标准。社会团体可在没有国家标准、行业标准和地方标准的情况下，制定团体标准，以快速响应创新和市

场对标准的需求，填补现有标准空白，引领产业和企业的发展，提升产品和服务的市场竞争力。在标准制定主体上，鼓励具备相应能力的学会、协会、商会和产业技术联盟等社会组织协调相关市场主体共同制定发布满足市场和创新需要的团体标准，供市场自愿选用，增加标准的有效供给。在标准管理上，对团体标准不设行政许可，由社会组织自主制定发布，通过市场竞争优胜劣汰。国务院标准化主管部门会同国务院有关部门制定团体标准发展指导意见和标准化良好行为规范，对团体标准进行必要的规范、引导和监督。随着我国的团体标准发展步入正轨，市场主体将真正成为标准制定的主要参与方。

团体标准编号依次由团体标准代号（T/）、社会团体代号、团体标准顺序号和年代号组成。团体标准一般是以产品标准和技术标准为主，与科技创新和经济发展密切相关。团体标准的出现、制定和发布，在中国标准化发展史上是一种创新，对于中国标准化工作必将产生积极的促进作用。

（7）企业标准

企业标准，有些国家又称公司标准，是由企事业单位自行制定、发布的标准，也是"对企业范围内需要协调、统一的技术要求、管理要求和工作要求"所制定的标准。它是企业组织生产、经营活动的依据。企业标准的代号为"Q/×××"，斜线后面是企业代号（由 3 个汉语拼音字母或 3 位阿拉伯数字或两者兼用组成）。企业标准由企业组织制定，由企业法定代表人或法定代表人授权的主管领导批准、发布。由企业法定代表人授权的部门统一管理。企业标准主要有以下几种：

第一，产品标准。

① 企业生产的产品没有国家标准、行业标准或地方标准的可制定企业产品标准。作为组织生产的依据，但必须按有关规定备案。上述的国家标准、行业标准或地方标准指的都是强制性标准。

② 企业生产的产品已有国家标准、行业标准或地方标准的，为提高产品质量和技术要求，也可制定严于国家标准、行业标准或地方标准的企业产品标准。如果该标准作为交货验收的技术依据，也必须按规定备案。

第二，企业内控产品标准。企业为了确保出厂后的产品质量，对产品某些关键特性（包括性能、精度、可靠性、安全性和寿命等）所制定的优于国家标准和行业标准的指标称为内控标准。内控标准按其性质是一种目标要求性的技术标准，按批准权限是一种企业标准。

内控标准主要有两种形式：

① 单项内控标准：即只对某一项技术指标规定内控标准。

② 全项内控标准：即对某种产品的全部技术指标都规定内控标准。

制定内控标准应遵循的原则是：

① 必须以满足用户和消费者的需要为主要目标。

② 必须从实际出发，不能脱离企业现有条件和生产技术水平。

③ 必须紧紧围绕企业的主要产品和影响产品质量的关键部分。

④ 技术上不应低于国内外同类产品的水平或某一指标，在国内外同类产品中应处于领先地位。

⑤ 不能与国家标准或行业标准相抵触。

第三，对国家标准、行业标准选择或补充的标准。

第四，原材料、半成品、设计、工艺、工装、方法、能源与安全卫生等标准。

第五，生产、经营活动中的管理标准和工作标准。

1.1.4　标准实施的方法

制定标准是为了贯彻实施标准，标准只有通过贯彻实施，才能产生技术经济效益，才有实际意义。标准的质量和水平，只有在贯彻实施过程中才能做出正确的评价。标准的制定、实施、修订过程是一个阶梯式向上发展的过程，只有通过标准的贯彻，才能发现和积累标准中存在的问题，提出改进意见，为下次修订标准做好准备。正是在不断地实施、修订标准的过程中，努力把现代科学技术成果纳入标准，补充纠正标准中的不足之处，进一步修改完善标准本身，提高标准的技术水平，才能更加有效地指导社会生产实践。

现代工业产品研制和生产是一项复杂的系统工程，涉及很多科学技术领域，需要团队的协作，运用标准化手段，以标准为纽带，把各方面的工作有机地联系和组织起来。所以，在新产品研制和生产阶段，努力贯彻实施标准具有特别重要的意义。标准的实施是整个标准化管理工作中一项十分重要的环节，它的工作量在整个标准化管理工作中占有很大的比例。因此，我们应该下大力气抓好各类标准的贯彻实施。

贯彻实施标准就是把标准应用于生产、管理实践中去。标准的贯彻实施工作，大致分为计划、准备、实施、检查和总结 5 个阶段。实施标准的方法主要有下列 5 种：

（1）引用

引用标准就是直接采用标准（或直接贯彻），对标准的条文不作任何压缩和补充，原原本本、全文照搬、丝毫不改地进行贯彻实施。

（2）选用

在标准贯彻时，对标准的内容进行压缩与部分选取，选取标准中的部分内容实施，这就是选用（或压缩贯彻）。如紧固件标准中有 200 多个品种，4000 多个规格，一个企业贯彻时显然应该选用其中一部分品种和规格的标准，这样做，既满足生产需要，又节约资金，防止产品积压。

（3）补充

在贯彻标准过程中，对一些标准中的原则规定或缺少的内容，在不违背标准基本原则的前提下，可作一些必要的补充规定后再贯彻（或补充贯彻）。这对补充和完善标准，使标准更好地贯彻实施是十分必要的。如在贯彻零部件标准时，补充一些干燥处理、表面涂装的要求是必要的。

（4）配套

在贯彻标准时，要制定这些标准的配套标准，以及这些标准的使用方法等指导性技术文件。制定这些配套标准是为了更全面、更有效地贯彻国家标准。比如，机床夹具标准需要机床标准、工具标准、辅助标准等成套地制定、贯彻；锯材质量标准贯彻时也应和锯材规格标准、锯材检验方法和贮运标准配套。

（5）提高

为了稳定地生产优质产品和提高市场竞争能力，企业在贯彻产品标准时，可以以国内外先进水平为目标，更加严格规定标准中一些性能指标，或者自行制定比该产品标准水平更高的企业产品标准，并实施于生产中。

总之，不论采用哪种实施方法，都应该有利于标准的贯彻和执行。

1.1.5　标准的制定

（1）制定标准的目的

"获得最佳秩序""促进最佳社会效益"是制定标准的目的。这里所说的最佳效益，就是要发挥出标准的最佳系统效应，产生理想的效果；这里所说的最佳秩序，则是指通过实施标准使标准化对象的有序化程度提高，发挥出最好的功能。

（2）制定标准的原则

制定标准应遵循的原则是：

① 要从全局利益出发，认真贯彻国家技术经济政策。

② 充分满足使用要求。

③ 注意标准的有效期（国家标准有效期一般为5年）。

④ 有利于促进科学技术发展。

⑤ 获得最佳秩序和促进最佳社会效益。

（3）制定标准的步骤

标准制定的过程包括：立项、编制、审查、批准等步骤，其过程的流程图如图1-1至图1-4所示。

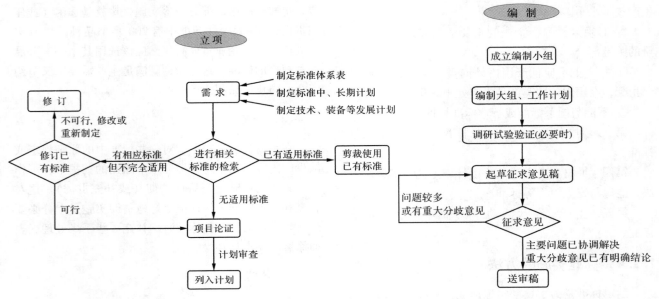

图1-1　标准制定的过程——立项

图1-2　标准制定的过程——编制

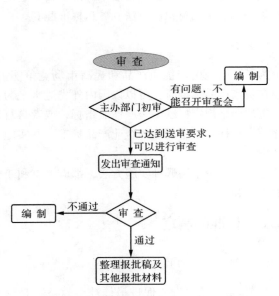

图1-3　标准制定的过程——审查

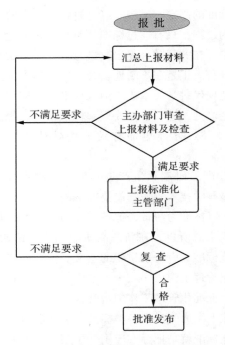

图1-4　标准制定的过程——报批

1.2　标准化

　　标准是科研、生产、工程建设和商品流通的技术依据和基础。标准化是组织实施现代化生产、提高产品质量、节能降耗、提高经济效益的重要手段。实施标准化应运用法制管理方法，通过对标准化工作的依法管理，使标准化工作更加适应社会主义现代化建设的需要。

1.2.1　标准化的含义

1.2.1.1　标准化的基本概念

　　什么是标准化？

　　（1）GB 3935.1—1983《标准技术基本术语》

　　1983年，我国颁布的国家标准GB 3935.1—1983《标准技术基本术语》中对"标准化"所作的定义是："标准化是在经济、技术、科学及管理等社会实践中，对重复性事物和概念通过制定、发布和实施标准，达到统一，以获得最佳秩序和社会效益。"这个定义有如下几方面的含义：

　　第一，指出了标准化的范围是"在经济、技术及管理等社会实践中"，标准化的范围早已超出了以往的技术范畴，涉及经济、技术、科学及管理等社会实践活动。

　　第二，指出了物质的和非物质的标准对象是"重复性事物和概念"。如产品、工程、零件等为物质的，方法、符号、名词等则为非物质的。

　　第三，强调了标准化的实质是"统一"。这里指的统一是相对的，是在一定范围内、一定程度上和一定时期内的统一。

　　第四，指出了标准化的目的是"以获得最佳秩序和社会效益"。标准化的目的体现在多方面，如在各项管理工作中建立最佳秩序，保证和提高产品质量，增加经济效益等。

　　（2）ISO第2号指南（1986）

　　1986年，国际标准化组织发布的ISO第2号指南（草案）中给出的定义是："针对现实的或潜在的问题，为制定（供有关各方）共同重复使用的规定所进行的活动，其目的是在给定范围内达到最佳有序化程度。"

　　ISO在公布这个定义的同时做了如下两点注释：

　　■ 特别是制定、发布和实施标准的活动。

　　■ 标准化的重要作用是改善产品、生产过程和服务对于预定目标的适应性，防止和消除贸易壁垒，以利技术协作。

　　（3）GB 3935.1—1996《标准和有关领域的通用术语　第1部分：基本术语》

　　1996年，我国颁发的国家标准GB 3935.1—1996《标准和有关领域的通用术语　第1部分：基本术语》中对"标准化"所下的定义为："标准化为在一定的范围内获得最佳秩序，对实际的或潜在的问题制定共同的和重复使用的规则的活动（上述活动主要包括制定、发布及实施标准的过程）。"

　　（4）GB/T 1.1—2000《标准化工作导则　第1部分：标准的结构和编写规则》

　　在2000年发布的国家标准GB/T 1.1—2000《标准化工作导则　第1部分：标准的结构和编写规则》中将标准化定义为："标准化是在经济、技术、科学及管理等社会实践中，对重复性事物和概念通过制定、发布和实施标准，达到统一，以获得最佳秩序和社会效益的全部活动。一般来说，包括制定、发布与实施标准的过程。"

　　上述几个定义对标准化这一概念的特征进行描述，他们所揭示的共同点是：

　　第一，标准是标准化活动的主体。标准化不是一个孤立的事物，而是一个活动过程，主要是制定标准、贯彻标准进而修订标准的过程。这个过程不是一次就完结的，而是一个不断循环、螺旋式上升的运动过程。每完成一个循环，标准的水平就提高一步。

　　标准化作为一门科学，就是研究标准化过程中的规律和方法。

　　标准化作为一项工作，就是根据客观情况的变化不断地促进这种循环过程的进行和发展。

　　标准是标准化活动的产物，标准化的目的和作用，都是要通过制定和贯彻具体的标准来体现的。所以，标准化活动不能脱离制定、修订和贯彻标准，这是标准化的基本任务和主要内容。

　　第二，标准化的效果体现在标准的贯彻实施。标准化的效果只有当标准在社会实践中实施以后，才能表现出来，决不是制定一个标准就可以了事的。再多、再好的标准，如果不能被运用，没有贯彻执行，就达不到任何效果。因此，标准化的"全部活动"中，贯彻标准是个不容忽视的环节，这一环节中断了，标准化循环发展过程也就中断了，那就谈不上标准"化"了。

　　第三，标准化是个相对的概念，具有深度和广度上的差别。无论就一项标准而言，还是就整个标准系统而言，都在逐步向更深的层次发展。譬如，对某一种产品的标准化，可以只规定技术要求和试验方法，或只规定这种产品的基本参数，也可只规定某些尺寸或精度等。随着实践经验的积累和客观的需要，再制定这种产品的完整标准。这个标准也还要不断修改、完善、提高。标准系统也是如此，随着客观情况的变化要不断地调整，每经过一次调整，它的结构就更趋于合理，功能水平就相应地提高一步。

标准化在深度上是没有止境的，但它不可能是任意的，在一定条件下，有一个最佳程度。从广度上看，我们制定了一种产品的完整标准，不能认为标准化的目的就达到了，标准化的程度就算很高了。因为只有一项孤立的产品标准，标准化的目的还是不容易实现的。有了产品标准以后，还必须把与其相关的一系列标准都建立起来。例如，与该产品密切相关的原材料标准、零配件标准、工艺装备标准、配套产品标准、生产过程中的工艺标准以及大量的基础标准等。没有这一系列标准的配套，产品标准定得再好，也不可能生产出好的产品。每一项标准都不可能孤立存在，都要向深度和广度扩展。于是标准之间便形成了纵横交错的网络，这是一个非常复杂的大型系统。标准化的过程就是这个系统的建立和发展过程。这是"化"的更深一层的含义。

第四，标准化概念的相对性，还包含标准与非标准的互相转化。已经实现了标准化的事物，经过一段时间会突破原先的规定，成了非标准的，于是又可能再对它制定标准。处于系统中的各个环节，往往由于系统的运动和变化使某些环节的标准失去意义。这种由标准到非标准然后再标准的转化过程，是肯定与否定规律在标准化过程中的体现。

1.2.1.2　标准化的研究内容

标准化作为一门学科有别于具体的标准化工作，它是人们从事标准化实践活动的科学总结和理论概括。它来源于千千万万人的标准化实践，并接受实践的检验，反过来又作用于实践，指导人们的标准化活动。标准化学科的研究对象，概括地说，就是研究标准化过程中的规律、方法以及有关的法规和政策。

（1）标准化的研究范围与对象

标准化研究的范围，同某一历史时期、某些标准化工作部门的业务范围是不一样的，标准化研究范围是十分宽广的，除了生产领域、流通领域和消费领域之外，还包括人类生活和经济技术活动的其他领域。在标准化的发展过程中常常出现这种情形，随着标准化研究领域的扩大，标准化工作的领域也在扩展，反过来的情况也有。例如，过去我国的标准化工作主要

是制定和贯彻工农业生产和工程建设中的技术标准，近年来，国内外对经济管理、行政事务、工作方法等方面的标准化进行了探索，从而引起许多单位的标准化活动开始向这些领域扩展；而当信息技术产业快速发展过程时，又反过来向标准化研究工作提出了一系列新的课题。

标准化的对象是什么？在国民经济的各个领域中，凡具有多次重复使用和需要制定标准的具体产品，以及各种定额、规划、要求、方法、概念等，都可称为标准化对象。标准化对象一般可分为两大类：一类是标准化的具体对象，即需要制定标准的具体事物；另一类是标准化总体对象，即各种具体对象的总和所构成的整体，通过它可以研究各种具体对象的共同属性、本质和普遍规律。

（2）标准化的研究内容和目的

标准化的研究内容主要包括：

第一，研究标准化活动的一般程序和每一个环节的内容。包括从制定标准化规划与计划到标准的制定、修订、贯彻执行、效果评价、监督检查等活动。探索这些活动环节的一般特点和规律，以及各环节之间的联系，使标准化活动符合客观规律，取得效益。

第二，研究标准化的各种具体形式。如简化、统一化、系列化、通用化、组合化、模块化等。

第三，研究标准系统的构成要素和运动规律。包括研究各种类型的标准、标准系统的结构以及对标准系统进行管理的理论和方法。

第四，研究标准系统的外部联系。这种联系是多方面的，有与企业之间、部门或行业之间以及国际间的联系；有与企业的经营管理、国家经济建设、人民生活的联系等。这些联系是标准化发展的外部动力。

第五，研究对标准化活动的科学管理。包括管理机构体制、方针政策、规章制度、情报系统的建立和规划、计划、人才培训、监督检查、知识普及、科学研究的组织等一整套对标准化活动过程实行科学管理的内容。

标准化的上述内容，综合起来便构成了包括有理论观点、特定对象、具体的形式和内容与科学方法的标准化学科体系。它的任务和实质是指导标准化活动过程沿着科学的轨道向前发展，实现标准化活动科学化。同时，通过制定、发布和实施标准，达到统一，获得最佳秩序和社会效益。这些就是标准化的研究目的。

（3）标准化学科与其他学科的关系

由于标准化学科的研究领域和内容的广泛性，这

就使它同许多门学科发生交叉。

首先，不同行业的标准化要应用不同专业的技术。所以，它同各门工程技术学都发生直接的联系，也就是说要以这些方面的技术知识为基础。

其次，标准化活动过程大量的是发生在生产和社会实践过程中，标准化活动过程必须同生产和社会实践过程相协调。所以，在标准化活动中又必须掌握和运用生产力组织学、技术经济学和企业管理学等方面的知识。

此外，现代标准化要应用数学方法并且使用电子计算机进行管理，特别是要以系统观点为指导，并运用许多新学科所提供的理论与方法。

由此可见，标准化学科带有非常鲜明的综合学科的特点。为了正确地认识标准化活动过程的规律，解决这个过程中出现的一系列问题，需要运用社会科学和自然科学很多学科的知识和研究成果。但是，作为标准化学科的理论基础，主要是技术科学和管理科学。它又不同于一般的工程技术学和经济管理学，它把两类科学的理论与方法有机地结合在一起，以系统理论为指导，形成一门具有自己特色的新兴学科。

1.2.1.3 标准化的作用

标准化的主要作用是什么？实践证明，标准化在社会经济发展中起着不可替代的重要作用，其中主要作用表现在以下 8 个方面：

（1）标准化为科学管理和现代化管理奠定了基础

所谓科学管理，就是依据生产技术的发展规律和客观经济规律对企业进行管理，而各种科学管理制度的形式，都以标准化为基础。其主要表现是：

第一，标准为管理提供目标和依据，标准化不仅有利于改进当前的管理，而且也是实现管理自动化的基本条件，没有这些，管理现代化便无从谈起。

第二，在企业内各子系统之间，通过制定各种技术标准和管理标准，建立生产技术上的统一性，以保证企业整个管理系统功能的发挥。尤其是通过开展管理业务标准化，可把各管理子系统的业务活动内容、相互间的业务衔接关系、各自承担的责任、工作的程序等用标准的形式加以确定，这不仅是加强管理的有效措施，而且可使管理工作经验规范化、程序化、科学化，为实现管理自动化奠定基础。

第三，标准化使企业管理系统与企业外部约束条件相协调，不仅有利于企业解决原材料、配套产品、外购件等供应问题，而且可使企业具有适应市场变化的应变能力，并为企业创造横向联合的条件。

第四，标准化是科研、生产、使用三者之间的桥

梁。一项科研成果，一旦纳入相应标准，就能迅速得到推广和应用。因此，标准化可使新技术和新科研成果得到推广应用，从而促进技术进步。

（2）标准化是现代化大生产的必要条件

现代化的大生产是以先进的科学技术和生产的高度社会化为特征的。前者表现为生产过程速度加快、质量提高、生产的连续性和节奏性等要求增强；后者表现为社会分工越来越细，各部门生产之间的经济联系日益密切。这种社会化的大生产，必定要以技术上的高度的统一与广泛的协调为前提，而标准化恰是实现这种统一与协调的有力手段。

（3）标准化有利于促进经济全面发展和经济效益提高

标准化应用于科学研究，可以避免在研究上的重复劳动；应用于产品设计，可以缩短设计开发周期；应用于生产，可使生产在科学的和有秩序的基础上进行；应用于管理，可促进统一、协调、高效率等。

（4）标准化有利于专业化协作生产的巩固和发展

随着科学技术的发展，生产专业化和协作是社会生产组织的先进形式之一，是生产社会化和生产分工的产物。专业化把社会生产分解为各个独立的生产部门，而协作又把被分解的各个部门连接成为有机的整体。生产社会化程度越来越高，生产规模越来越大，技术要求越来越复杂，分工越来越细，生产协作越来越广泛，这就必须通过制定和使用标准，来保证各生产部门的活动，在技术上保持高度的统一和协调，以使生产正常进行。所以说标准化为组织现代化生产、巩固和发展专业化协作创造了前提条件。

（5）标准化是消除浪费、节约资源和劳动的有效手段

标准化对象的重要特征之一是重复性。在生产实践过程中，资源和劳动的重复支出，有的必要，有的则不必要，后者便属于浪费。在某些领域尚未开展标准化时，这种浪费常常是无法避免的（如产品设计过程中的许多重复的劳动支出）。标准化的重要功能就是对重复发生的事物尽量减少或消除不必要的资源或劳动耗费，并且促使以往的劳动成果得到重复利用。标准化的任何一种形式，都会产生这种类型的节约。因此，标准化有利于促进对自然资源的合理利用，保持生态平衡，维护人类社会当前和长远的利益。

（6）标准化有利于提高产品质量和发展产品品种

消费者总是希望商品物美价廉、样式新颖、花色

品种多，但是对工业企业来说，做到这些并非易事，因为许多因素是互相矛盾的。开展标准化则有利于企业解决好这些矛盾，促进质量的提高和品种的合理发展。

第一，质量标准既是企业管理的目标，又是衡量（如监督检查）产品质量的依据。标准对于产品质量既有保障作用，又有促进作用。

第二，企业生产的产品质量，归根到底取决于企业的素质。取决于企业质量保证的水平。标准化不仅是建立企业质量保证体系所不可缺少的基础工作，而且贯穿于质量管理的全过程，两者结合的越好，越能推动质量管理的循环。

第三，在企业里贯彻标准化的设计思想，通过简化消除多余的和低功能的产品品种；通过系列化以最佳的品种构成满足较广泛的需要，在基型产品的基础上机动灵活地发展变型产品；根据组合化原则用最少的要素组合成较多的新品种等。这对提高产品质量、降低产品成本、维护消费者利益具有重要意义。

（7）标准化有利于确立共同遵循的准则和建立稳定的秩序

标准化能在社会生产组成部分之间进行协调和约束，它为人们的活动确立了必须达到的目标，它比一般行政规定更富有科学根据，既能促进人们活动不断地合理化，又受到人们的尊重。由于它能为人们的劳动过程建立最佳秩序、提供共同语言和相互了解的依据，因此，它既有法规效用，又有自我约束的作用。它的约束力甚至可以跨越地区或国家的界限。也就是说，标准化在确立共同遵循的准则，建立稳定的秩序，消除贸易障碍，促进国际技术交流和贸易发展，提高产品在国际市场上的竞争能力等方面具有重大作用。

（8）标准化有利于保护生态环境和保障人民身体健康

标准化工作的实施，在大量的环保标准、卫生标准和安全标准制定发布后，可通过法律形式强制执行，对保护生态环境、保护消费者利益、保障人民身体健康、保障人民生命财产安全具有重大作用。在与人民生活密切相关的领域里，标准化都在运用它特有的功能，推动着科学技术、人类文明和社会的进步。

1.2.2 标准化原理

标准化是一项政策性、技术性、经济性和实践性都很强的管理基础工作。它作为一门学科，毫无疑问应该具有它自己的基本理论和基本原理。那么标准化的基本理论和基本原理是什么呢？

1.2.2.1 标准化的基本理论

我国早在两千多年前就提出"不以规矩，不能成方圆"的观点，至今仍被作为揭示标准化本质特征的至理名言，这可算是古典的标准化理论。

标准化活动是为数众多的人们的一种社会实践，而且是有组织、有目的的实践。那么，伴随着这种实践的便是理论的思维。否则，这种实践既不可能取得成功，更不可能上升到高级阶段。

（1）盖拉德的标准化理论

盖拉德（J. Gaillard）在 1934 年著的《工业标准化——原理与应用》一书中，论述了标准化的许多理论和实践的内容，算是一部系统的理论著作。

（2）宫城精吉的标准化理论

1959 年，日本的宫城精吉提出了标准化的两个基本原理（即经济性的基本原理和对策规则的基本原理）及一系列分原理。

（3）桑德斯的标准化理论

桑德斯（T. R. Sanders）在 1972 年发表的《标准化的目的与原理》一书中，围绕标准化的目的、作用和从制定、修订到实施的标准化活动过程，对以往的标准化实践经验进行了科学总结和深刻概括，提出了 7 条原理，这对后来的标准化理论建设有重要的意义。

（4）松浦四郎的标准化理论

日本政法大学教授松浦四郎从 1961 年起即作为 ISO/STACO 的成员，并且也是日本规格协会标准化原理委员会（JSA/STACO）的创始成员，他在 1972 年出版了《工业标准化原理》一书，全面地阐述了他对于简化的理论和方法所进行研究的理论观点。他认为：有意识地努力简化就是标准化的开端。标准化活动就是使事物从无序恢复到有序状态而做出的努力，为反对我们生活中熵的增加而作出的努力。以此为根据，他提出了 19 条原理。他把熵的概念引进了标准化，从而为应用系统理论建立标准化的理论体系奠定了基础。

（5）相似设计原理和组合化原理

中国机械工业标准化工作者，在总结我国标准化实践经验的基础上，于 1974 年提出了"相似设计原理"和"组合化原理"。

第一，相似设计原理。当产品的主参数同其他基本参数之间，以及工况参数（N）同几何尺寸参数（L）之间具有一定的联系，这种联系倘能构成某种函数关系（常数为 K、ε），便可用公式 $N = K \cdot \varepsilon \cdot L$ 表达。这个关系式称为产品的参数方程式或产品参数的相似方程式。利用这种关系进行设计就称为相似设计。

利用相似方程式的关系进行产品设计时，可以从主参数系列推导出其他参数系列，而各种参数的系列化又为形成产品及其组成单元的系列化提供必要条件。有了这种关系。只需研制一种或少数几种"模型产品"，就可按相似原理设计出成系列的产品来。

第二，组合化原理。我国标准化工作者在探讨这一原理的过程中，提出了如下的一些理论观点：

■ 运用组合化的方法把标准化的元件装成各种用途的产品，这是工业产品标准化的重要目标。

■ 组合化要求零部件、构件的高度标准化通用化。

■ 组合化是产品标准化的高级阶段。

■ 组合化并不局限于单纯机械零件的组合，进一步发展的组合形式是用标准化的零部件和具有独立效能（功能）的复杂元件的组合，这种元件具有标准的结构、独立的参数系列、质量标准及保证互换、方便组装的安装连接尺寸，以独立制品的形式同其他对象组合。

此外，还提出了"优选""统一""简化"等是标准化的基本方法。在优选的基础上进行统一和简化是标准化最基本的特点。这些理论观点后来成为探索标准化原理的新的生长点。

（6）以系统分析为基础的理论

第一，系统的分解和协调。标准化要解决的问题是一个内容广泛的系统，必须分析整个系统中各个局部之间的连接和协调，兼顾各部分之间的关系，使系统中各种因素的作用在总目标的约束下获得相对稳定的最佳平衡。要使标准在生产技术活动中发挥有效的协调作用，首先要求有关的标准互相协调。

第二，最佳协调原理。在标准化系统中的各组成要素之间，在一定范围内、一定条件下，按技术经济的全面要求，可以找到最好的平衡状态。这就是最佳协调原理。一个先进的标准就是最佳协调的结果。

第三，稳定过渡原理。标准化系统中各组成要素间的最佳平衡，要保持一段时间的相对稳定性，然后才能而且必须过渡到新的最佳平衡。这就是稳定过渡原理。按这个原理，标准必须妥善解决稳定和发展、继承性与先进性的矛盾。没有先进性，不体现科学技术和生产的发展，标准就失去价值；而没有继承性与稳定性，标准就失去现实意义。

1.2.2.2 标准化的基本原理

标准化的基本原理通常是指简化原理、统一原理、协调原理和优化原理。

（1）简化原理

简化是指对具有同种功能的标准化对象，当其多样性的发展规模超出了必要范围时，则应取消其中多余的、可替代的和低功能的环节，保证标准化对象构成的精炼、合理，使总体功能最佳。

这一原理包含以下几个要点：

■ 简化的目的是为了经济，使之更有效的满足需要。

■ 简化的原则是从全面满足需要出发，保持整体构成精简合理，使之功能效率最高。

■ 简化的基本方法是对处于自然状态的对象进行科学的筛选提炼，剔除其中多余的、低效能的、可替换的环节，精练出高效能的能满足全面需要所必要的环节。

■ 简化的实质不是简单化而是精练化，其结果不是以少替多，而是以少胜多。

简化的目的是在一定的条件下和一定的范围内，减少事物的繁杂项目，消除多余部分，保持其合理的精炼部分，使之在既定时间内满足一般的需要。它是标准化的重要方法，也是标准化的一种最基本的形式。它包括产品品种和规格的简化，产品零、部件结构形式和尺寸的简化，管理业务方式和手续的简化，某些试验方法、计算方法和工作方法的简化等。

（2）统一原理

统一是为了保证事物发展所必需的秩序和效能，在一定的时间内和一定条件下，使标准化对象的形式、功能或其他技术特性具有一致性，把一些分散的、具有多样性、相关性和重复性特征的事物，予以科学的、合理的归并，从而达到统一和等效。

这一原理包含以下要点：

■ 统一化的目的是确立一致性，保证事物发展所必需的秩序和效率。

■ 统一的原则是功能等效。把同类对象归并统一后，被确定的"一致性"与被取代的事物之间必须具有功能上的等效性。就是说，当从众多的标准化对象中选择一种而淘汰其余时，被选择的对象所具备的功能应包含被淘汰的对象所具备的必要功能。

■ 统一是相对的、确定的一致规范，只适用于一定时间和一定条件，随着时间的推移和条件的改变，还须确立新的更高水平的一致性。

■ 统一是管理水平发展到一定阶段的必然要求，它消除了由于多样化的杂乱而造成的混乱，为管理建立良好的秩序。统一原理的基础是被统一的对象，在其形式、特征、效能等方面必须存在着可归并性。统一的主要类型有：一定范围的统一；一定程度的统一；一定级别的统一；一定水平的统一；一定时间的统一等。

（3）协调原理

协调的对象是针对标准体系。为使标准体系的整体功能达到最佳，并产生实际效果，必须通过有效的协调方式，使标准体系内的各组成部分、各标准或各相关因素之间相互协调，相互适应，从而建立起合理的构成和相对稳定的关系。

这一原理包含以下要点：

■ 协调的目的在于使标准系统的整体功能达到最佳并产生实际效果。

■ 协调的对象是系统内相关因素的关系以及系统与外部相关因素的关系。

■ 协调的条件是相关因素之间需要建立相互一致关系（连接尺寸）、相互适应关系（供需交换条件）、相互平衡关系（技术经济招标平衡，有关各方利益矛盾的平衡），正确处理内、外的各种纵横关系，在企业建立良好的合作工作环境和群体气氛，保证整个系统发挥理想的功能。

■ 协调的有效方式主要有单因素协调、多因素协调、一般协调、最佳协调、静态系统协调、动态系统协调等。

协调的目的是使标准体系的相关因素彼此衔接的地方取得一致，使标准体系与内、外的约束条件相适应，为标准体系的稳定和发展创造最佳条件，并能使它发挥最理想的作用。每个标准体系都由许多标准构成，每一个标准又与另外有关标准相互关联；每一个标准又是这个系统中的一个单元，它受系统的约束，又反过来影响着系统的发展。例如：根据产品标准中的质量指标确定原材料的质量标准；又根据产品标准、原材料标准确定工艺标准及工艺装备标准；根据产品质量和提高经济效益的要求制定各项管理标准和工作标准。总之，应使企业标准体系内的各种标准协调一致。

对一个具体产品来讲，就是要求这个产品所涉及的各个标准都应相互协调，不但要协调企业内部的各个标准，还应协调企业外部的相关标准，这样才能发挥标准体系的最佳功能。例如：设计家具时要考虑到很多相关因素，如使用的人造板的规格尺寸标准、质量标准、所用紧固件与连接件的标准、油漆装饰标准、房屋建筑标准等。因此，在确定家具尺寸和结构时就须将这些有关标准中的数据进行协调。

（4）优化原理

优化是指按照特定的目标，在一定的限制条件下，以科学技术和实践经验的综合成果为基础，对标准体系的构成因素及其相互关系或对一个具体标准化对象的结构、形式、规格和性能参数等，进行选择、设计或调整，使之达到最理想的效果。

这一原理包含以下要点：

■ 确定目标是优化的出发点。优化的目的是要达到特定的目标，因此，要从整体出发提出最优化目标及效能准则。例如：以特定的安全条件为标准化目标和以一般民用产品为标准化目标，两者的优化出发点就不一样。对一般民用产品主要是以经济效益为标准化目标，因此，对它的优化就是在定量分析和定性分析的基础上，对标准化方案进行比较、评价和选择，最后确定可获得最佳经济效果的方案。

■ 弄清限制条件是优化的前提。因为标准受系统内外条件和相关因素的制约，所以只有条件许可的范围内和相关因素相协调的基础上优化的结果才是现实可行的。例如：确定一个零件的加工精度，要根据作用性能的要求，合理地确定零件精度，因为精度越高，加工成本也越高。因此，确定零件加工精度的最优方案，应是在满足使用性能的前提下，选取最低的精度等级。

■ 数学定量分析是优化的方法。因为最优方案的选择和设计，不是凭经验的直观判断，更不是用调和争执、折衷不同意见的办法所能做到的，而是要借助于数学方法，进行定量分析。对于较为复杂的标准化课题，要应用包括计算机在内的最优化技术。对于较为简单的优选，可运用技术经济分析的方法求解。

上述简化、统一、协调和优化 4 个标准化原理，是从标准化实践中概括出来的，它们不是孤立存在，不是孤立在起作用，它们是相互依存、相互渗透的统一体。因为标准化工作的最终目的是为了获得最佳秩序和社会效益。它要限制标准化对象的放任盲目发展。因此，它的基本形式是简化和统一。简化和统一的着眼点必须建立在最优化方案上，而要达到最优化，就必须通过标准体系内外相关因素之间的充分协调，方能实现。这 4 条原理之间的关系可归纳为：经过充分协调，通过优选以实现最佳效果的统一与简化。

1.2.3 标准化的应用形式

标准化的应用是以标准化的形式来体现的，在实际工作中应根据不同的标准化内容，选择和运用相应的标准化形式，充分发挥标准化工作的作用，以得到最佳的社会效益。

标准化的形式取决于内容，并随着标准化内容的发展而变化。因此，它的形式有多种，且在不断发展、创新。就当前在工程技术实际工作中用得较为有成效的主要形式有：简化、统一化、系列化、通用化、组合化和模块化等。

1.2.3.1 简化

简化是利用简化原理的标准化的一种基本形式。其目的在于对一定范围内的产品品种进行缩减，以达到能够适当地满足一定时期内需要的程度。

（1）简化的要求

简化应遵循的基本要求包括：

■ 简化要适度，既要控制不必要的繁琐，又要避免过分压缩而造成的简单单调。

■ 简化应以确定的时间范围和空间范围为前提，既照顾当前，又考虑发展，最大限度地保持标准化成果的生命力和系统的稳定性。

■ 简化的结果必须保证在既定的时间内足以满足消费者的一般需要，不能限制和损害消费者的需求和利益。

■ 产品简化要形成系列，其参数组合应符合数值分级制度的基本原则和要求。

（2）简化的内容

简化的内容主要包括：

■ 产品品种及规格的简化。其实质是在一定时间内，在能够满足社会需要的前提下，把产品的品种、规格的数目加以限制。合理简化品种及规格，可扩大生产批量为专门化生产提供条件。

简化就意味着要精减一部分，保留一部分。精减的应是那些不必要的、多余的和重复的产品品种；保留的应是能够满足需要，能够取代被精减的产品品种。简化的结果应是既能满足社会需要，又能体现最佳的经济效果。

■ 原材料、零部件品种和规格的简化。这是根据企业生产产品的实际情况，对生产过程中所用的原材料和零部件的品种、规格加以限制。这样可以方便采购，减少原材料和零部件的库存量，从而达到少占用流动资金、降低成本、提高企业经济效益

的目的。

原材料和零部件品种、规格的简化，可由企业标准化部门会同设计部门，根据现行的国家标准和行业标准所规定的原材料和零部件的品种、规格，结合本企业具体产品的需要，通过充分的协调，选择其中一部分，制定成企业标准，以此用于限制设计部门和采购部门的应用与采购范围。

■ 加工工艺及装备的简化。这是指企业根据产品的技术要求，对加工方法、工艺装备（包括加工过程所用的工具品种、规格）在优化的基础上加以限制。

实行工装简化，可以缩短生产准备周期，降低生产准备费用，有利于推广先进的加工工艺，提高产品质量；减少使用的工、量具品种，减少流动资金的占用，从而降低生产成本。

1.2.3.2 统一化

统一化是应用统一原理的标准化的一种形式，它把两种或两种以上的规格合并为一种，使生产出来的产品在使用中可以互换。

（1）统一化的内容

统一化的内容主要有以下几方面：

■ 工程技术上的共同语言。如名词、术语、符号、代号和设计制图等。

■ 结构要素与公差配合。如螺纹、模数、标准锥度、公差与配合、形位公差及表面粗糙度。

■ 数值系列和重要参数。如优先数和优先数系列、模数制等。

■ 产品性能规范。如产品主要性能标准、产品连接部位尺寸等。

■ 产品检测方法。如抽样方法、检测与试验方法、数理统计与数据处理方法等。

■ 技术档案管理。如标准代号、标准编号、各种编码规则、产品型号的编制、图样及设计文件编号以及工艺装备的编号规则及方法等。

（2）统一化的原则

统一化的一般原则包括：

■ 适时原则。

■ 适度原则。

■ 等效原则。

■ 先进性原则。

统一化的实质是使标准化对象的形式、功能或其他技术特性具有一致性，并把这种一致性通过标准确定下来。统一化的目的是消除由于不必要的多样化而造成的混乱，为正常的生产活动建立共同遵循的

规范。

1.2.3.3 系列化

系列化是将同一品种或同一形式产品的规格按最佳数列科学地排列,以最少的品种满足最广泛的需要。它是标准化的一种形式。

(1) 系列化的作用

系列化的作用主要有:

■ 可合理地简化产品的品种,提高零部件的通用化程度。

■ 使产品的生产批量相对增大,便于采用新技术、新工艺、新材料和实现专业化生产。

■ 可以提高劳动生产率和降低产品成本。

(2) 系列化的内容

工业产品的系列化一般可分为:

■ 产品基本参数系列化。产品基本参数应是最能反映产品使用功能的主要参数。确定产品基本参数系列化的目标就是对产品的基本参数,按照实际需要,合理地确定其上、下限范围,然后进行分档。

■ 编制产品系列型谱。所谓产品系列是指具有相同的设计依据、相同的结构特征,以及相同条件的产品,根据技术经济分析原则,合理地安排产品的不同尺寸和参数;使基本结构一致的产品从小到大,按一定规律排列成一组产品,形成产品系列;把其中具有代表性的典型结构,量大面广和通用性较强的产品系列称为基本系列,简化基型。在基型的基础上稍作改变又可产生出新形式的产品,称为变型系列。把基型与变型的关系以及产品品种发展的方向用图表反映出来,构成一个直观、简明的产品品种系列表,就称之为产品系列型谱。

■ 开展系列设计。系列设计是指以基型为基础,对整个系列产品所进行的技术设计或工艺设计。系列设计包括下列内容:基型产品的确定、基型产品的设计、系列产品的设计、变型系列产品的设计。系列设计的意义主要体现在:系列设计是最有效的统一化,也是最广泛的选型定型工作,它可以有效地防止一定范围内同类产品形式、规格的杂乱;系列设计可以最大限度地发挥同行业的设计优势,防止各企业平行设计同类产品却又互不统一的不合理的现象,做到最大限度地节约设计资源,还可防止个别企业盲目设计落后产品;系列设计的产品,基础件通用性好,它能根据市场的动向和消费者的特殊要求,采用发展变型产品的经济合理的办法,机动灵活地发展新品种,既能及时满足市场的需求,又可保持企业生产组织的稳定;系列设计不是简单的选型定型,而是选中有创,选创结合,经过系列设计定型的产品,一般都有显著改进,所以它也是推广新技术,促进产品更新的一个手段;系列设计便于组织专业化协作生产,便于维修配套。

1.2.3.4 通用化

通用化是指同一类型不同规格,或不同类型的产品中结构相似的零部件,经过统一以后可以彼此互换的一种标准化形式。它在互换性的基础上,尽可能地扩大同一标准化对象的使用范围。

互换性是通用化的前提。互换性是指在制成的同一规格的产品中不需作任何挑选或修整加工就可以任意替换使用,而且可达到原定使用性能要求的性质。互换性有两层含义:即具尺寸互换性和功能互换性。

(1) 通用化的目的与作用

通用化的目的是最大限度地减少产品在设计和制造过程中的重复劳动,提高产品的通用化程度,可防止不必要的多样化。对于组织专业化生产和提高经济效益有明显的作用。

在同一类型不同规格或不同类型的产品之间,总会有相当一部分零部件的用途相同、结构相近,或者用其中的某一种可以完全代替时,经过通用化,使之与其他零部件具有互换性。在设计和试制另一种新产品时,该种零部件的设计(包括工装设计与制造)的工作量都得到节约,此外还能简化管理,缩短设计试制周期,扩大生产批量,提高专业化水平,为企业带来一系列经济效益。对于具有功能互换性的复杂产品来说,它的通用化的意义更为突出。

(2) 通用化的一般方法

在对产品系列设计时,要全面分析产品的基本系列及派生系列中零部件的共性与个性,从中找出具有共性的零部件,先把这些零部件作为通用件,以后根据情况有的还可以发展成为标准件。如果对整个系列产品中的零部件都经过了认真的研究和选择,能够通用的都使之通用,这就叫系列通用。这是通用化的重要环节和基本方法。

在单独设计某一种产品时,也应尽量采用已有的通用件。新设计的零部件应充分考虑到使其能为以后的新产品所采用,使其成为通用件。

在对已有的产品进行整顿时,根据生产和使用过程中的经验,特别是产品维修过程中暴露出来的问题,对可以通用的零部件经过分析、试验,实现通用,这是老产品整顿的一项内容。

在企业里可以把通用件编成图册，也可以编写典型工艺，供设计和生产人员参考选用。通用化虽然不是标准化的典型形式，但它是标准化过程中的一个重要阶段。许多通用的零部件经过生产和使用考验以后有可能提升为标准件，所以它是标准化的必要阶段。另外像具有某种功能的产品的通用更是标准化的其他形式所无法代替的。

（3）通用化在工艺工作中的应用

通用化在工艺工作中已经得到了广泛的应用，主要是工艺规程典型化和成组工艺。

第一，工艺规程典型化。它是从工厂的实际条件出发，根据产品的特点和要求，从众多的加工对象中选择结构和工艺方法相接近的加以归类，也就是把工艺上具有较多共性的加工对象归并到一起并分成若干类或组，然后在每一类或组中选出具有代表性的加工对象，最终以它为样板编制出工艺规程即典型工艺。它不仅可以直接用于该加工对象，而且基本上可供该类加工对象使用（如某类某种零件的典型工艺，只需稍作调整，便可适用于该类中的每一种零件）。所以，它实际上是通用工艺规程。在产品品种多变的企业，典型工艺还可作为编制新工艺规程的依据，一定程度上起着标准的作用。

编制典型工艺可以以零件组为对象，也可以以各种零件中的同一工艺要素为对象，即以工序为对象，如配料、涂饰、包装等。对于标准件和通用件，则更适于采用典型工艺，因为同类标准件的结构相同，只是尺寸不同，所以无需再分类分组便可直接编成供操作者用的典型工艺过程卡，绘出结构简图，在表格中列出尺寸系列。

工艺规程典型化有利于改进企业工艺管理，减少工艺文件的编制数量（工作量），简化工艺试验和验证，缩短生产准备周期，为应用新技术、组织专业化生产创造条件；可以提高工装的通用化程度，节约加工工时，简化车间的生产组织和计划管理。

第二，成组工艺。它是指零件成组加工或处理的工艺方法和技术。成组工艺是在总结典型工艺经验的基础上发展起来的。典型工艺与成组工艺的相同之处是两者都要在零件分类的基础上实现工艺通用化（典型化），不同之处是：

■ 实现通用化的依据不同。典型工艺是以相似零件具有共同的工艺过程为基础；而成组工艺则是以工序内容相似为基础。

■ 零件分类原则不同。典型工艺侧重零件结构形状的统一，以求得相似零件的工艺过程的统一；成组工艺是以被加工表面要素和定位夹紧方式的统一为基础，以达到工序内容的统一。

■ 适用的范围不同。典型工艺建立在工艺过程相似的基础上，要找出足够多的结构、工艺等方面高度相似的零件是比较困难的；成组工艺仅要求个别工序内容相似，不受零件几何形状的约束，应用范围很广，即使在单件小批生产的情况下，能够进行成组加工的零件种类也是较多的。

1.2.3.5 组合化

组合化是指重复利用标准单元或通用单元并且拼合成可满足各种不同需要的具有新功能产品的一种标准化形式。组合化是受积木式玩具的启发而发展起来的，所以也有人称它为"积木化"。组合化的特征是通过统一化的单元组合为物体，这个物体又能重新拆装，组合新的结构，而统一化单元则可以多次重复利用。

组合化是建立在系统的分解与组合的理论基础上，把一个具有某种功能的产品看作是一个系统，这个系统又可分解为若干功能单元。由于某些功能单元不仅具备特定的功能，而且与其他系统的某些功能单元可以通用和互换。于是，这类功能单元便可分离出来，以标准单元或通用单元的形式独立存在，这就是分解；再把若干事先准备好的标准单元、通用单元和个别的专用单元按照新系统的要求，有机地结合起来，组成一个具有新功能的系统，这就是组合。这种组合原理在工业产品加工中经常出现。

组合化又是建立在统一化成果多次重复利用的基础上。组合化的优越性和它的效益均取决于组合单元的统一化（包括同类单元的系列化），以及对这些单元的多次重复利用。因此，也可以说组合化就是多次重复使用统一化单元或零部件来构成物品的一种标准化形式。通过改变这些单元的连接方法和空间组合，使之适用于各种变化了的条件和要求，创造出具有新功能的系统。

（1）组合化的主要内容

无论在产品设计、生产过程，以及产品的使用过程中，都可以运用组合化的方法。但组合化的内容，主要是选择和设计标准单元和通用单元，这些单元又可叫做"组合元"。

确定组合元的程序，大体是先确定其应用范围，然后划分组合元，编排组合型谱（由一定数量的组合元组成产品的各种可能形式），检验组合元是否能完成各种预定的组合，最后设计组合元件并制定相应的标准。除确定必要的结构形式和尺寸规格系列外，拼接配合面（接口）的统一化和组合单元的互换性是组合化的关键。

此外，预先制造并贮存一定数量的标准组合元，根据需要组装成不同用途的物品。

（2）组合化的应用意义

组合化的原则和方法已经广泛应用于机械产品、仪表产品、工艺装备、家具、建筑等的设计与制造。在所有这些应用领域中，组合化都显示出明显的优越性。此外，对于编码系统和计算机程序之类的软件，也同样可以通过组合化使之更加合理化，在这方面组合化同样有着广阔的发展前途。组合化的重要意义有以下几个方面：

■ 依据对功能结构的分解而确定的单元能以较少的种类和规格组合成较多的制品，它能有效地控制零部件（功能单元或结构单元）的多样化，从而取得生产的经济性。

■ 组合化开创了适应多种组装条件的可能性，从而为实现既能满足多种要求又尽量少增加新的结构单元这样理想的生产方式奠定了基础。

■ 按组合化原则设计的单元，以及单元的分类系统，为实行成组加工打下基础，批量较大的标准单元还可组织专业化集中生产。

■ 由于通过组合化能更充分地满足消费者的要求，用户能及时地更换老产品（如设备更新），有时只需要换某些单元，不致全盘报废，这同样会给消费者带来经济效益。

■ 在基础件（单元）统一化、通用化的条件下，对产品的结构和性能采用组合设计，可以实现多品种、小批量、产品性能多变的生产方式，既满足市场需求，又保证零部件结构相对稳定，保持一定的生产批量，不降低生产专业化水平。这就为那些单一品种大批量生产的企业向多品种小批量生产的转变，找到了一条出路，并且还可给加工装配型企业带来根本性变化。这种办法，对批量小、结构复杂、研制周期长、性能变化快的工业产品的设计和制造具有特殊意义。

1.2.3.6 模块化

模块化是 20 世纪后半叶发展起来的标准化新形式，虽然现在已得到广泛应用，但目前尚未形成系统的理论，它的一些基本概念无统一的定义。

任何一种标准化形式的出现，都与当时社会经济技术的发展有密切关系，模块化也不例外。20 世纪后期，随着经济、技术的发展，社会供给不能满足社会需求的矛盾，逐步得到了解决，商品短缺，让位给商品过剩，卖方市场让位给买方市场。市场竞争，推动了产品开发、经济发展促成了需求多样化。企业只有不断地开发出符合市场需求的新产品，才能生存，而新产品也日趋复杂化、多样化，产品的经济寿命周期不断缩短。在这种形势下，许多企业都面临市场需求的多样化、多变化与产品开发能力之间的尖锐矛盾的挑战。严峻的现实生活逼着企业去探索既能适应产品多样化又能减少生产过程变化的对策，除组合化外，模块化也是在这种客观形势下产生的"以不变应万变"或"以少变求多变"的产品开发策略。模块化主要是针对复杂系统（产品或工程）开展的标准化。

（1）模块化的一般概念

第一，模块的概念。模块通常是由元件或子模块组合而成的、具有独立功能的、可成系列单独制造的标准化单元，通过不同形式的接口与其他单元组成产品，且可分、可合、可互换。模块具有如下特征：

■ 模块不同于一般产品的部件，它是一种具有独立功能，可单独制造、销售的产品。

■ 模块通常由各种元器件组合而成，高层模块还可包含低层模块（即由模块组成模块）。

■ 它是构成产品系统的完整单元（要素），它与产品系统的其他要素可分、可合。

■ 模块通过各种形式的接口（刚性、柔性）和连接方式（单向、双向、多向）实规模块间的连接与组合。

■ 模块是标准化产品，可成系列设计和制造。

第二，模块的种类。模块按照其用途和特征可以划分许多种类：

■ 功能模块。按照价值工程的功能分析方法，可将产品系统分为具有不同功能的单元，执行这些功能的模块称功能模块。如基本功能模块、辅助功能模块、特殊功能模块等。

■ 结构模块。依据模块在产品系统中所处的地位和模块之间的关系，可将模块划分为不同等级，被叫做结构（分级）模块。如高层模块、分模块（或子模块），通用模块、专用模块等。

第三，模块化的概念。模块化是以模块为基础，综合了通用化、系列化、组合化的特点，解决复杂系统类型多样化、功能多变的一种标准化形式。这一定义揭示了模块化的如下含义：

■ 模块化是标准化的一种形式，它是在综合了标准化其他形式特点的基础上发展起来的标准化高级形式。

■ 模块化的对象是复杂系统，这个系统可以是产品、工程或一项活动，这个系统的特点是结构复杂、功能多变、类型多变。

■ 模块化的基础是模块，由模块（而不是由零件）组合成产品或工程。

（2）模块化的过程

模块化过程通常包括模块化设计、模块化生产和模块化装配。每一个模块化过程包含的内容有：

第一，模块化设计。模块化设计可有两种情形：一种是为生产某种复杂产品或为完成某项工程，采用模块组合的方法，根据该产品或工程系统的功能要求，选择、设计相应的模块，确立它们的组合方式；另一种是在对各种不同类型、不同用途、不同规格产品进行功能分析的基础上，从中提炼出共性较强的功能，据此设计功能模块，目的不仅仅是满足某种产品的需要，而是要它在更广的范围内通用。

模块化设计的程序同产品系列设计极其相似，在市场调查的基础上，其程序为：

■ 明确目标要求，如性能、结构等。

■ 确定拟覆盖的产品种类和规格范围，如确定参数范围和系列型谱。

■ 进行基型产品设计，确定基型产品的结构和功能，提出对高层模块的要求。

■ 进行分系统设计，确定分系统的结构和功能，对构成分系统的模块提出要求。

■ 模块设计，根据分系统的要求，确定模块的结构和功能，对构成模块的元件提出要求。

■ 元器件设计，根据模块的要求，设计或选用元器件，按尺寸、性能、精度、材料等形成系列并尽量标准化。

在基型设计的基础上根据需要发展变型。变型设计虽然可以以基型为基础，尽量通用，但仍不能脱离功能分析。

完成设计的各级、各类模块要建立编码系统，将其按功能、品种、结构、尺寸多特点分类编码，进行管理。

第二，模块化生产。模块化生产指的是模块的制造。由于模块本身就是一件标准化的产品，并且构成模块的元件和分元件也基本上是标准化的，所以模块的生产制造，有可能采用先进、高效的制造技术，如成组技术（GT）、计算机辅助制造技术（CAM）、柔性制造技术（FMS）、计算机集成制造技术（CIMS）等，以提高模块的制造质量和生产效率。

第三，模块化装配。模块化装配是指由模块组装成所需产品的过程。有些产品是在工厂里完成装配之后，运送到用户；有些产品或工程由于规模过于庞大无法整体运输，可将各类模块配套之后，运到现场装配。这是模块化的突出特点，也是它适应时代要求得以发展的原因。

（3）模块化的应用意义

模块化最初是制造业提出来的，组合机床可以说是模块化机床的雏形，后来推广到各种工业产品的设计和制造，尤其是现代产品的大规模定制和智能制造（个性化定制和柔性化生产）。它极大地提高了这类产品的生产效率，降低了制造成本，更重要的是可以根据实际需要随时改变其某些功能。模块化的技术经济意义在于：

■ 模块化产品的派生和更新换代，可通过更换或增减模块的方式实现，这是以少变求多变的产品开发策略。

■ 模块化基础上的新产品开发，实际上就是研制新模块，取代产品中功能落后（不足）的模块，还有利于缩短周期、降低开发成本、保证产品的性能和可靠性（基本不变部分占绝大多数的比重）。

■ 模块化设计与制造是以最少的要素组合最多产品的方法，它能最大限度地减少不必要的重复，又能最大限度地重复利用标准化成果（模块、标准元件）。

■ 产品维修和更新换代都可通过更换模块来实现，不仅快捷方便，而且使用户减少损失，节约资源。

1.2.4 标准化与质量管理

质量管理是企业为了保证和提高产品质量或工作质量所进行的工作调查、计划、组织、协调、控制和信息反馈等各项工作的总称。现代的质量管理称为全面质量管理。全面质量管理是企业以满足用户质量要求为目的，充分发动全体职工和有关部门，综合运用现代科学和管理技术的成果，从产品的市场调查、设计开发、生产制造、试验和检验、销售服务一直到信息反馈的各个方面都实行管理，是提供用户满意的优质产品的一种质量管理科学。

（1）标准与标准化是全面质量管理的依据和基础

标准是评价和衡量产品质量及工作质量的尺度，又是企业进行质量管理的依据，没有各类标准，就无法进行质量管理。另一方面，标准化工作的任务是贯彻实施标准。标准需要在全面质量管理中实施，质量管理是贯彻实施标准的有力保证。因此，标准化与质量管理互为因果、相辅相成。

（2）正确制定产品标准是推行全面质量管理的关键环节

产品标准反映了用户对产品的各项要求，是产品设计和制造的依据。正确制定或选择产品标准是企业推行全面质量管理的重要起点，是全面质量管理的关键环节。

（3）企业标准体系所包含的技术标准、管理标准和工作标准是推行全面质量管理的保证

全面质量管理中的全面质量包括产品和工作质量。全面质量管理的观点认为：在正确制定产品标准之后，为了保证它的实施，在具备必要的物质条件下，产品设计及制造的质量取决于原材料、设备、方法、工艺和环境等因素。为了使这些因素与产品质量要求相适应，就制定了各项技术标准。技术标准是技术管理的依据。另外，质量管理需要一整套管理方法，需要人去管理。因此而建立的管理标准和工作标准是推行全面质量管理的保证。

（4）标准化工作贯穿于全面质量管理的全过程

全面质量管理的工作程序是计划、实施、检查和总结处理 4 个阶段。计划阶段即是分析情况、明确目标、制定标准的阶段；实施阶段是按制定的标准和措施去贯彻执行的阶段；检查阶段是依据标准对标准的实施措施和执行情况进行检查，找出问题的阶段；总结处理阶段是标准的修改、充实和提高的阶段。因此，可以说全面质量管理是始于标准的制定而终于标准的修改，标准化工作贯穿于全面质量管理的全过程。

由上述可知，把开展全面质量管理工作与标准化工作紧密结合起来，使之互相配合、互相协调，必将发挥更大的作用。

1.3　企业标准化管理

企业是国民经济的基层单位，任何标准都要在企业中实施，标准化的效果也要在企业的生产经营活动中体现。所以，企业标准化是整个标准化工作的基础，也是标准化活动的出发点和归宿点。

企业标准化是以企业获得最佳秩序和最佳效益为目的，以企业生产经营与技术等活动中大量出现的重复性事物为研究对象，以先进的科学技术和生产实践经验为基础，以制定、修订标准，组织实施标准为内容的一种有组织的科学技术活动。这个概念有以下几方面含义：

■ 企业开展标准化工作，可以使企业活动的全过程保持高度的统一、高效率的运转，从而达到获得最佳秩序和最佳经济效益的目的。

■ 企业标准化的对象是企业生产、技术、经营、管理等各项活动中出现的重复性事物。

■ 企业开展标准化工作的内容是制定、修订标准，组织实施标准和对标准的实施进行监督。这些工作是以先进的科学技术和生产实践经验为基础的。

■ 企业标准化是在企业负责人的领导和组织下，使企业的全体成员、各个环节、各个部门，从纵向到横向的全部活动达到规范化、系统化和科学化。

因此，开展企业标准化并对企业标准化进行管理有着十分重要的意义。

1.3.1　企业标准化管理概述

企业标准化管理同企业的计划管理、技术管理、生产管理等一样，是企业管理系统的一个分系统。它同样是协作劳动本身的要求，是生产过程所固有的特性。不论何种社会制度，只要有协作劳动就需要有管理。在企业管理中所制定和贯彻的一系列标准就如同乐队指挥所遵循的乐章，它是企业管理者行使其指挥、监督、调节等职能时必须遵循的有法规效力的依据。企业标准化管理是整个企业管理系统中不可缺少的一项管理职能，它既服务于其他各管理系统，同时又是其他各管理系统赖以行使其职能的基础。

1.3.1.1　企业标准化管理的地位与作用

企业标准化管理是指管理主体对企业生产经营过程中的具有多样化、重复性特征的事物所进行的计划、组织、指挥、协调、控制和监督等一系列活动及其实施过程。其目标在于使标准在适用的范围内全面贯彻、认真实施，各有关方面都贯彻实施了标准，实现了标准的综合配套，取得了标准化的应有效果。企业标准化管理，应当是全员参加的、全方位的一种综合性基础管理，是企业从"人治"走向"法治"的前提，也是企业升级的基础和可靠保证。

企业标准化管理的主要做法包括：

第一，在深入调研、反复论证的基础上，动员全体职工参加，制定和学习各有关专业标准。

第二，对标准中明确规定的各大类、分项、细目的运动过程进行有效地调控，严格执行各种类标准，并注意搜集和整理标准执行过程中的有关信息。

第三，根据标准的执行情况和反馈的各种信息，对各种类标准进行实事求是的考核和适当调整，确保标准的科学性和适用性。

标准化的应用可使企业取得明显的技术经济效

果，如提高产品（或服务）质量，节约各项耗费，发展新产品，推进技术进步，方便使用维修，有利于组织专业化协作等。标准化对企业管理起着重要作用，在当前的形势下，强化企业标准化管理，具有特殊重要的意义：

（1）企业标准化是企业实行科学和现代化管理的基础

科学管理和现代化管理是管理科学发展的两个有联系又有区别的阶段，有的企业处于科学管理阶段，有的企业处于现代化管理阶段。企业管理现代化，是我国社会主义现代化建设的重要组成部分，我们有任务根据我国企业的实际情况，按照系统论的观点，在管理人才、思想、组织、方法和手段等方面推进企业管理的现代化。但是，目前我国的企业生产力水平普遍处于工业化过程的初、中期，管理也处于科学管理的初、中期。因此，"墙高要靠根基深"，企业应从基础管理入手，在强化企业管理基础工作上下工夫，改善内部管理、创造条件逐步实现现代化管理。

■ 现代化的管理必须是有基础的管理。在现代企业管理中，标准化工作、计量工作、定额工作、信息工作、规章制度的建立和修订工作、职工教育培训工作、班组建设工作等，都是企业管理的基础工作。只有在企业管理理论和实践中强调从狠抓管理基础工作入手，才能为推进企业管理现代化打下一个稳妥可靠的基础。

■ 有基础的管理必须是标准化的管理。上述各种企业管理的基础工作无一不涉及标准化，实际上也都属于标准化管理的范围。因此，要使我们的企业管理切实有效，建立在一个稳妥扎实的基础上，必须有效地开展标准化管理，用"标准"串联企业管理系统的子系统和若干分支，用"标准"统一企业的生产、技术、营销等各项工作，使企业在这个厚实的基础上逐步迈入现代化管理。

（2）企业标准化能保证企业整个管理系统的功能最佳

企业管理系统有计划管理系统、技术管理系统、生产管理系统、财务管理系统、销售服务管理系统、信息反馈系统等。这些系统分别执行不同的功能，如决策功能、计划功能、指挥功能、调节功能等管理功能。企业管理系统要想正常地发挥功能达到管理目标，一是系统要平衡，消除薄弱环节，不互相矛盾和互相干扰；二是要畅通无阻，互相保证，就像火车一样每到一个站都能顺利通过。在各个分系统之间建立统一性是保证系统平衡和系统畅通的前提条件。企业里执行的各类标准都是建立这种统一性的手段。

例如，原材料标准、毛坯标准、半成品标准等，这些标准就是从保证整体系统功能最佳出发，在前后两个生产环节之间，也就是在两个分系统之间建立统一性。原材料标准在供应部门与准备车间之间建立统一性，毛坯标准又进一步与机加工车间建立统一性，半成品标准使前后二个车间或工段之间建立统一性等。企业通过这类标准保证整个生产过程的畅通，不然的话就可能在某一个环节上产生大量废品，生产过程到此中断，这个系统就不能运行。

因此，标准化系统在企业管理系统中执行的是统一、协调功能，在各分系统之间建立统一性，保证整个企业管理系统的功能最佳。

（3）企业标准化能使企业管理系统与企业外部约束条件相协调并保证系统稳定运行

企业管理系统（尤其是生产系统）的稳定，不仅受到企业内部各子系统之间协调状况的制约，而且还受到企业外界因素的影响。这些影响系统稳定的外界因素，叫做外部约束条件。外部约束条件因企业而各不相同，但不管何种企业，其管理系统均须与外部约束条件相协调，否则这个企业便不可能存在下去。如何使之相协调呢？这方面问题的解决，要通过市场调查、建立企业间的协作关系、签订协作合同、组织采购和销售业务等多种形式和多种渠道，而标准化却是不可缺少的重要条件。标准化不仅可以使产品适应市场的需要，而且可以使企业具有适应市场变化的应变能力，在这方面标准化的作用（通用化、系列化、组合化等）非常突出。

（4）标准化能使企业管理经验规范化、系统化和科学化

当企业处于经验管理阶段时，工人凭经验操作，管理人员凭经验管理，师傅用传授经验的办法培养工人。这种管理还没有从根本上摆脱手工业生产的传统。随着生产的发展、企业规模的扩大以及管理业务的日益复杂化，经验管理终于被科学管理所代替。这种科学管理，也并不是凭空产生的，它是在经验管理的基础上，加以总结和提高，使之向规范化、系统化、科学化发展的产物。科学管理的初期实践者——泰勒，在总结了前人和他自己的管理经验的基础上，"把最佳的工作方法定为标准方法，并保持标准地位"，而且"使所使用的专用工具、设备以及工人做各种工作时的每一操作都达到标准化"。这是泰勒科学管理的重要内容，也是把标准化的原理应用于企业管理最成功的典型。

现在，许多国家都制定了用于管理的标准，尤其日本的一些企业，把产品的设计、生产、经营、服务等管理事项都纳入了标准，实行所谓的"标准化管理"，企业的生产经营活动都必须严格按照企业标准的有关规定进行。近年来，我国的一些工业企业结合企业改革、贯彻落实经济责任制，在总结企业管理经验的基础上，制定了职能部门的管理标准，通过这些标准明确了职责范围、规定了工作质量要求、明确了协作关系和检查考核的依据，通过贯彻这些标准，使一些企业的管理面貌发生了变化，整个企业的管理效能得到了提高。

1.3.1.2 企业标准化管理的内容与任务

企业标准化活动的范围可以说涉及企业所有的管理领域，涉及企业生产经营的全过程，所以企业标准化管理是企业里一项综合性的技术经济管理活动，也是最基层的标准化管理。

（1）企业标准化管理的内容

企业标准化管理的内容很多，从专业大类上讲，其内容主要包括如下三个组成部分：

第一，技术标准。是指导企业进行技术管理的基础和基本依据，是对企业标准化领域中需要协调统一的技术事项所制定的标准。对技术标准的管理（或者说对于技术的标准化管理），主要在于明确技术标准体系的构成，把握各标准分支的具体要求和基本特征，认真组织好各种类、各层次技术标准的贯彻和实施。要通过技术标准化管理，在标准化管理的科学方式和正确思维指导下，在"标准"的基础上，建立行之有效、内部统一协调的技术管理系统，促进技术标准的不断完善和全面贯彻、实施，实现管理目标。

第二，管理标准。是对企业标准化领域中需要协调统一的管理事项所制定的标准，是贯彻与实施技术标准的重要保证。管理标准化，主要应解决好3个环节的问题：一是要在详细调查研究的基础上，制定出切实可行、便于考核的管理标准；二是认真组织管理标准的贯彻实施；三是采取有效的方式对管理标准化的绩效进行考核，以便认真总结推广成功的经验和及时纠偏。在过去的标准化工作中，存在忽视管理标准化的倾向，致使技术标准化管理难以持久和有效，也造成了管理中的非规范化行为的不断出现。新形势下要推进企业标准化工作，必须切实重视管理标准的制定、执行和考核，实现企业管理标准化。

第三，工作标准。是对企业标准化领域中需要协调统一的工作事项制定的标准，是以人或人群的工作为对象，对工作范围、责任、权限以及工作质量等所

做的规定。工作标准主要是研究规定各个具体人在生产经营活动中应尽的职责和应有的权限。对各种工作的量、质、期以及考核要求所做出的规定。企业工作标准化管理，主要是明确工作标准的内容和对象，科学制定工作标准；认真组织实施工作标准；对工作标准的完整性、贯彻情况、取得的成效进行严格考核。

企业标准化管理实质上就是对由技术标准、管理标准、工作标准这三大标准体系所构成的企业标准化系统（或企业标准体系）的建立与贯彻执行。

（2）企业标准化管理的任务

企业标准化管理的基本任务，就是为使企业各管理系统有效地行使其管理职能，并保证各管理系统之间的协调，编制企业标准化计划，制定和实施所必需的标准，并对标准化活动的全过程进行监督、检查、咨询、评价与管理。

具体来讲，企业标准化管理的任务主要包括：贯彻执行国家标准方针、政策、规定；积极采用国际标准和国外先进标准，使主要产品标准水平达到国际水平，制定、修订企业标准；开展企业标准化工作，包括综合标准化、超前标准化和参数最佳化等研究，为企业实行现代化管理打下坚实的基础；建立和不断完善以技术标准为主体，包括管理标准和工作标准的企业标准体系；开展新产品、技术引进和设备进口的标准化审查及管理工作；推行全面标准化管理，开展质量监督和承办产品认证工作，使企业的各项专业管理和综合管理规范化、标准化，不断提高产品质量、降低物耗、增加效益。

1.3.2 技术标准化

技术标准化，是企业标准化管理的主体。技术标准化，主要包括产品标准化、原材料及外购件标准化、工艺标准化、工装标准化、检验和试验方法标准化等。各专业的标准化都有其具体的内容和要求。

1.3.2.1 产品标准化

产品是工业企业一切技术经济活动的中心，也是工业企业职工从事工业生产劳动的直接有效的成果。产品质量水平，是反映企业生产经营能力和企业素质的重要指标。

因此，产品标准化，是工业企业标准化工作的重点，是加速产品开发和实现产品更新换代的重要措施，也是保证和提高产品质量的重要手段。

产品标准化主要包括产品系列化、零部件通用化、产品质量标准化、产品销售与使用服务标准化等内容。

（1）产品系列化

正如前面所述，系列化，就是将同一品种或同一形式产品的规格按最佳数列科学排列，以最少的规格满足最广泛的需要。产品系列化的主要内容如下：

第一，制定产品系列标准（又称产品基本参数系列标准）。产品参数是指能标志一个产品使用特性的变量。一个产品可以有许多个参数，但纳入产品系列的参数应该是最能反映产品使用功能、基本性能、基本结构、基本技术特性的基本参数。产品的基本参数是选择或确定产品功能范围、规格尺寸的基本依据。

产品的基本参数系列是指产品的基本参数的数值分级，因此，制定产品基本参数系列标准就是将产品的基本参数形成系列。在制定基本参数系列标准时，除了选择基本参数之外，还应在许多基本参数中确定最重要、最有代表性的参数作为主参数。基本参数系列是以主参数为主形成的系列。选择参数系列应掌握国内外同类产品的技术情报信息和参数系列标准，充分考虑与有关配套产品的相互协调，采用合理的分档密度。

确定产品基本参数系列的目标就是按照实际需要，合理地确定产品基本参数（含主参数）的上、下限范围，以及上下限之间的合理分档，最后形成产品参数系列表。这是参数系列标准的主要内容，也是直接影响产品标准水平的关键问题。

第二，编制产品系列型谱。产品系列型谱是将同类产品的基型系列、变型系列按其参数关系排列起来，并注明其发展情况的图表。它是在确定了产品参数系列的基础上制定的。

制定产品系列型谱，首先要确定基型产品，并以基型产品为基础，作某些局部的设计变动或进行局部的补充设计和必要的少量的生产技术准备工作，生产出多数零部件与基型产品通用的仅具有某些与基型产品不完全相同的变型产品。产品系列型谱是产品发展的蓝图，是制定品种发展规划和技术发展规划的基础，也是指导产品设计和用户选择产品的依据。

产品系列型谱的内容包括：系列构成（包括基型系列与变型系列）；按系列构成，对基型系列和变型系列的形式、用途、主要技术性能和部件的相对运动特征的说明；根据产品参数系列构成和形式等编制的产品品种表；产品及其部件间的通用化关系和产品参数表；产品系列型谱的附录。

编制产品系列型谱应注意对国内外同类产品的发展情况和趋势进行周密分析，详细了解产品需求情况，明确产品及其部件通用化关系。

第三，组织产品系列设计。组织进行产品的系列设计，是贯彻产品系列型谱的重要环节，也是搞好产品系列化和零部件通用化的关键。产品系列设计包括：

■ 选择典型规格。先在产品系列型谱表中确定基型系列，再在基型系列中选择典型规格。典型规格应是基型系列中最有代表性的型号，其规格适中、结构比较先进、销售量比较大，并且经过长期生产和使用考验，其结构和性能都比较可靠。

■ 典型规格的设计。典型规格选定后，在充分研究典型规格同基型系列、变型系列各产品之间的通用化和组合化关系的基础上，依次进行典型规格的方案、技术、工作图设计。

■ 基型系列产品的设计。由典型规格向基型系列各产品扩展，设计一个系列的各种规格。

■ 变型系列产品的设计。由基型系列产品向变型系列产品扩展，设计不同形式、不同规格的产品。

■ 编制零部件通用关系表、产品参数表等各种表格和产品系列型谱表构成说明。

（2）零部件通用化

所谓零部件通用化，是指在互换的基础上，尽可能地扩大零件或部件的使用范围。零部件通用化可以缩短设计周期，减少设计和生产、使用中的重复劳动，扩大生产批量，节约人力、财力、物力。零部件通用化，主要是确定通用件。通用件按其通用范围和方式的不同，可分为企业标准件、通用件和借用件。零部件通用化应做好三项工作：

第一，通用图册的编制与应用。通用件不属于某一产品，它是以自己的独立编号系统存在于各种类型产品之中。通用件相对企业标准件来讲，各方面的条件还不成熟，经过一段时间的制造和使用的考验，有可能上升为标准件。通用化的对象确定之后，便可设计通用零部件的工作图样及编制独立的技术文件。其工作图设计完成后，需编制选用图册，以指导通用零部件的选用。通用零部件选用图册一般只供设计人员选用，但随着零部件通用化程度的提高，也可直接用于订货和指挥生产。

第二，组织好通用件的积累。对于结构比较复杂、变化尺寸比较多、重复使用可能性较少的零部件，由于其选择的目标不集中，一般不应预先搞系列设计，而应编制一个指导性的资料，由设计人员按照指导性资料，根据需要陆续设计，逐步积累形成系列。这样既可避免重复设计，又可实现零部件的通用化。在这个环节，一是要编制通用化指导资料，用来统一通用件的设计；二是绘制通用件图样。

第三，组织好借用件的利用。在新的设计结构中，借用过去已生产过、技术上较为成熟、并有一定的工艺装备的零部件，也可收到与通用化相同的效果。零部件的借用应注意以下几点：

■ 被借用件应是已经掌握了制造技术、能够稳定生产的零部件。

■ 被借用件一般应是结构比较复杂或需要一定工艺装备的零部件。

■ 被借用件应与所需零部件性能相近。

■ 借用的范围一般应限定在同一产品系列或派生产品系列范围之内，试制产品的零部件不得借用。

（3）产品质量标准化

产品质量标准化是企业标准化的核心。产品质量标准化，主要是制定、贯彻产品质量标准和产品质量检验标准。

第一，产品质量标准的制定和贯彻。产品质量标准是把反映产品质量特性的参数暂时固定下来形成的文件，是衡量产品质量水平的尺度，也是组织产品生产的依据。产品质量标准主要包括：产品名称、用途、适用范围、规格、技术要求、检验方法、检验工具、包装、运输、储存等方面的要求。产品质量标准通常由国家、各专业部门和企业根据使用要求，考虑技术发展情况和实际生产条件，以及国家的技术经济政策，按照经济适用的原则制定和发布。企业的产品质量达到产品质量标准的要求后，才允许生产和销售。

当前我国已把采用国际标准和国外先进标准列为重要的技术经济政策，企业在制定和贯彻产品质量标准的过程中。应根据国内外同类产品质量情况和产品标准资料，结合本企业实际情况，制定出高于上级产品标准的企业标准（内控标准），经上级有关部门审批后发布执行。为使企业的产品质量内控标准切实可行，制定企业内控标准应坚持的原则是：企业内控标准不得与国家标准、行业标准、企业标准相抵触；内控标准应充分考虑用户对产品的合理要求，以国内外同类产品的先进水平为目标；制定内控标准应有严格的科学态度，使其既先进又可行，并且注意抓重点产品和影响产品质量的关键性问题。

第二，产品质量检验标准化。产品质量检验标准化，主要表现为产品质量检验标准的制定和执行。产品质量检验的主要依据是产品质量标准、产品工作图样、技术条件（表达产品及其组成部分不宜在工作图样中表示的制造、试验和检验等方面技术要求的文件）和工艺规程等。产品质量检验标准可按照产品的整件质量和零部件质量两部分来制定。

产品整件质量检验标准，一般是包括在产品的技术条件标准中，有时为了产品试验研究部门和质量检验部门使用方便，或者为了对内容规定的更为具体，需要对各项技术要求的试验（检验）方法与检验规则单独制定标准。

产品零部件质量检验标准，可分为自制的主要零部件标准和外协的主要零部件标准，标准中包括技术要求、检验方法和检验规则。

在明确和制定了产品质量检验标准之后，应认真组织贯彻执行，逐步实施标准化管理，取得应有的效益。

（4）产品销售与使用服务标准化

产品标准化除了应组织好产品系列化、零部件通用化和产品质量标准化以外，还应组织好产品销售与使用服务标准化，这是市场经济形势对企业标准化管理的客观要求。为此，企业应通过各种途径向消费者介绍其产品，帮助和指导用户进行选购决策；应及时向用户提供使用和维修产品的资料（如家具使用说明书等）、专用工具和备件等；还应对使用、安装、调试产品有困难的用户提供各种服务；并且切实注意实事求是、信守合同、对用户负责。同时，还应通过对产品使用效果的调查研究（包括是否达到了质量要求和设计目标、不足之处、用户的建议和意见等），为产品的改进和产品标准的修订提供依据。

1.3.2.2 原材料及外购件标准化

原材料（即原料和辅助材料）及外购件是工业企业的主要生产条件，也是实现工艺要求的物质基础，任何一个企业要生产出符合用户要求的产品，就必须有符合加工工艺要求的原材料及外购件。原材料及外购件的标准化对保证产品标准的贯彻执行、节约物资消耗和节省资金、减少对环境的污染、保障企业生产过程的正常进行，都有很直接的作用。

原材料及外购件标准化，主要是指原材料及外购件选用和验收的标准化。因为企业消耗的原材料和外购件绝大部分已经有了上级标准或其他企业的企业标准，此项管理的任务，主要是在系统收集所有标准资料和产品样本的基础上，组织好原材料和外购件的合理选用和验收。原材料及外购件标准化，主要应做好如下几项工作。

（1）采用标准化的原材料及外购件

目前我国的大量原材料和外购件都已有国家标准、行业标准和企业标准，建立了大量的专业化生产厂，为企业贯彻执行和选用本国的原材料和外购件创造了条件。企业选用原材料和外购件时，应特别注意这样几个问题：

■ 选用的原材料和外购件应立足于国内，一般情况下，不选用进口的。

■ 合理压缩原材料与外购件的品种和规格，以尽可能少的品种，满足尽可能多的需要。

■ 最大限度地选用标准（或成形）的原材料和外购件，对于非标准的，应尽量限制使用。

■ 选用的原材料和外购件应当能够保证产品性能，满足工艺要求，价格合理、质量好。

■ 应严格控制特殊材料（如供应困难、价格昂贵、奇缺的材料）的选用。

（2）制定原材料及外购件进厂验收标准（或验收规范）

大多数企业生产中所需的原材料及外购件都是从外单位采购的。外购原材料及外购件的质量在国家有关标准或生产厂的企业标准中虽有规定，而且其出厂时生产厂虽已根据标准的规定做过检验，但在原材料及外购件进厂时，除确有把握无需再验者外，仍须进行验收检验。

如果原材料及外购件生产厂执行的是国家标准或行业标准，可按标准中规定的验收规则进行验收，也可将标准中的规定转化为本企业的进厂原材料及外购件验收标准（或验收规范）。

如果进厂原材料数量很大，按国家有关标准进行验收时，复验项目很多，既不经济也无必要时，可根据生产工艺的要求，对其中的某些项目有重点地进行复验，但须将有关规定（尤其是复验方法）制定为企业标准，作为验收人员的工作依据。

如果供需双方是按合同供货或按生产厂的企业标准供货时，则用户方应制定自己企业的验收标准（或验收规范）并以此作为签订订货合同的依据。

对进厂原材料及外购件的验收，是原材料与外购件标准化管理的重要组成部分，也是对其进行科学控制的重要关口。因此，企业必须制定进厂原材料和外购件验收标准（或验收规范），使其有"法"可依。

验收标准（或验收规范）的编写依据：主要考虑本企业制造产品、制造工艺、拥有设备、工装条件的要求等。

验收标准（或验收规范）的内容与编写方法：按产品标准中验收规则和试验方法的内容，一般包括适用范围、种类、等级、技术要求或检验项目（指原材料的质量标准，如尺寸、规格、性能、成分、化学性质、物理性质、结构、外观和感官特性、包装、标志等）、试验方法和验收规则。

（3）编制原材料及外购件选用手册

我国工业企业中一个较为普遍的现象是：一方面原材料短缺，影响计划的执行，甚至停产；另一方面企业里又经常造成大量的原材料积压。造成原材料积压浪费的原因，除了盲目采购的因素之外，多数是由于设计人员随意选用原材料造成的。因此，为了减少原材料及外购件的积压和浪费，加强对其进行管理，方便设计人员选用原材料及外购件，必须对厂用原材料及外购件的品种、规格通过制定标准或有关规定加以限制，这是许多企业的实践证明了的行之有效的措施。

通常的具体做法是：在运用工业工程方法对厂内所用的原材料及外购件进行调查、统计、分析和整顿的基础上，根据上级标准的要求（包括部分企业标准和企业制定的内控标准），结合生产特点和供需情况，编制原材料及外购件的选用手册。

原材料及外购件选用手册的内容包括：用途、适用范围、分类、牌号（外购件的型号）、品种、规格尺寸、成分、状态和性能等；标记方法以及订货须知等；同时还应有选用时的标志，如"优先使用""可使用""限制使用""特殊使用"等；对属于特殊使用和限制使用的原材料或外购件，应规定审批原则和程序；对有关代用原材料和代用外购件，也应规定代用原则。另外，为了方便采用先进原材料和外购件，如有可能，还应制定新旧原材料与外购件牌号（型号）对照表、各主要国家原材料牌号对照表等。

（4）制定原材料及外购件采购业务的管理标准

采购职能是企业经营的重要职能之一。在市场经济条件下，企业采购业务工作的水平、质量和效率，对整个企业的生产经营活动有直接的影响，有些情况下甚至起关键性作用。

一个企业的采购部门，不仅要根据使用部门的要求，购进必要的物资（如设备、原材料、半成品、零部件等）和服务（如能源、运输、外协加工等），而且还要力争价格便宜、及时、适量。这些要求对采购部门来说都是很高的要求。采购部门为了做好工作有必要制定相应的管理业务标准，使采购业务活动走上规范化、科学化的轨道。

采购业务管理标准的内容大体上包括：制定采购计划、决定采购单位的方法、订货方法、接收方法、付款方法、票据格式和办理办法、接收检验不合格时的处理办法以及各有关部门之间的业务联系和交接关系等（详见管理标准化章节部分）。

（5）制定原材料及外购件仓库管理业务标准

仓库管理是为了确保原材料等在企业内的适当库存，保证满足生产需要，调节生产和需求的关系以及工序间的平衡而进行的各种计划、组织、控制活动。它的任务是：不断提高库存物资的周转速度，简化库存管理程序和手续，健全仓库管理组织，提高管理工作效率等。

因此，企业的原材料及外购件仓库是企业各项物资的周转储备环节，同时又担负着物资管理的多项业务职能：从接收进厂物资、库存保管、发放、修旧利废、回收利用直到物资储备与消耗的统计分析等。管理环节多，业务内容繁琐，同厂内几乎所有部门都发生业务联系。要管理好仓库，就必须建立起严格的标准，才能保证仓库管理工作杂而不乱，井然有序。

仓库管理的业务标准应由原材料及外购件入库、保管、出库等业务以及与这些业务有关的记录（登记）手续、信息交换（传递），以及同有关部门进行联系的程序和方式等项内容组成，一般应包括：管理责任、管理方法、管理业务手续和流程，物品的入库、保管、发放作业的要求，在库品的管理方法等。

1.3.2.3 工艺标准化

在企业生产经营过程中，工艺标准化占有很重要的地位。产品设计主要解决生产什么样产品的问题，而生产工艺主要是解决如何制造的问题，产品的设计图样和文件通过工艺工作的实施，才能制造出符合要求的产品。显然，工业企业要实现产品的标准化、实现产品争先创优的目标，必须具备工艺标准化的基础和实力。

所谓工艺，是依据产品设计要求，按原材料、半成品等加工成产品的方法、技术、工作等。包括生产准备工艺、加工制造工艺、测定工艺、检查工艺、包装工艺、运输或搬运工艺和储存工艺等。工艺工作是企业生产技术工作的主要内容之一，其范围很广，不同类型的企业又会有不同的重点，一般来说主要包括：采取一切技术组织措施，保证产品质量；编制并贯彻工艺方案、工艺规程、工艺守则及其他有关的工艺文件；参加产品图样的工艺分析，审查零件加工及装配的工艺性能；设计、制造及调整工艺装备，并指导使用；编制原材料消耗定额；设计及推行技术检验方法、生产组织、工艺路线、工作地布置方案以及工作地的工位器具等；工具管理（工具的计划、制造和技术监督）；新技术、新工艺、新材料的试验、研究和推广。

由于工艺工作的任务复杂、头绪繁多、难于管理，因此，必须实行工艺标准化。工艺标准化，是标准化的原理在工艺工作中的应用。只有通过开展工艺标准化，才能简化工艺管理，建立正常的生产秩序；才能促进产品设计标准化，保证产品质量提高；才能降低人财物的消耗，提高经济效益；才能缩短生产周期，提高劳动生产率等。

不同类型产品的企业，在工艺上差别很大，就是同类型产品的企业之间，工艺上也有差别。工艺标准化的内容也依据企业的生产类型、生产规模和生产工艺的特点而有所不同，这里只能列举几种有代表性的工艺标准化的主要内容。

（1）工艺术语标准化

工艺术语是关于工艺的、有严格规定意义的专门用语。工艺术语的统一是企业里的一项基础性的标准化活动。有了这方面的标准，就能克服因术语不统一、理解不一致而发生的混乱，从而在企业里能通过工艺文件准确地传达工艺意图，保证工艺工作的顺利进行。因此，实行工艺术语的标准化管理，对于统一工艺语言、统一认识、统一行动、避免浪费，有着重要的意义。

为了实现工艺术语标准化，在制定工艺术语时，应从统一性、单义性、系统性的原则出发，在对工艺术语进行调查研究、收集鉴别的基础上，对工艺术语进行归纳整理和分析比较，并进行适当处理，最后按专业分类和标准制定程序，分别制定出工艺术语标准，并认真组织贯彻执行。

（2）工艺符号标准化

工艺符号与工艺术语一样，是企业工艺工作中工程技术人员、生产组织者和操作工人之间，用来表达工艺语言、传达工艺意图的工具，也是工艺工作范围内的基础标准之一。在企业的工艺工作中，利用工艺符号表达工艺意图要比用语言或文字简练、方便、清楚，而且准确无误。因此，工艺符号广泛应用于工艺方案、工艺规程简图、工艺装备等的设计任务书和设计方案中。为了保证工艺符号的统一性和理解的准确一致，有必要制定相应的标准，并且从客观上要求其一定要标准化。

对于工艺符号标准，企业必须认真组织贯彻执行上级标准。同时，也需要根据本企业的需要，制定本企业的工艺符号标准，但不应与上级标准相抵触。具体可采用补充规定法（增加一些适合企业具体情况的内容）或内部执行法（根据上级标准制定本企业内部执行的标准）。

（3）工艺文件标准化

工艺文件是企业组织生产、指导操作、控制产品质量和企业管理其他工作所必备的技术文件。工艺文件的标准化，是指按照标准化的要求对工艺文件的一系列规范化管理。如对工艺文件划分种类、规定项目，简化、统一格式，规定编写方法等。其目的在于通过标准化管理强化工艺管理，提高工艺人员素质和工艺工作水平，使工艺更好地为企业的经营方针与目标服务。工艺文件标准化的内容主要包括：

第一，划分工艺文件种类，规定各阶段文件的完整性。一般而言，工艺文件可分为4个大类，即工艺方案、工艺规程文件、管理用工艺文件和工装设计文件。工艺方案可分为产品工艺方案和零件工艺方案，产品工艺方案是企业工艺准备工作的指导性文件，零件工艺方案是根据需要（保证零件的制造质量符合设计要求）对工艺性较为复杂的关键零件编制的。工艺规程文件是指导操作和质量控制的文件，主要包括工艺过程卡、工艺卡、工序卡、机床调整卡、技术检查卡、毛坯图和工艺守则等。管理用工艺文件主要包括零部件工艺路线表、各种明细表、汇总表、材料工艺消耗定额、工时定额、工装明细表等，是企业进行工艺管理、编制工艺计划等工作的技术依据。工装设计文件是指专用工装设计任务书、工装图样和工装使用书等，是企业进行专用工装的设计、制造与使用的技术依据。

对于工艺文件的完整性，企业可结合自身的特点并考虑到实际需要，制定本企业产品工艺文件完整性的规定。企业的工艺文件可比行业标准有增有减，但有些必备的、主要的文件必须具备。如新产品试制各阶段的工艺方案、产品零部件工艺路线表、工艺过程卡、各工种工艺守则、材料工艺消耗定额、各工种使用工艺装备明细表、标准工具明细表、工艺文件总目录等。

第二，编写工艺方案。工艺方案是编制工艺规程和工艺范畴的技术组织措施计划的依据。产品工艺方案的编写内容包括：新产品样品试制工艺方案（如产品工艺性审查意见书和对工艺工作量的大体估计、特殊需要设备的购置意见或外协意见、主要材料和工时消耗的估算等），新产品小批试制工艺方案（如新产品样品试制的工艺工作小结、自制件工艺路线的调查意见、关于确定生产节拍的意见等），批量生产工艺方案（如新产品小批试制的工艺工作总结、车间平面布置计划、关于确定生产节拍的意见和投产方式的意见、确定工时定额、确定工艺文件总目录、关于工艺发展规划的意见等）。

工艺方案的编写格式，可以按照企业规定的技术文件格式执行。但对于工艺方案的讨论、审查、批准等程序，企业必须制定出标准，并且认真组织实施。

第三，编制工艺规程文件。企业的工艺规程，是企业对工艺路线、加工方法、操作方法、检验标准和检验方法所做的规定。工艺规程是企业内部具有法律性质的技术文件，可以直接指导产品加工和工人的技术操作，进行质量控制。也是安排生产计划、进行生产调度、合理配备工人、编制管理用工艺文件等工作的基础和依据。

工艺规程的内容、格式，因企业的性质、生产类型、加工对象的重要性和复杂程度的不同而不同。其内容一般主要包括：工艺过程卡片、工艺卡片、工序卡片、技术检查卡片以及机床调整卡片、工艺守则等。工艺过程卡片是表示某一工件在一个车间制造的过程中的工艺路线文件，工艺过程卡片与零件设计图样结合使用，可以指导操作，一般适用于单件小批生产类型的企业；大量大批生产时，一般是用做工序卡片的汇总文件，供生产调度人员使用。工艺卡片比工艺过程卡片详细，是表示某一零件在一个车间内的某一工种或几个工种的工艺过程文件。工序卡片是表示某一零件在生产过程中某一工序内容，并比工艺卡片更为详细的工艺文件。技术检查卡片是规定对零件的部位、方法、进行质量检验的工艺文件。工艺规程文件的格式及填写规则，应参照有关管理部门的规定执行。若企业的文件格式与标准不符，只要文件中需填写的项目与标准一致即可，待重新印刷时再行调整。各企业都应参照有关上级标准，制定并组织实施本企业的标准。

第四，编制管理用工艺文件。管理用工艺文件，是进行工艺管理、编写作业计划、组织生产调度等方面不可缺少的文件。管理用工艺文件包括：产品零、部件工艺路线表（产品全部零、部件在生产过程中所经过的各个部门、车间、各工段、各工序的工艺路线文件）、主要材料工艺消耗定额表、辅助材料工艺消耗定额表、工具消耗定额表、专用工艺装备明细表、标准工具明细表等。企业的标准化部门，应当按照有关规定，组织管理用工艺文件的编制方法、审批程序和文件格式的标准化管理。

第五，编制工艺装备设计文件。在生产经营过程中，要求工艺装备应当先进、可靠、效率高、耐用等，尤其是复杂的工艺装备的设计，必须充分发挥集体的智慧，才能实现设计目标。为此，企业的标准化部门必须严格规定专用装备的设计程序，重视设计任务书的审查，必须明确规定工艺装备设计任务书、设计方案和审定书等应如何编制。为了保证工装设计的质量，必须规定只有经过设计任务书的提出和设计方案的编制、讨论、审批后，才能进行工作图样的设计。

（4）工艺要素标准化

在工业产品加工工艺中，工艺要素泛指与工艺过程有关的主要因素，如加工余量、公差和工艺尺寸等。企业的工艺要素标准，是根据产品精度标准、生产批量、所用原材料和设备、技术状况等，对工艺要素进行优选、统一而制定的标准。实行工艺要素标准化，可以促进提高产品质量和劳动效率，限制不合理因素的增加，加速工艺规程的编制。工艺要素标准化主要包括加工余量与公差标准化、工艺规范标准化、工艺尺寸标准化。

①加工余量与公差标准化。加工余量是工序余量和毛坯余量的总称。工序余量是工件相邻两道工序的工序尺寸之差；毛坯余量是毛坯尺寸与零件图的设计尺寸之差。开展加工余量与公差标准化，是以工件的工序余量和毛坯余量为对象的。

在工件的加工工艺过程中，工序余量和毛坯余量受多种因素的影响，并且不断地发生着变化。但是，在一定的条件下，工序余量和毛坯余量存在一个经济合理的数值。开展加工余量与公差标准化的目的，就是为了寻求这一理想数值，制定成标准，以此作为编制工艺文件的依据，以利于节约时间、降低消耗、提高产品质量。

在制定和贯彻执行加工余量与公差标准时，应注意：第一，制定加工余量与公差标准时，应当在保证工件加工精度的前提下，使加工余量尽量小些。第二，充分考虑各主要因素的影响，如工件的材料和几何形状、产品生产批量的大小、设备精度与工装精度、工艺方法等。

加工余量与公差标准的编制方法，一般有计算法和统计法两种：

■计算法是根据加工对象和一定的生产条件，全面分析影响加工余量的各种因素，并对可计算的因素进行计算，再根据分析和计算的结果初步制定成试行标准；试行标准经过一段时间的实验之后再行修整，最后形成正式标准。

■统计法是将生产实际采用的加工余量与公差进行统计和分析，将最常用的数值合理分档，最后以标准的形式固定下来。

无论采用哪种方式来制定加工余量与公差标准，都应考虑标准中的数值经济合理，便于操作者执行，便于贯彻实施。

②工艺规范标准化。工艺规范标准（也称工艺参数标准），对提高零部件设计的工艺性，指导工艺规程的编制有明显的促进作用；在单件小批生产的企业里，还可以起到一定的工艺规程的作用；工艺规范标准化管理，适用于所有的工种。

工艺规范可以单独制定成标准，也可以编制在工艺守则中。在贯彻执行工艺规范标准时，应注意编制使用说明书，使之既可直接指导工人操作，又可对设计人员和工艺人员的设计工艺性起指导作用。

③工艺尺寸标准化。工艺尺寸是指零部件在制造过程中工序间的尺寸。加工余量和工艺尺寸有着密切的联系，加工余量是毛坯尺寸（最初工艺尺寸）与零件尺寸之差，但是规定了加工余量不等于确定了工艺尺寸，因为两者的出发点不同。制定加工余量标准，是在保证制件加工精度的前提下，尽量减少加工余量，以免浪费；而制定工艺尺寸标准除了考虑这些因素外，还要考虑如何才能尽量减少切削工具和工装的品种、规格，实现工装标准化，达到降低成本、缩短工具制造与维修周期的目的。

实现工艺尺寸的标准化，可以合理统一工艺规范、稳定工艺、保证制件的质量；有利于减少工夹具、工装的规格，实现工装标准化；还可为典型工艺创造条件。

（5）工艺规程典型化（又称典型工艺）

工艺规程是反映工艺过程的文件，是组织生产的基础资料。它包括：产品及其各部分的制造方法与顺序，设备的选择，切削用量的选择，工艺装备的确定，劳动量及工作物等级的确定，设备调整方法，产品装配与零件加工的技术条件等。它的主要文件形式有：过程卡（或路线卡）、工艺卡（或零件卡）、操作卡（或工序卡）、工艺守则以及检查卡、调整卡等。

工艺规程的标准化，通常称为工艺规程典型化或典型工艺。它是从工厂的实际条件出发，根据产品的特点和要求，从众多的加工对象中选择加工要求和工艺方法相接近的加以归类，也就是把工艺上具有较多共性的加工对象归并到一起，并分成若干类或组，然后在每一类或组中，选出具有代表性的加工对象，以它为样板，编制出的工艺规程叫典型工艺。它不仅可以直接用于该加工对象，而且基本上可以供该类加工对象使用。例如某一类零件的典型工艺，只需稍做调整，便可适用于该类中的每一种零件。所以它实际上是通用工艺规程。在产品品种多变的企业，典型工艺还可作为编制新工艺规程的依据，一定程度上起着标准的作用。

典型工艺一般包括：

■ 相同零件组的典型工艺（对结构形式相似、尺寸相近、具有类似工艺特征的一组零件制定的供工艺人员编制工艺使用的工艺文件）。

■ 某工序的典型工艺（以工序为对象，对该工序所有零件中的同一工艺要素的制造工艺进行典型化）。

■ 标准件和通用件典型工艺（因为标准件的结构相同，只是尺寸不同，所以无须分类分组，便可直接编成供操作者用的典型工艺过程卡，绘出结构简图，在表格中列出尺寸系列）。

■ 工艺过程的典型化。

■ 成组加工。

典型工艺往往取决于产品及其零部件的标准化，但反过来，工艺规程典型化又可以促进产品及其零部件标准化程度的提高。工艺规程典型化一般分两步进行：先是按零件的形状、结构和工艺特征等将零件分成若干类，并将每类分成若干组；然后在每组中选出有代表性的典型零件，根据编制工艺规模的方法和步骤，制定出典型工艺规程，并在分析研究中对其内容进行适当补充。

工艺规程典型化有利于改进企业工艺管理。首先是减少工艺文件的编制数量（工作量），简化工艺试验和验证，缩短生产准备周期；其次是提高工艺水平和工艺质量，为应用新技术、组织专业化生产创造条件（如采用成组加工工艺）；再次是减少工装的品种和数量，提高工装的通用化程度和利用率，节约加工工时，简化车间的生产组织和计划管理。

1.3.2.4 工装标准化

在工业企业生产的各个阶段中（如样品试制、小批试制、正式生产），需要进行大量的生产准备工作，其中工装（工艺装备的简称，指产品制造过程中所用的各种工具的总和。如刀具、夹具、模具、量具、检具、辅具、钳工工具和工位器具等）的设计、制造占相当大的比重，并且工艺装备精度要求高、技术性强、用量大，是工艺加工过程管理的重点。工艺装备是加工制造产品、保证产品质量、提高生产效率的物质条件。因此，特别需要制定工艺装备的标准。

工装标准化，可以减少工装设计和制造的工作量，缩短生产准备周期，有利于提高工装的设计和制造水平，合理压缩工装的品种和规格，提高其利用率和简化工装管理，从而降低产品成本。工装标准化主要应做好以下几项工作：

（1）工艺装备的简化和统一化

在工艺规程典型化的基础上，对企业现有工艺装备加以整顿、简化、压缩不必要的品种、规格，改进工艺装备的管理。这方面的标准化，对一些老企业可收到十分明显的效果。

（2）专用工艺装备零部件的标准化

比较复杂一些的专用工艺装备（如夹具、模具），大都是由零部件组装而成的，对其中常用的零部件加以标准化或选用已有的标准件（如紧固件），就能减少工艺装备中专用件的比重，提高专用工装的标准化程度，从而减少设计和制造的工作量，降低制造费用。

这方面的标准化工作，可分为3个方面：

第一，以标准工装或标准零件代替非标准工装和非标准零件。如尽量采用外购工具和通用工具；尽量采用标准件；统一标准工具的形式等。

第二，制定工艺装备零件标准。如对工装零部件加以标准化；对常用工装零部件制定为企业标准件等。

第三，开展工艺装备零部件的通用化。如模具、夹具等方面的典型组合、典型结构、标准模架、通用装置等通用化的具体形式。

（3）发展组合式工艺装备

组合式工艺装备是利用组合化原理设计制造和使用工艺装备的一种方式。组合化就是按照标准化的原理，设计并制造出若干组通用性较强的单元，根据需要拼合成不同用途的物品的一种标准化形式。在工艺装备的设计、制造和使用过程中都可以运用这种方法。

（4）开发成组工艺装备

成组工艺装备是成组技术在工艺装备的设计、制造和使用过程中的应用，也是成组技术的实施手段。成组工艺装备是指只要稍加调整和补充就能保证零件组中所有零件进行加工的各种刀具、夹具、模具、量具和工位器具的总称。应用成组工艺装备也是解决工装设计制造时的周期长、劳动量大、成本高和使用效率低的矛盾的一种好形式。

例如成组夹具，它的使用对象不再是某一特定零件的某一工序，而是具有相似特征的一组零件。这是因为成组夹具一般由通用基体部分和专用可调部分组成。通用基体部分一般是长期固定在机床上，它不随被加工零件的更换而变化；当组内零件品种变换时，只需将可调整部分进行更换或调节，便可继续使用，这是成组工装的特点。所以，成组夹具是成组加工过程中根据成组工艺规程，针对一组零件的某个工序专门设计的可调整夹具。因此，它是一种针对性较强的可调整夹具。

1.3.2.5 检验和试验方法标准化

检验就是借助某种手段或方法，对成品、半成品或原材料的质量特性进行测定，并将测定的结果同规定的质量标准作比较，从而判断其是否合格的过程。检验必须通过一定的试验，而且必须统一试验方法，才能保证试验结果的可靠性和可比性。因此，在产品标准中检验方法与试验方法是不可分的。

（1）企业检验方式

企业里的检验方式随企业的生产类型不同而有所不同，根据不同的分类原则可划分如下：

第一，按检验主体分为自检、互检和专检。

■ 自检。是指操作者对其所加工的制品（或零件），按图样、工艺或标准进行的检查。经检验确认合格后送交下一工序或专职检查人员检查。自检虽然是初步的检验，但却很重要，通过操作工人的自检，不仅可以把不合格品挑出来，防止其流入下一道工序，而且有利于操作者及时调整工装和设备，防止再次出现不合格品。这对提高工人的质量意识很有作用。

■ 互检。是生产工人之间相互进行的检验。如下道工序的工人对上道工序的检验；同工序工人的互检；班组质量管理员对本组工人生产的产品的抽验；以及下一班工人对上一班制品的检验等。

■ 专检。即企业专职检验机构的检验。如企业的技术检验科或检查科所进行的检验。这种方式的检验，不仅具有确保产品质量的作用，而且具有代表企业对产品进行验收的意义。从"把关"的意义上来说，这道关很重要，既要防止不合格的产品流入下一道工序或流出厂外，又要防止不合格的原材料和零配件等流入厂内。

这 3 种方式就是我国许多企业中实行的"三检制"也叫"三责检查制"。这 3 种方式不是互相排斥的而是互相补充、互相结合的。其中起主导作用的是专职检验。因为随着技术的进步和产品复杂程度及精度的提高，进行质量检验不仅要具备一定的专门知识和技能，而且还需要一定的检验技术装备和仪器。检验工作已成为独立的工序。强调专职检验工作的重要并不意味着自检和互检就不重要了，只有这 3 种检验方式的密切配合，才能形成人人关心质量，人人对质量负责的意识；并可减轻专检人员的工作量，使他们可以集中精力把好关键环节的质量关，形成有效的质量检验系统。

第二，按检验特征分为以下几种方式。

■ 按工作过程的次序可分为：预先检验（加工装配前对原材料、半成品、外购件等的检验）、中间检验（加工过程中前后工序之间的检验）和最后检验（完成全部加工或装配程序后对半成品或成品的检验）。

■ 按检验数量可分为：全数检验（对检验对象逐一进行检验）、抽样检验（对检验对象按抽样方案规定的数量检验）。

■ 按预防性可分为：首件检验（对改变加工对象或改变生产条件后生产的第一件或头几件产品进行的检验）、统计检验（运用概率论和数理统计原理，借助统计检查图表进行的检验）。

这几种检验方式各有不同的适用条件，企业应根据本单位生产过程的具体情况和特点合理选择可以正确反映产品质量状况的检验方式。

第三，按检验目的分为形式检验和出厂检验。

■ 形式检验。又叫例行检验。其目的是通过对产品各项质量指标的全面检验，以评定产品质量是否全面符合标准，是否达到全部设计质量要求的一种全项目检验。它主要用于新产品投产前的定型鉴定。但正式投产后，如果结构、材料等有重大改变以及转厂生产或者长期停产后重新投产时，也须进行形式检验。工艺比较稳定的情况下，可重点选若干项目，包括某些过载试验、寿命试验和破坏性试验，进行周期性复查考核。形式检验，除用于新产品鉴定之外，通常用于制造厂的内部检验。工厂应根据试验结果在必要时调整工艺过程，以保证产品质量达到较高水平。

■ 出厂检验。又叫验收检验。它是对正式生产的产品在交货前必须进行的最终检验。其目的是评定已通过形式检验的产品在交货时是否具有形式检验时确认的质量，是否达到良好的质量特性要求。产品经出厂检验合格，才能作为合格品交付。用户认为必要时也可按出厂检验的项目进行接收检验。出厂检验项目是形式检验项目中的一部分，有的项目可以全检，有的项目可以抽检。平时已做过周期性检查的一些试验（如过载试验、破坏性试验、寿命试验），根据检验记录，如可证明生产过程稳定时，可以不再重复进行形式检验（用户提出要求时例外）。

对于列入产品标准中的质量检验，根据国家标准的规定，一般采取这 2 种检验方式。它实际上是对产品实行最后检验的 2 种方式。

（2）企业检验标准

企业的检验工作是企业生产过程的一个工序，并贯穿于生产的全过程，几乎在各个部门、各个加工车间、工艺环节和生产班组都有检验工序。为保证检验工作的严肃性和科学性，应制定相应的检验标准作为操作工人自检、互检以及专职检验的共同依据。

企业检验不仅形式多样，而且对象多种多样。检验标准的种类也较多，不同行业检验标准内容又有所不同。就工业产品加工企业来说，如果按生产过程次序划分，主要有如下检验标准：

第一，接收检验标准。又叫入厂检验标准。主要是对进厂的原材料、外购件、外协件、外购工具、量刃具、仪表和设备等所规定的质量检验标准。其目的是保证不合格的原材料及工装设备不进厂。

第二，中间检验标准。主要是生产过程中的检验标准。其目的是保证不合格的零部件、半成品不交给下一道工序。

第三，成品检验标准。它检验制成品的质量是否达到产成品质量标准的要求。对产成品进行检验，还可按不同时期分为：最终产品检验、半成品出入库检验、长期库存品在库检验、产成品出厂前的检验等。其目的是保证不合格产品不出厂。

企业检验标准大体上包括以下一些内容：

第一，总则。一般包括该标准的适用范围，有关术语的定义及检验目的等。

第二，职责任务。如检验科的任务：①验收材料；②验收外协加工件；③成品检验；④检验用仪器设备的维护保管；⑤保存检验记录，汇总并上报。

第三，检验项目。规定必须检验的项目，如外观、形状、尺寸、结构、性能（物理性能、化学性能）、材料质量、附件、配件、标记等。在规定检验项目的顺序时，可先易后难，也可先检验经常出问题的项目。不仅要考虑检验工作的质量还要提高检验效率。

第四，检验批量。就是判断合格与不合格的单位批量。同时还要规定组批的要求，如：①用不同原料、零部件制成的产品，不可做为同一批；②用不同设备、工艺方法制成的产品不可做为同一批；③不同日期、时间或轮班制成的产品不可做为同一批等。

第五，检验方法。规定是做全部检验还是抽检。如做抽检时还应规定抽检种类、判断质量是否合格的标准、样本数及判定合格的件数。

第六，取样。规定被检物品的取样方法。为能取得可代表批量的样品，通常采用随机取样。为此，须事先规定取样的地点、分层、类别及抽取试样的具体方法。

第七，试验方法。根据检验项目规定试验方法。主要是对检测仪器的精度、测试方法、试验条件等进行规定。当引用国家标准试验方法时，应注明标准号

和适用项目。企业也可以把常用的试验方法加以汇总定为企业试验方法标准，在制定检验标准时加以引用。

第八，判断基准。即判断该批受检产品是否合格的基准。为使该基准符合实际，应参考企业以往的检验数据、质量管理记录和企业其他的规定。同时还应做到，不论是谁，也不论在什么时候，按此标准检查都能做出同样明确的判断。当某些项目（如颜色、光泽等）凭人的感官进行检查和判断时，为防止判断含糊或不客观，可规定权限样品。还须对检查员进行训练，必要时对检验场所的照明度和采光情况做相应的规定。

第九，检验后的处理。规定经检验后判定为合格品或不合格品的处置办法。如对合格品应在检验单上加盖印章或挂合格标签；对不合格品也应做出相应的标记。检验员向主管部门填报检验报告单。为防止不合格品和废品混入合格品中，要严格规定放置场所和放置方法。对报废、返修和退货的方法也应做出规定。

（3）试验方法标准化

对产品的质量特性进行试验、测定、检查的方法统称为试验方法。它是对具体产品实现技术要求规定程度的定量鉴定方法。

判定产品是否合格，必须通过检验。对产品进行检验又必须以试验所得结果作为判定的依据。但试验结果只能作为判定产品现有参数是否达到合格产品技术参数的依据，并不对产品是否合格做出判定。判定产品是否合格还要看产品是否达到检验规则所规定的全部标准。

因此，检验规则是产品制造部门和用户判定产品合格与否所共同遵守的基本准则。检验规则部分不包括具体的试验方法，检验中所用的试验方法可在标准中单独规定，也可制定通用的试验方法标准。

试验方法标准编写的一般要求是：试验方法的选择与确定要严格符合技术要求（先进性、可行性）；试验方法必须统一（严肃性、仲裁性）；试验中使用的计量器具具有精度等级和计量标准（计量性、可溯源性）；试验结果保持一定范围内的准确可靠（准确性、精确性）。

试验方法标准的主要技术内容有以下几方面：

第一，方法原理。即该种试验方法的基本原理。它是试验方法的理论依据，同时也反映该试验方法的基本特点和先进性。

第二，对试剂或材料的要求。这方面的统一而明确的规定是确保试验结果的准确性、可比性的必要

条件。

第三，对试验用的仪器、设备的规定和要求。在规定试验设备与装置时，一般不规定自己专门制造的设备、测量仪器和试验装置。如果需要，可规定试验设备的精度等级、工作性能和设备的规格名称。

第四，试样及其制备。

第五，试验条件。

第六，试验程序。

第七，试验结果的计算和评定。由于试验可能受到各种因素的影响，每次试验的结果不可能完全一致。所以，对试验结果尚需进行必要的分析，掌握试验结果的可靠程度。

第八，精密度和允许差。为衡量试验方法的可靠程度，需确定两个标准，即精密度和准确度。精密度指多次测量的一致程度；准确度指测量均值与真值的偏离程度。

任何一个企业从原材料入厂到零部件和半成品往下道工序转移，以致产品完工入库或出厂，都要经过严格的检验。只有严格的检验，产品质量才会有可靠的保证。这是多少年来生产实践经验和教训的总结。这样的认识在企业里延续了很长时期，这种认识我们不妨把它叫做单纯"把关"思想。但是，人们发现，如果操作工人缺乏质量意识，工作过程中不认真，出了质量问题，即使通过质量检查发现了问题，也已是"马后炮"，会造成无可挽回的工时、材料、运输等费用的损失和浪费，更何况还有把不住关的可能。一旦把不合格品漏掉，留到下一道工序或到消费者手中，可能产生更严重的后果。人们从实践中认识到，"把关"是必要的，而且是重要的，但仅有这一点认识是不够的，或者说这样的认识已经落后了。对保证产品质量来说，检验只能起到事后监督作用，关键还是把企业各部门、各环节的生产经营活动严密地组织起来，在企业里建立起质量保证体系和现代化质量控制手段，确保产品质量稳定可靠，向着"零缺陷"和"零废品"的目标努力。

1.3.3　管理标准化

管理是协作劳动的产物，是在出现企业之后，为适应生产力的发展和调节人与人的关系的需要而发展起来的。在社会生产中，通过指挥、协调和执行生产总体的运动所产生的职能，就是管理。人们为了强化对象的有序性或组织程度，需要进行各种管理活动，如对管理对象和过程行使计划、组织、监督、指挥、调节、控制、决策等。从这个意义上可以说，管理标准就是对这些管理活动的内容、程序、方式、方法和应该达到的要求所做的统一规定，即是规定和衡量管理对象或过程的有序性（或组织程度）的标准。

管理标准化是指以制定、贯彻管理标准为主要内容的全部活动过程。它是企业标准化的一个有机组成部分，管理标准系统是企业标准系统的一个子系统。推行企业管理标准化是建立现代企业制度的客观需要，同时也是企业管理逐步走向科学化的必然结果。

由于管理标准提出的时间较短，人们对管理标准的认识还不够，在实际工作中常出现将管理标准同管理制度相混的现象。其实，尽管管理标准和管理制度都是以多样性、相关性、重复性事物为依据，以科学有效地实现管理目标为宗旨，但管理标准与管理制度还是有区别的。为了准确地把握管理标准的本质，以便有效地开展管理的标准化管理，应明确二者的区别。

第一，性质不同。管理标准是对企业重复性管理事项，按照简化、统一、协调、优化的原则，应用科学技术和实践经验，将管理内容、程序、组织、检查与考核等制定成标准，由企业主管标准化机构批准，以特定形式发布，作为管理工作共同遵守的准则和依据。而企业的管理制度是企业根据生产经营活动的需要，所制定的各种规则、规定、章程、办法等，一般有厂规厂法类和一般性管理制度，前者一般不能制定成管理制度，后者一般不宜制定成管理标准。因为管理标准是定量、定级和有层次的；而管理制度侧重于定性，虽有约束，但定量尺度欠缺，也无层次要求。显然，标准强调纵横相关性、系统性、层次性和责任性，是管理制度的进一步提高和升华。

第二，规范化程度不同。管理标准是依据科学技术和实践经验，按照标准化原理、原则和制定标准的程序来制定的。而管理制度内容的制定依据一般是传统管理的经验、领导的艺术，并且没有明确的格式要求，有些制度还随着社会形势和企业需要的变化而变化。另外，管理标准有一定的制定、修订和审批程序；管理制度则没有一定的制定、修订和审批程序。

第三，内容不同。根据标准化管理的要求，管理标准的内容一般包括管理依据、管理目标、管理原则、管理内容、管理程序、检查与考核，并且体现规范化、程序化和科学化。而管理制度一般是编写者根据情况确定内容和章条。

第四，范围不同。管理标准是对企业管理活动中与生产经营直接有关的、重复出现的管理事项所做的规定。而管理制度则一般是对企业有关管理环节所做的规定。

第五，调控机构不同。管理标准由企业标准化领导机构或主要领导人批准，由标准化办事机构编号、发布与管理。而管理制度一般由分管行政的管理机构制定、公布和执行，没有企业标准编号。

工业企业的管理标准，涉及企业生产经营的全过程和各个方面，各种不同管理类型的企业制定管理标准的目的不同，标准的内容也必然不同。但从一般意义上讲，不同的管理标准有着可统一的主要方面，并且有关部门对其有着明确的规定。即在管理标准中应当明确规定管理什么，怎样管理，何时管理，管理到什么程度和怎样检查考核等。

因此，管理标准的分类，根据不同的目的和依据，可以有不同的分法。就工业企业而言，按其在管理系统中的地位和作用，可分为经营管理标准、计划管理标准、行政管理标准、技术（设计）管理标准、物资采购标准、仓库管理标准、生产管理标准、质量管理标准、财务管理标准、设备管理标准、能源管理标准、销售服务标准、工人等级培训考核标准等。按标准本身的属性，可分为管理基础标准、管理程序标准和管理业务标准3种类型。由于这3种类型的标准各具自己特有的功能，反映管理活动的主要侧面，所以在各个领域里制定的管理标准不外乎这3种类型标准的具体化或综合运用。

1.3.3.1　管理基础标准

这类标准居于管理标准体系的最高层次，是从其他各类管理标准中提炼出来的共性标准，它是统一企业各类标准的共同准则，也是制定各类标准的共同依据，这是管理标准中很重要的一类标准。这类标准的内容将随着现代化管理技术的发展而不断增加，目前主要有以下几方面：

（1）管理用术语、符号、代号、编码标准

这类标准可以称之为管理信息标准。它们的基本功能是快速而准确地传递管理信息。管理现代化的突出特点是信息化，就是采用各种先进手段，及时、快速地收集所需要的信息，并且运用计算机进行快速处理，为指挥、决策提供依据。在信息传递与转换的全部过程中，最重要的是快速和准确。对管理活动中常用的术语、符号、代号、编码等通过制定标准加以统一，其目的也正是为了保证信息传递的快速和准确。

第一，专用术语。在企业的各个管理领域里都有大量的专用术语，有些术语的应用领域可能扩展到整个企业乃至企业外部。这就必须将这些术语所表达的确切含义加以标准化，强行统一，否则便会出现理解不一致以及由此而产生的各种后果。不仅已经出现的术语需要通过标准化达到统一理解，而且随着科学技术的进步和人类各方面知识和能力的发展，还要不断

地创造新的术语，变更行将过时的术语，为新技术的普及应用和明确无误的交流创造最起码的条件。

第二，符号、代号、编码和图形、标志。它们能以极其简单、明显而又确切的方式表达一个复杂的概念或现象，达到快速、准确地传递信息的目的。这类标准中最典型的如标准的符号、代号、运输包装标志等已为人们所熟知。至于编码标准随着计算机的应用和广泛普及，人们对编码的重要作用看得更清楚了。不论是数字码还是条形码，其功能不仅代表一个事物或一个概念，更重要的是解决机器识别问题，它是计算机用于管理所不可缺少的。又由于管理范围的扩大和计算机联网的需要，编码也需要标准化。

（2）文件格式统一标准

企业里大量的文件、报表，是企业信息的传递媒介。为了提高信息管理的效率，减少差错，特别是便于应用计算机进行统计分析，必须对文件、报表、记录、台账等的名称、代号、格式、内容、记录方法、书写要求、计量单位、传递路线和管理职责做出统一的规定。在对文件、报表进行统一化的过程中还要尽量使其简化和优化，尽量使文件、报表的种类缩减，使表格内容简化，防止重复统计和不必要的统计，并制定其统一标准。

（3）标准时间和定额标准

第一，标准时间。是指适于从事某项特定工作（作业）的熟练工作（操作）者，在特定的工作环境条件下，用规定的作业方法和设备，以持续工作而又不感到疲劳并在给予必要的宽放时间的情况下，完成规定的工作数量和质量所需要的时间。简单地说，就是在一定条件下，完成一定质量和数量的工作所必需的时间。标准时间的应用领域非常广泛，就企业经营管理范围来说，它除了用于计划工作（编制生产作业计划、估算成本、确定销售价格、工序平衡、计算设备需要量和职工定员、确定工作者一天的工作量等）、日常管理（对生产和工作状况的监督指导、预算控制、成本管理、研究和改进工作方法、提高设备利用率以及对工人进行操作训练）和进行评价（对作业方法进行研究、比较、改进或选择；生产设备和工艺装备的设计与选择；对工作进行评比）以及测定劳动生产率之外，对企业标准化工作来说，标准时间又是研究和制定工作标准（当然也包括其他标准）的基础。

第二，定额。是企业管理的基础，定额管理是企业管理工作中的一项艰巨而复杂的任务，各类工时定额、各类物资的消耗定额，以及各部门的固定资产和

流动资金定额的编制工作量极其繁重。尤其是多品种小批量生产企业的定额制定工作更加艰巨。通过制定定额标准可以加快定额的制定速度，减少工作量，还可提高定额的精度。

1.3.3.2　管理程序标准

为了实现管理活动的有序化，除了制定必要的管理基础标准，以保证管理标准系统的协调和统一之外，其次就要下工夫理顺各管理环节之间的关系。管理程序标准的作用就是把各管理环节在空间上的分布和时间上的次序加以明确和固定，从而把过程秩序的大体框架树立起来，为下一步的责任分配打下基础。

管理程序标准的体例、格式没有统一的模式，编写方法和形式可因地制宜、灵活多样，以实用为原则。目前常用的管理程序标准的形式主要有：使用信息处理流程图符号编制的管理流程图；附加文字说明的管理流程图；利用工艺流程图符号编制的流程式标准；判断与选择式程序标准等。

1.3.3.3　管理业务标准

管理业务标准是对一管理部门或管理环节（厂部、科室、车间、班组等）在管理活动中重复出现的业务（如计划、供应、销售、财务等），依据管理目标和相关管理环节的要求，规定其业务内容、职责范围、工作程序、工作方法和必须达到的工作质量以及考核及奖惩办法等，作为该管理环节活动的准则。

由于企业管理部门和管理环节不仅多而且各类企业之间又互不相同，即使是相同的管理部门其业务内容、管理方法等也不可能完全一样。因此，管理业务标准的种类和形式较多，企业到底设有哪些管理环节，制定哪些管理业务标准，都应从实际出发，实事求是地加以确定。

企业在制定管理业务标准时，一般应同企业现存的管理系统相对应，即首先明确企业管理系统中的各管理部门（如计划、技术、生产、销售、财务、设备等部门）；然后再考查各部门内部的业务分工（有的部门业务内容较多、范围较广还可能再设一个管理层次，如技术管理部门下设：技术发展、产品设计、科技情报、科技档案、工艺等低层次的部门）；最后弄清每个管理部门（或层次）内部的各个管理环节（如设备管理部门可分设备购置、设备安装调试、设备使用、设备检查、设备维护保养、设备修理和设备改造等管理环节）。通过对企业管理系统的分析、细分和进行调整优化，便可成为编制管理业务标准体系表的依据。

目前，工业企业常用的管理业务标准主要包括：生产管理标准、技术管理标准、质量管理标准、物资管理标准、设备管理标准、计划管理标准、财务管理标准、销售服务管理标准、劳动管理标准、职工教育培训管理标准、行政后勤管理标准、工会工作管理标准、环境保护管理标准等一系列专业管理标准。

（1）生产管理标准

生产管理标准是指企业对生产管理工作及其有关问题所做的规定。它包括：生产过程组织管理标准（生产结构和生产调度规定），生产能力标准（设计、查定、计划生产能力），期量标准（生产周期、批量、储备量），资源消耗标准（工时、设备、物资、资金消耗定额及管理标准），生产作业计划管理标准，在制品（半成品）管理标准，外协外购件管理标准等。

（2）技术管理标准

技术管理标准是企业为了使其技术管理工作顺利展开，达到预期目标，对技术管理工作及其有关问题所做的规定。它包括：新产品与技术开发管理标准，产品设计管理标准，工艺管理标准，能源利用管理标准，计量管理标准，环境保护与卫生安全管理标准，产品图样、技术文件、标准情报、资料档案管理标准等。

（3）质量管理标准

质量管理标准是指企业对产品质量管理工作及其有关问题所做的规定。它包括：质量管理和质量保证标准的选择和使用规定，质量体系及其管理规定，质量计划及其质量责任制规定，质量控制方法与控制图，工序质量管理及其质量等级管理规定，产品质量升级、创优与质量监督规定，质量信息管理规定，质量手册的编制规定等。

（4）物资管理标准

物资管理标准是企业对物资管理工作及其有关问题所做的规定。它包括：物资管理分类与物资目录规定，物资计划编制规定，物资采购、储备定额、库存控制标准，物资进厂、入库验收、保管标准，物资分配与发放管理标准，能源供应管理标准等。

（5）设备管理标准

设备管理标准是指企业对设备管理工作及其有关问题所做的规定。它包括：设备分类、档案管理标准，设备维修、定期保养管理标准，备品备件、工具管理标准，设备购置验收、更新改造、转移和报废规定，设备维修计划的编制与执行规定，设备完好标准的制定、实施及设备的检查、记录、报告规定等。

（6）财务管理标准

财务管理标准是指企业对财务管理工作及其有问题所做的规定。它包括：财务收支预算管理标准，成本计划、成本核算、成本控制管理标准，固定资产管理标准，流动资金管理标准，现金及有价证券管理标准，工资、分配、奖励、福利方面的标准，物资、设备、资金、劳动力利用率标准等。

（7）销售服务管理标准

销售服务管理标准是指企业对销售服务管理工作及其有关问题所做的规定。它包括：市场信息、市场调查研究与预测，销售计划、销售渠道管理，产品储存、运输管理，售后服务管理，信息管理标准，企业内部信息系统及其管理，企业外部信息系统及管理等。

（8）计算机辅助管理标准

计算机辅助管理标准是指企业对计算机辅助管理工作及其有关问题所做的规定。包括计算机辅助设计，计算机辅助制造，计算机辅助测试，计算机辅助定量管理，计算机辅助经营管理等。

1.3.4　工作标准化

工作标准是对企业标准化领域中需要协调、统一的工作事项所做的规定，也是为实现整个工作（包括生产过程中的各项活动，以及为生产过程服务与管理的其他各项活动）过程的协调，提高工作质量和工作效率，对各个岗位的工作制定的标准。

工作标准，就其属性来说是管理标准的一种类型，它是同管理业务标准相辅相成的。管理业务标准是针对某一部门或某一管理环节的，它协调和统一整个部门的管理活动。而工作标准则对每个具体的工作（或操作）岗位做出规定。从而形成一个完整的管理网络。工作标准和管理业务标准，在执行时常常互相渗透、互相补充。但由于工作标准数量较多，影响较大，许多企业都把它独立出来与管理标准、技术标准并列。

工作标准的对象是人所从事的工作或作业。任何一个企业的生产活动，都是利用一定的"机器设备"，通过"人"的劳动（脑力的和体力的）把"原材料"加工成产品的活动。这三要素的有机结合便是推动企业发展和社会进步的生产力。企业的经济效益、社会财富的增加、扩大再生产的实现、经济的发展、社会的进步都与这三要素（或者还包括信息和能源）的合理组合和利用有直接关系。就企业管理来说，最重要也最难管理的要素是"人"和人所从事的"工作"。人的要素与其他要素相比较，除了人是有思想的生命体之外，还因为人的生产作业活动有着与机器设备不同的特点，如个体差别、非固定性（不相适应）、能动性（应变能力）、可靠性（准确性、精确性、效率）差别等。

由于人的作业活动有上述的一些特点，所以，工作或作业标准化的过程是形成群体习惯和群体行为准则的过程，是人的要素素质的升华过程。它不仅能有效地消除不必要的、不合理的作业程序和作业动作，而且能促使工人克服已经形成的不合理的习惯和操作上的缺点，防止个体差别和非固定性不必要的扩大，增进人的作业的可靠性，从而克服个体差别和非固定性对生产系统产生的负作用。每个作业者的动作形成习惯，进而达到熟练之后，他的动作既能做到迅速、准确，又会感到轻松、协调，一旦达到能同机器体系的运动规律相适应的程度（具有应变能力），人在生产系统中的能动作用便可得到最充分的发挥，由三要素组成的生产系统便可处于最佳运行状态，创造出较高的生产效率和经济效益。因此，企业工作标准化的最终目标是实现整个工作过程的协调，促进工作质量和工作效率的提高。这就是开展工作标准化的目的和意义。

制定工作标准必须注意贯彻国家有关方针、政策，充分利用国内外先进管理技术和经验，运用标准化原理与方法，把行之有效的工作方法纳入工作标准中，使标准的内容简化、优化、协调、统一，体现规范化、程序化、科学化。

企业工作标准按通用性不同，可分为通用工作标准和专用工作标准。通用工作标准是对各部门和各类人员有共性要求，本着简化、统一的原则所制定的标准；专用工作标准是指对各专业工作岗位和专业工作人员具有专门要求的标准。

企业工作标准如果按岗位不同，可分为作业标准（生产岗位或操作岗位）和管理工作标准（管理岗位）。作业标准可按具体不同的生产（或操作）岗位来制定。如在工业产品加工企业里，可能有这样一些作业标准：机械加工作业标准、装配作业标准、检验作业标准、改性处理作业标准、表面处理作业标准、涂漆作业标准、设备修理作业标准、包装作业标准、搬运作业标准等。而其中的每一类作业还可以进一步划分为更具体的操作岗位，制定更为具体的作业标准。如机械加工作业标准还可细分为：锯工作业标准、铣工作业标准、刨工作业标准、磨工作业标准、钻工作业标准、车工作业标准等。到底细分到什么程度，这要依具体情况而定。一般来说，工厂里的岗位分工越细，标准的划分也应细些，才能通过标准对各工作岗位的要求做出确切的规定。管理工作标准主要是对非操作岗位制定的工作标准。这类标准大多针对各种固定的管理岗位或某种管理职务而制定的。按管理岗位来分，如收发员、会计员、出纳员、打字员、调度员等工作岗位；按管理职务来分，如总经理、厂长、总工程师、总会计师、设计科长、办公室主任、科员等。

因此，企业的工作标准，应当按部门和岗位的职责来制定，其主要依据是前面所述的技术标准和管理标准。由于企业的技术标准和管理标准是企业的各个部门和各类工作人员承担贯彻实施的，因此，制定企业各个部门和各类人员的工作标准，要根据企业生产和经营需要所设置的管理部门和所确定的各管理部门的工作职能来制定；然后再根据各个部门所设置的工作岗位确定其岗位职责，再制定岗位工作标准。按岗位制定的工作标准，应包括的内容是：岗位目标（工作内容、工作任务）；工作程序和工作方法；业务分工与业务联系（信息传递）方式；职责、权限；质量要求与定额；对岗位人员的基本技能要求；检查、考核办法。

工作标准与技术标准、管理标准一样，一经有关部门批准发布，就成为企业的内部法律，必须认真组织贯彻执行。

复习思考题

1. 什么是标准？标准的含义包括哪几方面内容？
2. 在标准体系中，标准有哪几种分类和分级？
3. 什么是标准化？标准化的含义包括哪几方面内容？
4. 什么是标准化的研究内容和目的？标准化有何作用？
5. 标准化有哪些基本理论？其基本原理由哪几方面组成？
6. 标准化应用有哪几种主要形式？并结合家具行业的实例简要说明其具体应用。
7. 什么是企业标准化和标准化管理？有何地位和作用？企业标准化管理的内容和任务？
8. 技术标准化、管理标准化和工作标准化分别有哪些内容和要求？

第**2**章
质量管理基础

【本章重点】

1. 质量的含义与质量管理的内容。
2. 全面质量管理的概念与特点。
3. 质量保证体系及质量管理体系的概念。
4. 质量与质量管理体系的分类与内容。

质量管理在现代工业生产中已从次要的、从属的工作，逐步上升为对企业生存与发展具有决定性作用的主要管理工作之一。在国际上，质量管理与控制的理论和方法已趋于成熟，质量标准已成为国际标准和各国工业标准中不可缺少的重要组成部分。

2.1 质量与质量管理

在现代人类社会生活中，质量和质量管理十分重要。人们日常生活中的衣、食、住、行、乐等一切活动和各种用品，无一不是体现对质量的依赖和追求；企业在激烈的市场竞争中，无一不是靠产品创新、服务创优取胜，即以质量为经营之本的。可以说，没有质量就没有人类社会的进步，更没有现代人类社会商品经济和市场经济的发展。

2.1.1 质量与质量特性

人们对质量的认识源于人们的质量实践活动。随着人类生产、科技、文化和其他社会活动的不断进步，以及质量实践活动深入广泛地进行，人们对质量的认识也在不断深化。

2.1.1.1 质量

在日常生活中，老百姓往往认为质量是指物品或工作的好坏：质量好的物品，一定实用、好用、耐用、美观；质量好的工作，一定满足要求，使相关人员都满意。

在经济学中，经济学家认为质量是指物品的有用性、适用性，或者说，质量是指商品的使用价值。

在社会生产实践中，工程师认为质量是指产品的性能和技术参数，包括产品及其生产过程的特性、特征，以及有关各项量化指标。

在管理学中，管理学家充分吸收了老百姓、经济学家和工程师对质量的认识，认为质量包括3方面的含义：性能、适用性和满意程度。性能是指天然固有的特性；适用性是指客观特性相对于人类主观需要的适用程度；满意程度是指在最终结果方面对要求的满足程度。

质量（Quality），又称品质，是事物的本质特征之一。它通常是指产品或工作的优劣程度，即指企业的产品或工作的性能、特征能够满足用户要求的程度。

在国家标准《质量管理体系 基础和术语》中，质量的定义：质量是指"一组固有特性满足要求的程度"。对质量定义的理解要点如下：

（1）"要求"的含义

"要求"是指"明示的、通常隐含的或必须履行的需求或期望"。

第一，明示的要求。它是指通过标准、规范、图样、技术要求、合同等文件明确规定的要求。在法律法规有明确规定或有关产品、服务、项目合同有明确规定的情况下，"要求"应以文件的形式明确地加以规定。它特别强调以下方面的要求：

■ 技术要求。包括技术性能、参数、技术条件、额定值、允许偏差等方面的要求。

■ 市场要求。包括顾客要求、合同规定、市场准入条件（例如包装和标签）等。

■ 社会要求。包括有关健康、安全、环境、能源、自然资源、社会保障等方面的法律、法规、规章、条例、准则等规定。

第二，通常隐含的需求或期望。包括两方面的含义：一是顾客和其他相关方在现有条件下的合理的"需求或期望"；二是人们公认的、不言而喻的、无需明确规定的"需求或期望"，包括通行的惯例和一般做法。

需求是指人的需要或要求，通常可以明确地用语言表示出来，也可以形成具有确定含义的文件。期望是指人的期待和盼望，通常是比较模糊的意愿，可以用语言大致地描述，但难以用文字确切地表示，也无法形成具有确定含义的文件。

对隐含的需求或期望进行分析、研究、识别和选择，在新产品开发、新项目设计、新技术应用、新市场开拓等方面具有十分重要的意义。在许多情况下，市场是由需求决定的，需求是由期望转化而来的。随着技术发展和社会进步，人们的期望不断提高，需求也不断增长。一些隐含的期望可能会成为明确的需求，一些明确的需求也可能会改变。

第三，必须履行的要求。它是指法律法规规定必须履行的有关健康、安全、环境、能源、自然资源、社会保障等方面的要求。

（2）"特性"与"固有特性"

"特性"是指"可区分的特征"，包括物理的、功能的、感官的、生理的、行为的、时间的等各种类别的特性，它可以是固有的或赋予的，也可以是定性的或定量的。"固有特性"是指在某事或某物中本来就有的、天然存在的、永久的特性。

（3）"满足要求的程度"

它是指在满足规定的要求和预期的使用目的方面

的客观情况，是固有特性的客观表现或反映，而不是人们的主观评价。

质量本身既不表示人们在主观比较意义上所作的优良程度评价、在定量意义上所作的技术水平评价、在效果意义上所作的适用性能评价，也不表示人们的主观质量要求。

人们对质量进行主观评价或提出主观要求时，通常使用"合格""不合格""等级""顾客满意"等术语。为了准确地把握"质量"的概念，需要认识"质量"与这些术语的联系与区别。

"合格"是指"满足要求"；"不合格"是指"未满足要求"。由于"要求"包括企业的技术标准或规范，国家的法律、法规、规章和强制性标准，顾客和相关方的要求或期望，其中顾客要求又是最重要的，因此，判定严品质量是否合格的人主要不是生产厂家，而是顾客或被顾客认可的独立的质量检验试验机构。"质量"本身是指一种客观状态，"合格"或者"不合格"则是指顾客或市场对质量的判断。

"等级"是指"对功能用途相同但质量要求不同的产品、过程或体系所作的分类或分级"。"等级"含义的关键在于：为了适应市场上不同顾客的不同需要，对同类产品规定不同级别的质量要求；等级高的产品在性能、适用性、顾客满意等方面并不一定比等级低的产品好；不同等级的产品不能在质量上进行比较，比较只能在同一等级上进行。

另外，广义的质量是指产品、过程和服务等方面的质量，是指企业生产经营活动全过程的质量，即全面质量，它包括产品质量、工作质量、过程（工序）质量及服务质量等。

（1）产品质量

一般是指产品（包括成品、半成品和在制品）适合一定用途、满足用户需要所具备的各种特性，也就是产品的使用价值。

（2）工作质量

它是指企业为了稳定地生产合格品，并不断提高产品质量所进行的经营管理工作、技术工作、生产活动的水平和保证程度。工作质量是产品质量的基础和保证。工作质量的高低，可以用工作效率、工作成果、产品质量和经济效益，即废品率、合格品率、品级率、返修率、一次合格率等工作指标来反映和衡量。

（3）过程质量

它也称工序质量，是指在产品质量形成过程中，与质量有关的操作人员（Man、Member）、原辅材料（Material）、机器设备（Machine）、工艺方法（Method）、生产管理（Management）、投入资金（Money）、操作环境（Environment）等对产品质量要求的满足程度。通常概括为 5M1E 或 6M1E。过程质量对产品质量有直接和重要的影响。

（4）服务质量

它是指各种服务活动对用户要求的满足程度。服务通常是无形的，并且是在供方和顾客接触面上至少需要完成一项活动的结果，包括向顾客提供有形或无形产品上所完成的活动、以及为顾客创造氛围等。服务既可分为企业性服务和社会性服务；也可分为技术性服务和（售前、售中、售后）业务性服务。

产品质量、工作质量、过程质量、服务质量是关于质量的 4 个重要概念，它们有区别又有联系。产品质量是过程质量的直接体现，过程质量直接决定产品质量；过程质量是工作质量的直接体现，工作质量直接决定过程质量；产品质量是各种工作的综合反映，工作质量是产品质量、过程质量的保证和基础；服务质量直接影响产品质量的体现，产品质量是服务质量的前提和依据。

2.1.1.2 质量特性

质量特性（Quality Characteristic）是指产品、过程或服务与要求有关的各种类别的固有特性，如重量、尺寸、颜色、性能等客观特性，主要体现在如物理的（机械的、电磁的、化学的、生物的）、感官的（嗅觉、触觉、味觉、视觉、听觉）、行为的（礼貌、诚实、正直）、时间的（准时性、可靠性、可用性）、人体工效的（心理、生理、人身安全）、功能的特性等。质量特性不包括人为赋予的特性，如"便宜""漂亮""可爱"等主观评价。

质量特性是作为供需双方交付或验收产品（或服务）时，判断其质量是否满足需要的质量指标，通常表现为各种定量或定性指标。

产品质量特性是产品本身固有的、能满足人们特定需要和体现产品使用价值的自然属性。这些属性区别了不同产品的不同用途以及可以满足不同的需要。产品质量特性可表现为以下几方面：

■ 适用性。指产品适合使用的性能，如家具的功能尺寸、力学强度等。

■ 可靠性。指产品在规定使用条件下和规定时间内，完成规定功能的能力，如耐久性、稳定性等，包括产品使用寿命。

■ 环保性。指产品在生产和使用等过程中对环境和人体不产生污染和损害，如家具及室内装饰材料的有害物质含量等。

■ 美观性。指产品在外观上满足用户审美要求的能力，如外形、造型、材质、色彩、光泽、手感、装潢、包装等。

■ 工艺性。指产品适应于加工、连续化、机械化、自动化、标准化生产以及采用典型工艺规程等的性能。

■ 安全性。指产品在流通和使用过程中保证安全的程度。

■ 经济性。指产品在设计、制造和使用过程中的耗费以及使用的经济效果，是产品寿命周期的总费用，包括生产费用、销售费用和使用费用。

■ 维修性。指产品维修或维护的难易程度、维修保障性。

不同时期、不同用户对不同产品的质量特性要求的侧重点往往各不相同。在实际工作中，把反映产品质量特性的一系列技术参数和指标明确规定下来，形成技术文件，作为衡量产品质量的尺度，这就是质量标准，又叫技术标准。凡是符合产品质量标准或订货合同规定的技术要求的产品称为合格品，合格品可根据不同的要求分为各种不同的等级；凡是不符合产品质量标准或订货合同规定的技术要求的产品称为不合格品，不合格品按其不合格的程度可分为废品、次品、返修品等。产品质量虽然可用产品质量标准进行衡量，但质量标准的稳定性是相对的，它要根据不同时期的科学技术水平和用户的要求不断修改提高，这就在客观上要求企业不断提高产品质量。

服务质量特性除服务的功能、安全性、时间外，还特别强调服务提供的文明程度、服务接受者的舒适程度和满意程度。

过程质量特性存在于具体的开发、设计、生产、制造、销售、服务等活动之中。各项活动的质量特性决定过程的质量特性。过程质量特性中最重要的是过程的生产能力和过程的稳定性、可靠性。

体系质量特性存在于体系的资源构成、技术水平、组织结构、人员职责等各项要素之中。体系的质量特性中最重要的是体系的运行效率和体系的保证能力。

从质量的定义可知，质量是指一组固有特性满足要求的程度。无论是性能、尺寸等方面的固有特性，健康安全方面的固有特性，还是环境保护方面的固有特性等，从广义上讲，都是质量特性。也就是说，健康安全特性和环境保护特性原本是包含在质量特性之中的。但随着现代工业产品及其生产过程日益复杂，产品责任和生产过程的责任日益增大，由于人们对这些性命攸关的安全特性的关心远胜于对一般质量特性的关心，于是安全认证从质量认证中独立了出来；由于现代工业引发了全球严重的环境问题，人们对产品的环境特性和组织的环境行为变得格外关注，又进一步导致环境认证也从质量认证中独立了出来。

2.1.2 质量管理

质量管理（Quality Management，QM）是为确定和达到质量要求所必需的职能与活动的管理。它是在质量方面指挥和控制组织的协调的活动，通过命令、约束、引导和协调，使质量或质量活动符合其固有规律。通常包括制定质量方针和质量目标以及质量策划、质量控制、质量保证和质量改进。它是企业为了实现全面质量而进行的各种组织实施活动的全过程。显然，质量管理是企业全部管理职能的一部分，它包括对一切内部和外部产品、过程或服务确定质量方针，并对质量保证和质量控制进行组织和实施。

任何事物都有其发生、发展的过程，质量管理也不例外。质量管理是随着社会生产力的发展、科学技术的进步和管理科学的发展而产生和发展的。综观世界工业发达国家质量管理的发展历史，质量管理大致经历了以下几个发展阶段。

2.1.2.1 质量检验（Quality Inspect，QI）阶段

（1）时间（20世纪40年代以前）

■ 18世纪的操作工质量管理。在工业革命以前以手工业生产者的个体生产为主，产品从头到尾由同一人负责制作和检验质量。

■ 19世纪的领班质量管理。生产方式逐步变为多数人集中在一起工作，由领班监督和负责每一个作业员的质量。

■ 20世纪初的检验员质量管理。随着科学技术的发展、生产规模的扩大、市场竞争的加剧、产品结构的复杂、质量要求的提高，需要专业的专职检验人员，依据一个质量标准，采用专门的测量工具来负责产品的检验。1911年美国工程师泰勒（F. W. Taylor）发表了《科学管理》专著并提出了"科学管理"的理论。

（2）特征

■ 质量检验成为专门工序、专门职能或工种。

■ 检验方法是全数检查或筛选。

■ 基本方式是整个生产过程实行层层把关、严防不合格品流出。

■ 质量管理的重点是检查，是在成品中挑出废品，属于事后检验，缺少预防和控制的作用。

■ 全数检验经济上不够合理、技术上也不完全可能。

2.1.2.2 统计质量控制（Statistical Quality Control，SQC）阶段

（1）时间（20世纪40~50年代）

统计质量控制在工业生产中推广应用是从第二次世界大战开始的。随着现代应用数学的发展以及战争对武器弹药的质量和军需生产提出的新要求，概率论和数理统计原理被成功地应用到质量管理中来。从1924年美国休哈特（W. A. Shewhart）利用统计手法提出了用"6σ"法控制生产过程和产品质量，并建立了第一张工序质量控制图，使质量管理进入了新纪元；1950年美国质量管理专家戴明博士（W. E. Deming）应邀到日本讲授和指导各企业以控制图和抽样检验作为质量管理的主要手法，获得了辉煌成果。SQC的使用使近代管理产生了突飞猛进的发展。

在大批量生产条件下的产品质量检验需要统计技术。统计质量控制技术突出地表现在公差与配合、产品抽样检验、过程控制图和可靠性分析与控制等重要方法上。

■ 公差与配合。为了使大批量生产的零部件能互换使用，并在技术上可行、经济上合理，人们通过大量实践和统计分析，探索适宜的加工精度和误差范围，对零部件的尺寸及偏差进行了规定。

■ 产品抽样检验。在稳定的大量生产情况下，各产品之间几乎没有差异，没有必要对所有产品逐个进行检验、试验；并且，对于一些破坏性检验项目，也不可能对所有产品逐个进行破坏性检验、试验。因此，需要从一批产品中抽取一部分样品进行检验、试验，用样品检验、试验的结果，推断该批产品的总体质量情况。

■ 过程控制图。生产加工制造人员为了使其产品顺利通过检验，必须考虑对生产过程进行控制，使设备、生产技术状态、在制品的主要技术参数的波动保持在一个合理的范围内，由此，控制图在工业生产企业中开始广泛应用并发挥重要作用。

■ 可靠性分析与控制。随着人们对产品故障、维修、失效和有效的重视，可靠性理论和方法在20世纪50年代产生并得到了广泛应用和发展，使质量统计不仅应用于对产品质量进行检验，对生产过程质量进行控制，而且还应用于对生产之前的设计质量进行分析和控制。

（2）特征

■ 广泛实行抽样检验，减少了检验费用，削弱了全数检验的某些破坏性。

■ 利用控制图对大量生产的工序进行动态控制，可预防废品的发生。

■ 质量管理重视产品质量优劣的原因的研究，提倡预防为主。

■ 片面强调应用统计方法，忽视组织管理工作。

2.1.2.3 全面质量管理（Total Quality Control，TQC）阶段

（1）时间（20世纪50年代起）

随着科学技术日新月异、生产力迅速发展、工业产品更新换代、生产过程因素复杂、市场竞争加剧、人们对产品质量要求空前提高，以及消费者组织的建立和保护消费者运动的兴起，要求企业对产品负责并作出对质量的保证。

20世纪60年代初，美国通用电气公司的费根堡姆（A. V. Feigenbaum）和质量管理专家朱兰（J. M. Juran）提出了全面质量管理（TQC）这一新理论。通常称 TQC 阶段是质量管理的完善期和巩固期。在日本，有别于美国的 TQC 而形成了"全公司质量管理（Company - Wide Quality Control，CWQC）"和"全集团质量管理（Group - Wide Quality Control，GWQC）"。

（2）特征

■ TQC 的核心是运用系统的观点综合分析和研究质量问题。

■ TQC 的根本方针是"过程控制和预防为主"，即将质量管理范围扩展到生产经营全过程，控制一切因素，以预防为主。

■ TQC 的内涵是进行全员、全过程、全方位的质量管理，即重视人的作用和依靠员工搞好质量管理，既管产品质量，又管过程质量、工作质量和服务质量。

2.1.2.4 质量保证（Quality Assurance，QA）阶段

（1）时间（20世纪80年代起）

全面质量管理针对的是企业内部管理，它有助于提高企业的产品质量和竞争力，但它并没有增加和改变企业原有的质量责任，顾客也不可能在选择和采购商品时直接了解到企业全面质量管理的水平。在市场上，顾客最需要的是对产品质量的保证。基于这种需要，质量保证（QA）于20世纪80年代应运而生。QA 在质量管理发展史上最重要的意义在于突破了质量管理仅作用于生产和技术领域的局限，使质量管理直接与市场和顾客相联系。

（2）特征

■ 质量保证的关键。是向顾客和公众作出质量承诺，保证为顾客提供的产品或服务符合规定的质量要求。

■ 质量保证的形式。一般是通过质量保证文件（如生产厂家的产品质量合格证书、权威检验试验机构的检验合格报告、质量认证机构的质量认证证书等），规定企业为顾客提供产品或服务的质量要求和责任，从而使该产品及其生产企业取得顾客信任，赢得市场，获得质量效益；同时，也使顾客得到质量可靠的产品，使消费者的合法权益得到保障。

2.1.2.5 质量战略管理（Total Quality Management，TQM）阶段

21世纪初，质量管理的发展进入质量战略管理（TQM）阶段。其主要内容和特点如下。

（1）TQM 强调将质量管理纳入企业战略管理

它要求企业根据社会发展、科技进步和市场变化的情况制定质量战略。其中包括：制定质量方针、质量目标和质量规划；制定技术进步和质量改进方案，特别是产品创新计划、产品改进计划、产品标准和标准水平提高措施；制定产品品牌战略，尽量争取获得名牌产品、免检产品、质量认证等质量标志，进行积极的产品形象策划，培育质量文化。总之，通过提高产品质量，提高企业信誉，增加企业竞争力，促进企业发展。

（2）TQM 强调建立和实施质量管理体系

通过质量管理体系的建立、实施和持续改进，使各项质量活动有组织、有计划地展开，提高工作效率，优化质量成本，增加质量效益，促进企业提高整体经营效益，使质量管理与企业整体经营管理高度协调一致。

（3）TQM 强调应用现代科学管理方法和先进技术手段

它包括：继承过去所有行之有效的质量管理方法，特别是产品抽样、控制图、可靠性方法，并使之进一步完善和更广泛地推广应用；建立健全质量检

验、试验和测量体系，配备现代化的监测技术手段，建立完善的检测程序和管理软件，确保测量数据和检验结果准确可靠；建立质量管理信息系统，例如在现代企业资源计划（ERP）系统中，质量管理信息系统作为一个模块已经与物料管理模块、生产计划模块和销售分销模块等高度集成在一起。

（4）TQM 强调加强质量法制管理

它要求完善质量法律、法规和规章体系，完善各项质量管理制度，特别是质量责任制度。

（5）TQM 强调人的管理

它重视人的作用和管理，特别是提高企业管理人员和所有员工的质量意识和综合素质，加强职工技术培训，严格职业技术资格鉴定。TQM 在这方面的管理已经与人力资源管理密切融合。

由上述可知，质量管理已经经历了一个较长的历史发展过程。在工业革命后，人类进入工业社会，产品大批量生产方式和产品质量检验专业化形式导致了质量管理的产生；统计方法的应用、系统科学和管理科学理论与方法的引入，使质量管理走向成熟，成为一门独立的学科；市场经济的发展、贸易技术条件的要求、质量检验技术水平的提高、质量认证制度和质量监督制度的实施，又使质量管理成为促进贸易发展和维持市场经济秩序的技术手段；随着时代的进步，质量管理作为企业管理手段和贸易技术手段的作用将不断加强并互相结合。

2.1.3 质量控制

质量控制（Quality Control，QC）是为保持某一产品、过程或服务质量满足规定要求所采取的作业技术和活动。它是质量管理的一部分，致力于满足质量要求。

质量控制的目的在于减少或排除影响质量变坏的各种因素，使生产过程及其各个阶段的质量始终处于有效的受控状态，预防或减少质量问题的发生，以满足规定的质量要求。

质量控制的范围是从产品设计开始直到产品到达用户手中并使用户满意为止，包括市场调研、设计开发、采购、工艺准备、试验研制、生产制造、检验测试、包装贮存、销售发运、安装运行、服务维护、售后处理等各个环节。

质量控制的手段包括数理统计方法、计算机应用软件、生产过程自动检测与自动反馈的自适应控制、以及各种管理技术与专业技术。

质量控制的活动可分为预防阶段和评定与处理阶段。预防阶段主要是针对控制目标和手段制定相应的控制计划、程序与标准；评定与处理阶段是对整个实施过程与活动进行连续评价和验证，发现质量问题后进行调查分析并及时做出处理。

2.1.4 质量保证

质量保证（Quality Assurance，QA）是为使人们确信某一产品、过程或服务质量能满足规定要求所必需的有计划、有系统的全部活动。它是质量管理的一部分，致力于提供质量要求会得到满足的信任。

质量保证的目的在于使需方和供方确信企业具有能够生产或提供满足规定质量要求的产品或服务所必需的有效保证质量的能力。

质量保证的完善程度以满足用户需要为衡量尺度。由于各种需方对产品或服务质量要求的不同，同时一个需方在不同时期对产品或服务质量要求也不同，因此，质量保证的要求也不同。如果规定的质量要求不能完全反映用户或顾客的需要，则质量保证也不可能完善。

质量保证的手段有内部质量保证和外部质量保证之分。内部质量保证是企业确定本企业产品的质量满足规定要求所进行的活动，包括质量体系的评价与审核、以及对质量成绩的评定，是企业内部的一种管理手段；外部质量保证是为了使需方确信供方企业的产品质量满足规定要求所进行的活动，是供方取得需方信任的手段。

质量保证的形式一般有 3 种：

- 第一方质量保证。它是指产品生产者或服务提供者的质量声明和自我质量保证，包括产品合格证书、质量等级证书、质量保证书、质量承诺书等。
- 第一方对第二方的质量保证。它是指产品生产者或服务提供者针对特定顾客所做的特别质量保证，主要表现为合同中的质量条款或专门的质量合同（质量保证协议）。
- 第三方质量保证。它是指社会上具有权威性的、客观公正的第三方（通常是专业或行业组织、独立检验试验机构、质量认证机构），通过对产品进行检验、试验、测量，对产品的生产体系或服务体系进行检查、评审，对符合要求的产品出具有关文件（如颁发证书），证明该产品或体系符合某规定的标准要求。

质量保证与质量管理密切相关。一个企业能够对外做出质量保证，其前提条件是企业内部实施了有效的质量管理。企业内部的质量管理是企业对外进行质量保证的基础，企业对外的质量保证是企业内部质量管理向市场的延伸。

2.1.5 质量体系

质量体系（Quality System，QS）是为保证产品、过程或服务达到预定的质量目标，由组织机构、职责、程序、过程和资源等构成的有机整体或综合体。

质量体系贯穿于产品或服务质量形成的全过程。也就是说，一个完善的质量体系包括若干个基本要素。这些质量体系要素可以是一项质量活动（如不合格品的控制），也可以是一个过程中的几项活动（如产品验证中的检验和试验）。

根据不同的经营因素，存在着合同环境和非合同环境等不同的质量体系环境。企业建立的质量体系可分为2种，为了实施质量管理（QM）职能而建立的质量体系是质量管理体系（QMS）；为了满足用户或顾客的质量保证（QA）要求而建立的质量体系是质量保证体系（QAS）。前者存在于合同环境和非合同环境中；后者仅存在于合同环境中。一个企业只能有一个质量体系，但对于不同的产品，则可有多个质量保证体系。

企业的质量管理（QM）、质量控制（QC）和质量保证（QA）都应通过建立和运行质量体系（QS）来实现。这几个概念之间的相互关系可以用图2-1表示。该示意图的整个方形表示企业内部的全部QM工作，要开展QM工作，首先应制定质量方针，建立一个科学有效的QS，由于QS的建立和运行本身就是QM的主要工作，因此用虚圆把它与QM工作分开；要建立QS，首先要设立QM组织机构，明确其职责和权限，做到组织落实，然后开展QC活动和内部QA活动，由于QC是作业技术和活动、内部QA是为了取得企业领导信任的活动，两者很难区别，因此用虚曲线表达；当然QC和内部QA都是企业QM工作的组成部分，因此也都用虚线表示；当用户在合同中提出QA要素时，企业就要开展外部QA活动，即为使需方相信供方企业的QS所提供的产品或服务能满足需方规定的质量要求而进行的活动，由于外部QA

建立在供方企业QMS基础上，无疑与其质量方针的制定与实施、QS的建立与运行、QC活动和内部QA活动的开展密切相关，因此只能在方形上用一个弧形斜线部分来表示。由此可见，该图不仅准确清晰地阐述了质量管理基本概念的内涵及其相互关系，而且也能正确地指导企业如何有效地开展QM工作。

2.1.6 质量认证

质量认证（Quality Certification）也称合格认证（Conformity Certification），是由具有公正性的权威认证机构，依据有关标准、规范或相应技术要求，按照规定的条件和程序，对申请认证的企业产品的实物及其质量保证能力进行全面审查和确认符合规定后，授予产品质量认证证书和准许该产品使用认证标志的一系列活动。质量认证是质量监督工作的重要组成部分，是维护消费者利益的有效方法，也是国际上通行的做法，如图2-2所示。

质量认证的基本特征包括：

■ 认证的对象是产品（或服务）和质量体系。

■ 认证的依据和基础是标准。我国规定认证应用国际标准、国家标准或行业标准。

■ 认证需要一定的鉴定方法。包括对产品的抽样检验、鉴定和对企业质量体系的审查、审核、评定与认可，以及跟踪监督。

■ 认证机构属于公认和独立的第三方。

■ 认证合格的表示方式是颁发认证证书和认证标志，并予以注册登记。

■ 认证的性质是自愿或非强制性的。企业出于自身利益考虑，为提高质量信誉和扩大销售，可主动向有关认证机构提出认证申请。如供需双方合同规定或涉及人身安全健康、国家法令规定以及出口商品要求而必须通过质量认证的，则属于强制性的。

任何一项产品（或服务），要取得认证资格，必须具备2个条件，即企业的产品（或服务）质量和企业的质量保证能力都要符合认证机构规定的要求。因此，质量认证包括质量体系认证（Quality System Certification）和产品质量认证。

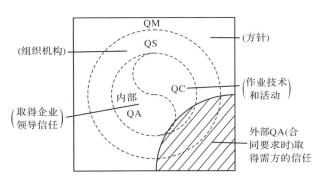

图2-1　质量管理基本概念相互关系图

图2-2　我国几种常见认证标志

质量认证的实施程序一般为：

■ 企业申请。

■ 认证机构受理。

■ 质量保证体系检查。检查、审核与评定企业所建立的质量体系是否符合标准要求、是否具有足够的质量保证能力、是否能持续生产或提供符合标准的产品或服务。

■ 产品形式试验。通过随机抽样和形式试验来评价产品或服务能否满足标准和相关技术规范的全部要求。

■ 认证证书和认证标志的审批与颁发。确认受审核产品质量和质量体系能满足认证规定要求后，即批准通过认证并颁发注册证书和准予使用认证标志。如果经审查，需改进后方可批准注册的，应在规定的期限内进行整改和纠正存在问题，到期后再进行复查和评价，证明确实达到了规定条件后，再批准认证并注册发证（经复查不合格的，可决定不予批准认证）。

■ 质量体系跟踪监督检查。对获准认证企业的质量保证能力进行定期跟踪复查，其目的是监督企业坚持执行已经建立的质量体系，从而保证产品质量的稳定。

■ 产品质量跟踪监督检验。为使经过认证的产品能够持续保持标准的要求，应对通过认证的产品进行定期或不定期的监督性检验。

■ 跟踪监督后的处理。如果跟踪监督检查中发现不合格的，应要求受审方采取纠正措施进行整改，否则认证机构可以对其进行认证注销或认证撤销。在认证合格有效期满前，如果受审方愿意延长时，可向认证机构提出延长认证有效期的申请。

质量认证的作用与意义具体表现在以下几方面：

■ 有利于促进企业建立与健全质量体系、提高质量效益。

■ 有利于提高企业质量信誉、扩大营业影响。

■ 有利于保护消费者利益、赢得顾客信任。

■ 有利于提高企业竞争力、拓展国内外市场。

■ 有利于减少社会重复检查费用、提高供购工作效率。

■ 有利于促进企业内部体制与人事制度改革、实施管理现代化。

2.2 全面质量管理

当人们采用质量统计方法有效地解决了产品质量检验和产品合格判定的问题后，面对检验出来的大量不合格品，人们猛然领悟到：不合格产品不是检验出来的，而是生产出来的；产品质量受企业生产经营活动中多种因素的影响，是企业各项工作的综合反映；要保证和提高产品质量，就必须把影响质量的因素，全面而系统地管理或控制起来；只有进行严格的全过程质量管理，才能有效地保证最终产品的质量。由此，提出了全面质量管理理论（Total Quality Control，TQC）。

2.2.1 全面质量管理的概念

全面质量管理（TQC）的基本涵义是企业为了保证提高产品质量，综合运用一整套质量管理思想、体系、手段和方法所进行的系统管理活动，是以质量为中心的现代企业管理的一种方式。

具体地说，TQC 是把专业技术、经营管理、数理统计、运筹学和质量意识教育有机结合起来，使各种因素、各种资源达到最佳结合、最优配置，建立从产品的市场调研、设计、研制、生产制造、销售、服务等一系列有效的质量保证体系，使用最经济的手段，生产用户满意的产品的全部活动。

全面质量管理（TQC）的基本核心是通过加强全面质量管理，提高企业素质，强调以提高人的工作质量保证工序质量、以工序质量保证产品质量，达到全面提高经济效益的目的。

全面质量管理（TQC）的基本特点是从过去的事后检验、把关为主转变为以预防、改进为主，从管结果转变为管因素，使各类影响质量的因素处于受控状态，从过去以分工为主转变为以协调为主、使全体人员和各部门围绕企业的方针和目标联成一个紧密的整体。

全面质量管理（TQC）有以下几个基本观念：

（1）用户至上

在全面质量管理中，这是一个最重要的观念。即要树立以用户为中心、为用户服务的思想。为用户服务就是要使产品质量和服务质量尽量满足用户的要求，以用户的满意程度为标准。这里所说的"用户"，不仅包括企业产品出厂后的直接用户，也包括企业内部上下工序、前后工段或车间之间、以及相互协作加工企业之间的关系，还包括从事买卖的中间商人或销售者、以及任何一件工作的执行者与受用者之间的关系，更包括有可能受到产品质量不好或生产过程不佳等产生环境污染的全社会。

（2）质量是过程的产物

质量是从市场调研开始至产品使用各环节中逐步形成的，即质量是设计与制造出来的，而不是检验出来的。在一些企业，常常一提到抓质量问题，就强调严加检验。但检验只能判断产品质量的好坏和是否符合质量标准。而影响质量好坏的真正原因，并不在于检验，而主要在于设计和制造。但这不是否定检验职能的作用和重要性。既然产品质量主要决定于设计和制造，提高质量就应该把力量集中在设计和制造等方面。但多数企业抓制造中的质量还比较主动，而对设计中的质量往往抓得不很得力。事实上，产品质量更重要的取决于设计质量，设计质量是先天性的，制造只是实现设计质量，制造质量也只能符合设计质量，如果设计本身质量不好，在制造中是无法改善的。

（3）一切用数据说话

即从经常变化的生产过程中，对影响产品质量的各种因素系统地收集有关数据，并用统计方法对数据进行整理、加工和分析，找出质量变化规律，实现对产品质量的控制。通过用数据说话，可以避免工作上的盲目性和主观性，提高科学性和准确性，养成调查研究和实事求是的作风，用数据观察问题、分析问题、发现问题、最终解决问题。

（4）一切用实践检验

即重视实践，以客观事实为依据，坚持按计划（Plan）、执行或实施（Do）、检查（Check）、行动或处理（Action）循环办事，简称 PDCA 循环。每一次循环结束之后都有不同程度的提高，对事物内在的客观规律就有进一步的认识，反对弄虚作假，以提高质量管理工作的精确性、系统性和科学性。

2.2.2　全面质量管理的特点

全面质量管理（TQC）的特点可归纳为全过程的、全员的、全企业（全方位）并运用多种方法的质量管理。也就是说，TQC 是强调"三全一多"的管理模式。

（1）系统性——全过程的质量管理

产品质量取决于设计质量、制造质量和使用质量等全过程，必须在市场调研、论证、设计、制造、检验、包装、运输、储存、销售、安装、使用和服务等各个环节中都要保证产品的质量要求。产品质量形成于产品制造全过程的各个环节，是企业生产、经营活动全过程的结果。全过程是指产品质量产生、形成和实现的过程。一般将全面质量分成 7 个阶段：①市场调查研究和新产品设计论证；②新品设计、试制和鉴定；③生产准备；④外购材料和配件；⑤小批量生产和大批量生产；⑥包装、存贮和运输；⑦销售和售后服务。

将对产品质量形成影响的各个因素或若干环节有机地连接起来，形成一个管理系统，构成一个循环往复、逐步完善提高的质量管理螺旋，即质量螺旋（图 2-3）。质量螺旋就是把产品的产生、形成和实现过程表现为一个螺旋形上升过程。这一过程包括一系列循序渐进的活动，从市场研究开始，依次经过开发、设计、制定产品标准、制定工艺文件、采购、设备工艺装备安装调试、生产、过程控制、检验、测试、销售，以及售后服务等各个阶段，又重新回到在新的意义上的市场研究。在这一过程中，各环节之间一环扣一环，互相依存，互相促进，互相制约，不断循环，周而复始，每经过一次循环，产品质量就得到一次提高。

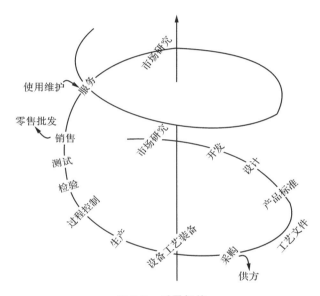

图 2-3　质量螺旋

质量螺旋是从动态角度描述质量形成和实现的过程的。按照这一过程，质量职责不仅仅集中在企业内的某些部门，还涉及企业的所有部门和人员；质量活动不仅仅局限在企业内部，还扩展到原材料和零部件的供应商，生产、加工、协作的厂商，产品的批发商和零售商，以及顾客和其他相关方。质量螺旋在 ISO 9000 标准中表现为质量环（图 2-4）。

质量螺旋或质量环是指导企业或一个部门建立质量体系的理论基础和基本依据。但它仅仅是一个理论模式，并不是每一个具体企业或部门都应遵循的质量环。每一个企业（单位）都必须从本企业（单位）实际情况出发，依据本企业（单位）的质量体系绘制质量环。

全过程中各个环节的配合和信息的反馈是非常重要的。例如，制造过程中可以反映出设计过程中的质量问题，使用过程中又可以反映设计和制造过程中的

营销和市场调研
设计/规范的编制
和产品开发
采购
工艺策划
和开发
生产制造
检验、试验和检查
包装和储存
销售和开发
安装和运行
技术服务
和维护
用后处置
顾客/消费者
组织/生产者

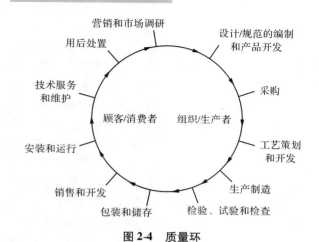

图 2-4 质量环

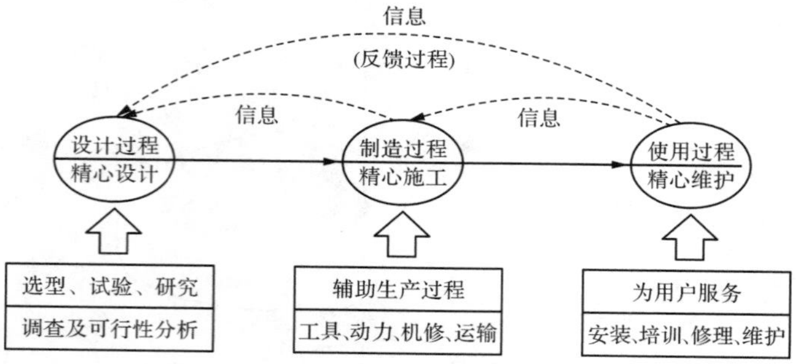

信息
(反馈过程)
信息
信息
设计过程
精心设计
制造过程
精心施工
使用过程
精心维护
选型、试验、研究
调查及可行性分析
辅助生产过程
工具、动力、机修、运输
为用户服务
安装、培训、修理、维护

图 2-5 全过程质量管理示意图

质量问题，及时地把这些信息反馈到有关部门，是现代企业质量管理中的重要环节，是不断提高产品质量、促进产品质量良性循环不可缺少的条件。图 2-5 所示为全过程质量管理的示意图。

（2）综合性——全企业（全方位）的质量管理

质量管理贯穿于产品生产的全过程，涉及企业纵横各个部门。所谓纵向是从企业最高领导层直到生产第一线的基层。每个企业都可以分成上层管理、中层管理和基层管理，其中每一层都有自己的质量管理活动，而且重点不同。上层侧重于质量决策、协调和统一组织；中层侧重于执行其质量职能；基层则侧重于严格按照规定的技术标准进行生产。所谓横向则是关系到计划、生产、技术、质量、设备、工具、供应、人力、财务、教育、行政、技安、后勤等各单位。因此，全企业或全方位主要是从管理的组织、对象、范围来理解的。质量管理决不是一个部门的职责，而是所有部门共同的任务，任何一个部门的工作质量都直接或间接地影响到产品的质量。

（3）群众性——全员的质量管理

产品的质量是企业一切工作质量和工序质量的综合反映，而工序质量最终也还是取决于有关的工作质量。企业中每一个职工的工作质量都必然直接或间接地影响到产品的质量。所以全面质量管理的一个重要特点就是依靠企业全体员工（从领导到每个职工）进行质量管理，要求企业的全体人员都要具有高度的质量意识和积极参与的态度，都要通过各种不同方式参加到质量管理工作中来，通过做好本职工作以保证产品质量。

（4）科学性——多种方法的质量管理

全面质量管理是一种科学的管理，因为它运用了概率论和数理统计等数学方法，揭示质量形成和波动的客观规律，对质量进行科学预测，进行定性与定量的分析，编制数学模型和程序，通过计算机的精密运算。在全面质量管理中广泛采用的统计方法主要有 7 种：控制图、因果分析图、统计分析图、相关图、排列图、直方图、分层图。目前实际应用的已超过这 7 种，如回归分析、正交试验、抽样检查等。日本“新 QC7 种工具”：关连图法、KJ 法、系统图法、矩阵法、矩阵数据解析法、过程决策程序图 PDPC（Process Decision Program Chart）法、箭条图法。同时，还综合利用了诸如工业工程（IE）、系统工程（SE）、运筹学（OR）、市场调查（MR）、价值分析（VA）、控制论、心理学、生理学、行为学、社会学、人文科学、信息科学等科学技术的最新成果，综合地解决质量问题和处理人与人之间、人与物之间的关系。

2.2.3 全面质量管理的工作原则

全面质量管理（TQC）除了要树立“用户至上”，一切为用户服务的基本观念以外，在企业内部的实际管理中，还必须坚持下面 3 条工作原则：

（1）预防的原则

企业质量管理工作中，要树立和贯彻预防为主的原则，要尽一切可能把废品消灭在发生以前，才能真正减少企业和社会的损失。首先要有预防的措施，而预防措施中最重要的是实行对生产过程的控制。预防的原则并不排斥终端把关，而是要与把关相结合。对正在和尚未生产的产品应强调预防，而对已经生产出来的产品则应强调把关，它们是相辅相成的，只有贯彻以预防为主，预防与把关相结合，才能有效地保证产品质量。

（2）经济的原则

全面质量管理强调用经济的手段来保证和提高产品质量。事实上，我们所说的质量保证也好、预防废

品的产生也好，都是有条件的，这就是要讲究经济性。因为质量保证的水平或预防的深度是没有止境的，其中应有合理的经济界限。所以无论是在生产过程的质量控制中，还是在质量设计或质量标准制定中，或是在质量检验方式（全检或抽检）的选择中，都必须考虑到经济效益问题。

（3）协作的原则

"协作"是高级生产组织水平上的一项重要管理工作，是专业化生产发展的必然要求。生产和管理工作专业分工越细，对协作的要求就越高。一个企业的管理工作搞得好不好，"协作"既是一个条件，又是一个标志。日本的管理经验说明：日本企业管理成功的重要原因之一，就是企业全体人员懂得和保持了良好的协作。在企业质量管理工作中，如果没有各个部门以及每位职工之间的相互良好的、主动的协作，质量问题就无法解决，所以强调协作是推行全面质量管理的一条重要原则。

2.2.4　全面质量管理的支柱

全面质量管理（TQC）是一种科学的质量管理体系。它自20世纪50～60年代出现后，迅速在全世界推广应用，成绩显著，生命力经久不衰。其主要原因在于：全面质量管理使原来分散于各部门的孤立的质量管理活动变为系统化管理，使产品的最终检验和各工序质量控制点的活动与企业的质量方针、质量目标、质量计划、质量意识、岗位职责、组织结构、员工素质和企业精神密切结合，融为一体，形成了质量管理的全新模式（图2-6），从而使质量管理成为企业管理的重要战略。

有人把全面质量管理（TQC）比作一座大厦，要使这座大厦牢固地树立起来，必须要有以下4根强有力的支柱。

（1）质量教育

既然产品质量取决于企业全体人员的工作质量，要求全员参加质量管理，因此，企业必须不断地对全体人员进行质量教育。首先，要使全体人员在思想上重视质量，严格遵守工艺规程和技术标准，搞好相互协作。其次，在管理上要组织各级不同人员，学习和掌握与自己工作相适应的质量管理方法。最后，在技术上要加强职工的技术培训，提高职工的文化素质和科学技术水平，使职工具有高度的技术操作水平，以保证产品质量，达到推行全面质量管理的目标。如果企业职工在思想上不重视质量，不掌握先进的科学技术和管理方法，就不可能生产出先进的、高质量的产品。企业产品效益的竞争是市场的竞争，市场的竞争是质量的竞争，而质量的竞争归根到底又是技术和人才的竞争。加强思想教育和技术培训就是培养掌握现代科学技术和管理方法的人才，也是推行全面质量管理的重要基础条件。日本和欧美的工业发达国家在推行全面质量管理过程中重视质量教育的经验充分说明了这一点。

（2）QC 小组

QC（Quality Control）小组是一种职工参加质量管理的组织形式，也是全员参加质量管理的重要内容之一。它经常研究和提出改进生产技术、提高产品质量和降低生产成本的各项建议和措施。QC 小组的建立方式可以各不相同，既可在一个班组内建立，也可跨班组建立，甚至还可以按产品或零部件组成建立。同样，QC 小组的活动方式也是多种多样的，除了小组内的业务活动外，还可以组织车间、公司直至全国性的成果发布会、经验交流会、QC 小组代表大会等，通过这些活动，既交流了经验，也对推动企业全面质量管理起到了积极的动员和鼓励作用。

（3）PDCA 循环

PDCA 循环的概念最早是由美国质量管理专家戴明提出来的，故又称"戴明环"。1950 年戴明到日本进行质量管理培训和咨询活动，他通过自己建立的链式反应模式（图2-7）告诉日本企业家：质量不仅仅是一个技术问题，还是一个可以提高生产力、占领市场和使企业获得发展的重大战略问题。他鼓励日本企业家用系统的方法解决问题。这套方法就是后来被称为"戴明环"的"计划—实施—检查—改进"循环，即 PDCA 循环。

PDCA 循环是有效地进行任何一项工作合乎逻辑的工作程序，也是一种普遍的工作方式，特别是在质

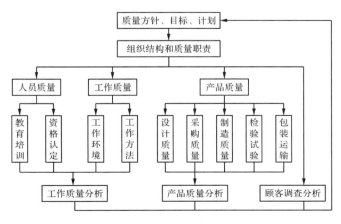

图2-6　全面质量管理模式

量管理中得到了广泛的应用。一个 PDCA 循环包括：

第一，计划（Plan）。包括方针和目标的确定以及活动计划的制定。所有工作在开始之前都要制定计划，以最大限度地避免盲目性，使所有的活动都致力于实现总的目标。

第二，执行或实施（Do）。实地去干，实现计划中的内容。按计划开展工作，使有限的资源恰当地分配利用，以最大限度地避免主观随意性，提高工作效率。

第三，检查（Check）。总结执行计划的结果，注意效果，找出问题。检查工作进展和状况是否按计划进行，是否达到预期的目的，如果有问题，则要分析是原来的计划有问题，还是计划的执行出了问题。

第四，行动或处理或改进（Action）。对总结检查的结果进行改进处理。对于成功的经验加以肯定和予以标准化，便于以后工作时遵循，使工作按预期的计划进行，实现既定的目标；对于失败的教训也要总结，消除执行中出现的问题，以免重现；对于没有解决的问题，通过改进，建立新的目标，开始新的计划和提给下一个 PDCA 循环中去解决。

PDCA 循环有以下 4 个明显的特点：

第一，周而复始式循环。之所以称 PDCA 循环，就是上述 4 个过程不是运行一次就完结，而是要周而复始地进行。一个循环完了，解决了一部分问题，可能还有问题没有解决，或者又出现了新的问题，再进行下一次循环，依此类推（图 2-8）。

第二，大环带小环。如果整个企业比作一个大的 PDCA 循环，那各个车间、小组或部门还有各自小的 PDCA 循环，就像一个行星轮系一样，大环带动小环，一级带一级，有机地构成一个运转的体系（图 2-9）。

第三，阶梯式上升。PDCA 循环不是停留在一个水平上的循环，每循环一次，就解决一部分问题，取得一部分成果，工作就前进一步，水平就上升一级。到了下一次循环，就有了新的目标和内容，更上一层楼。PDCA 循环逐级上升（图 2-10）。

第四，有效的统计工具。PDCA 循环的一个重要特点就是应用了一套科学的统计处理方法，作为进行工作和发现、分析和解决问题的有效工具。通常所谓的 4 个阶段、8 个步骤、7 种工具（即前面提到过的控制图、因果分析图、统计分析图、相关图、排列图、直方图、分层图等）就构成了 PDCA 循环的实际内容（图 2-11）。P、D、C、A 这 4 个阶段中的 8 个步骤包括：

■ 分析现状和找出问题。可运用排列图、直方图、控制图等工具。

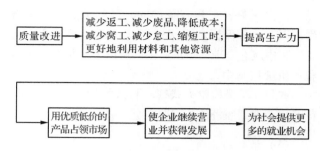

图 2-7　链式反应模式

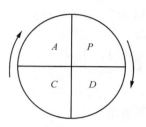

图 2-8　PDCA 循环

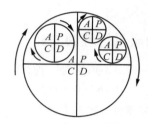

图 2-9　行星轮系式 PDCA 循环

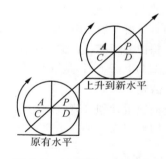

图 2-10　阶梯式 PDCA 循环

图 2-11　PDCA 循环

■ 分析和列出影响质量问题的各种因素。可运用因果分析图等工具。

■ 找出影响质量问题的重要原因。可运用排列图、相关图等工具。

■ 制定计划目标和拟定解决措施。可运用5W1H（Why 必要性、What 目的、Where 地点、When 时间、Who 执行者、How 方法）来核对主要原因，制定措施计划表。

■ 实施计划。采用检验表和记录表，按计划执行和严格落实措施。

■ 调查计划执行效果。运用排列图、直方图、控制图等工具，将执行结果与要求达到的目标进行对比。

■ 巩固成绩。将成功的经验总结出来并制定相应的标准、工作规程、规章制度。

■ 提出问题。找出尚未解决的遗留问题或新出现的问题，并转入下一个PDCA循环中去解决。

（4）标准化

近年来，工作标准化越来越受到重视，它要求工作过程以及在工作过程中对于上下、左右、前后的关系都有标准的工作程序和规定的方式，以便使各项工作有条不紊、井然有序，使管理工作大为简化、工作效率大大提高。从PDCA循环中可以看出，标准化是本次PDCA循环的结束，是企业管理成果的肯定，是一个终点。但它又是下一个PDCA循环的开始，是一个新的起点。企业的一切管理工作，都是从标准化开始，又到标准化告终。产品全面质量管理体系的工作效率在很大程度上取决于企业标准化的质量，企业要推行全面质量管理，就必须搞好标准化。

总之，通过上面几个方面的分析可知，企业要实行全面质量管理，必须"以市场需要为依据、以用户满意为标准、以科学方法为手段、以生产技术为基础、以经济效果为目的、以全员参加为保证、以使用价值为产品质量的最终评价"，既要重视我国传统质量管理中的经验，又要学习国外科学方法和先进经验，摸索出一套适合于我国企业情况的全面质量管理模式。

2.3 质量保证体系

质量保证（QA）是为使人们确信某一产品、过程或服务质量能满足规定要求所必需的有计划、有系统的全部活动。简单地说，就是生产者为使自己的产品具有能满足用户的适用性而做的全部保证工作，并

向用户提供这种适用性的证明，以建立起人们的信任。它是全面质量管理为用户服务思想的体现和发展。通过质量保证，把生产者和用户联系起来，建立一种信任关系，使用户对生产者提供的产品质量和服务质量感到确有保证；生产者则可通过质量保证占领国内外市场，获取最大的经济效益。质量保证不是一种抽象的概念，也不是一般的广告宣传，而必须落实到设计、制造、销售、服务等一系列管理过程中，有具体的措施、制度和活动。它可分为两方面的工作：一个是在设计、制造中要采取有效措施，保证为用户提供合乎质量标准的产品；另一个是在产品销售后的使用过程中，提供优质的服务，一旦因质量原因出现了问题，必须提供维修、退换或赔偿损失等一系列补偿措施。质量保证是企业对用户在产品质量方面提供的担保，保证用户购得的产品在寿命期内质量可靠，其实质是要在产品质量上对用户负责到底。为了达到质量保证的目的，只有加强从设计研制到销售服务全过程的管理，因此，质量保证是质量管理的引伸和发展，它既包括企业内部各环节对产品质量的全面管理以保证最终出厂的产品质量；又包含产品出厂后的各种为用户的服务工作。可见，质量保证是一种系统的质量管理活动，为了搞好质量保证，就必须有组织上的保证和健全的质量管理制度，也就是要建一个有效的质量保证体系（Quality Assurance System，QAS）。

2.3.1 质量保证体系的概念

质量保证体系（QAS）是指企业以保证和提高产品质量为目标，按照系统论、控制论和信息论的观点，把产品质量形成全过程中各环节的质量职能组织起来，形成一个有明确职责、任务和权限，互相协调、互相促进的有机整体。也就是围绕用户能得到物美价廉的产品这一目标，确保用户的利益，把企业内部的有关单位以及企业外部的协作单位，在市场、技术、经营和销售服务等活动方面实行标准化，规定它们在质量保证方面的职责、任务和权限，建立有效的管理机构和合理的规章制度，运用科学的管理方法，并有一个灵敏的质量信息反馈系统，形成一个保证和提高质量的管理网络和有机整体。

概括地说，质量保证体系就是通过一定的制度、方法和程序等，把质量保证活动加以标准化、制度化。质量保证体系的核心，是依靠人的积极性和创造性，发挥科学技术的力量；质量保证体系的体现，是一系列的手册、汇编和图表等。

建立质量保证体系，是全面质量管理向深度和广度发展的必然趋势。全面质量管理向深度发展，包含2层含义：其一，是向产品质量形成的纵深发展，即

从产品的开发、设计、制造到销售、服务以及使用情报的反馈的全过程的管理；其二，是企业各有关部门的各项工作向纵深发展，即要求每个人、每种工作都要有严格的工作程序和工作质量标准以及保证它们贯彻执行的考核方法。全面质量管理向广度发展，有 3 个方面含义：其一，向企业各部门发展，即由制造部门和检验部门发展到全厂各个部门都参加；其二，向全员发展，即由生产工人和检验人员参加发展到企业全体人员都参加，做到"质量管理，人人有责"；其三，向厂外发展，即向协作厂发展，要求协作厂根据主厂产品的质量要求建立起自己的质量保证体系，以保证稳定地提供质量好、成本低的协作产品。

上述各个方面的因素，要有机地联系在一个整体内，并有条不紊地工作，就必须建立质量保证体系。有了质量保证体系，既能有效地保证出厂的产品质量，又能保证产品售出后的使用质量和确保用户满意使用。即使有时个别产品出现质量问题，有了质量保证体系，也能及时发现和得到妥善解决。因此，把产品质量形成全过程中的各有关部门、人员、因素等都有机地组织在一个系统内，形成一个严密的质量保证体系，这才是全面质量管理的实质。

2.3.2　质量保证体系的内容

质量保证体系的基本内容包含有：确定明确的质量目标、规定质量职责和权限、建立高效灵敏的质量信息管理系统、建立专职的质量管理部门、组织协作厂的质量保证活动、实现质量管理业务标准化和管理流程程序化 6 个方面。

（1）确定明确的质量目标

质量目标是企业全体职工在某一时期内在质量方面共同奋斗的目标。企业的质量保证体系就是根据提高质量这一目标建立起来的。整个体系围绕这个目标，把各有关部门、各级质量保证活动统一组织起来，有效地发挥各方面的力量，按预定时间和进度，实现改善质量的各项目标和技术组织措施。因此，要使质量保证体系协调而有效地运转，必须有明确的质量目标。企业的质量目标，既可以有"突破性"目标，也可以有"控制性"目标。所谓"突破性"的目标，就是人们决心要打破原有的标准水平，达到一个新的水平；所谓"控制性"的目标，就是把质量控制在已达到的水平上，使近期达到的"突破性"目标得到稳定。

质量目标必须明确具体，凡能用数量表示的都要用数量表示出来，还应有明确的时间要求。制定明确的质量目标，一般包括：

- 制定企业长远的总的质量目标。它是企业总的奋斗目标的一个组成部分，是指导和组织企业质量保证体系活动的战略目标，是向企业全体职工提出的质量发展的奋斗方向。

- 规定年度或季度的具体质量目标。它是企业长远的总的质量目标的具体化，是企业质量保证体系在某年度或季度所达到的质量目标值。如优等品率、一等品率、不合格率等。

- 组织目标的落实。即把具体的质量目标层层分解、层层展开，落实到每个部门和工作岗位。各部门、各单位、每个职工都要根据企业的质量目标，具体制定本单位或个人的质量目标，形成一个从上到下、由大到小的完整的目标体系，以保证企业目标的落实。

- 与预定目标对照，找出差距和问题，制定改进措施。

（2）规定质量职责和权限

按照产品质量产生和形成的全过程，规定企业有关部门在保证和提高质量方面所应承担的职责和应有的权限，是质量保证体系的重要内容，也是贯彻落实质量责任制的关键。

以物资供应部门为例，它的任务是为企业生产正常进行提供原材料、外购件和外协件等。它在质量方面的职责和权限包括：保证提供原材料、外购件和外协件的质量符合设计要求；深入供货单位调查研究和做好质量宣传教育工作；协助供货单位开展质量管理活动；对采购的原材料、外购件和外协件的质量进行检验和评价；向供货单位反馈质量信息；拟订原材料、外购件和外协件的流动路线和处理质量问题的程序等。有权拒绝接受一切不符合质量要求的原材料、外购件和外协件；有权向供货单位提出经济赔偿的要求等。

（3）建立质量信息管理系统

在产品质量形成的全过程中，产生着大量的质量信息。这些质量信息包括：市场需求动向、用户意见、产品设计图样、工艺规程、操作规程、工序质量表、不合格品率、质量成本等，它们是质量保证体系的"神经系统"，它们是从质量管理活动中产生的，反过来又作为一切质量管理活动的依据。质量管理的每一步都离不开信息，并根据它不断调整各项活动。因此，质量管理的本质就是质量信息的运动。质量保证体系活动的成效，在相当大的程度上取决于信息的组织。

（4）建立专职质量管理部门

为了使质量保证体系能够有效地运转，使企业各有关部门的质量职能得到充分发挥，需要建立一个专职质量管理部门。

其作用为：①统一组织和协调质量保证体系的活动，帮助和推动企业各方面的质量管理工作。②提高质量管理活动的计划性，把质量保证体系各方面的活动纳入计划轨道。③对各部门的质量职能和质量保证任务的实现，进行经常的检查和监督。④统一组织质量信息的传递和反馈，并使之充分而有效地利用。⑤研究和提高质量保证体系的功效。⑥掌握质量保证体系的动态，积极组织新的协调和平衡。

其职责为：①组织编制质量计划和督促检查有关部门执行质量计划的情况。②制定降低质量成本的目标和方案。③研究和推广先进的质量控制方法。④组织厂内外质量信息反馈的汇总和分析工作，对所反映的质量问题及时提出处理意见，并责成有关部门认真改进。⑤开展质量管理宣传教育和咨询活动，组织群众性的质量管理活动。⑥组织产品使用效果的调查，对老产品进行质量评价，参与新产品的鉴定。⑦协调有关部门的质量管理活动等。

（5）组织协作厂质量保证活动

随着生产社会化程度的提高，工业生产的协作关系越来越密切，各种工业产品无一不是许多企业协作的产物。组织协作厂质量保证活动主要包括：①选择适宜的协作厂。②帮助协作厂进行质量管理活动。③支持和援助协作厂技术改造与技术交流。④建立外协产品的关键工序、关键零部件的质量审核制度等。

（6）实现质量管理标准化和程序化

质量保证体系的各个环节，每天都在进行着大量的管理活动。其中，有许多活动是经常重复发生并具有一定的规律性。把这些重复出现的质量管理业务按照客观要求分类归纳，并将其处理办法定成标准，变成例行工作，这就是质量管理业务标准化。把质量管理业务处理过程的各个环节、各管理岗位、先后工作步骤和使用的管理凭证如实记录下来，经过分析研究和改进而使之合理化，并通过文字和图表定为标准的管理程序和方法，就如生产过程中为产品规定的工艺路线和加工方法一样，为质量管理业务也制定出"工艺路线"和"处理方法"，这就是质量管理流程程序化。

制定质量管理业务标准和程序的方法很多，直观形象的方法是图表化，即用图解和列表的方法来表示

质量管理工作的流程。具体的制定过程分为 3 个步骤：

第一，设计质量保证体系流程图，包括：①企业质量保证体系总图（反映企业质量保证体系各阶段的总体关系，即企业全过程内各阶段的工作内容、以及承担这些具体管理业务的专职管理部门和先后工作程序等）。②产品质量保证体系流程图（表示产品生产全过程的各个环节的质量保证相互关联的因素，包括产品生产全过程的各个阶段、加工流程各阶段、各重要环节的管理与测试方法、涉及的有关部门和个人在质量方面的职责、各阶段的质量信息反馈路线与内容等）。③与产品质量有关的各部门的质量保证体系图（包括管理程序、工作岗位、信息联络、岗位责任制等）。

第二，研究并改进质量保证体系的管理工作流程，使之合理化和科学化。

第三，实践和修改流程图。

2.4 质量管理体系（ISO 9000 标准）

当今世界，由于地区化、集团化经济的发展，贸易竞争日益激烈，使各国政府和出口企业都深刻感到，提高产品质量的紧迫感和不提高质量就没有出路、不能生存、将被淘汰的危机感，产品质量竞争已成为贸易竞争的重要因素。为了适应国际贸易往来与经济合作的需要，国际标准化组织（International Organization for Standardization，简称 ISO）于 1987 年颁布了 ISO 9000《质量管理和质量保证》系列标准，使世界质量管理和质量保证活动有可能统一在 ISO 9000 系列标准的基础上。1994 年、2000 年、2008 年和 2015 年又分别对该系列标准进行了重新修订，现已形成了 ISO 9000—2015 年版的系列国际标准。ISO 9000 不是指一个标准，而是一组（系列）标准的统称。该系列标准可帮助组织实施并有效运行质量管理体系，是质量管理体系通用的要求和指南。我国在 20 世纪 90 年代就将 ISO 9000 系列标准转化为国家标准，现行相应的标准是 GB/T 19000—2016 质量管理体系标准。

2.4.1 ISO 9000 标准的产生

任何标准都是为了适应科学、技术、社会经济等客观因素发展变化的需要而产生。客观因素的发展总是处于不断变化之中，因而某一项标准涉及的范围及其深度与广度，也总是处于发展之中，ISO 9000 系列标准同样也如此。了解这些客观因素在标准形成中的

作用，有利于我们从理论与实践的结合上进一步理解，进而自觉贯彻和实施标准。

（1）企业生存和发展的需要是产生 ISO 9000 系列标准的重要原因

随着科学技术的进步，社会生产力的发展，市场竞争越来越激烈，竞争的焦点之一是产品质量，消费者在采购产品时，希望企业所提供的产品款式新颖、质量好，否则，企业所生产的产品在市场上将不受欢迎，形成滞销。在供需双方就产品供货达成协议时，特别是对那些结构复杂、制造难度大的产品，需方从自身利益考虑，为了得到稳定质量的产品，不仅需要向供方提出产品质量要求，而且还十分重视供方对影响产品质量的诸方面的管理、技术、人员等因素进行控制的能力，如果上述方面达不到规定的要求，需方将放弃与供方的合作。

因此，企业为了获得质量上的信誉，占领市场，获得最佳的经济效益，求得生存与发展，不得不加强内部的质量管理，建立有效的质量体系，并对影响质量的各个方面实行有效的控制，以满足用户对产品质量的要求。为了取得用户的信任，企业十分重视实施外部质量保证，本世纪以来，这类质量活动已形成了一种世界性的趋势，许多国家纷纷编制和发布了质量管理标准，如1979年美国标准化协会发行了 ANSI Z-1.15《质量体系通用指南》，英国发布了 BS5750《质量体系指南》等，这些质量管理和质量保证的结晶，为质量管理和质量系列标准的诞生奠定了基础。

（2）产品质量责任的关注是产生 ISO 9000 系列标准的客观要求

随着科学技术的不断发展，新技术的不断涌现，新产品也层出不穷，产品的结构越来越复杂，用户（消费者）仅靠自身的能力或凭借经验来判断产品质量的优劣是非常困难的。而现代产品都是多环节的产物，一旦某些环节失控，损失将是难以估量的。此外，在现代化生产和销售系统中，产品往往是许多生产厂和若干个组织的共同研制成果，一旦发生产品责任事故，消费者（或用户）很难找到应对产品质量负责的组织。这些情况导致了人们对产品质量责任规定的需求。

产品质量责任是指由于产品在生产、销售、安装、服务等方面存在缺陷而造成了消费者、使用者或第三方的人身伤害或财产损失，依法由侵害人（如该产品的设计者、生产者、销售者、供应者、安装者或服务者）对受害人负责赔偿的一种法律责任。早在20世纪30年代，人们就形成了"产品质量责任的概念"。1936年初，美国纽约成立了"消费者联盟"，这是最早的消费者组织，消费者要求从法律上保证顾客的利益。20世纪60年代以来，产品责任已成为国际上普遍关注的一个重要问题；70年代以来，许多国家开始制定了产品质量责任法；80年代以来，消费者逐渐形成强大的力量迫使制造厂商考虑消费者利益，承担产品责任，一些国家在处理产品责任问题时，也逐渐从合同法处理向侵权法转化，由过失责任原则向无过失责任原则转化，以侵权责任诉讼来处理产品责任问题，为顾客利益和社会安全免受新技术的影响提供更充分的保护。这时，顾客已不能满足于供应厂商一般的担保，因为卖方承担产品责任仅仅解决事后赔偿问题，人们更关心的是要得到长期稳定使用的产品。为此，就要求对产品质量进行管理和监督。

产品的质量要求通常体现为产品标准，包括性能参数、包装要求、使用条件、检验方法等。人们根据产品标准规定的质量要求判断产品质量是否合格。怎样才能使产品质量稳定地符合规定的要求呢？产品质量形成于产品的设计、采购、制造、运输、安装、服务活动的全过程。如果企业的生产体系不完善，技术、组织和管理措施不协调，即使产品标准再好，也很难保证产品质量始终满足规定的要求。因此，无论是消费者还是生产者，从产品质量责任的重要性出发，都希望建立一套质量管理体系，对产品质量形成的全过程进行有效控制，以保证产品质量稳定可靠，这就是 ISO 9000 系列标准产生的客观要求。

（3）质量保证活动的成功经验是产生 ISO 9000 系列标准的坚实基础

当今世界民用质量保证标准，是在军工采购标准影响下发展起来的。第二次世界大战以后，军事工业得到了迅猛的发展，武器装备的复杂程度得到惊人的增加，产品质量已不能仅靠检验把关，有不少质量问题总是在使用过程中逐渐暴露出来的。另外，新的军事装备大量增加，除了进行试验和验证程序外，还需要进行必要的质量控制，如在一场战争中军品质量好与坏（当然也包括先进和落后的因素）起着决定胜败的作用，一旦发生质量事故，可能酿成大灾难，甚至导致一场战争的失败和政权的失落，各国政府深感军品质量的重要性，要真正保证产品质量，需要对生产厂家的产品生产的全过程实行有效的质量控制。各国政府都采取了在采购军品时，不但提出产品特性要求，并且提出对生产厂的质量保证体系要求，这样才能使政府有相当大的把握，足够的信心，充足的证据，认为采购的物资能达到产品质量要求。

在这种情况下，1959年，美国发布了 MIL-Q-

9858A《质量大纲要求》。这可以说是世界上最早的有关质量保证方面的标准文件。在质量保证实践的基础上，美国国防部于 1963 年、1981 年、1985 年先后 3 次分别对该要求做了补充和修订，使之更趋于完善。与此同时，还发布了 MIL - Q - 45208A《检验系统要求》、MIL - HDBR - 50《承包商质量大纲评定》和 MIL - HDBR - 51《承包商检验系统评定》，从而形成了一套完整的军品质量保证标准文件。军品生产中开展质量保证活动的成功经验很快传播到民品生产领域。美国标准协会（ANSI）和美国机械工程师协会（ASME）于 1971 年分别借鉴军用标准制定和发布了 ANSI N45.2《核电站质量保证大纲要求》和 ASME - Ⅲ - NA4000《锅炉与压力容器质量保证标准》。美国质量保证活动的成功经验，很快被一些工业发达国家所借鉴。如英国也于 1979 年制定和发布了 BS5750《质量体系指南》系列质量保证标准。

所有这些质量保证活动以及各国制定和实施质量保证标准、质量体系管理标准的实践过程和成功经验，实际上为 ISO 9000 标准的产生奠定了可靠的实践基础。

（4）国际贸易发展的需要是产生 ISO 9000 系列标准的现实要求

在国际贸易中，产品质量从来都是交易的重要条件。对进出口商品质量进行控制的基本手段是根据产品标准进行商品检验。但是，仅靠商品检验并不能完全满足国际贸易中对质量保证的需要，因为商品检验只能在一定程度上保证该批产品的质量，不能保证以后各批产品的质量，一旦长期多批订货出现质量问题，将造成停工、延误交货等经济损失。因此，顾客在订购商品前，除了要对供方的产品进行检验外，还需要对供方的生产体系进行考察，直至确认该体系运行可靠，才会有信心与供方订立长期的大量采购合同。随着国际贸易的增加，对企业生产体系进行评价的活动不断增多，于是，产生了建立国际统一的评价企业质量保证能力的质量管理体系标准的需要。

全球竞争的加剧导致顾客对质量的期望越来越高。买方市场的出现，使顾客的消费行为日益成熟。消费者从保护自身利益出发，不仅重视产品质量检验结果，还十分重视产品生产者或供应者在人员、材料、设备、工艺、技术、管理、服务等各方面的综合质量保证能力，这对企业建立完善的质量管理体系形成了外部压力。企业为了在竞争中生存发展，必须尽一切努力提高产品质量和降低成本，必须加强内部管理，使影响质量和成本的各项因素都处于受控状态，这是企业建立质量管理体系的内在需求。在市场上，

为了能对各个企业的质量管理体系进行比较，人们希望建立一套质量管理体系标准，用以评价企业的整体质量保证能力；在内部管理上，人们同样希望建立一套质量管理体系标准，充分吸收世界各国最先进的质量管理理论与方法，以提高自己的质量管理水平，增强竞争能力。

因此，随着各国经济方面的相互合作、相互依赖和相互竞争的日益增加，对供方的质量保证能力进行审核，对生产方内部的质量体系进行评价已成为贸易交往中国际间经济合作的前提，并且随着贸易交往的不断发展，质量管理和质量保证的国际化已成为了各国的迫切要求。为了有效地开展国际贸易，一些地区性的组织开始大量研究质量管理国际化的问题，以使不同的国家、企业之间在技术合作、经验交流和贸易往来上，在质量方面具有共同语言，统一的认识和共同遵守的规范。20 世纪 70 年代末，许多国家和区域性组织发布了一系列的质量管理和质量保证标准作为贸易交往供需双方评价的依据和遵守的准则，在这种背景下，国际标准化组织于 1979 年成立了质量管理和质量保证标准化技术委员会，开始着手制定质量管理和质量保证国际标准。

综上所述，质量管理和质量保证标准（ISO 9000 系列标准）的产生绝不是偶然的，它既是生产力发展的必然产物，又是质量管理科学发展的成果和标志，它既能适应国际商品经济发展的需要，又为企业加强管理，提高管理水平提供指导。

2.4.2　ISO 9000 标准的结构

ISO 9000 国际标准是一种高度抽象的质量管理体系工具。世界各国都在积极采用并使之有效运行作为产品质量认证的必要条件，都把实施 ISO 9000 标准作为国际贸易的必要技术手段和进行企业管理的有效工具。ISO 9000 认证已成为当前经济社会中必要的贸易条件，建立 ISO 9000 质量保证体系，是对顾客和社会公开作出质量保证承诺，是与国际接轨进入国际市场的"通行证"。ISO 9000 是一种时代的潮流和时尚。

ISO 9000 标准自 1987 年颁布以来，共进行了 4 次修订，适应了不断发展的形势需要。ISO 9000—1987 版标准体现了系统化管理思想。1994 年，国际标准化组织（ISO）对 ISO 9000 系列标准进行了第一次补充修订和完善，由原来的 6 个标准增加到 26 个标准，形成了 ISO 9000 族"质量管理和质量保证"标准，ISO 9000—1994 版标准体现了市场竞争思想。2000 年，ISO 又对 ISO 9000 族标准进行了重大结构性修订，使庞大的 ISO 9000 族标准得到简化，形成了只有 4 个核心标准（ISO 9000—2000《质量管理体系

基础和术语》、ISO 9001—2000《质量管理体系 要求》、ISO 9004—2000《质量管理体系 业绩改进指南》、ISO 19011—2002《质量和环境管理体系审核指南》)、重点突出、体系结构分明的 ISO 9000 族"质量管理体系"标准，ISO 9000—2000 版标准体现了顾客满意思想。2008 年，再次进行了系统改进，ISO 9000—2008 版标准强调持续改进。2015 年，主要进行了技术性改进，ISO 9000—2015 版标准除编辑性修改外，主要技术变化如下：采用基于风险的思维；更少的规定性要求；对成文信息的要求更加灵活；提高了服务行业的适用性；更加强调组织环境；增强对领导作用的要求；更加注重实现预期的过程结果以增强顾客满意。

ISO 9000 族标准是指由 ISO/TC176（国际标准化组织/质量管理和质量保证技术委员会）制定的所有国际标准。ISO 9000 族标准由多个标准组成，其标准体系结构见图 2-12。ISO 9000 族标准包括以下标准：

（1）核心标准

■ ISO 9000：2015《质量管理体系 基础和术语》：该标准的主要内容是阐述质量管理体系的基础理论、基本方法和总体要求，规定质量管理体系的有关术语和定义。我国相应的标准是 GB/T 19000—2016。

■ ISO 9001：2015《质量管理体系 要求》：该标准的主要内容是规定质量管理体系的要求。它是 ISO 9000 族标准中最重要的标准，主要用于质量管理体系认证，是质量管理体系认证的重要依据；同时也可以用于组织内部管理，通过体系的有效应用，包括体系的持续改进，提高产品质量，确保产品符合顾客

与适用的法律法规的要求，增强顾客满意。我国相应的标准是 GB/T 19001—2016。

■ ISO 9004：2009《质量管理体系 业绩改进指南》：该标准的主要内容是提出了一个组织为实现业绩改进在质量管理体系方面应考虑的要素和要求。它是 ISO 9000 族标准中用于组织内部管理方面的标准，为组织提供业绩改进的指南和建议；但它不用于认证，也不是 ISO 9001 的实施指南。ISO 9004 标准超出了 ISO 9001 标准的内容和要求，不仅关注质量管理体系的有效性，还特别关注质量管理体系运行的效率和持续改进；不仅关注顾客，还关注其他相关方的满意。我国相应的标准是 GB/T 19004—2011《追求组织的持续成功 质量管理方法》。

■ ISO 19011：2011《质量和环境管理体系审核指南》：该标准是关于质量管理体系和环境管理体系审核的标准，包括审核的原则、过程和方法，对审核组织、人员和工作的管理，以及对审核员的评定准则。我国相应的标准是 GB/T 19011—2013《管理体系审核指南》。

（2）其他标准

其他标准只有一项，即 ISO 10012：2003《测量管理体系 测量过程和测量设备的要求》：该标准适用于需要用测量结果证实满足规定要求的组织。该标准的主要内容包括对组织测量设备和测量过程的要求，以及确保测量结果满足预期的测量精确度方面的要求。

（3）技术报告

ISO 9000 族标准中的技术报告有：

ISO 10005：2005《质量管理体系 质量计划指南》，我国相应标准是 GB/T 19015—2008；

ISO 10006：2003《质量管理体系 项目质量管理指南》，我国相应标准是 GB/T 19016—2005；

ISO 10007：2003《质量管理体系 技术状态管理指南》，我国相应标准是 GB/T 19017—2008；

ISO 10015：1999《质量管理 培训指南》，我国相应标准是 GB/T 19025—2001；

ISO/TR 10013：2001《质量管理体系 文件指南》，我国相应标准是 GB/T 19023—2003；

ISO/TR 10014：2006《质量管理 实现财务和经济效益的指南》，我国相应标准是 GB/T 19024—2008；

ISO/TR 10017：2003《ISO 9001：2000 的统计技术指南》，我国相应标准是 GB/Z 19027—2005《GB/T 19001—2000 的统计技术指南》。

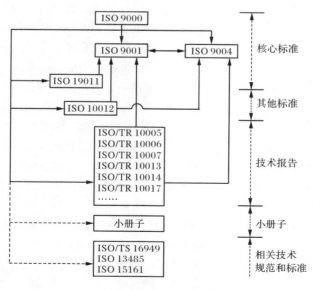

图 2-12 ISO 9000 族标准体系的结构
（引自《质量管理学》）

这些技术报告在 ISO 9000 族标准中是技术支持性文件。

（4）小册子

ISO/TC 176 编写的实施 ISO 9000 的小册子包括：《质量管理原则》《选择和使用指南》及《小型组织实施指南》。从严格意义上讲，这些小册子不属于 ISO 9000 族标准，是实施 ISO 9000 族标准的指导性文件。

（5）相关技术规范和标准

相关技术规范和标准是指 ISO/TC 176 以外 ISO 的其他技术委员会编写的技术规范和标准，以及 ISO/TC 176 转往其他技术委员会的标准。从严格意义上讲，这些技术规范和标准也不属于 ISO 9000 族标准，是 ISO 9000 族标准在某些行业或专业领域的具体应用，它们与实施 ISO 9000 标准密切相关。

采用国际标准是我国一项重要的技术经济政策。它旨在加快提高我国的技术水平和产品质量的步伐，使我国产品在国际市场取得竞争地位，进而增强我国产品的出口创汇能力。国际标准化组织和我国标准化管理部门规定，国际标准的采用分为等同采用，等效采用和参照采用 3 种。GB/T 19000 系列标准是我国等同采用 ISO 9000 系列标准的一套国家标准，是一套用于质量管理和质量保证的标准，也是一套推荐性国家标准。虽然 GB/T 19000 系列标准属于推荐性标准，但并不意味着可以不执行该标准系列。质量管理和质量保证标准系列是很多国家几十年来的质量管理工作经验总结。为实施质量管理和质量保证提供了规范，是一套出色的指导性文件，是各企业加强内部质量管理和实施外部质量保证所必需的。

2.4.3 ISO 9000 标准的原理

（1）质量管理原则

ISO 9000 标准总结了得到广大管理者承认的 8 项质量管理原则，并认为这 8 项质量管理原则形成了 ISO 9000 质量管理体系的基础，最高管理者可运用这些原则领导组织进行业绩改进。这 8 项质量管理原则的内容如下：

第一，以顾客为关注焦点。"组织依存于顾客。因此，组织应当理解顾客当前和未来的需求，满足顾客要求并争取超越顾客期望。"实施这一原则，通常表现为以下行为：

- 全面了解顾客的现实需求和合理期望。
- 在组织内部对顾客的需求和期望进行交流。

- 使组织的方针、目标体现顾客的需求和期望。
- 测量和评估顾客满意的程度，并采取改进措施。
- 兼顾顾客与其他相关方的利益。
- 与顾客建立并保持良好关系。

第二，领导作用。"领导者确立组织统一的宗旨及方向。他们应当创造并保持使员工能充分参与实现组织目标的内部环境。"实施这一原则，通常表现为以下行为：

- 制定组织的发展规划、方针和目标。
- 创建共同的价值观，形成和保持组织文化。
- 提供组织运行所需的资源。
- 规定组织结构，包括职责、权限。
- 创建和谐的工作环境，特别是信任、沟通、激励与竞争。

第三，全员参与。"各级人员都是组织之本，只有他们的充分参与，才能使他们的才干为组织带来收益。"实施这一原则，通常表现为以下行为：

- 激发员工的主人翁精神、积极性、创造性。
- 将组织的总目标分解，使员工明确工作任务。
- 使员工能识别工作环境和约束条件。
- 鼓励员工运用工作自主权，并承担相应的责任。
- 提高员工的知识、能力、经验。
- 使员工获得工作成就感和自豪感。

第四，过程方法。"将过程和相关的资源作为过程进行管理，可以更高效地得到期望的结果。"实施这一原则，通常表现为以下行为：

- 识别和确定过程，包括过程顺序、接口和关键活动。
- 明确过程中各岗位的职责。
- 确定对过程进行控制和监测的准则和方法。
- 对过程监测结果进行数据分析，寻求持续改进。
- 评价过程结果可能产生的风险、后果及影响。

第五，管理的系统方法。"将相互关联的过程作为系统加以识别、理解和管理，有助于组织提高实现目标的有效性和效率。"实施这一质量管理原则，通常表现为以下行为：

- 建立一个以过程方法为主体的质量管理体系。
- 明确过程的顺序和相互作用，使过程协调运行。
- 控制过程运行，特别是关键过程和特殊过程。
- 使各过程的具体目标与系统的总目标相一致。
- 进行质量管理体系测量和评价，实现持续改进。

第六，持续改进。"持续改进总体业绩应当是组织的一个永恒目标。"实施这一原则，通常表现为以下行为：

- 规定指导性的、可测量的持续改进的目标。
- 采用有效的改进方法：过程监测、体系审核、数据分析、纠正措施和预防措施等。
- 对员工提供关于持续改进的方法和手段的培训。
- 定期对持续改进的结果进行确认，将其成果在新制定或修订的文件中体现出来。

第七，基于事实的决策方法。"有效决策是建立在数据和信息分析的基础上。"实施这一原则，通常表现为以下行为：

- 按规定的渠道和方法搜集有关数据和信息。
- 确保数据和信息的真实性、准确性、及时性。
- 采用适当的统计技术等有效方法进行数据处理和信息分析。
- 决策民主化、科学化、程序化，防止主观随意性和盲目性。

第八，与供方互惠互利的关系。"组织与供方是相互依存的，互利的关系可增强双方创造价值的能力。"实施这一原则，通常表现为以下行为：

- 选择和确定供方。
- 平衡短期利益和长期利益。
- 建立畅通的沟通渠道，开诚布公地交流。
- 与重要供方共享某些技术、信息和其他资源。
- 开展联合改进活动，包括技术革新、产品开发等。

- 鼓励和承认供方的改进成果。

上述8项质量管理原则中，以顾客为关注焦点（原则一）和持续改进（原则六）是质量管理的两个基本点，具有方向性的作用；领导作用（原则二）是质量管理的关键；其他原则是达到以顾客为关注焦点（满足顾客要求）和持续改进的基础和途径。

（2）相关方的需求与期望

ISO 9000质量管理体系的出发点是分析和满足相关方的需求与期望。任何组织都是开放的，一方面要从社会其他组织或个人那里获得资源，另一方面要为社会其他组织或个人提供产品或服务，从而形成了"供方—组织—顾客"的基本供应链。离开了与社会的交换，任何组织的生命就会失去活力；要维持组织的正常活动并获得发展，就必须处理好与相关方的关系。

第一，相关方。相关方是指"与组织的业绩或成就有利益关系的个人或团体。示例：顾客、所有者、员工、供方、银行、工会、合作伙伴或社会"。

每个组织都有自己的相关方，通常包括：顾客和最终使用者；组织内人员；所有者或投资者，如股东、个人或团体；供方和合作者；社会及受组织或其产品影响的团体和公众。

第二，需求与期望。每个相关方都有自己的需求和期望，他们在追求自己的需求和期望的同时，不可避免地要支付成本并冒一定的风险。组织与相关方的需求和期望、成本和风险见表2-1。

表2-1 组织与相关方的需求和期望、成本和风险

组织与相关方	需求和期望	成本	风险
组织（包括企业和其他组织）	增加销售量、扩大市场占有率、增加利润、降低成本	设计、生产和营销中的问题导致返工、返修、生产损失，对顾客不满意产品的更换、维修及索赔	产品缺陷导致产品责任及赔偿，不合格产品和不良服务导致企业信誉损失、市场占有率下降、失去顾客，资源浪费
顾客（包括最终消费者和中间商）	享受到产品和服务的质量，包括安全性、符合性、适用性、可信性、交付能力，以及降低费用	采购费、运行费、保养费、维修费、停机费、处置费	产品缺陷可能导致的人身健康、安全事故，产品不适用、不满意造成的经济损失
员工	满意的劳动报酬和职业发展机会	脑力和体力付出，职业教育和培训费用	职业健康和安全损害
所有者	利润	投资	经营亏损甚至破产
供方	继续经营的机会	经营费用	顾客转向其他供方
社会	获得就业和劳动与社会保障，获得税收，维护市场经济秩序，保护环境	建立社会法制，提供社会服务，维护社会活动场所的秩序与安全，保护环境	社会法制混乱，市场经济秩序混乱，大范围失业和失去劳动与社会保障，严重环境污染和自然资源破坏

满足顾客的要求和期望是组织处理相关方关系的首要原则。为满足顾客的要求和期望，除采取各项直接保证产品质量的措施外，还需要建立质量管理体系，以使组织能够长期稳定地提供合格的产品和实现持续的质量改进，始终满足顾客的要求和期望。ISO 9000 族标准的这一思想，不但反映了现代经济社会对顾客利益的高度重视，还深刻地反映了社会生产的目的，即要为社会提供有用的产品。在商品经济社会，产品的有用性表现为符合顾客要求的产品质量。离开了产品质量，产品价值就失去了基础。因此，凡是真正实施 ISO 9000 的企业或其他组织，都会真心实意地坚持"质量第一"的原则，把满足顾客的要求和期望放在首位，而不是把赚钱作为自己经营的根本出发点和归宿。只有这样，才能使组织获得长远的发展，同时促进经济繁荣和社会进步。

任何组织的成功都取决于是否能真实地理解和最大限度地满足顾客或最终使用者在当前及未来的需求与期望，并兼顾到其他相关方的利益，尽量减少顾客或最终使用者的成本，降低顾客和其他相关方的风险；同时，使自己有效地获得和利用各项人力、物力、财力、知识产权等资源，以适宜的成本达到和保持所期望的质量，并获得与质量和成本相应的经济效益和社会效益。

为了达到上述目的，组织需要建立和实施一个有效的质量管理体系，在综合考虑利益、成本和风险的基础上，使顾客的要求和期望与组织的目标相一致，使质量与经济效益相平衡，不断地有动力、有财力、有能力来增强顾客和其他相关方的满意程度，同时使组织自身得到持续的质量改进。这正是 ISO 9000 族标准的目的。

（3）质量管理体系的过程方法

第一，过程方法的含义。ISO 9000 标准关于过程方法的阐述是："为使组织有效运行，必须识别和管理许多相互关联和相互作用的过程。通常，一个过程的输出将直接成为下一个过程的输入。系统地识别和管理组织所应用的过程，特别是这些过程之间的相互作用，称为'过程方法'。"

质量管理体系由各种具体的过程和要素构成；过程由各项活动构成，一个具体的过程表现为一组将输入转化为输出的有目的的活动；活动在组织内一定的资源和环境条件下进行；资源是过程的硬件；程序是过程的软件，是规定过程如何进行的约束性条件；产品是过程的最终结果。

ISO 9000 标准鼓励组织采用"过程方法"进行管理的逻辑是：产品是过程的结果，要保证产品质量，

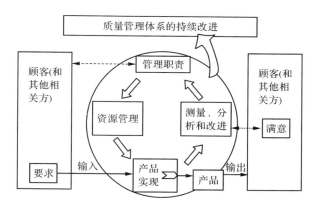

图 2-13　以过程为基础的质量管理体系模式

就必须控制过程。所有工作都是通过过程完成的。采用过程方法，可以对总过程中各个具体过程的组合以及各过程之间的联系和相互作用进行识别、优化、确定和控制，从而保证各项工作的质量和最终产品质量。

第二，过程方法在质量管理体系中的应用。以过程为基础的质量管理体系模式如图 2-13。

该质量管理体系模式表明：一个组织的质量管理是通过对组织内各种过程的管理来实现的。质量管理体系涉及影响产品质量的所有资源和要素，以及产品实现的全过程。从最初识别顾客的需求和期望开始，一直到产品交付和交付后的活动，所有这些活动构成质量管理体系的过程。

质量管理体系运行过程中最重要的是产品实现过程。产品实现过程中的 3 个重要环节是：营销过程中对产品要求的确定与评审；采购过程中对合格供方的选择、评价和对采购文件的审批；生产过程中对特殊过程和关键过程的控制。过程控制的重点是预防出现不合格产品。

过程方法在质量管理体系中应用时，强调以下重要因素：过程的输入、过程的输出、过程的要求、过程的测量和控制。

过程方法在质量管理体系中的应用通常表现为以下形式：过程流程图，包括工艺流程图、物流流程图、信息流程图；现场布置图，包括平面布置图、设备定置图、岗位定置图；过程监测图，包括监测点位置、过程监测数据、数据分析和过程控制方式。

应用过程方法对质量管理体系过程进行评价时，通常对被评价的过程提出以下问题：①过程是否已被识别并适当规定？②职责是否已被分配？③程序是否得到实施和保持？④在实现所要求的结果方面，过程是否有效？如果这 4 个方面的问题得到圆满的肯定回答，该组织的质量管理体系便处在正常有效的运行状态。

2.4.4　ISO 9000 标准的要求

（1）ISO 9001《质量管理体系　要求》标准说明

ISO 9001 标准规定了对一个组织的质量管理体系的要求。这些要求对任何组织都是通用的。但是，不同的组织为达到 ISO 9001 标准要求所采用的措施和方法则不一定相同。

通常，建立和实施质量管理体系的方法包括以下步骤：第一，确定顾客和其他相关方的需求和期望。第二，建立组织的质量方针和质量目标。第三，确定实现质量目标必需的过程和职责。第四，确定和提供实现质量目标必需的资源。第五，规定测量每个过程的有效性和效率的方法。第六，应用这些测量方法确定每个过程的有效性和效率。第七，确定防止不合格并消除产生原因的措施。第八，建立和应用持续改进质量管理体系的过程。

ISO 9001 标准规定的对质量管理体系的要求是对产品要求的补充。ISO 9001 标准提出了确定产品要求的原则性要求，但并没有提出任何具体的产品要求。具体的产品质量要求由产品标准、合同等文件规定。

ISO 9001 标准所规定的质量管理体系要求用于以下目的：用于认证，证实所认证的组织的质量管理体系有能力稳定地提供满足顾客和适用法律法规要求的产品；用于管理，通过应用 ISO 9001 标准，使组织的质量管理体系获得持续改进，增强顾客满意，提高组织的竞争力。

质量管理体系是组织整个管理体系的一个组成部分。质量管理体系强调满足顾客要求。按 ISO 9001 标准要求建立质量管理体系，不包括针对环境管理体系、职业健康安全管理体系、财务管理体系等方面的特定要求。但是，ISO 9001 质量管理体系标准与其他管理体系标准相容，鼓励组织的质量管理体系要求与其他管理体系的要求相结合或整合，以促进组织整个管理体系的改善和运行效率的提高。

ISO 9001 标准所规定的质量管理体系要求适用于各种类型、不同规模和提供不同产品的组织。由于各组织及其产品特点的不同，ISO 9001 标准的某些要求对有些组织可能不适用，因此可以考虑对其进行删减。删减后的质量管理体系要求不能使组织在提供满足顾客和适用法律法规要求的产品的能力或责任方面有任何降低或减少。

（2）ISO 9001 标准规定的质量管理体系要求

根据 ISO 9001：2015《质量管理体系　要求》标准中的范围说明，本标准为有下列需求的组织规定了质量管理体系要求：a）需要证实其具有稳定地提供满足顾客要求和适用法律法规要求的产品和服务的能力；b）通过体系的有效应用，包括体系持续改进的过程，以及保证符合顾客和适用的法律法规要求，旨在增强顾客满意。其中，"产品"仅适用于：a）预期提供给顾客或顾客所要求的商品和服务；b）运行过程所产生的任何预期输出。

为了使本部分的内容与 ISO 9001：2015《质量管理体系　要求》标准相对应，以下内容的序号与 ISO 9001：2015 标准条款的序号相一致，直接从"4"开始。整段引用的标准原文用楷体字标示。

4 组织的背景环境

4.1 理解组织及其背景环境

组织应确定外部和内部那些与组织的宗旨、战略方向有关、影响质量管理体系实现预期结果的能力的事务。需要时，组织应更新这些信息。

在确定这些相关的内部和外部事宜时，组织应考虑以下方面：

a）可能对组织的目标造成影响的变更和趋势；

b）与相关方的关系，以及相关方的理念、价值观；

c）组织管理、战略优先、内部政策和承诺；

d）资源的获得和优先供给、技术变更。

注1：外部的环境，可以考虑法律、技术、竞争、文化、社会、经济和自然环境方面，不管是国际、国家、地区或本地。

注2：内部环境，可以组织的理念、价值观和文化。

4.2 理解相关方的需求和期望

组织应确定：

a）与质量管理体系有关的相关方；

b）相关方的要求。

组织应更新以上确定的结果，以便于理解和满足影响顾客要求和顾客满意度的需求和期望。

组织应考虑以下相关方：

a）直接顾客；

b）最终使用者；

c）供应链中的供方、分销商、零售商及其他；

d）立法机构；

e）其他。

注：应对当前的和预期的未来需求可导致改进和变革机会的识别。

4.3 确定质量管理体系的范围

组织应界定质量管理体系的边界和应用，以确定其范围。

在确定质量管理体系范围时，组织应考虑：

a）标准 4.1 条款中提到的内部和外部事宜；

b）标准 4.2 条款的要求。

质量管理体系的范围应描述为组织所包含的产品、服务、主要过程和地点。

描述质量管理体系的范围时，对不适用的标准条款，应将质量管理体系的删减及其理由形成文件。删减应仅限于标准第 7.1、4 和 8 章节，且不影响组织确保产品和服务满足要求和顾客满意的能力和责任。过程外包不是正当的删减理由。

注：外部供应商可以是组织质量管理体系之外的供方或兄弟组织。

质量管理体系范围应形成文件。

4.4 质量管理体系

4.4.1 总则

组织应按本标准的要求建立质量管理体系、过程及其相互作用，加以实施和保持，并持续改进。

4.4.2 过程方法

组织应将过程方法应用于质量管理体系。组织应：

a）确定质量管理体系所需的过程及其在整个组织中的应用；

b）确定每个过程所需的输入和期望的输出；

c）确定这些过程的顺序和相互作用；

d）确定产生非预期的输出或过程失效对产品、服务和顾客满意带来的风险；

e）确定所需的准则、方法、测量及相关的绩效指标，以确保这些过程的有效运行和控制；

f）确定和提供资源；

g）规定职责和权限；

h）实施所需的措施以实现策划的结果；

i）监测、分析这些过程，必要时变更，以确保过程持续产生期望的结果；

j）确保持续改进这些过程。

5 领导作用

5.1 领导作用与承诺

5.1.1 针对质量管理体系的领导作用与承诺

最高管理者应通过以下方面证实其对质量管理体系的领导作用与承诺：

a）确保质量方针和质量目标得到建立，并与组织的战略方向保持一致；

b）确保质量方针在组织内得到理解和实施；

c）确保质量管理体系要求纳入组织的业务运作；

d）提高过程方法的意识；

e）确保质量管理体系所需资源的获得；

f）传达有效的质量管理以及满足质量管理体系、产品和服务要求的重要性；

g）确保质量管理体系实现预期的输出；

h）吸纳、指导和支持员工参与对质量管理体系的有效性作出贡献；

i）增强持续改进和创新；

j）支持其他的管理者在其负责的领域证实其领导作用。

5.1.2 针对顾客需求和期望的领导作用与承诺

最高管理者应通过以下方面，证实其针对以顾客为关注焦点的领导作用和承诺：

a）可能影响产品和服务符合性、顾客满意的风险得到识别和应对；

b）顾客要求得到确定和满足；

c）保持以稳定提供满足顾客和相关法规要求的产品和服务为焦点；

d）保持以增强顾客满意为焦点。

注：本标准中的"业务"可以广泛地理解为对组织存在的目的很重要的活动。

5.2 质量方针

最高管理者应制定质量方针，方针应：

a）与组织的宗旨相适应；

b）提供制定质量目标的框架；

c）包括对满足适用要求的承诺；

d）包括对持续改进质量管理体系的承诺。

质量方针应：

a）形成文件；

b）在组织内得到沟通；

c）适用时，可为相关方所获取；

d）在持续适宜性方面得到评审。

注：质量管理原则可作为质量方针的基础。

5.3 组织的作用、职责和权限

最高管理者应确保组织内相关的职责、权限得到规定和沟通。

最高管理者应对质量管理体系的有效性负责，并规定职责和权限以便：

a）确保质量管理体系符合本标准的要求；

b）确保过程相互作用并产生期望的结果；

c）向最高管理者报告质量管理体系的绩效和任何改进的需求；

d）确保在整个组织内提高满足顾客要求的意识。

6 策划

6.1 风险和机遇的应对措施

策划质量管理体系时，组织应考虑 4.1 和 4.2 的要求，确定需应对的风险和机遇，以便：

a) 确保质量管理体系实现期望的结果；

b) 确保组织能稳定地实现产品、服务符合要求和顾客满意；

c) 预防或减少非预期的影响；

d) 实现持续改进。

组织应策划：

a) 风险和机遇的应对措施；

b) 如何：

1) 在质量管理体系过程中纳入和应用这些措施（见 4.4）

2) 评价这些措施的有效性

采取的任何风险和机遇的应对措施都应与其对产品、服务的符合性和顾客满意的潜在影响相适应。

注：可选的风险应对措施包括风险规避、风险降低、风险接受等。

6.2 质量目标及其实施的策划

组织应在相关职能、层次、过程上建立质量目标。

质量目标应：

a) 与质量方针保持一致；

b) 与产品、服务的符合性和顾客满意相关；

c) 可测量（可行时）；

d) 考虑适用的要求；

e) 得到监测；

f) 得到沟通；

g) 适当时进行更新；

组织应将质量目标形成文件。

在策划目标的实现时，组织应确定：

a) 做什么；

b) 所需的资源（见 7.1）；

c) 责任人；

d) 完成的时间表；

e) 结果如何评价。

6.3 变更的策划

组织应确定变更的需求和机会，以保持和改进质量管理体系绩效。

组织应有计划、系统地进行变更，识别风险和机遇，并评价变更的潜在后果。

注：变更控制的特定要求在第 8 条规定。

7 支持

7.1 资源

7.1.1 总则

组织应确定、提供为建立、实施、保持和改进质量管理体系所需的资源。

组织应考虑：

a) 现有的资源、能力、局限；

b) 外包的产品和服务。

7.1.2 基础设施

组织应确定、提供和维护其运行和确保产品、服务符合性和顾客满意所需的基础设施。

注：基础设施可包括：

a) 建筑物和相关的设施；

b) 设备（包括硬件和软件）；

c) 运输、通讯和信息系统。

7.1.3 过程环境

组织应确定、提供和维护其运行和确保产品、服务符合性和顾客满意所需的过程环境。

注：过程环境可包括物理的、社会的、心理的和环境的因素（例如：温度、承认方式、人因工效、大气成分）。

7.1.4 监视和测量设备

组织应确定、提供和维护用于验证产品符合性所需的监视和测量设备，并确保监视和测量设备满足使用要求。

组织应保持适当的文件信息，以提供监视和测量设备满足使用要求的证据。

注 1：监视和测量设备可包括测量设备和评价方法（例如：调查问卷）。

注 2：对照能溯源到国际或国家标准的测量标准，按照规定的时间间隔或在使用前对监视和测量设备进行校准和（或）检定。

7.1.5 知识

组织应确定质量管理体系运行、过程、确保产品和服务符合性及顾客满意所需的知识。这些知识应得到保持、保护、需要时便于获取。

在应对变化的需求和趋势时，组织应考虑现有的知识基础，确定如何获取必需的更多知识（见 6.3）。

7.2 能力

组织应：

a) 确定在组织控制下从事影响质量绩效工作的人员所必要的能力；

b) 基于适当的教育、培训和经验，确保这些人员是胜任的；

c) 适用时，采取措施以获取必要的能力，并评价这些措施的有效性；

d）保持形成文件的信息，以提供能力的证据。

注：适当的措施可包括，例如提供培训、辅导、重新分配任务、招聘胜任的人员等。

7.3 意识

在组织控制下工作的人员应意识到：

a）质量方针；

b）相关的质量目标；

c）他们对质量管理体系有效性的贡献，包括改进质量绩效的益处；

d）偏离质量管理体系要求的后果。

7.4 沟通

组织应确定与质量管理体系相关的内部和外部沟通的需求，包括：

a）沟通的内容；

b）沟通的时机；

c）沟通的对象。

7.5 形成文件的信息

7.5.1 总则

组织的质量管理体系应包括：

a）本标准所要求的文件信息；

b）组织确定的为确保质量管理体系有效运行所需的形成文件的信息。

注：不同组织的质量管理体系文件的多少与详略程度可以不同，取决于：

a）组织的规模、活动类型、过程、产品和服务；

b）过程及其相互作用的复杂程度；

c）人员的能力。

7.5.2 编制和更新

在编制和更新文件时，组织应确保适当的：

a）标识和说明（例如：标题、日期、作者、索引编号等）；

b）格式（例如：语言、软件版本、图示）和媒介（例如：纸质、电子格式）；

c）评审和批准以确保适宜性和充分性。

7.5.3 文件控制

质量管理体系和本标准所要求的形成文件的信息应进行控制，以确保：

a）需要文件的场所能获得适用的文件；

b）文件得到充分保护，如防止泄密、误用、缺损。

适用时，组织应以下文件控制活动：

a）分发、访问、回收、使用；

b）存放、保护，包括保持清晰；

c）更改的控制（如：版本控制）；

d）保留和处置。

组织所确定的策划和运行质量管理体系所需的外来文件应确保得到识别和控制。

注："访问"指仅得到查阅文件的许可，或授权查阅和修改文件。

8 运行

8.1 运行策划和控制

组织应策划、实施和控制满足要求和标准 6.1 条确定的措施所需的过程，包括：

a）建立过程准则；

b）按准则要求实施过程控制；

c）保持充分的文件信息，以确保过程按策划的要求实施。

组织应控制计划的变更，评价非预期的变更的后果，必要时采取措施减轻任何不良影响（见 8.4）。

组织应确保由外部供方实施的职能或过程得到控制。

注：组织的某项职能或过程由外部供方实施通常称为外包。

8.2 市场需求的确定和顾客沟通

8.2.1 总则

组织应实施与顾客沟通所需的过程，以确定顾客对产品和服务的要求。

注1："顾客"指当前的或潜在的顾客；

注2：组织可与其他相关方沟通以确定对产品和服务的附加要求（见 4.2）。

8.2.2 与产品和服务有关要求的确定

适用时，组织应确定：

a）顾客规定的要求，包括对交付及交付后活动的要求；

b）顾客虽然没有明示，但规定的用途或已知的预期用途所必需的要求；

c）适用于产品和服务的法律法规要求；

d）组织认为必要的任何附加要求。

注：附加要求可包含由有关的相关方提出的要求。

8.2.3 与产品和服务有关要求的评审

组织应评审与产品和服务有关的要求。评审应在组织向顾客作出提供产品的承诺（如：提交标书、接受合同或订单及接受合同或订单的更改）之前进行，并应确保：

a）产品和服务要求已得到规定并达成一致；

b）与以前表述不一致的合同或订单的要求已予解决；

c）组织有能力满足规定的要求。

评审结果的信息应形成文件。

若顾客没有提供形成文件的要求，组织在接受顾客要求前应对顾客要求进行确认。

若产品和服务要求发生变更，组织应确保相关文件信息得到修改，并确保相关人员知道已变更的要求。

注：在某些情况下，对每一个订单进行正式的评审可能是不实际的，作为替代方法，可对提供给顾客的有关的产品信息进行评审。

8.2.4 顾客沟通

组织应对以下有关方面确定并实施与顾客沟通的安排：

a) 产品和服务信息；

b) 问询、合同或订单的处理，包括对其修改；

c) 顾客反馈，包括顾客抱怨（见 9.1）；

d) 适用时，对顾客财产的处理；

e) 相关时，应急措施的特定要求。

8.3 运行策划过程

为产品和服务实现作准备，组织应实施过程以确定以下内容，适用时包括：

a) 产品和服务的要求，并考虑相关的质量目标；

b) 识别和应对与实现产品和服务满足要求所涉及的风险相关的措施；

c) 针对产品和服务确定资源的需求；

d) 产品和服务的接收准则；

e) 产品和服务所要求的验证、确认、监视、检验和试验活动；

f) 绩效数据的形成和沟通；

g) 可追溯性、产品防护、产品和服务交付及交付后活动的要求。

策划的输出形式应便于组织的运作。

注1：对应用于特定产品、项目或合同的质量管理体系的过程（包括产品和服务实现过程）和资源作出规定的文件可称之为质量计划。

注2：组织也可将 8.5 的要求应用于产品和服务实现过程的开发。

8.4 外部供应的产品和服务的控制

8.4.1 总则

组织应确保外部提供的产品和服务满足规定的要求。

注：当组织安排由外部供方实施其职能和过程时，这就意味由外部提供产品和（或）服务。

8.4.2 外部供应的控制类型和程度

对外部供方及其供应的过程、产品和服务的控制类型和程度取决于：

a) 识别的风险及其潜在影响；

b) 组织与外部供方对外部供应过程控制的分担程度；

c) 潜在的控制能力。

组织应根据外部供方按组织的要求提供产品的能力，建立和实施对外部供方的评价、选择和重新评价的准则。

评价结果的信息应形成文件。

8.4.3 提供外部供方的文件信息

适用时，提供给外部供方的形成文件信息应阐述：

a) 供应的产品和服务，以及实施的过程；

b) 产品、服务、程序、过程和设备的放行或批准要求；

c) 人员能力的要求，包含必要的资格；

d) 质量管理体系的要求；

e) 组织对外部供方业绩的控制和监视；

f) 组织或其顾客拟在供方现场实施的验证活动；

g) 将产品从外部供方到组织现场的搬运要求。

在与外部供方沟通前，组织应确保所规定的要求是充分与适宜的。

组织应对外部供方的业绩进行监视。应将监视结果的信息形成文件。

8.5 产品和服务的开发

8.5.1 开发过程

组织应采用过程方法策划和实施产品和服务开发过程。

在确定产品和服务开发的阶段和控制时，组织应考虑：

a) 开发活动的特性、周期、复杂性；

b) 顾客和法律法规对特定过程阶段或控制的要求；

c) 组织确定的特定类型的产品和服务的关键要求；

d) 组织承诺遵守的标准或行业准则；

e) 针对以下开发活动所确定的相关风险和机遇：

1) 开发的产品和服务的特性，以及失败的潜在后果

2) 顾客和其他相关方对开发过程期望的控制程度

3) 对组织稳定的满足顾客要求和增强顾客满意的能力的潜在影响

f) 产品和服务开发所需的内部和外部资源；

g) 开发过程中的人员和各个小组的职责和权限；

h) 参加开发活动的人员和各个小组的接口管理的需求；

i) 对顾客和使用者参与开发活动的需求及接口

管理；

j）开发过程、输出及其适用性所需的形成文件的信息；

k）将开发转化为产品和服务提供所需的活动。

8.5.2 开发控制

对开发过程的控制应确保：

a）开发活动要完成的结果得到明确规定；

b）开发输入应充分规定，避免模棱两可、冲突、不清楚；

c）开发输出的形式应便于后续产品生产和服务提供，以及相关监视和测量；

d）在进入下一步工作前，开发过程中提出的问题得到解决或管理，或者将其优先处理；

e）策划的开发过程得到实施，开发的输出满足输入的要求，实现了开发活动的目标；

f）按开发的结果生产的产品和提供的服务满足使用要求；

g）在整个产品和服务开发过程及后续任何对产品的更改中，保持适当的更改控制和配置管理。

8.5.3 开发的转化

组织不应将开发转化为产品生产和服务提供，除非开发活动中未完成的或提出措施都已经完毕或者得到管理，不会对组织稳定地满足顾客、法律和法规要求及增强顾客满意的能力造成不良影响。

8.6 产品生产和服务提供

8.6.1 产品生产和服务提供的控制

组织应在受控条件下进行产品生产和服务提供。适用时，受控条件应包括：

a）获得表述产品和服务特性的文件信息；

b）控制的实施；

c）必要时，获得表述活动的实施及其结果的文件信息；

d）使用适宜的设备；

e）获得、实施和使用监测和测量设备；

f）人员的能力或资格；

g）当过程的输出不能由后续的监测和测量加以验证时，对任何这样的产品生产和服务提供过程进行确认、批准和再次确认；

h）产品和服务的放行、交付和交付后活动的实施；

i）人为错误（如失误、违章）导致的不符合的预防。

注：通过以下确认活动证实这些过程实现所策划的结果的能力：

a）过程评审和批准的准则的确定；

b）设备的认可和人员资格的鉴定；

c）特定的方法和程序的使用；

d）文件信息的需求的确定。

8.6.2 标识和可追溯性

适当时，组织应使用适宜的方法识别过程输出。

组织应在产品实现的全过程中，针对监视和测量要求识别过程输出的状态。

在有可追溯性要求的场合，组织应控制产品的唯一性标识，并保持形成文件的信息。

注：过程输出是任何活动的结果，它将交付给顾客（外部的或内部的）或作为下一个过程的输入。过程输出包括产品、服务、中间件、部件等。

8.6.3 顾客或外部供方的财产

组织应爱护在组织控制下或组织使用的顾客、外部供方财产。组织应识别、验证、保护和维护供其使用或构成产品和服务一部分的顾客、外部供方财产。

如果顾客、外部供方财产发生丢失、损坏或发现不适用的情况，组织应向顾客、外部供方报告，并保持文件信息。

注：顾客、外部供方财产可包括知识产权、秘密的或私人的信息。

8.6.4 产品防护

在处理过程中和交付到预定地点期间，组织应确保对产品和服务（包括任何过程的输出）提供防护，以保证符合要求。

防护也应适用于产品的组成部分、服务提供所需的任何有形的过程输出。

注：防护可包括标识、搬运、包装、贮存和保护。

8.6.5 交付后的活动

适用时，组织应确定和满足与产品特性、生命周期相适应的交付后活动要求。

产品交付后的活动应考虑：

a）产品和服务相关的风险；

b）顾客反馈；

c）法律和法规要求。

注：交付后活动可包括诸如担保条件下的措施、合同规定的维护服务、附加服务（回收或最终处置）等。

8.6.6 变更控制

组织应有计划地和系统地进行变更，考虑对变更的潜在后果进行评价，采取必要的措施，以确保产品和服务完整性。

应将变更的评价结果、变更的批准和必要的措施的信息形成文件。

8.7 产品和服务的放行

组织应按策划的安排，在适当的阶段验证产品和服务是否满足要求。符合接收准则的证据应予以保持。

除非得到有关授权人员的批准，适用时得到顾客的批准，否则在策划的符合性验证已圆满完成之前，不应向顾客放行产品和交付服务。应在形成文件信息中指明有权放行产品以交付给顾客的人员。

8.8 不合格产品和服务

组织应确保对不符合要求的产品和服务得到识别和控制，以防止其非预期的使用和交付对顾客造成不良影响。

组织应采取与不合格品的性质及其影响相适应的措施，需要时进行纠正。这也适用于在产品交付后和服务提供过程中发现的不合格的处置。

当不合格产品和服务已交付给顾客，组织也应采取适当的纠正以确保实现顾客满意。

应实施适当的纠正措施（见 10.1）。

注：适当的措施可包括：

a）隔离、制止、召回和停止供应产品和提供服务；

b）适当时，通知顾客；

c）经授权进行返修、降级、继续使用、放行、延长服务时间或重新提供服务、让步接收。

在不合格品得到纠正之后应对其再次进行验证，以证实符合要求。

不合格品的性质以及随后所采取的任何措施的信息应形成文件，包括所批准的让步。

9 绩效评价

9.1 监视、测量、分析和评价

9.1.1 总则

组织应考虑已确定的风险和机遇，应：

a）确定监视和测量的对象，以便：

1）证实产品和服务的符合性

2）评价过程绩效（见 4.4）

3）确保质量管理体系的符合性和有效性

4）评价顾客满意度

b）评价外部供方的业绩（见 8.4）；

c）确定监视、测量（适用时）、分析和评价的方法，以确保结果可行；

d）确定监测和测量的时机；

e）确定对监测和测量结果进行分析和评价的时机；

f）确定所需的质量管理体系绩效指标。

组织应建立过程，以确保监视和测量活动与监视和测量的要求相一致的方式实施。

组织应保持适当的文件信息，以提供"结果"的证据。

组织应评价质量绩效和质量管理体系的有效性。

9.1.2 顾客满意

组织应监视顾客对其要求满足程度的数据。

适用时，组织应获取以下方面的数据：

a）顾客反馈；

b）顾客对组织及其产品、产品和服务的意见和感受。

应确定获取和利用这些数据的方法。

组织应评价获取的数据，以确定增强顾客满意的机会。

9.1.3 数据分析与评价

组织应分析、评价来自监视和测量（见 9.1.1 和 9.1.2）以及其他相关来源的适当数据。这应包括适用方法的确定。

数据分析和评价的结果应用于：

a）确定质量管理体系的适宜性、充分性、有效性；

b）确保产品和服务能持续满足顾客要求；

c）确保过程的有效运行和控制；

d）识别质量管理体系的改进机会。

数据分析和评价的结果应作为管理评审的输入。

9.2 内部审核

组织应按照计划的时间间隔进行内部审核，以确定质量管理是否：

a）符合：

1）组织对质量管理体系的要求

2）本标准的要求

b）得到有效的实施和保持。

组织应：

a）策划、建立、实施和保持一个或多个审核方案，包括审核的频次、方法、职责、策划审核的要求和报告审核结果，核方案应考虑质量目标、相关过程的重要性、关联风险和以往审核的结果；

b）确定每次审核的准则和范围；

c）审核员的选择和审核的实施应确保审核过程的客观性和公正性；

d）确保审核结果提交给管理者以供评审；

e）及时采取适当的措施；

f）保持形成文件的信息，以提供审核方案实施和审核结果的证据。

注：参见 ISO 19011 的指南部分。

9.3 管理评审

最高管理者应按策划的时间间隔评审质量管理体系，以确保其持续的适宜性、充分性和有效性。

管理评审策划和实施时，应考虑变化的商业环境，并与组织的战略方向保持一致。

管理评审应考虑以下方面：

a）以往管理评审的跟踪措施；

b）与质量管理体系有关的外部或内部的变更；

c）质量管理体系绩效的信息，包括以下方面的趋势和指标：

1）不符合与纠正措施

2）监视和测量结果

3）审核结果

4）顾客反馈

5）外部供方

6）过程绩效和产品的符合性

d）持续改进的机会。

管理评审的输出应包括以下相关的决定：

a）持续改进的机会；

b）对质量管理体系变更的需求。

组织应保持形成文件的信息，以提供管理评审的结果及采取措施的证据。

10 持续改进

10.1 不符合与纠正措施

发生不符合时，组织应：

a）做出响应，适当时：

1）采取措施控制和纠正不符合

2）处理不符合造成的后果

b）评价消除不符合原因的措施的需求，通过采取以下措施防止不符合再次发生或在其他区域发生：

1）评审不符合

2）确定不符合的原因

3）确定类似不符合是否存在或可能潜在发生

c）实施所需的措施；

d）评审所采取纠正措施的有效性；

e）对质量管理体系进行必要的修改。

纠正措施应与所遇到的不符合的影响程度相适应。

组织应将以下信息形成文件：

a）不符合的性质及随后采取的措施；

b）纠正措施的结果。

10.2 改进

组织应持续改进质量管理体系的适宜性、充分性和有效性。

适当时，组织应通过以下方面改进其质量管理体系、过程、产品和服务：

a）数据分析的结果；

b）组织的变更；

c）识别的风险的变更（见6.1）；

d）新的机遇。

组织应评价、确定优先次序及决定需实施的改进。

2.5 质量与质量管理体系认证

家具作为一种与人们工作、学习、生活、交际、休闲、娱乐等活动方式密切相关的器具，它的产品质量涉及和影响到人身的健康、安全、卫生和环境；同时，随着现代制造技术的发展和人们生活水平的提高，人们对家具的产品质量和环境效能的要求也越来越高。因此，为了保证产品质量和功效，提高产品信誉和企业商誉，建立和维持市场经济秩序，扩大出口和国际贸易，家具行业或家具企业与其他行业一样，正在兴起对产品的认证。家具作为一种工业化生产的工业产品，其产品质量和质量管理体系的认证也越来越受到人们的重视。

2.5.1 认证的形成与发展

认证，又称"合格评定"，主要来自买方对产品质量信任和放心的客观需要。质量认证是随着商品交换中的质量保证要求产生和发展起来的。最初的质量保证是商品生产者在自己生产的商品上加盖印记如商品生产者自己的姓名，后来发展到具有特定含义的文字和图画。其作用是将自己生产的商品与其他同类产品相区别；同时对自己的产品质量做出承诺，凡是带有这种特定印记的产品，一旦有质量问题，负责更换或赔偿。这种质量保证的做法，一方面能保证顾客买到可靠的商品；另一方面能提高商品生产者的信誉，进而扩大市场销售。

一些不法商人看到商品印记的好处后，便假冒和仿造别人的商品印记。为了解决这个问题，人们发明了产品生产合格证。商品印记的性质是商品生产者的自我制造申明，即向消费者申明该商品是由我制造的；但并没有明确对商品质量做出保证，质量保证隐含于商品生产者的信誉之中。产品合格证则是商品生产者明确的质量保证申明，即商品生产者向社会公开承诺该产品的质量经检验证实符合规定的要求。这种质量要求可能是某个产品标准，也可能是顾客提出的并在合同中规定的某些技术要求。产品合格证相对于商品印记而言，不仅体现了商品生产者的信誉，而且进一步体现了商品生产者的社会责任。

然而，在对同一种商品作出相同的质量合格声明的背后，不同的商品生产者由于技术水平、管理水平、生产规模、商业信誉不同，质量保证能力存在天壤之别。各商品生产者的产品合格证代表着各不相同的产品质量水平。为了解决这个问题，人们又发明了商标。商标最显著的特点是在商品质量保证方面引入了国家法制。各国的商标法几乎都规定：商标使用者必须对其使用商标的产品质量负责；对使用注册商标的商品生产者，若发生商品粗制滥造、以次充好、欺骗消费者的情况，政府商标管理（工商行政管理）部门便会依法干预，分别不同情况，责令限期改正，予以通报，处以罚款，或者由商标管理部门撤销其注册商标。

商品印记、产品合格证和商标都与质量保证有关，但还不属于质量认证。历史上，一些国家在黄金及其制品上盖国家官印的做法具有质量认证的性质，可认为是产品质量认证的一种原始形式。现代质量认证制度产生于 20 世纪初。其最早的国家是英国，该国在 1903 年就开始有产品质量认证，其标志为 BS 标志，即"风筝"标志（图 2-14）。1919 年英国政府制定了商标法，规定凡是按标准检验合格的产品可以使用 BS 标志，这时的 BS 标志开始具有了质量认证标志的意义。1921 年，英国标志委员会向英国电气总公司颁发了第一个 BS 标志使用许可证，从此，BS 标志真正成为受法律保护的认证标志，至今在国际上仍享有较高信誉。很快，欧洲各工业发达国家纷纷效仿英国进行产品质量认证，质量认证制度逐渐在世界上形成。

图 2-14　英国的 BS 认证标志

随着时间的推移和认证经验的积累，质量认证有了较大的发展。最初，质量认证只局限于以产品本身进行检验和试验的结果作为能否批准的依据，以后，为了避免批准认证后产品质量不能巩固，增加了对申请认证的企业质量保证能力的检查和评定，以及增加事后定期监督的认证程序。到了 20 世纪 70 年代后期，质量认证又有了新的发展，其主要特点是：

第一，出现了单独对组织质量体系的评定和注册的认证形式。这种认证形式并非对组织的产品或服务进行评定，而是评价组织的质量体系是否符合特定的质量体系标准。

第二，质量认证开始跨越国界，并从区域性的国际认证发展到世界范围的国际认证制。

第三，独立的质量体系认证形式已扩大到服务性行业和工程承包等行业，如安装业、建筑业、维修业、交通业、银行、保险、商业和公用事业等。

第四，检验实验室认证活动在 ISO/IEC 导则的指导下，趋向规范化，以确保产品认证中对产品质量测试的正确性和公正性。

1971 年，国际标准化组织 ISO 成立了"认证委员会"（CERTICO），1985 年，易名为"合格评定委员会"（CASCO），促进了各国产品认证制度的建立和发展。为了消除各国在标准和认证制度方面的不同给国际贸易带来的不良影响，并为最终建立国际认证制度铺平道路，国际标准化组织 ISO 和国际电工委员会 IEC 联合发布了多项关于合格评定的国际指南。由于 GATT、ISO、IEC 的共同努力，世界各国的质量认证制度逐步规范，纷纷按照 ISO/IEC 指南的要求，加快建立质量认证制度的步伐或修定自己的质量认证章程，以促进本国的质量管理与国际规范接轨。由此，各国质量认证制度逐渐走向规范，趋于统一。

在过去，欧共体国家对进口和销售的产品要求各异，根据某一国家标准制造的商品到其他国家极有可能不能上市，作为消除国际贸易壁垒之努力的一部分，CE 认证标志（图 2-15）应运而生。CE 是法文 "Conformité Européene" 的缩写，也是欧共体许多国家语种中的"欧共体"这一词组的缩写，它代表欧洲统一，其意为"符合欧洲（标准）"要求。从 1993 年签署的欧盟产品指令第 93/68/EEC 号中正式使用术语"CE Marking"到现在，所有的欧盟官方文件中均使用术语"CE Marking"。目前，欧盟的 CE 认证标志是欧洲最重要的认证标志，也是欧洲经济区 28 个国家（欧洲联盟、欧洲自由贸易协会成员国，瑞士除外）强制性地要求产品必须携带的安全标志。

图 2-15　欧盟的 CE 认证标志

现在，随着国际标准的不断制定和实施，全世界各国的产品认证已从产品品质认证发展到管理体系认证等内容，这些认证一般都依据国际标准进行认证。国际标准中的 60% 是由 ISO 制定的，20% 是由 IEC 制定的，20% 是由其他国际标准化组织制定的。也有很多是依据各国自己的国家标准和国外先进标准进行认证的。

我国从 1981 年成立中国电子元器件质量认证委员会，至今已基本建立起中国产品质量认证机构国家认可委员会（CNACP）、中国产品质量认证机构认可委员会（CNACR）等支柱，并已认可了一批产品质量认证机构、一批质量体系认证机构、若干个环境体系认证机构、若干个职业健康安全管理体系认证机构以及若干个质量认证咨询、培训机构等为工作骨干的全国认证体系。到目前为止，我国已有一大批与家具相关的生产制造、市场流通和销售经营的企业，分别获得产品认证证书、质量体系认证证书、环境体系认证证书、环境标志认证证书等，家具产品的认证已呈现出良好的发展态势。

2.5.2 认证的概念与作用

"认证"（Certification）一词的英文原意是一种出具证明文件的行动。国家标准 GB/T 3935.1—1996 "标准化和有关领域的通用术语"第一部分：基本术语（等同采用 ISO/IEC 指南 2—1991《标准化与有关活动的一般术语及其定义》）中对认证的定义是："由第三方对产品、过程或服务满足规定要求给出书面证明的程序。"

从上述概念的阐述中，可以把认证的含义归纳为：

第一，认证的对象是产品、过程或服务。

第二，认证的依据是标准规定的要求。包括由国际/国家标准化机构制定发布的，同时被认证机构采纳的标准、技术规范等。

第三，认证的主体是第三方。通常把产品的供方或卖方称为"第一方"，把产品的需方或买方称为"第二方"，"第三方"是独立于第一方和第二方的一方，即是公正的认证机构。

第四，认证的过程是第三方依一定的程序所进行的活动。包括对产品进行检验、试验，对管理体系进行评审、审核。

第五，认证的证明方式或获准表示是书面保证。包括合格证书和认证标志。认证证书即合格证书，是认证机构根据认证制度的规则颁发给企业的一种证明文件，证明某项产品符合特定标准或规范性文件；认证标志是由认证机构设计、发布，并按认证制度的规则使用或颁发的一种受保护的标志，以证明某项产品符合特定标准或规范性文件。合格标志可以使用在合格出厂的认证产品上。

另外，认证还具有以下特点：

第一，认证的目的是证明符合性。例如，认证的产品符合特定产品标准的要求，认证的组织的管理体系符合 GB/T 19001—ISO 9001 质量管理体系标准、GB/T 24001—ISO 14001 环境管理体系标准或 GB/T 28001 职业健康安全管理体系标准的要求。

第二，认证的结果是发给书面证明。证明认证的产品或体系符合规定的要求，对认证的产品，准予佩带或使用认证标志，以利于顾客在选购时识别。认可的结果是给予正式承认。所谓正式承认，意味着经过批准，可以从事某项活动，活动的结果得到认可机构的承认。

第三，认证的组织是独立于第一方和第二方的第三方认证机构。所谓独立，是指第三方与第一方和第二方在行政上无隶属关系，在经济上无利害关系。其所以要独立于其他各方，目的在于保证认证活动及其结果的公开、公正、公平、客观、有效。第三方既要对第一方负责，又要对第二方负责，不偏不倚，出具的证明要能获得双方的信任。认证机构必须经国家认可机构认可后，才能在认可的行业、产品范围内从事认证活动，向通过认证的组织颁发带有国家认可标志的认证证书。认可组织是官方（政府有关部门）机构或半官方机构（由政府有关部门授权组建的国家认可或注册机构），履行国家认可职能，以保证认可活动及其结果的权威性。

认证的作用与意义主要表现在以下几方面：

第一，提示消费者优先选购获得认证的产品。或提示厂商优先选择获得认证的组织作为原材料、零部件、劳务或服务的供应商，以确保顾客得到满意的产品质量或服务质量。

第二，为商品生产者和经营者提供赢得顾客信任的手段。提高其商业信誉，扩大其商品销售，增强其市场竞争力，为产品进入国际市场提供必要的技术条件。

第三，为组织提供了科学的管理手段。使组织建立和完善规范的质量体系与管理体系，提高管理水平、产品质量、工作质量和工作效率。

第四，可以减少或节约大量的重复性检验、重复性试验、重复性评定和重复性审核的费用，提高企业经济效益。

第五，可以有效地指导消费和保护消费者利益，保护使用者的人身和财产安全，保护环境。

第六，有利于企业和国际贸易接轨，打破贸易壁垒，规范产品或服务市场，提高产品或服务的质量，促进市场的持续健康发展。

2.5.3 认证的分类与内容

目前，认证主要有自愿性认证与强制性认证、产品认证与管理体系认证两大类分类方法。

（1）自愿性认证与强制性认证

目前，世界上主要经济发达国家的认证制度几乎都采取自愿性认证与强制性认证相结合的形式。我国也实行自愿性认证与强制性认证相结合的认证制度。

第一，自愿性认证。是指按自愿原则进行的认证。其特点是：组织自愿申请认证，认证的产品和管理体系必须符合相应的产品标准和管理体系标准，获得认证的组织准许按规定使用认证标志和认证证书，并享有由认证带来的所有利益。我国自愿性认证的特点和内容是：企业自愿对其产品或管理体系进行符合性认证。凡生产具有国家标准或行业标准产品的企业（产品无上述标准的，需有企业标准，其标准水平需经国家标准化主管部门确认），均可自愿申请产品认证，包括产品质量认证、环境标志产品认证等。凡按GB/T 19001（等同 ISO 9001）标准、GB/T 24001（等同 ISO 14001）标准、GB/T 28001 标准或 OHSAS 18001 标准，以及其他国际公认的管理体系标准建立了文件化的管理体系的组织，均可自愿申请管理体系认证，包括质量管理体系认证、环境管理体系认证、职业健康安全管理体系认证等。我国自愿性产品质量认证（合格认证）的标志一般有合格的产品所使用的"CQC"认证标志（即"中国质量认证"，英文为"China Quality Certification"），以及方圆合格认证标志等，如图 2-16 所示。

图 2-16　中国合格认证标志

第二，强制性认证。是指按法规规定强制实行的认证。其特点是：法律法规规定进行强制性认证的产品，其生产企业必须进行认证；否则，不准进口、不准销售、不准使用。我国强制性认证的特点和内容是：对与人类健康安全、国家安全、环境保护密切相关的产品，国家实行强制性产品认证。根据国家有关法律、法规和规章，有关主管部门制定强制性产品认证的具体实施办法，并发布强制性产品认证的产品目录，由指定的第三方认证机构对列入目录中的产品实施强制性检测和审核。检测和审核合格者，发给认证证书，准许使用中国强制认证标志；未获得指定机构的认证证书和未按规定使用强制认证标志的产品，不得进口，不得出厂销售，不得在经营服务场所使用。我国于 2002 年 5 月 1 日起实施的国家"强制性产品认证管理规定"制度中首批列入强制性产品认证目录的产品，包括涉及人类健康安全、公共安全和环境保护方面的产品共 19 类 132 种。我国强制性产品认证的标志为"CCC"认证标志（即"中国强制认证"，英文为"China Compulsory Certification"，又称为

图 2-17　中国强制认证标志

"3C"标志），如图 2-17 所示。

强制性认证是为了贯彻强制性标准而采取的政府管理行为，故也可称之为强制性管理下的认证，因此，它的程序和自愿性认证基本相似，但具有不同的性质和特点，见表 2-2。

表 2-2　强制性认证与自愿性认证特点比较

性质	自愿性认证	强制性认证
对象	不涉及人身安全性产品	主要是涉及人身安全性的产品
标准	按国家标准化法发布的国家标准和行业标准等	按国家标准化法发布的强制性标准
法律依据	据国家产品质量法和产品质量认证条例的规定	据国家法律、法规或联合规章所作的强制性规定
证明方式	认证机构颁发的认证证书和认证标志（如"CQC"认证标志等）	法律、法规或联合规章所指定的安全认证标志（如"CCC"认证标志）
制约作用	未取得认证，仍可销售、进口和使用。但可能会受到市场方面的制约作用	未取得认证合格，未在产品带有指定的认证标志，不得销售、进口和使用

注："国家法律"是以中华人民共和国主席令公布；"行政法规"是以国务院令公布；"联合规章"是由国家质量监督检验检疫总局会同国务院有关行政主管部门制定的，换言之，任何一个部门都不得单独制定规章制度，片面规定强调认证的产品种类。

（2）产品认证和管理体系认证

目前，按认证对象不同，认证分为产品认证和管理体系认证。

第一，产品认证。目前，在产品认证中主要有产品质量认证、产品安全认证和产品环境认证。

产品质量认证：是产品符合性认证（或产品合格认证），是依据产品标准和相应的技术要求，经第三方认证机构确认并通过颁发证书和认证标志来证明某一产品符合相应标准和相应技术要求的活动，是指产品的质量性能符合规定的要求。产品质量认证的对象是特定的产品，一般适用于大批量生产的产品。产品质量认证是合格评定的主要活动之一，是国家有关部门或行业组织进行宏观管理的重要手段。有效的合格评定可以为企业创造良好的质量环境，提供公平竞争的机会，激发企业的内在动力，从而向社会提供优质

的产品。随着商品经济的发展和产品结构与性能日趋复杂，为了表达产品能符合买方（第二方、产品接受方）的要求，仅凭供方（第一方）"合格声明"的自我评价或买方的验收评价，已不能满足要求，因此，产生了由第三方证实产品质量的质量认证制度。同时随着人们对质量认证的进一步认识，认证的对象也从单纯注重产品质量本身转移到供方的质量保证能力和质量体系的有效运行上，由此，质量体系认证应运而生。产品质量认证包括对质量管理体系的检查，但只涉及企业质量管理体系中与认证产品有关的部分。质量认证制度之所以得到世界各国的普遍重视，关键在于它是由一个公正的第三方机构对产品质量或质量体系做出正确、可靠的评价，从而使人们对产品质量建立信心。

产品安全认证：是产品安全性认证，是由可以充分信任的第三方证实某一经鉴定的产品或服务符合特定的安全标准或规范性文件的活动，是指产品的安全性能符合规定的要求。产品安全认证的对象是法律、法规、规章规定必须进行安全认证的产品。产品安全认证与产品质量认证的区别是：质量（合格）认证是依据标准中的技术性能要求进行的认证，安全认证是依据标准中的安全性能要求进行的认证；产品安全认证通常是强制性的，产品质量认证通常是自愿性的；获得安全认证的产品，安全性能肯定是合格的，但其他质量方面的符合性要求可能不包括在产品安全认证的检验或试验范围之内；获得质量认证的产品，其产品标准中的安全性能肯定是合格的。

产品环境认证：是产品环境性认证，也称环境标志认证，环境标志产品技术要求规定获得环境标志的产品必须是质量优、环境行为优的双优产品。其含义是获得认证的产品，不仅质量合格，而且在产品生产、使用、报废及其处置的整个寿命周期内符合特定的环境保护要求，与同类产品相比，具有环境污染少、可回收利用、节约资源和能源等特性。环境标志一向所倡导的"绿色消费"的核心内容为：在保证消费者利益的前提下，即在相同的质量要求下，引导广大消费者购买对环境有益的绿色产品。因为，环境行为优越的产品，如果质量不合格，就将丧失其使用价值，损害消费者的利益，背离了绿色消费概念的前提；反之，质量合格，但加重环境负荷的产品，就丧失了其环境价值，对生态环境造成破坏，违反了绿色消费的主旨。只有具备环境行为优、产品质量优双重特征的产品，才符合环境标志产品技术要求的规定，才有资格成为环境标志产品。环境标志认证作为认证体系的一种，其客观性体现在对产品环境行为的定量评定，每一种申请环境标志的产品，都要按技术要求

中规定的检验方法对其环境行为进行定量检测，这为环境标志认证工作的客观性、科学性提供了有力的保障。环境标志产品认证的总体发展趋势，是与国际接轨，实现各国间环境标志产品的互认。

从质量的定义可知，质量是指一组固有特性满足要求的程度。无论是性能、尺寸等方面的固有特性、健康安全方面的固有特性，还是环境方面的固有特性等，从广义上讲，都是质量特性。也就是说，健康安全特性和环境特性原本是包含在质量特性之中的。但随着现代工业产品及其生产过程日益复杂，产品责任和生产过程的责任日益增大，由于人们对这些性命攸关的安全特性的关心远胜于对一般质量特性的关心，于是安全认证从质量认证中独立了出来；由于现代工业引发了全球严重的环境问题，人们对产品的环境特性和组织的环境行为变得格外关注，又进一步导致环境认证也从质量认证中独立了出来。

产品认证是对某一个特定品种、规格、型号的产品的认证，既适用于生产强制性产品的企业进行产品安全认证，也适用于生产单一品种产品的企业进行产品质量认证或环境标志产品认证。对于生产多品种产品的工业企业，或无固定产品的企业、设计院所等服务性组织，产品认证则表现出了局限性。这些组织的质量保证能力、职业健康安全保证能力、环境保护能力无法在一个具体的产品上全部表现出来。为了证实这些组织的管理能力，管理体系认证应运而生。

第二，管理体系认证。管理体系认证的对象是组织，既可以是组织整体，也可以是组织内相对独立的部分，如一个工业企业中某个相对独立的分厂。目前，在我国一共有4种管理体系的认证：管理体系认证主要有质量管理体系认证（QMS）、环境管理体系认证（EMS）、职业健康安全管理体系认证（OHSAS）和社会责任管理体系认证（SA）。这4个管理体系既有个性又有共性，21世纪的管理趋势是将这4个管理体系同时运用在一个组织的日常管理中，以达到经济效益、社会效益、环保效益的同步实现。

质量管理体系认证（QMS）：质量管理体系（Quality Management System）是一个组织的管理体系的一部分，是指为实施质量管理的组织结构、职责、程序、过程和资源，其重点是预防质量问题的发生，是对产品质量形成的全过程以及影响质量的全要素进行控制，它致力于使与质量目标有关的结果适当地满足相关方的需求、期望和要求。质量管理体系认证是指依据国际标准化组织颁发的质量管理系列国际标准，经过第三方认证机构对企业的质量体系进行审核，通过颁发认证证书的形式，证明企业的质量体系和质量保证能力符合相应要求，授予合格证书并予以

注册的全部活动。其目的在于通过认证和事后的监督来证明供方的质量体系符合某种质量保证标准（如贯彻 ISO 9000 质量管理体系标准或系列标准），并对供方的质量管理能力和质量保证能力给予独立的证实。它主要针对的是供方在技术和管理上有足够能力满足顾客的要求。

环境管理体系认证（EMS）：环境管理体系（Environmental Management System）是一个组织内全面管理体系的组成部分，它包括为制定、实施、实现、评审和保持环境方针所需的组织机构、规划活动、机构职责、惯例、程序、过程和资源，还包括组织的环境方针、目标和指标等管理方面的内容。环境管理体系认证是指由获得认可资格的环境管理体系认证机构（第三方）依据审核准则（如贯彻 ISO 14000 环境管理体系标准或系列标准），对受审核方的环境管理体系通过实施审核及认证评定，确认受审核方的环境管理体系的符合性及有效性，并颁发证书与标志的过程。它主要针对的是一个组织或受审核方在职责、义务和组织结构上满足社会相关方有关环境保护的要求。

职业健康安全管理体系认证（OHSAS）：职业健康安全管理体系标准（Occupational Health and Safety Assessment Series 18000，简称 OHSAS 18000）是继质量管理体系标准（ISO 9000）和环境管理体系标准（ISO 14000）后国际社会关注的又一管理体系标准，是一个国际性健康安全及卫生管理系统验证标准。职业健康安全管理体系是在遵守法规的框架下，使组织能持续改进健康和安全绩效的标准提供了职业健康和安全的管理框架，可以使业务运行更有效，更全面。其目的是运用现代管理科学理论制定管理标准来规范企业的职业健康安全管理行为，促进企业建立预防机制，控制事故的发生率，降低事故的危害性，保障人员的健康与安全。建立和实施职业健康安全管理体系（如贯彻 OHSAS 18000 国际标准）并通过第三方机构认证，正在形成一股新的国际潮流。它主要针对的是满足组织内部员工和社会相关方有关职业健康安全方面的要求。

社会责任管理体系认证（SA）：社会责任管理体系（Social Accountability 8000，简称 SA 8000）是全球第一个道德规范国际标准，是一种以保护劳动环境和条件、劳工权利等为主要内容的新兴的管理标准体系。它规定了企业必须承担的对社会和利益相关者的责任，对工作环境、工作时间、员工健康与安全、员工培训、薪酬、工会权利等具体问题指定了最低要求，并规定禁止雇佣童工、杜绝惩戒和强迫劳工、要求消除性别或种族歧视等。其以加强社会责任管理为

名，通过管理体系认证（SA 8000 也有管理体系和持续改进的要求，有一套由第三方认证机构审核的国际标准），把人权问题与贸易结合起来，最后达到贸易保护主义的目的。以劳工标准为本质的 SA 8000 是技术性贸易壁垒的一个表现形态。SA 8000 标准主要取自于国际劳工组织公约、世界人权宣言和联合国儿童权利公约，它是随着发源于 20 世纪末期的西方企业社会责任运动而发展起来的。其宗旨是确保供应商所供应的产品，皆符合社会责任标准的要求。

按照上述认证对象的分类与比较可知，产品认证与管理体系认证的有以下关系与区别，见表 2-3。

表 2-3 产品认证和管理体系认证的关系与区别

类别	产品认证	管理体系认证
对象	特定的产品	特定的管理体系
适用范围	大量生产的产品，有健康、安全、环境等强制性要求的产品	产品品种、规格、型号多的生产管理体系，服务业及其他行业组织的管理体系
认证条件	产品符合指定标准的要求；与产品有关的管理体系符合指定的管理体系标准要求，以及特定产品在管理体系方面的补充要求	管理体系符合申请认证的管理体系标准的要求以及必要的补充要求
认证种类	产品质量认证、产品安全认证、产品环境认证（环境标志认证）	质量管理体系认证（QMS）、环境管理体系认证（EMS）、职业健康安全管理体系认证（OHSAS）、社会责任管理体系认证（SA）
性质	自愿性认证、强制性认证	自愿性认证
证明方式	产品认证证书、产品认证标志	管理体系认证证书、管理体系认证标志
证明使用	认证证书可用于文件、宣传品，不能用于产品包装和表面；认证标志可用于获准认证的产品、产品标牌、包装物、产品使用说明书、出厂合格证上	认证证书可用于文件、宣传品；认证证书和认证标志都不能用于产品及其标识、表面上和包装物上
两者关系	获得产品认证，已包括了对与产品有关的管理体系的审核（一般无需再申请质量管理体系认证）；如果需要再进行管理体系认证，可按管理体系的范围对原来未包括的部分进行补充审核	获得管理体系认证资格的企业，可再申请管理体系范围内特定产品的认证；进行产品认证时，对管理体系的审核，可充分利用管理体系认证的审核结果（如可免除对质量体系通用要求检查）

2.5.4 质量认证制度的类型

目前，世界各国实行的质量认证制度主要有 8 种类型。

（1）形式试验

形式试验的特点是按规定的试验方法对产品样品进行全性能试验，以证明产品样品符合指定标准和技

术规范的全部要求。形式试验的结果一般只对产品样品有效，用样品的形式试验结果推断产品的总体质量情况有一定风险。

（2）形式试验加认证后监督——市场抽样检验

这种类型的特点是在形式试验的基础上增加了监督检验。监督检验的方法是：从市场上购买样品或从批发商、零售商的仓库中随机抽取样品，对产品样品的主要质量指标进行检验，以证明投入市场的产品与进行形式试验的产品质量性能一致。

（3）形式试验加认证后监督——工厂抽样检验

这种类型的特点与前一种类似，不同之处只是在监督检验时抽取样品的地点不同，前者是在市场上抽样，后者是在工厂的成品库中抽样。抽样地点不同意味着质量保证内容不同。这种抽样形式可证明工厂生产的样品和批量生产的产品质量合格，但不能证明市场上的产品质量合格，因为不包括从工厂到市场的运输、贮存和保管。此外，还意味着可能发生在生产者、运输者和经销者方面不同的产品质量责任。

（4）形式试验加认证后监督——市场和工厂抽样检验

这种类型是前2种类型的结合。

（5）形式试验加质量管理体系审核加认证后监督——质量管理体系复查加工厂和市场抽样检验

这种认证制度类型包括了以上4种类型的全部内容，而且还新增加了内容：产品获得认证的条件是：①通过形式试验，证明产品样品质量合格。②通过质量管理体系审核，证明工厂有批量生产或持续生产合格产品的能力。③产品认证后的监督不但包括工厂和市场抽样检验，而且还包括工厂质量管理体系复查。这种质量认证制度类型比以上4种类型都更为完善，但花费的成本也高。

（6）工厂质量管理体系审核

这种认证制度类型特别适用于多种规格、多种型号产品的多品种、小批量生产，或完全按顾客要求定制产品的单件生产。在这种生产情况下，对这些产品逐批、逐件地进行质量检验的结果，只能表明该批、该件产品的质量，不能表明该工厂的总体质量状况。对工厂总体质量状况的评定只能采用对工厂的整体质量保证能力即质量管理体系进行系统化审核的方法。

（7）批检

批检是指根据规定的抽样方案，对一批产品进行抽样检验，根据检验结果，做出该批产品是否符合指定标准或技术规范的判断。批检的特点是：批检的结论取决于抽样方法和样品检验的结果，如果抽样方法不当，那么用样品检验的结果推断该批产品的质量就有很大风险。批检的结论仅对该批产品有效。

（8）全检

全检即对所有产品百分之百进行检验，每一件产品出厂前，都要经认可的独立检验机构依据产品标准进行检验。这种方法最可靠，但所耗费的成本、时间最多，通常只应用于特殊产品小批量生产情况下的检验，不可能在普通产品大批量生产情况下应用。

以上8种类型的质量认证制度适用于不同的场合，需要不同的资源条件，所提供的质量保证程度也不相同。其中，第5种和第6种类型的质量认证制度是各国普遍采用的，也是ISO向各国推荐的。ISO和IEC联合发布的有关质量认证的国际指南，是以这2种类型的认证制度为基础提出的指导性文件。

2.5.5 产品质量认证的内容与流程

典型的产品质量认证制度是指第5种形式的认证制度，其内容包括产品形式试验、质量管理体系审核、产品监督检验和质量管理体系监督审核等4部分。其中，前两部分是取得认证的基本条件，后两部分是认证后的监督措施。ISO/IEC指南28《典型的第三方产品认证制度通则》规定了实施这种认证制度的一般要求。

（1）产品质量认证内容

第一，产品形式试验。产品形式试验本来是新产品鉴定的一个组成部分，用于检查所设计的新产品是否满足技术规范的全部要求。产品通过形式试验后，才能正式生产。产品质量认证的条件之一是：产品已经正式进行生产，且有一定生产规模。没有正式投产的新产品不能进行产品质量认证。因此，以产品质量认证为目的进行的产品形式试验与以新产品鉴定为目的进行的产品形式试验有所不同，它主要不是验证产品设计是否达到预期的技术要求，而是验证产品及其生产过程是否稳定可靠。

以产品质量认证为目的的产品形式试验有以下要点：①检验、试验机构。产品形式试验由认证机构委托经认可的独立检验、试验机构进行。该检验、试验机构对检验、试验或测量的结果出具正式报告，并对其报告负责。②试验内容。产品形式试验是对产品样品的全部性能进行试验，验证产品样品是否满足产品标准或技术规范的全部要求。③试验样品。产品形式试验是对一个或多个有代表性的认证产品的样品进行检验、试验，所需样品的数量及抽样方式由认证机构确定，取样地点一般从工厂的最终产品中随机抽取，抽样方案符合有关技术规范要求。④产品合格判断依据。产品合格判断的依据是产品标准，产品质量水平的高低取决于标准水平的高低，标准水平的确认采用以下方法：凡执行国家标准或行业标准的，可直接确认；凡采用国际标准或国外先进标准的，凭证明文件也可直接确认；凡现行标准不能满足认证要求的，由认证委员会组织制定补充技术要求；采用企业标准的我国名、特产品和其他产品，其标准水平须经国家标准化行政主管部门组织专家进行评价，评价认为达到国内行业先进水平的，予以确认，否则不予确认。这意味着，标准水平不高的产品不能进行产品质量认证。

第二，质量管理体系审核。产品抽样检验只能证明所抽取的样品和样品所在批产品的质量，并不能证明以前各批产品及以后各批产品的质量能持续地符合产品标准的要求。因此，仅靠产品抽样检验合格的结果就确定给予产品质量认证是不充分的。为了解决这个问题，最有效的办法就是对全部产品100%逐个检验或逐批检验，但这受到检验费用和检验方法（指破坏性试验）的限制，在许多情况下是不可能的。另一种方法就是进行工厂质量管理体系审核，判断工厂是否具有持续稳定地生产符合规定要求的产品的能力。因此，进行产品质量认证必须包括进行质量管理体系审核。质量管理体系审核的依据通常是 GB/T 19001—ISO 9001 标准等。质量管理体系审核工作的开展，包括审核活动安排及程序，通常遵循 ISO 19011—2011《质量和环境管理体系审核指南》标准的要求。

如果申请认证的企业只生产一种产品，或该企业的所有产品都申请认证，那么对认证产品所在的质量管理体系的审核就涉及企业整个体系的所有方面。如果该企业生产 2 种以上产品，其中只有一种产品申请认证，那么对质量管理体系的审核只涉及与认证产品有关的质量管理体系范围。该体系范围可能是该企业的整个质量管理体系，也可能只是其中的一部分。

第三，产品监督检验。为了保证通过认证的产品持续地保持质量稳定，需要定期对已经获得认证的产品进行监督检验。监督检验是从生产企业的最终产品中或从市场上抽取样品，由认可的独立检验、试验机构进行检验、试验。产品监督检验的项目一般不像产品形式检验那样进行全性能检验、试验，而是只对重点性能、参数进行检验、试验。如果检验、试验的结果符合规定的标准要求，则允许继续使用产品质量认证标志；如果不符合，需视具体情况采取必要措施，防止在不符合标准要求的产品上使用产品质量认证标志。

第四，质量管理体系监督审核。为了使已经建立起来的质量管理体系得到保持，使通过产品质量认证的企业具有持续的稳定的质量保证能力，需要定期对已经获得产品质量认证的企业的质量管理体系进行监督审核。质量管理体系的初次审核是全面审核，监督审核则是重点审核。重点审核的对象是质量管理体系中的关键要素、体系运行中的关键部门，以及体系运行中所发生的不符合项的纠正情况。认证机构的做法，通常是每年进行一次监督审核，每次可能有不同的侧重点，但 3 年中监督审核的内容要覆盖质量管理体系的所有方面。

（2）产品质量认证流程

典型的产品质量认证工作流程如图 2-18 所示。全过程包括 6 个阶段，共 22 个主要工作环节。

第一，申请阶段。该阶段的主要工作是：①提出申请意向，了解申请条件，索取有关资料。②聘请专家咨询（必要时）。③申请认证，提供有关申请文件和资料，包括认证申请书、企业营业执照（复印件）、产品标准、质量管理体系文件，以及产品批量生产质量稳定的证明材料（如产品检验报告、顾客使用情况书面报告）。④审查申请材料。⑤受理认证申请，签订认证合同。

第二，审核前准备阶段。该阶段的主要工作是：①认证机构向认可的检验、试验机构发出产品检验、试验委托书。②认证机构向审核机构发出质量管理体系审核委托书。③审核机构组成审核组，并将审核组成员名单通知申请者确认。④审核组进行质量管理体系文件审核，主要是审核体系文件与质量管理体系标准的符合性；不符合时，请申请者修改，直至符合。⑤预访或预审，预访是对被审核方基本情况进行了解，审核组长确定是否需要进行预访；预审是应申请者请求在正式审核前进行一次全面系统的检查，以便及早发现不合格，使质量管理体系的不足之处在正式审核前得到解决。⑥现场审核前的文件准备和组织准备，包括编制审核计划、制定检查表、准备审核表格、进行审核组成员分工，以及与被审核方联络等。

第三，现场审核阶段。该阶段的主要工作是：①场质量管理体系审核。②现场抽取产品样品，封样，并将样品送到指定的检验、试验机构。③做出现场质量管理体系审核报告。

第四，产品检验、试验阶段。该阶段的主要工作是：①根据产品检验、试验委托书，接收送检样品，安排检验、试验计划。②进行产品全性能检测或产品

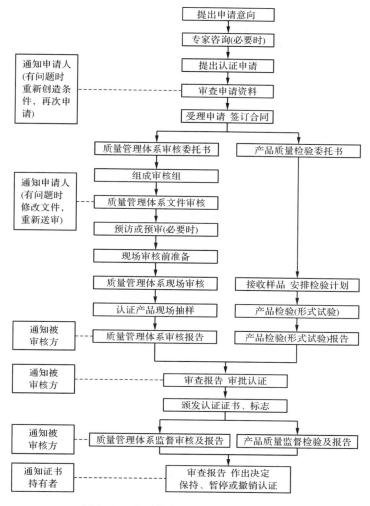

图 2-18 典型的产品质量认证工作流程

形式试验。③做出产品全性能检测报告或产品形式试验报告。

第五，审查批准阶段。该阶段的主要工作是：①认证机构审查质量管理体系审核报告和产品检验、试验报告，做出是否批准认证的决定。②批准认证的，向申请者颁发产品质量认证证书和产品质量认证标志；不批准的，要通知申请者，并说明原因、理由。

第六，认证后监督阶段。该阶段的主要工作是：①按年度安排质量管理体系监督审核计划，并组织实施。②按年度安排产品质量监督检验、试验计划，委托经认可的检验、试验机构抽样检验。③对质量管理体系监督审核报告和产品质量监督检验报告，由认证机构进行审查，按程序规定的要求做出保持、暂停或撤销认证的决定，并通知证书持有者。

复习思考题

1. 什么是质量？如何理解质量的含义？广义的质量包括哪些内容？
2. 什么是质量特性？产品质量特性包括哪几方面内容？
3. 什么是质量管理、质量控制、质量保证和质量体系？质量管理主要经历了哪几个发展阶段？
4. 什么是全面质量管理？其基本观念、主要特点、工作原则和主要支柱分别是什么？
5. 什么是质量保证体系？其基本内容主要包含哪几个方面？
6. 什么是质量管理体系？
7. 什么是认证？认证有何作用？认证有哪几种分类方法和内容？
8. 质量认证制度主要有哪些类型？简要说明产品质量认证的内容及其流程。

第**3**章

质量控制方法

【本章重点】

1. 质量统计方法。
2. 质量分析方法。
3. 质量改进方法。

质量控制方法是实现质量控制的途径、手段和工具。人们为了达到质量控制的目的，广泛采用了各种行之有效的方法。在把这些方法引入质量控制的具体应用实践中，积累了许多成熟的经验，逐渐形成了一些专门用于质量控制的方法。例如：以数理统计学和概率论为理论基础的"七种工具"或"老七种工具"；应用运筹学和系统工程原理与方法的"新七种工具"；运用工程技术管理和现代管理方法的工业工程（IE）、5S 管理和 6σ 管理等。随着科学技术的发展和质量控制活动的深入进行，用于质量控制的方法还会不断丰富。

3.1 质量统计方法（"老七种工具"）

在质量管理中，用统计方法对质量进行控制，一般称为质量统计控制。质量统计控制是全面质量管理的基本手段，用来对产品质量实行控制。具体说，质量统计控制就是通过对具代表性的局部进行调查研究（检验测试），然后运用统计推理的方法来预测、推断总体的质量。即通过所观察的一部分典型事实，来掌握事物的全体或事物的本质，也就是以子样的统计特征来推断母体的统计特征。如果抽样是随机的，使子样具有代表性，且抽查的子样有一定数量，则这种统计判断的可靠性比较高。

本章节所介绍的统计方法，是指生产现场经常使用、易于掌握的统计方法，它是以数理统计学和概率论为理论基础，主要包括排列图、因果图、调查表、散布图、直方图、控制图、工序能力指数等，通常称为"七种工具"或"老七种工具"，这些在质量统计控制中其使用率占 80% 以上。

3.1.1 排列图法

排列图法即是 ABC 分析法（重点管理法）。排列图又称主次因素分析图，也称帕累托图。它是美国质量管理专家朱兰（J. M. Juran）博士运用意大利经济学家帕累托（V. Pareto）的对数曲线（也称"帕累托"累积曲线）统计图加以延伸所创造出来的。这是用来找出影响产品质量的主要因素的一种图形化的有效工具。

在质量管理和控制中，当遇到的问题较多时，往往不知从何入手，但事实上大部分的问题，只要能找出几个影响较大的要因，并加以处理和控制，就可以解决问题的 80% 以上。怎样抓住主要问题？通常，排列图就可以帮助我们分清主次问题，抓住关键因素，分层别类管理。

排列图是根据归集的数据，以不良原因、不良状况发生的现象，有系统地加以对各种问题或因素（项目）进行分类（层别），计算出各问题或因素（项目）所产生数据（如不良率、损失金额）及所占的

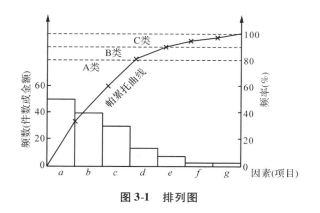

图3-1 排列图

个分类项目，然后画出各个项目的直方形，最后按统计数据表中的各项累计百分比在相应直方形的右侧上方描点和标出累计百分比值，再连成折线（即"帕累托"曲线）。

第五，区分主次因素。从右纵坐标百分比为80%、90%、100%处分别向左引出平行于横坐标的虚线，该线与折线（即"帕累托"曲线）相交，找出累计百分比在0%～80%范围内的项目，即为A类因素，是引起质量问题的主要因素；80%～90%范围内为B类，是次要因素；90%～100%范围内为C类，是一般因素。

（2）制作排列图的注意事项

第一，一般情况下，主要因素最好为1～2个，至多不超过3个，否则就失去了"找主要因素"的意义，这时，往往要重新考虑对因素进行分类。

第二，不重要的因素（项目）很多时，横坐标将会很长，这时可将这些一般因素合并列入"其他"项，排列在横坐标的最右端，并可以允许"其他"项的直方形比前项高。

第三，横坐标上各个项目直方形的具体宽度没有严格要求，但各个项目直方形的宽度却要求相等；各个项目直方形的高度应按其大小决定，并要求同比例。

第四，找出了主要因素，应进一步分析原因，当采取相应的措施后，为检查"措施的效果"，仍应收集有关数据，重新做出排列图，将措施采取前后的排列图进行比较，如果主次因素换了位置，而且总的损失（件数、金额等）也明显地减少了，则说明"措施的效果"好，否则，说明"措施的效果"不大。

排列图法举例：某家具公司生产部门某工段将上个月生产的产品零部件做出统计，总不良数414件，其中不良项目依次如表3-1所示。由图3-2所示的排列图可以看出，该家具公司某工段上个月产品零部件不良最大的原因是来自破损，占了47.1%，前3项加

比例，再依照大小顺序排列，再加上累积值的图形。

排列图的形式，一般如图3-1所示。图中有两个纵坐标、一个横坐标、若干个直方形和一条由左向右逐步上升的曲折线。左边的纵坐标表示因素出现的频数（如不合格品件数、损失金额等）；右边的纵坐标表示出现的频率（百分数）；横坐标表示影响产品质量的各种问题或因素（项目），一般以直方形的高度表示各因素出现的频数（不合格品件数、损失金额等），并从左至右按频数由大到小的顺序排列；曲折线表示这些因素如此排列后，其累计百分数的大小。

在人们社会生产和工作实践中，可以说任何问题都可以使用排列图法。因为排列图法可以指出改进工作的重点，并以图形化的方式形象地展现出来。因此，它不仅可用于企业产品质量控制与改进活动，而且也可用于各种企业、各个部门以及各个方面的工作改进活动，如劳动效率、物资消耗、节约能源、设备故障、资金投入、经济成本、安全事故、环境保护等各种问题的原因分析，它是一种应用范围比较广的简便有效方法。

（1）排列图的作法

第一，确定坐标的标度内容（项目）。一般纵坐标的标度内容可取为不合格品件数、不良品率、损失金额、时间、工时等；横坐标可按不良因素（项目）、缺陷、作业班组、设备、产品种类等来标定。

第二，收集数据。在一定时期内收集有关产品质量问题的数据，如一天、一周、一月、一季或半年等时间范围内废品或不合格品等的数据。

第三，分层统计并列出数据表。按标度内容将收集到的数据资料进行分层处理，并统计出各类问题反复出现的次数（频数），再算出各类问题的百分比以及累计百分比，然后按频数的大小依次列成统计数据表。

第四，做出排列图。先画出一个横坐标和两个纵坐标，并在横坐标上按数据大小从左到右依次列出各

表3-1 层别统计表

序号	不良项目	不良数（件）	占不良总数（%）	累计比率（%）
1	破损	195	47.1	47.1
2	变形	90	21.7	68.8
3	刮痕	65	15.8	84.6
4	尺寸不良	45	10.9	95.5
5	其他	19	4.5	100
合计		414	100	

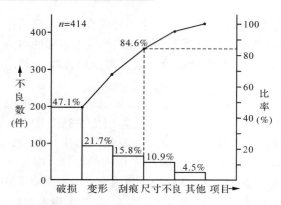

图 3-2 某家具公司产品零部件不良项目排列图

起来超过了 80% 以上，如果要采取措施进行质量控制与改进处理应以前 3 项因素为重点。

3.1.2 因果图法

因果图又称因果分析图或特性要因图。它是由日本质量管理专家石川馨博士于 1953 年提出的，故又称"石川图"。又因其形状像树枝和鱼刺，所以又把它称为树枝图或鱼刺图。因果图并无深奥的数学原理，是一种寻找影响质量问题主要原因的形象化的图解方法。

在产品的制造工序中，往往会出现一些不正常的因素，造成工序反常或不稳定，如不能把这些不正常的因素找出来加以调整或剔除，则制造过程永远无法稳定，产品质量也就无法控制。工业产品缺陷的产生，一般有很多原因，其中有主要的大原因和次要的小原因，还有一些无关紧要的更小原因。在实施质量管理时，不一定有足够的精力或经济条件来把所有大大小小的因素都加以控制，但至少应尽可能使影响程度较大的主要原因控制住，这是非常重要的。为了能有效地查出这些因素，技术上常常要借助于因果图。

因果图是按照由大到小、由粗到细的程序，运用因果关系的逻辑，把对结果有影响的因素按类逐层加以分析，最后寻求造成质量问题主要原因的一种图解方法。在生产过程中影响产品质量的原因是操作者（Member、Man）、原材料（Material）、设备（Machine）、工艺方法（Method）、管理（Management 或测量 Measurement）和环境（Environment）6 个主要方面因素（即 5M1E）。由于这些表面性的大原因一般由一系列中原因构成，并且还可以进一步逐级分层地找出构成中原因的小原因及更小原因等。如此分析下去，直到找出能直接采取有效措施的原因为止，这就是在质量分析时要追究的根本原因，最后根据根本原因采取对策。

因果图如图 3-3 所示。由图可见，图中有条带箭

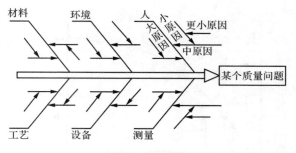

图 3-3 因果图

头的主干线，箭头指向希望保证的某个质量特性。指向主干线的箭头表示造成质量问题的原因。因果分析图大多以这些作为大原因。再对大原因做进一步分析，逐级分层找出中原因，以及构成中原因的小原因与更小原因，把分析出的原因用带箭头的线条按层次记录下来，就形成了一张因果图。

通过建立因果图，可以达到如下目的：发动群众，列出所有可能影响质量的因素；深入分析，明确因素间的因果关系；集思广益，确定影响质量的主要原因。具体方法如下：

（1）因果图的作法

第一，确定分析对象。也就是了解和确定影响产品质量的主要特征。要做到这一点，应采用质量分析会的方式，尽可能让各方面有关的人员参加，要充分发扬民主，把各种意见都记录下来。除了根据技术部门与产品检查部门的结果外，还可征求厂内、外有经验人士的意见。

第二，分析产生原因。按操作者、设备、原材料、制造工艺、管理（测量）、环境等方面作为大原因分别画在图上。对大原因做进一步分析，逐级分层找出中原因、小原因及更小的原因。

第三，检查有无遗漏。如有遗漏应随时补充。

第四，标出重要原因。可用一定的记号，把特别重要的原因标出来。

第五，记录必要事项。如因果分析图的名称、与会讨论者、制作单位和时间等。

（2）制作因果图的注意事项

第一，熟悉工艺。因果图虽然简单明了，但绘制因果图却十分复杂，要花费很大功夫。这是因为许多原因并非凭直观能发觉，需要对工艺过程有全面深入的熟悉和掌握。这就要求参加分析的人员要深入实际，掌握工艺过程。

第二，细化要因。所谓细化要因，就是对于那些影响产品质量的原因进行层层深入分析，截树刨根，直至深入到各要因产生的本质。切忌停留在罗列表面

要因的现象上。实践证明，细化后的要因往往是影响产品质量的主要原因，也是最直接的原因。

第三，检查遗漏。在仔细检查并确信已经找出了所有要因之后，便可用排列图法找出各项要因，以利明确它们对质量特性所产生的影响中所占的比重。

（3）因果图的类型

第一种，问题分解型。这种图的要点就要沿着5M1E等主要因素方面，将"为什么发生这问题"一追到底。它的主要构思就是凡是存在质量问题的地方，就一定要设法解决。

第二种，工序分类型。做这种分析图时，应先画出工艺流程，而后按每个工序记入原因。它的基本想法是：质量问题是制造过程中产生的，因此可以按工艺流程分析产生质量问题的原因。它的优点是作图简单、易于理解；缺点是相同原因有时重复出现，并且几个原因同时影响质量的情况不太容易表现出来。

第三种，原因罗列型。这种类型的图是把所有的原因都罗列出来，先找大原因，然后再找中原因、小原因及更小的原因等。它们之间必须成为因果关系。这种图的基本想法是：各自无限地发表意见，就能把各种各样的原因都找出来，从而找到真正的原因或改进的关键。它的优点是原因全都罗列出来了，不太可能有遗漏，另外，由于原因之间存在因果关系，就可以采用各种表达形式，使图的内容生动、易懂；缺点是作图较复杂。

因果图法举例：某家具公司销售的家具产品表面划痕质量问题的原因分析，如图3-4所示。

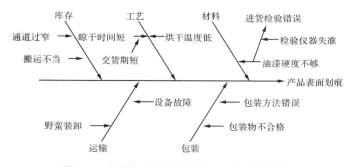

图3-4　家具表面划痕因果图（原因罗列型）

3.1.3　调查表法

调查表法又称检查表法，或核对表法、统计分析表法，它是利用统计表来进行数据整理并对影响产品质量的原因做粗略分析的一种方法。调查表中所利用的统计表，是一种为了便于收集和整理数据而设计制成的一种空白表。在检查产品时，只要在相应的栏目内填上数据（或记号）。所以，它使用简便且能自行整理数据，这就简化了收集和整理数据的工作。其格式可根据生产的不同特点和要求，设计出不同类型的调查表。常用的调查表主要有以下几种：

（1）不良项目调查表

不良项目是指一个工序或产品不能满足指标要求的质量项目，也就是不合格项目。为了控制和减少生产中出现的各种不良品，就需要调查发生了哪些不良项目，以及它们的比率有多大。为此，可采用不良项目检查表。使用此表时，每当发生某种不良情况时，检查者就可在表中相应的项目栏内直接画上一个标记性符号（如正字），这样可便于随时统计出有哪些不良项目，它们发生了多少，根据该表就可以分析它们是哪道工序的问题。

（2）缺陷位置调查表

当要调查产品各个不同部位的缺陷情况时，可将该产品的示意图、草图或展开图画在调查表上，每当某种缺陷发生时，可采用不同的符号或颜色将其产生缺陷的位置和状态在图中标出，以示区别和便于探讨原因，及时地对原料、设备、工夹具和生产工艺等做出改进。许多产品都存在着外观缺陷，采用缺陷位置调查表来调查、分析、解决这类工序问题，可取得较好的效果。

（3）频数分布调查表

频数分布调查表是对某个质量特性值进行现场调查的有效工具。这种表是根据测量的产品质量数据资料，将质量特性值的分布范围分成若干个区间（组），制成表格来记录和统计产品的质量特性值落在各个区间（组）的频数。它可用于了解工序质量特性值的分布情况，比直方图要简单得多。

（4）不良原因调查表

按设备、操作者、时间等标志进行分层调查，填写不良原因调查表。

3.1.4　散布图法

散布图又称相关图，是用于分析2个随机变量（计量值）之间的相关关系的一种图示方法。将2种有关的数据列出，并用点子填在坐标纸上，观察2种因素之间的关系，这种图就是散布图或相关图，对它进行分析称为相关分析。在实施质量改进项目和活动时，运用散布图进行相关分析常常是很重要的手段。

（1）散布图的绘制

①收集数据。将需要研究是否有关系的2种因素成对地收集数据（x，y），一般至少30组以上。

②整理数据。分别找出2组数据中的最大值和最小值，并分别求出x、y的极差；将x、y的极差分别再除以所需设定的组数可以计算出x、y的组距。

③确定坐标系。在直角坐标纸上画出横坐标x轴（原因）和纵坐标y（结果）轴，根据组数和组距分别在2个坐标轴上划分刻度。

④标示数据点。将（x，y）数据作为点的坐标，在上述直角坐标系中逐一对应标出。当2个数据对的点重合时，要么围绕数据点画出同心圆，要么在离第一点最近处画上第二点。

（2）散布图的分析

根据测量的两组数据作出的散布图后，就可以从散布图上点的分布状况，分析和推断出2个变量x和y之间是否有相互关系，以及关系的密切程度。典型散布图的基本形式如图3-5所示。

①强正相关。x变大时，y也显著变大。在这种情况下，控制x值可以达到控制y值的目的。

②弱正相关。x变大时，y也大致变大。这是可能还有其他因素对y值有影响，还需寻找x以外的因素进行分析；但控制x值也可在一定程度上达到控制y值的目的。

③不相关。x与y之间没有关系。

④强负相关。x变大时，y显著变小。在这种情况下，控制x值可以达到控制y值的目的。

⑤弱负相关。x变大时，y大致变小。这是可能还有其他因素对y值有影响，还需寻找x值以外的因素进行分析；但控制x值也可在一定程度上达到控制y值的目的。

⑥非线性相关。x与y有相关关系，但不成直线关系，需要通过非线性回归的办法，寻求x与y的关系。

3.1.5　直方图法

直方图也叫质量分布图、矩阵图、柱形图、频数图。直方图是将测量所得的一批数据按大小顺序排列，并将它划分为若干区间，统计各区间的数据频数（或频率），以这些频数（或频率）的分布状态用直方形表示的图表。

直方图法适用于对大量计量值数据进行整理加工，从中找出其统计规律，即分析数据分布的形态，以便对其总体的分布特征进行推断，对工序或批量产品的质量水平及其均匀程度进行分析的方法。它是工序质量控制统计方法中的主要工具之一。其主要作用是：观察与判断产品质量特性分布状况；判断生产过程是否正常或工序是否稳定；计算工序能力，估算并了解工序能力对产品质量保证情况（即生产过程保证产品质量的能力）。

直方图的一般形式如图3-6所示。图中横坐标表示产品的质量特性值，并在横坐标上划分若干等距的小区间；纵坐标表示样本量为n的样品数据中落在各个小区间内的频数，通常用f表示。由此可知：直方图中直方形的宽度取决于各小区间的长度，它的高度取决于落在该区间内的频数f。

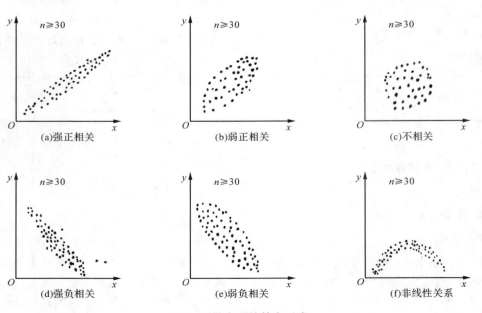

图3-5　散布图的基本形式

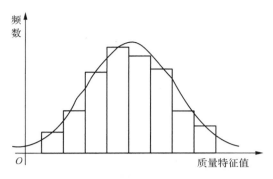

图 3-6 直方图的一般形式

（1）直方图的绘制

①收集数据。一般收集数据都要随机抽取 50～200 个质量特性数据，通常取 $n = 100$，并按先后顺序排列。

②找出数据中的最大值 L 和最小值 S 以及极差 R。$R = L - S$。

③决定组数 K 和组距 h。根据经验组数一般取 $K = 10$，则组距 $h = R/K$。

④确定各组边界值。第一组的上下边界值为：$S \pm h/2$；其余各组以组距为准，定分界点，即第二组的下边界值就等于第一组的上边界值，第二组的上边界值就等于第二组的下边界值加上组距，其余类推，直到最后一组的上边界值能把最大值包括在内为止。

⑤计算各组的组中值。就是每组中间的数值，即该组的上下边界值之和的平均值。

⑥统计各组频数 f。通常用一个"频数统计表"来反映，表中包括组号、分组边界值、组中值、频数统计符号（画正字）、频数。

⑦画直方图。在平面直角坐标系中以纵坐标为频数 f、横坐标为数据值，依次画出一系列直方形，各直方形底长都等于组距 h，高度则等于该区间内的频数 f。

（2）直方图的观察与分析

作出直方图后，通过观察图形的形状及用公差要求进行对比来分析和判断工艺过程是否正常和稳定，以决定是否采取相应的处理措施。

第一，判断分布类型。直方图可分为正常型和异常型，如图 3-7 所示。正常型的图形是"中间高、两边低，左右近似对称"，表示工序处于稳定状态（统计控制状态），这里的"近似"是指图形多少有些参差不齐，应注意图形的整个形状；如果出现锯齿型、双峰型、偏向型、孤岛型及平顶型等不正常图形，说明加工过程中由于机床调整、加工条件的变动、刀具磨损以及测量方法等因素的影响而造成的，必须进一步判断它属于哪种具体类型，以便分析原因，加以处理，消除造成图形不正常的因素后再进行统计。

正常型：图形中央有 1 个顶峰，左右大致对称，这是工序处于稳定状态。其他都属非正常型。

锯齿型：图形呈锯齿状参差不齐，多半是由于分组不当或检测数据不准而造成。

双峰型：图形出现 2 个顶峰极可能是由于把不同加工者或不同材料、不同加工方法、不同设备生产的两批产品混在一起形成的。

偏向型：图形有偏左、偏右 2 种情形，原因是一些形位公差要求的特性值是偏向分布；加工者加工习惯造成（如加工孔时往往偏小，加工轴时往往偏大）。

孤岛型：由于测量有误或生产中出现异常（原材料变化、短时间内由不熟练工人替班操作、刀具严重磨损、测量有错误等）。

平顶型：无突出顶峰，通常由于生产过程中如刀具磨损、操作者疲劳等缓慢变化因素影响造成。

第二，与规定公差（标准界限）比较。用直方图和规定公差要求进行对比来检查加工方法是否符合

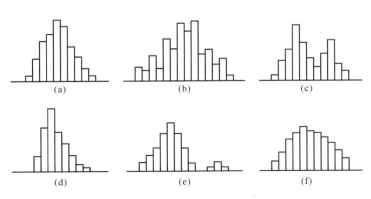

图 3-7 常见的直方图形

（a）正常型 （b）锯齿型 （c）双峰型 （d）偏向型 （e）孤岛型 （f）平顶型

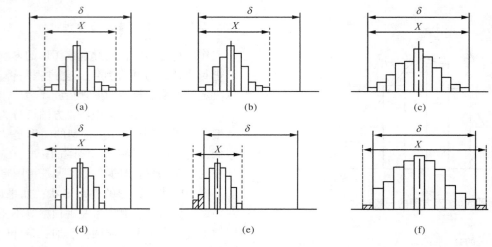

图 3-8　常见的直方图形

（a）正常型　（b）锯齿型　（c）双峰型　（d）偏向型　（e）孤岛型　（f）平顶型

加工要求，一般有以下 6 种情况，如图 3-8。图中 X 为实际尺寸分布范围，δ 为规定的公差范围。

图 3-8（a）为理想直方图，实际尺寸的分布范围 X 位于公差范围 δ 内，而且实际尺寸的平均值和公差中心相重合，说明此机床的加工精度符合于加工公差的要求，这是最理想的加工情况。

图 3-8（b）为偏移直方图，虽然实际尺寸的分布范围仍落在公差范围内，但因实际尺寸的分布偏向一边，如果加工不当或某些原因有可能使部分零件尺寸分布超过公差范围，很容易出现不合格品，所以应加强管理，进行调整，设法提高工序能力。

图 3-8（c）中虽然实际尺寸分布落在公差范围内，但因尺寸分布范围较大，与规定公差值相等，因而也很容易在加工中使部分零件超差，也很容易出现不合格品，这说明机床的加工精度较低，不能满足加工质量的要求，应更换稍高精度的机床来缩小实际尺寸的分布范围。

图 3-8（d）表示公差范围过大于实际尺寸分布范围，这说明使用的机床精度过高，用高精度的机床加工低精度的零件，从经济观点来看是不合理的，应该改变加工工艺或缩小公差来调整。

图 3-8（e）中实际尺寸分布范围虽然小于公差，但因实际尺寸分布过于偏离于公差中心，也会使部分零件超过要求的公差范围而成为废品，这时应采取措施将分布范围纠正过来。

图 3-8（f）是实际尺寸分布范围过大，公差定得过小，必然会使部分零件尺寸都超出规定公差的上下范围，此时应采取措施更换高精度的机床来缩小实际尺寸的分布范围或放大公差值进行解决。

运用直方图法可以判断出一种加工工艺能否保证加工精度的要求，并可以计算出该批加工零件的合格率和废品率。但是还存在着一定的缺点。首先，此法统计是没有考虑到零件加工的先后顺序，同一批零件是混在一起测量的，因而不能把有规律的系统性误差和偶然性误差区分开来；其次，不能在加工过程中提供控制工艺过程的资料，只能等一批零件在某一段时间里加工出来以后，才能绘出直方图进行分析，提出改进措施，所以它是一种处理数据的静态方法，但在生产实践中，不仅需要处理数据的静态方法，而且也需要了解数据随时间变化的动态方法，能及时发现生产中的异常情况进行控制和预防，保证工艺过程的正常进行。因此在现代化批量生产中还采用控制图法来进行加工质量的统计。

3.1.6　控制图法

控制图法能随时对生产过程进行分析和控制，是判断和预报生产过程中质量状况是否发生波动的一种有效方法。所谓控制图是指用于分析和判断工序是否处于稳定状态所使用的带管理界限的图，也称为管理图。控制图最早是由美国贝尔实验室的休哈特（W. A. Shewhart）博士于 1924 年制作的，故又称休哈特图。它的诞生使质量管理工作从原先的事后检验发展为事前预防，对质量管理科学的形成和发展起到了划时代的作用。目前它已成为质量控制中最重要的方法。控制图的主要用途：判断生产过程是否处于控制状态（监控）；使生产过程中产品质量得到控制，预防不合格品产生（预防）；提供异常原因存在的信息，便于查明异常原因并采取措施（报警）；为评定产品的质量提供依据。

（1）控制图的基本格式

控制图的基本格式如图 3-9 所示。横坐标为样本

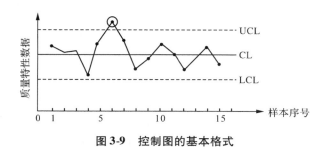

图 3-9　控制图的基本格式

序号，纵坐标为产品质量特性指标。它一般由 3 条平行线组成：中心线 CL（Central Line），用细实线表示；上控制界限 UCL（Upper Control Limit），用虚线表示；下控制界限 LCL（Lower Control Limit），用虚线表示。

在生产过程中定时抽取样品，把测得的质量特性指标以点的形式逐一描述在控制图上，并根据点的分布情况对生产过程的状态做出判断。如果点子全部落在上、下控制界限内，且点的排列无缺陷，则表明生产过程正常，处于控制状态，不会出现废品；如果点子越出控制界限，或虽未跳出控制界限，但点的排列有缺陷，则表明生产条件发生了较大的变化，将会出现质量问题，应采取相应的防止措施。

（2）控制图的种类

常用质量控制图可分为计量值控制图和计数值控制图两大类。

第一，计量值控制图。包括单值（X）控制图、单值—移动极差（X—R_s）控制图、均值—极差（$\bar{x}$—R）控制图、均值（$\bar{x}$）控制图等，主要适用于长度、重量、时间、强度和成分等连续变量。

第二，计数值控制图。包括不合格品率（p）控制图、不合格品数（pn）控制图、缺陷数（c）控制图、单位缺陷数（u）控制图等，用于控制不合格品和加工缺陷。

在零件尺寸加工过程中，主要采用计量值控制图，在计量值控制图中，均值—极差（$\bar{x}$—R）控制图是理论根据很充分并较灵敏的一种控制图，所以应用最广。其包括均值（$\bar{x}$）控制图和极差（R）控制图。均值（$\bar{x}$）控制图主要是用来分析数据平均值的变化；极差（R）控制图是用于分析加工误差的变化情况，并用它定出均值（$\bar{x}$）控制图的控制界限。在实践中通常是将这 2 张控制图作为一组使用的。

（3）$\bar{x}$—R 控制图的作法

①收集数据。从现场生产中随机抽取若干组或子样数（$k=20\sim25$），每组或子样内抽 5 个样品零件，

记录每个零件的数值，并列出 $\bar{x}$—R 控制图数据表。

②数据计算。根据收集到的数据，计算各组平均值（$\bar{x}_i$）、各组极差（R_i）以及总平均值（$\bar{x}$）和极差平均值（$\bar{R}$）。

③确定控制界限线。

$\bar{x}$ 控制图：中心线 CL $=\bar{x}$

　　　　上控制界限 UCL $=\bar{x}+A_2\bar{R}$

（其中，当样品零件数为 5 时，$A_2=0.577$）

　　　　下控制界限 LCL $=\bar{x}-A_2\bar{R}$

R 控制图：中心线 CL $=\bar{R}$

　　　　上控制界限 UCL $=D_4\bar{R}$

（其中，当样品零件数为 5 时，$D_4=0.577$）

　　　　下控制界限 LCL $=D_3\bar{R}$

（其中，当样品零件数为 5 时，$D_3=0$）

④作 $\bar{x}$—R 控制图。画出中心线及上、下控制界限，打点、连线。如图 3-10 所示。

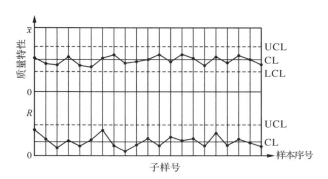

图 3-10　$\bar{x}$—R 控制图

（4）控制图的分析与判断

用控制图识别生产过程的状态，主要是根据样本数据形成的样本点位置以及变化趋势进行分析和判断，判断工序是处于受控状态还是失控状态。

①受控状态的判断。工序是否处于受控状态，也就是工序是否处于统计控制状态或稳定状态，其判断条件有 2 个：第一个判断条件是在控制界限内的点子排列无缺陷；第二个判断条件是控制图上的所有样本点全部落在控制界限之内。

②失控状态的判断。只要控制图上的点子出现下列情况时，就可判断工序为失控状态：首先，控制图上的点子超出控制界限外或恰好在界线上；其次，控制界限内的点子排列方式有缺陷，呈现非随机排列（如点子在中心线的一侧连续出现 7 次以上；连续 7 个以上的点子上升或下降；点子在中心线的一侧连续 11 点中，至少有 10 个点出现在中心线的同一侧，可以不连续；点子呈现周期性的变动等）。这 2 种情况都说明生产过程中存在系统性的因素，对某个质量特

征值的平均值和标准差产生影响，应查明情况以便及时采取措施。在使用控制图对质量进行分析和控制时，最重要的步骤是选择控制项目及其质量特征。一般可以选技术复杂、加工精度要求严格、对后续工序的质量产生较大影响、质量不稳定或用户反馈意见较多的工序中的关键特征值作为控制对象。

由上述可知，工艺过程中各工序是否稳定，可以通过控制图来判断；工艺过程中各工序的加工精度能否满足要求，可以通过直方图与公差对比来评定。这二者结合，就表明一个稳定的工艺过程中各工序加工精度能够满足产品质量要求的程度。这程度可以用工序能力指数来表示。

3.1.7 工序能力指数

（1）工序能力的基本概念

工序能力又称工程能力或工艺能力。它是指在正常条件和稳定状态下产品质量的实际保证能力，也是指工序处于控制状态下的实际加工能力，即人员、设备、原材料、加工方法、检测手段、环境等质量因素（通常称5M1E）处于稳定状态下（也可以说生产处于受控状态下）所表现出来的保证工序质量的能力。

一般来说，工序能力与产品质量指标的实际波动成反比，即质量波动越小，工序能力越高；质量波动越大，工序能力越低。因此，往往用产品质量指标的实际波动即产品质量特性值的分布来描述工序能力。工序能力（B）一般用质量特性值分布标准差σ的6倍来描述。即：

$$B = 6\sigma$$

标准差σ的计算公式如下：

$$\sigma = \sqrt{\frac{\sum (x_i - \mu)^2}{N}}$$

式中　N——数据的总数；
　　　x_i——各个数据的值；
　　　μ——正态分布的平均值，即正态分布曲线最高点的横坐标值，其计算公式为

$$\mu = \frac{x_1 + x_2 + x_3 + \cdots + x_N}{N} = \frac{\sum x_i}{N}$$

为什么用6σ来描述工序能力呢？因为如果生产过程处于稳定控制状态时，由正态分布的性质可知，均值为μ，标准差为σ，则质量特性值x落在$\mu \pm 3\sigma$范围内的概率为99.73%，在$\pm 3\sigma$范围以外出现的概率不到0.3%（所谓千分之三法则），工序能力用6σ表示，就意味着几乎包括了产品质量特性值的整个变异范围，可使工序有足够的质量保证能力，并可获得良好的经济性。因此，有理由来定义6σ为工序的质

量能力。6σ值越大，工序能力越低；反之，6σ值越小，工序能力越高。由此不难看出，提高工序的质量能力，关键在于减小σ的数值。

（2）工序能力指数的概念及计算

工序能力仅表示工序固有的实际加工能力或加工精度，即工序能达到的质量水平，还没有考虑产品或工序的质量标准要求。产品的质量标准要求是指产品质量指标的允许波动范围或公差范围，它是指定产品质量的标准和依据。因此，为了反映和衡量工序能力满足质量标准和技术要求的程度，测定工序能力的高低，必须引入工序能力指数的概念。

工序能力指数（C_p）是衡量工序能力满足质量要求程度的一个尺度或综合性指标，即技术要求或产品质量标准（T）与工序能力（B）的比值，可用下式表示：

$$C_p = T/B$$

工序能力指数的计算，对于不同的情况应区别处理，主要有以下2种情况：

①当加工工序实际数据分布中心（μ）与质量标准中心（M）重合时，如图3-11所示。这是一种理想情况，工序能力指数的计算公式为

$$C_p = T/6\sigma$$

②当加工工序实际数据分布中心（μ）与质量标准中心（M）不重合时，如图3-12所示。这是实际生产过程中经常出现的偏离情况，此时需要对工序能力指数进行C_p修正，其计算公式为

$$C_{pk} = (1 - K)C_p = (T - 2\varepsilon)/6\sigma$$

式中　C_{pk}——修正后的工序能力指数；
　　　K——平均值的偏离度，$K = \varepsilon/(T/2)$；
　　　ε——平均值的偏离量，$\varepsilon = |M - \mu|$。

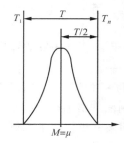
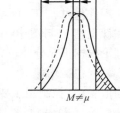

图3-11　分布中心（μ）与标准中心（M）重合　　图3-12　分布中心（μ）与标准中心（M）不重合

（3）工序能力指数的判断评价

既然工序能力指数客观而又定量的反映了工序能力满足质量标准和技术要求的程度，所以在计算出工

表 3-2　工序能力指数分级与判断评价标准

C_p 值	工序等级	T 与 σ 的关系	不合格品率 p	判断评价
$1.67 < C_p$	特级	$10\sigma < T$	$0.00006\% > p$	能力过高
$1.33 < C_p \leqslant 1.67$	一级	$8\sigma < T \leqslant 10\sigma$	$0.006\% > p \geqslant 0.00006\%$	能力充分（理想）
$1.0 < C_p \leqslant 1.33$	二级	$6\sigma < T \leqslant 8\sigma$	$0.27\% > p \geqslant 0.006\%$	能力尚可（正常）
$0.67 < C_p \leqslant 1.0$	三级	$4\sigma < T \leqslant 6\sigma$	$4.45\% > p \geqslant 0.27\%$	能力不足
$C_p \leqslant 0.67$	四级	$T \leqslant 4\sigma$	$p \geqslant 4.45\%$	能力严重不足

序能力指数后，可以根据工序能力指数的大小来对工序加工的质量水平做出评价。一般情况下，工序能力的判断评价是根据表 3-2 所示的工序能力指数分级与判断评价标准来进行。其目的是判断该工序是否能可靠而又经济地保证达到规定的工序质量要求，必要时可以而且应该对工艺规程作适当的调整修改。

进行工序能力评价，可以对企业生产过程的质量状况进行客观分析，对过程的合理性进行验证，为过程的质量改进、设备验收、工艺方法和质量标准的制定与修改提供相关的技术经济分析资料和科学依据，以便采取有效措施，改进过程的稳定性，提高产品质量和降低生产成本。针对不同的工序能力，人们通常采取以下不同的措施：

第一，当工序能力过于充分时（特级），可以适当放宽检验，同时可以适当降低工序能力的要求。例如，可以采用加工精度较低但加工效率更高的设备和工艺，以提高工作效率和降低成本。

第二，当工序能力充分时（一级），对非特殊工序和非关键工序可适当放宽检验，可以允许生产过程有小的波动。

第三，当工序能力尚可时（二级），C_p 值接近 1，$T \approx 6\sigma$，检验不可放宽，需严格控制生产过程，否则有可能会超差而使不合格品率上升。

第四，当工序能力不足时（三级），需加严检验，必要时进行全检，同时严格控制生产过程，采取提高工序能力的措施。

第五，当工序能力严重不足时（四级），一般应停产整顿，包括进行必要的技术改造、培训或采取其他有效纠正措施调整工艺；暂时不能停产整顿的，应对产品进行全检，以确保不合格品不流入下道工序。

由于产品质量特性不同，产品使用要求不同，对工序的质量要求也不同。因此，对这些不同用途的产品，生产的工序能力指数要求也不一样。随着时代的

进步和科学技术的发展，企业生产技术和装备的现代化水平不断提高，人们对质量的要求也越来越高，即使是生产用于同一种目的的同一种产品，生产过程的工序能力指数也表现出逐渐提高的趋势。在高新技术发展迅速的今天，这种趋势表现得十分明显。因此，企业要根据产品要求、顾客要求、国际、国内同行业的技术水平和本企业的具体情况，选择和确定适宜的工序能力指数。

一般以 $C_p = 1.33$ 左右较为理想，此时 $T \approx 8\sigma$。当 C_p 值超过 1.33 太多，则工序成本增加，经济性不好，而 C_p 值小于 1.33 太多，则不能可靠地保证工序质量，不合格品率增大，也造成经济损失，同样也会降低生产经济效益。

计算工序能力指数和进行工序能力评价的前提是工序稳定，如果工序不稳定，工序能力指数就会忽高忽低，在这种情况下进行工序能力评价就没有意义。因此，为搞好产品质量控制，保证产品质量，在开始成批生产某一产品之前和成批生产过程之中，都应进行工序能力的调查。

在开始成批生产某一产品之前进行工序能力调查，为的是了解工艺过程各工序的质量状况，特别是关键工序或采用新设备、新工艺的工序的质量状况，加强工序质量管理，消除影响工序质量的因素，或采取措施减少其影响，使工序质量处于稳定状态。然后根据完成工序后的产品质量特性值计算工序能力指数 C_p，C_p 值的大小合适时，才能正式投入成批生产。

在生产过程中，由于生产设备的磨损、环境条件的变化、材料性能的变异或操作工人的更换等，可能会导致产品质量特性值的波动增大。因此，有必要从成批生产的产品中抽样检查，定期对工序能力进行调查，计算并复查工序能力指数，必要时进行生产设备的维修，或者采取其他有效的技术组织措施，保持工序质量的稳定性，以控制和保证产品质量。

3.2 质量分析方法("新七种工具")

目前，在产品质量管理的实际应用中，质量控制方法已超过上述七种工具。日本质量管理专家学者已经运用运筹学和系统工程的原理和方法，提出了质量管理的"新七种工具"，即关联图法、KJ 法、系统图法、矩阵图法、数据矩阵解析法、过程决策规划图 PDPC（Process Decision Program Chart）法、箭条图法等。一般来说，"老七种工具"的特点是强调用数据说话，重视对制造过程的质量控制；而"新七种工具"则基本是整理、分析语言文字资料（非数据）的方法，着重用来解决全面质量管理中 PDCA 循环的 P（计划）阶段的问题。

因此，"新七种工具"有助于管理人员整理问题、展开方针目标和安排时间进度。整理问题，可以用关联图法和 KJ 法；展开方针目标，可以用系统图法、矩阵图法和数据矩阵解析法；安排时间进度，可以用 PDPC 法和箭条图法。

3.2.1 关联图法

关联图法是用连线图来分析和表示若干个存在问题及因素之间相互关系的一种工具。它也称为关系图法。其基本形式如图 3-13 所示，图中 A、B、C、D、E、F、G、H 之间有一定的因果关系。其中因素 E 受 B、F、G 的影响，它本身又影响因素 D 和 H，等等。这样通过使用关联图法，可以找出各因素之间的因果关系，便于统观全局，制定质量管理的目标、方针、计划，分析研究产生不合格品的原因，拟订解决质量问题的措施和对策，规划质量管理小组活动的展开，并对用户索赔对象进行分析。

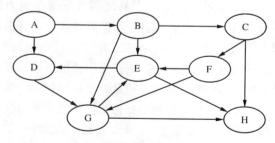

图 3-13 关联图的基本形式

（1）关联图的绘制

①提出认为与问题有关的各种因素。
②用简明而确切的文字或语言加以表示。
③将因素之间的因果关系用箭头符号做出逻辑上的连接（不是表示顺序关系，而是表示一种相互制约

的逻辑关系；箭头指向一般是从原因指向结果，或从手段指向目的）。

④根据图形进行分析讨论，检查有无不够确切或遗漏之处，复核和认可上述各种因素之间的逻辑关系。

⑤指出重点，确定从何处入手来解决问题，并拟订措施计划。

（2）关联图的种类

关联图的绘制方法较为灵活，主要有以下 3 类：
①中央集中型的关联图。它是尽量把重要的项目或要解决的问题安排在中央位置，把关系密切的因素尽量排列在它的周围。
②单向汇集型的关联图。它是把重要的项目或要解决的问题安排在右边（或左边），把各种因素按主要因果关系，尽可能地从左（或右）向右（或左）排列。
③关系表示型的关联图。它是以各项目间或各因素间的因果关系为主体的关联图，在排列上可以灵活些。

3.2.2 KJ 法

KJ 法是日本川喜二郎提出的。KJ 两个字母取的是川喜（KAWAJI）英文名字的第一个字母。这一方法是从错综复杂的现象中，用一定的方式来整理思路、抓住思想实质、找出解决问题新途径的方法。它是针对某一问题，广泛收集有关资料、意见、观点、看法，并按内容相近性（亲和性）统一归纳整理，形成初步归类，以便进一步明确因果关系和寻求解决途径的一种工具。因此，KJ 法又称"亲和图"法。

KJ 法不同于一般的统计方法，统计方法强调一切用数据说话，而 KJ 法则主要靠用事实说话、靠"灵感"发现新思想、解决新问题。KJ 法认为许多新思想、新理论，往往是灵机一动、突然发现。但应指出，统计方法和 KJ 法的共同点，都是从事实出发，重视根据事实考虑问题。

（1）KJ 法的做法

①确定对象（或用途）。KJ 法适用于解决那种非解决不可，且又允许用一定时间去解决的问题。对于要求迅速解决、"急于求成"的问题，不宜用 KJ 法。
②收集语言、文字资料。收集时，要尊重事实，找出原始思想（"活思想""思想火花"）。在应用 KJ 法时，通常，应根据不同的使用目的来进行适当选择收集资料的方法。若要认识新事物，打破现状，就要用直接观察法；若要把收集到的感性资料，提高到理

论的高度，就要查阅文献。

③编写卡片。把所有收集到的资料，包括"思想火花"，每一个人的每一个观点、意见或想法都记录下来并写成卡片。

④整理卡片。将所有的卡片混合后放在一张桌子上，对于这些杂乱无章的卡片，不是按照已有的理论和分类方法来整理，而是把自己感到相似的归并在一起，逐步整理出新的思路来，按卡片所记的观点内容分组排列，把最能代表该组内容的主卡片放在最上面，作为该组的主题。

⑤分析关系。把同类（组）的卡片集中起来，按各组卡片内容相近性（亲和性）排列，包括用方框、位置、直线、箭头等表示各组卡片之间可能存在的包含关系、并列关系、间接影响关系或暂时无法确定的关系等，形成"亲和图"；根据不同的目的，选用上述资料卡片，整理出思路，写出分析文章来。由于这种方法是依据卡片进行分析的，所以 KJ 法也称为"卡片法"。

（2）KJ 法的用途

KJ 法一般用于：认识新事物（新问题、新办法）；整理归纳思想；从现实出发，采取措施，打破现状；提出新理论，进行根本改造，"脱胎换骨"；促进协调，统一思想；贯彻上级方针，使上级的方针变成下属的主动行为。川喜认为，按照 KJ 法去做，至少可以锻炼人的思考能力。

3.2.3 系统图法

系统图又叫树图，它是分析和表示某个质量问题与其组成要素之间系统关系的一种工具。它的特点在于可以系统地把某个质量问题分解成许多组成要素，以显示出问题与要素、要素与要素之间的逻辑关系、顺序关系、包含关系、并列关系或因果关系等，以便纵观全局，明确问题的重点，寻求达到目的所采取的最适当的手段和措施的一种树枝状示图。系统图一般是单目标的，均自上而下或自左至右展开作图，如图3-14 所示。

系统图法是系统地分析、探求实现目标的最好手段的方法。它是系统工程理论在质量管理中的一种具体运用。在质量管理中，为了达到某种目的，就需要选择和考虑某一种手段；而为了采取这一手段，又需考虑它下一级的相应的手段。这样，上一级手段就成为下一级手段的行动目的。如此把要达到的目的和所需要的手段，按照系统来展开，按照顺序来分解，作出图形，就能对问题有一个全貌的认识；然后，从图

形中找出问题的重点，提出实现预定目的的最理想途径。

（1）系统图法的应用步骤

系统图法的工作步骤如下：

①确定目的。简明扼要地阐述要研究的主题，特别是最终目的，要具体化、数量化。

②提出手段和措施。按照目的需要，确定该主题的主要类别，即主要层次，用自上而下或自下而上的方法，集思广益，收集和罗列出各种手段。

③评价手段和措施，决定取舍。对罗列的各种手段，给予初步评价，经过调查，确定取舍。

④构造系统图（树图）。把主题放在左框内，把主要类别放在右边矩形框内；针对每个主要类别确定其组成要素和子要素，把针对每个主要类别的组成要素及其子要素放在主要类别的右边相应的短形框内。

⑤分析系统图。评审画出的系统图，确保无论在顺序上或逻辑上均无出错和空档。

（2）系统图的用途

系统图在质量管理活动中，尤其是在质量改进活动中存在着广泛的用途，具体地说，其用途主要有以下几个方面：

①应用于企业质量管理方针、目标、实施项目的展开。

②在新产品开发中进行质量设计方案的展开。

③在质量保证活动中应用于质量保证活动而进行的质量要素或事项的展开。

④对为解决企业内质量、成本、产量等问题所采取的措施加以展开。

⑤工序分析中对质量特性进行主导因素的展开。

⑥探求明确部门职能和提高效率的方法。

⑦应用于价值工程的动能分析的展开。

⑧结合因果图，使之进一步系统化，用于因果分析，即可以作为因果图使用。

3.2.4 矩阵图法

矩阵图是分析和表示具有成对因素影响的复杂事物的一种工具。矩阵图法的特点在于利用数学上的矩阵工具形式，把与问题有对应关系的各个因素分别排成行和列，列成一个矩阵图，然后根据矩阵图的特点，分析各行和列的交叉点上成对因素的关联程度及影响。

这种方法，用于多因素分析时，可以做到条理清楚、重点突出。它在质量管理中，可用于寻找新产品

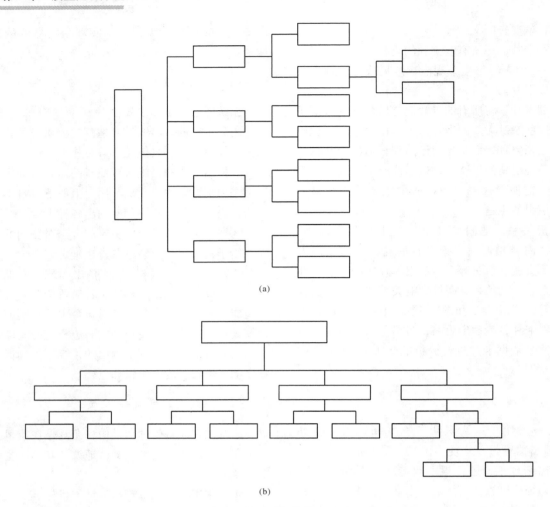

图 3-14 系统图的基本形式

（a）侧向型系统图　　（b）宝塔型系统图

研制和老产品改进的着眼点，寻找产品质量问题产生的原因等方面。矩阵图的基本形式见表3-3。

表 3-3 矩阵图的基本形式表

质量问题 因素 X \ 因素 Y	因素 Y_1	因素 Y_2	因素 Y_3	因素 Y_4	因素 Y_5	因素 Y_6	因素 Y_7	因素 Y_8
因素 X_1	◎	○	○		◎		○	◎
因素 X_2		◎	○	◎		○	○	
因素 X_3	○		◎		◎	○		○
因素 X_4	◎	○		○				○
因素 X_5	◎	○	○		○	◎	○	
因素 X_6	○	○	○	○			◎	

注：◎表示存在强相关关系；○表示存在弱相关关系；空白表示不存在相关关系。

3.2.5　数据矩阵解析法

数据矩阵解析法与上述的矩阵图法比较类似。它与矩阵图法不同之处在于：不是在矩阵图上填符号，而是填数据，形成一个分析数据的矩阵。它是一种定量分析问题的方法，应用这种方法，往往需要借助于计算机来求解与分析。

3.2.6　PDPC 法

PDPC（Process Decision Program Chart）法又称过程决策规划图法。它是在制定达到研制目标的计划阶段，对计划执行过程中可能出现的各种障碍及结果，作出预测，并相应地提出多种应变计划的一种方法。这样，在计划执行过程中，遇到不利情况时，仍能有条不紊地按第二、第三或其他计划方案进行，以便达到预定的计划目标。它不是走着看，而是事先预计好。

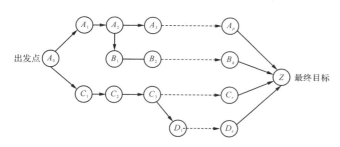

图 3-15　过程决策规划图（PDPC）

过程决策规划图如图 3-15 所示，假定 A_0 点表示不合格品率较高，计划通过采取种种措施，要把不合格品率降低到 Z 水平。

先制定出从 A_0 到 Z 的措施是 A_1、A_2、$A_3 \cdots A_p$ 的一系列活动计划。在讨论中，考虑到技术上或管理上的原因，要实现措施 A_3 有不少困难。于是，从 A_2 开始制定出应变计划（即第二方案）经 A_1、A_2、B_1、$B_2 \cdots B_q$ 到达 Z 目标。同时，还可以考虑同样能达到目标 Z 的 C_1、C_2、$C_3 \cdots C_r$ 或者 C_1、C_2、C_3、$D_1 \cdots D_s$ 的另外 2 个系列的活动计划。这样，当前面的活动计划遇到问题、难以实现 Z 水平时，仍能及时采用后面的活动计划，达到 Z 的水平。

当在某点碰到事先没有预料到的问题时，就以此点为起点，根据新情况，重新考虑和制定新的 E、F 系列的活动计划，付诸实施，以求达到最终目标 Z。

3.2.7 箭条图法

箭条图法，又叫矢线图法。它是把网络图的原理与方法引进质量管理中解决时间方面的优化问题的一种方法；也是计划评审法（PERT）在质量管理中的具体运用，使质量管理的计划安排具有时间进度内容的一种方法。这种方法可使各种工序相互协调、紧密配合，抓住关键，用最优方案解决问题。

箭条图法的工作步骤如下：

①确定项目。调查工作项目，按工作项目的先后次序，由小到大进行编号。

②画出箭条图。用箭条代表某项作业过程，箭杆上方可标出该项作业过程所需的时间数（作业时间单位常以日或周表示）。

③计算每个结合点上的最早开工时间。某结合点上的最早开工时间是指从开始顺箭头方向到该结合点的各条路线中，时间最长的一条路线的时间之和。

④计算每个结合点上的最晚开工时间。某结合点上的最晚开工时间是指从终点逆箭头方向到该结合点

的各条路线中，时间差最短的时间。

⑤计算富余时间，找出关键路线。富余时间是指在同一结合点上最早开工时间与最晚开工时间之间的时差。有富余时间的结合点，对工程的进度影响不大，属于非关键工序；无富余时间或富余时间最少的结合点，就是关键工序。把所有的关键工序按照工艺流程的顺序连接起来，就是这项工程的关键路线。

箭条图的基本形式如图 3-16 所示。

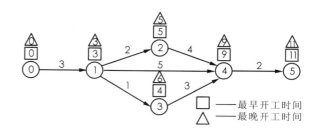

图 3-16　箭条图的基本形式

在实际使用中，"箭条图"常被简化为"流程图"。流程图就是将一个过程，如工艺过程、检验过程、质量改进过程等的步骤用图的形式表示出来的一种图示技术。它是分析和表示某一过程的路径、步骤和环节的一种工具。通过对一个过程中各步骤之间关系的研究，一般能发现故障的潜在原因，知道哪些环节需要进行质量改进。流程图广泛应用于过程分析。流程图可以用于从材料流向产品销售和售后服务的全过程的所有方面。流程图可以用来描述现有的过程，亦可用来设计一个全新的过程。流程图法在 QC 小组活动中、在质量改进活动中都有广泛的用途。

流程图由一系列容易识别的框图、符号、文字和箭头等标志构成，其基本形式如图 3-17 所示。

流程图的应用步骤如下：

①识别过程的开始和结束。

②观察从开始到结束的整个过程。

③规定在该过程中的步骤（输入、活动、判断、决定、输出），并使步骤形象化（符号化）。

④画出表示该过程的一张流程图草图。

⑤与该过程中所涉及的有关人员一起评审流程图草图。

⑥根据评审结果改进流程图草图。

⑦与实际过程比较、验证改进后的流程图。

⑧注明正式流程图的形成日期，以备将来使用和参考，既可用作过程实际运行的记录，也可用来判别质量改进的程度、机会等。

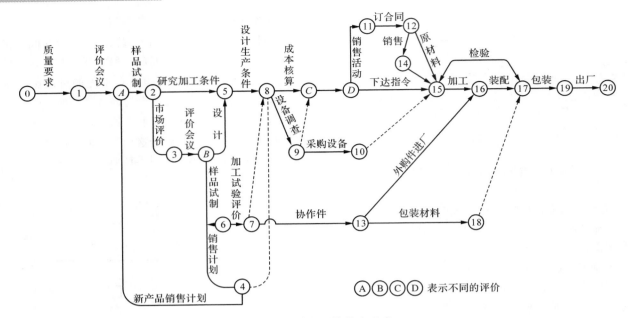

图3-17 流程图的基本形式

3.3 质量改进方法（现代工程技术管理方法）

质量改进大量地表现为产品改进、服务改进、过程改进和体系改进，这些改进涉及工程技术和管理领域的许多专门知识，自然也涉及许多工程技术和管理方法。在长期的质量改进实践中，一些工程技术方法、统计方法、运筹学方法、管理方法被引入到质量改进中来，形成了上述一些常见的质量控制方法；同时人们还在这些通用方法的基础上，发明创造出了一些专门用于质量改进的工程技术方法和管理方法。这些方法主要有工业工程（IE）、5S管理、6σ管理、业务流程重组（BPR）等。

3.3.1 工业工程（IE）

（1）工业工程（IE）的定义

工业工程（Industrial Engineering，IE）是一门技术与管理相结合的工程学科。按美国工业工程师学会（AIIE）的定义，"工业工程是对人员、物料、设备、能源和信息所组成的集成系统进行设计、改善和设置的一门学科，它综合应用数学、物理学和社会科学方面的专门知识和技术，以及工程分析和设计的原理与方法，对该系统所取得的成果进行确定、预测和评价。"IE是在人们致力于提高工作效率和生产率、降低成本的实践中产生的，它研究如何使生产要素（劳动者、劳动工具和劳动对象）组成生产力更高的系统。因此，工业工程（IE）是对由人、机器、物料组成的系统进行改进、优化，提高其效率的方法。

（2）工业工程（IE）的特点

现代工业工程（IE）的基本特点是：

■ IE的核心是降低成本、减少浪费、提高质量和生产率。

■ IE是有选择地、综合性地应用相关知识技术体系。

■ 注重人的因素。

■ IE的重点是工作研究，从作业分析、动作和微动作分析到研究制定作业标准，确定劳动定额；从各种现场管理优化到各职能部门之间的协调和管理改善等。

■ IE对生产系统的优化是一个定量的、动态的过程，而不是一次性的或一时的、局部的优化。

（3）工业工程师应有的意识

工业工程师的职责是从全局和整体出发，把人员、机器、物料和信息等联系起来，从事生产系统的设计和改善，以求得有效的运行。工业工程师在各部门与专业间起着沟通者、综合者、咨询者和协调人的作用。他们必须具备广博的知识和技能；有很强的应用知识和技术的能力；有革新精神，改善生产系统的结构和运行机制，求得更好的整体效益。此外还必须具备良好的品质，如进取精神、全局观念、协作精神、敏锐的观察分析能力等。现代工业工程师应有以下几个方面的意识：

第一，成本和效率意识。IE 以提高总生产率为目标，杜绝浪费，寻求成本更低、效率更高的方式、方法。

第二，问题和改革意识。IE 追求合理性，使各生产要素有效地组合成一个有机整体，它包括从操作方法、生产流程直到组织管理各项业务及各个系统的合理化。"改善永无止境"，无论一项作业、一条生产线或整个生产系统，都可以运用"5W1H"提问技巧来研究、分析和改进。

第三，工作简化和标准化意识。3S，即简单化（Simplification）、专门化（Specialization）、标准化（Standardization），对降低成本、提高效率起到了重要作用。每次生产技术改进的成果，都以标准化形式确定下来并加以贯彻。

第四，全局和整体意识。现代 IE 从系统整体需要出发，要求针对研究对象的具体情况来选择适当的 IE 方法。

第五，以人为中心的意识。研究生产系统的设计、管理、革新和发展，要使每个人都关心和参与，以充分地提高效率。

（4）企业中的工业工程（IE）活动

IE 部门在企业中没有固定的模式，地位也不尽相同。一定要根据企业的具体情况和要求，按照 IE 的功能和原则创造适应经营管理发展需要的 IE 组织。一般来说，企业的 IE 部门组成形式与企业类型、企业规模、经营体制与传统、经营管理水平和技术力量有关。IE 活动包括以下方面：

第一，进行工作研究，确定作业标准和作业时间，进行作业改善。

第二，产品设计完成后，研究产量、成本和生产方式的关系，通过采用标准化和成组技术（GT）等，进行生产方案和生产系统合理化设计，努力使加工和装配简单。

第三，新产品试制成功之后，投入批量生产之前，必须做好各项技术准备工作，包括确定工艺方案和加工方法，核算成本，准备设备与工夹具；制定平面布置与运输计划，人员和物料需求计划（MRP）；进行大量试等。此外还包括设施规划与设计、生产计划与控制、质量管理、经济分析、全员预防性维修保养（TPM）、研究新的企业组织体系与工作制度、制定培训计划、开展合理化建议活动、制定考核与奖励制度、对企业进行系统分析和综合诊断等。

第四，传统工业工程中的工序分析广泛用于改进工序流程和管理事务（业务）过程；作业分析广泛用于改进操作方法和制定作业指导书；动作分析和作业测定方法广泛用于制定和修订劳动定额。例如，在我国行之有效的"模特排时法"、"满负荷工作法"等管理方法都是工业工程方法在质量改进、质量控制和质量策划方面的具体应用。

3.3.2　5S 管理

5S 管理是日本企业管理者发明的一种以现场管理为基础的质量管理方法。其基本理念是：通过创造和保持一种干净整洁的工作环境，振奋员工的工作精神，增强责任感，规范工作行为，提高工作质量，减少工作失误，降低不良品率，提高产品合格率和优良品率。

（1）5S 管理的内容

5S 是因 5 个日本词语："整理"（Seiri）、"整顿"（Seiton）、"清扫"（Seiso）、"清洁"（Seiketsu）和"素养或身美"（Shitsuke）发音的第一个字母都是"S"而得名。随着这一管理方法的应用，也有人提出了 6S 管理，它是在 5S 的基础上在增加"安全"（Safety）所延伸出的提法。

第一，整理。就是将工作场所的所有物品按"有必要与没有必要"进行分类和清理。目的：保持工作场所的物流通畅，最优化利用好空间，防止误用或误送，创造清爽的工作场所。整理的关键是指按物品的重要性进行管理。整理是改进工作现场的源头或开始，也是 5S 的第一步。

第二，整顿。是对整理后有必要保留下来的物品依规定位置整齐放置，并对区域进行划分和标识。目的：使工作场所一目了然，消除寻找物品的时间，保持整齐的工作环境，消除过多积压物品，提高工作效率。整顿的内容主要包括定置（位置）管理和目视（标识）管理。

第三，清扫。是对工作场所进行彻底清理和扫除，并清除引起现场脏、乱的根源，保持现场干净、亮丽。目的：使现场环境清净，保证劳动卫生，稳定产品品质，减少工伤事故。

第四，清洁。是指经常、反复、持续地进行整理、整顿和清扫，形成规范与制度。目的是使现场不断地保持整洁，维持整顿、整理、清扫后的效果。

第五，素养或身美。是指行为美和良好的素养，强调自觉地进行整理、整顿、清扫和清洁，养成良好的习惯，并自觉按规章制度做事。目的：培养遵守规则的高素质员工，树立良好的企业文化氛围，营造团队精神。"素养"是 5S 中最独特的一项要素，也是其精华之处，它是由十分鲜明的"行动要素"上升到人的意识这个根本。

第六，安全。是指系统地建立、采取和维护防伤病、防污、防火、防水、防盗、防损等保安措施，保证人员、场地、物品等安全。目的：强调"安全意识"，人人遵守操作规程，保障安全生产。"安全"作为一个"行动要素"，从"工作现场管理要点"的角度来说，是对原有5S的一个补充，是将安全方面的规范与意识，真正融入到原有5S的行动体系。

（2）5S管理活动的实施

5S或6S管理在家具企业质量管理和环境管理中有着十分重要的作用。它可以改善工作环境、提升企业形象、增加员工归属感、保障安全生产、提高工作效率、降低生产成本（减少人、材、物、时、空等各种浪费）、保证产品质量等。

实施5S或6S管理成功的关键不在于走形式，而在于踏踏实实地从实际出发，从简单的小事做起，细致入微地发现和解决身边的具体问题，领导重视、全员参与、循序渐进、长期坚持、持续改进、力求实效。实施5S或6S管理的要点是：最高管理者的支持；全员参与5S或6S管理；制定5S或6S管理计划；5S或6S活动的开展；5S或6S活动的记录；5S或6S活动的检查和评价。

5S或6S管理活动中常见需要改进的问题有：生产流程不畅导致生产进度迟缓和生产效率低下问题的改进；原材料、零部件、半成品、成品、包装物堆放混乱问题的改进；返工品、返修品、不良品、废品混乱问题的改进；工夹器具乱摆放、工作台面杂乱问题的改进；机器设备布置不当、维护保养不良问题的改进；仓库存储混乱、通道不畅、存取不便问题的改进；存在脏、乱、差死角问题的改进；文件存放、张贴、使用混乱、标识不清问题的改进；操作位置不当、影响工效和品质问题的改进；员工仪容不整、不易识别、缺乏士气、有碍观瞻问题的改进等。通过对这些问题进行检查和评价，不仅要解决表面问题，还必须使员工受到教育，使员工通过每一个微小改过逐渐养成良好的行为规范。只有造就了一支高素质的具有现代工业文明的员工队伍，才能持续地保持工作现场整齐、清洁、有序，才能提高工作效率和产品质量。

3.3.3 6σ管理

6σ管理（或称6 Sigma管理、六西格玛管理）是一种质量水平测量标准，也是一种质量管理方法。当产品质量或过程质量达到6σ水平时，一个企业的产品、服务、过程的质量和顾客的满意程度接近于完美。从质量文化的角度讲，6σ管理还是一种质量管理理念和价值观，其核心内容是追求卓越，包括产品质量的卓越，过程质量的卓越，质量成本的卓越，员工素质的卓越，顾客满意的卓越，市场竞争的卓越，企业发展的卓越。这种质量管理理念和价值观，对企业持续地进行质量创新，不断提高产品质量和过程质量，具有极其重要的作用。

（1）6σ管理的含义与特征

在质量统计中，希腊字母σ代表总体的标准差，表示质量参数分布的离散程度。一般来说，如果生产过程处于统计控制状态时，产品质量特性服从正态分布 $N(\mu, \sigma_2)$，它的绝大部分数据（样品）都落在范围 $\mu \pm 3\sigma$ 之中，其概率为99.73%，即100个样品（数据）中，平均只有0.27个样品（数据）出现在范围 $\mu \pm 3\sigma$ 之外。这就是常见的"3σ原理"。在控制图理论和方法中，$\pm 3\sigma$ 是控制界限，是区分和判断过程数据中是否存在由系统因素导致的质量波动的一个标准。

在6σ管理中，6σ是一个过程性能目标，表示每100万次活动或每100万件产品中有3.4次（件）不合格。在统计学意义上，一个过程如果具有6σ的能力，就意味着过程平均值与其规格上下限的距离为6倍标准差，即达到 $\pm 6\sigma$ 是控制界限。这时，过程具有非常好的质量保证能力，每100万个过程数据仅有3.4个落在规格上下限以外。

因此，6σ管理的主要特征是：在对产品或过程的质量特性值有详细完整的测量和记录的基础上，充分运用质量统计工具和各种质量控制及改进方法，使产品或过程的不合格数控制在百万分之三点四，或3.4DPMO（Defects per Million Opportunities），即每生产100万件产品或进行100万次活动只有大约3.4件（次）不合格。这意味着产品或过程的质量达到了极其严格的程度，趋近于零不合格或"零缺陷"。

σ值和DPMO值给人们提供了一个精确地测量产品或过程不合格的指标。6σ管理中的一个重要指标是百万次机会不合格数，即：

$$DPMO = (\sum 不合格数 / \sum 机会数) \times 1000000。$$

（2）6σ管理的渊源与实践

6σ管理的产生不是偶然的，有深刻的、技术、经济和社会发展原因。20世纪80年代以来，在世界范围内出现了新技术革命的浪潮。随着高科技的发展，产品及其制造过程日益复杂，人们对产品质量的要求和过程质量的要求也越来越高。过去，人们对产品的不合格品率要求大约是3%（有的产品不合格品率高达 10% ~ 20%，人们对部分新产品的修理现象已习以为常），现在则提高到 0.0003%，即百万分之三，比过去提高了约 1 万倍。

6σ 管理的思想来源于 20 世纪 60 年代美国马丁（Marting）公司和日本电气公司（NEC）的"零缺陷计划"理论和实践。"零缺陷计划"的主要思想是：必须改变人们原来习以为常的错误观念，特别是认为工作中的错误是不可避免的，允许错误存在，并以修补缺点和不足为习惯；必须使人们知道质量不符合要求所造成的严重代价；必须使产品质量和工作质量严格地符合规定的标准要求，不能"差不多"，执行标准不能有任何偏差；主要是通过积极的预防，而不是主要依赖事后检查，消除引起错误的因素，保证工作质量、过程质量和产品质量；建立零缺陷方案，实施零缺点计划，开展零缺点日活动，实现零缺点目标。

"零缺陷计划"提出了崭新的质量观和价值观，在质量管理发展史上留下了精彩的篇章。但是，它只是提出了"零缺陷"的目标、理想、工作态度和质量意识，并没有从科学意义上给出"零缺陷"的含义和实现"零缺陷"的方法，以致使许多人认为"零缺陷"不切实际，是不可能达到的。这在一定程度上限制了"零缺陷计划"的进一步推广应用。6σ 管理恰恰继承了"零缺陷计划"的思想，又弥补了"零缺陷计划"的不足，使"零缺陷计划"由一种理念发展成为一种科学。

6σ 管理最早产生于摩托罗拉公司，20 世纪 70 年代末至 80 年代，由摩托罗拉公司开始提出并正式实施 6σ 计划。摩托罗拉公司开创的 6σ 管理引起了许多公司的认同。6σ 管理法因美国通用电气公司（GE）的实施和介绍而扬名企业界，GE 公司通过实施 6σ 管理，极大地提高了产品质量，获得了巨大的经济效益，同时也进一步验证了 6σ 管理在世界工商业界应用的普遍性。随后，原来认为没必要实施 6σ 管理的企业，通过实施 6σ 管理，获得了由此而产生的巨大的经济效益和社会效益。

6σ 管理就是这样创造了当代质量管理的神话：产品质量几乎没有不合格，过程不合格趋近于零。过去认为这是不可能的事，现在却真实地做出来了。过去的传统理论认为，产品质量和过程质量提高到一定程度，生产成本将大幅度上升，在经济上不合算；现在 6σ 管理使高质量与低成本和高效益完美地结合了起来。质量管理在过去主要是工程师的事，现在则成了最高管理者和所有经理人员最关注的焦点，因为质量是市场与工厂之间最直接的桥梁，质量管理直接将企业的所有活动与满足顾客需求相接轨，直接表现为赢得顾客信任，增加订单，增加利润，而且不断地增强企业竞争力，使企业不断地创造出新的增长点。

根据社会经济统计资料，目前我国制造工业企业的质量状况是：过程不合格率（包括返工、返修、报废等）约在 8% ~16% 之间；最终产品不合格率（包括报废、降级、让步接收等）约在 5% ~6% 之间，其质量水平在 2.5σ ~3σ 之间；大多数较好企业的最终产品不合格率约为 3%，其质量水平在 3σ ~4σ 之间；优秀大中型企业的最终产品不合格率可达到 1% 以下，其质量水平在 3.8σ ~4σ 之间，能达到 4σ 以上的很少。服务业的质量状况则更差，如果某服务企业能达到 2σ 水平，即服务规范化达到 70% 左右，顾客不满意（不仅仅指顾客投诉）在 30% 左右，人们就认为是优秀企业了。根据国外实施 6σ 管理成功企业的经验，一些比较先进的企业，通过实施 6σ 管理，可以使其质量水平在 3σ ~4σ 的基础上提高到 6σ，由此创造的质量经济效益大约能占其经营额的 10% ~15%，这相当于使企业的利润在原有基础上翻一番。无疑，这些企业实施 6σ 管理是十分必要的。对其他质量水平在 3σ 以下的企业而言，根据质量经济活动的一般规律，这类企业由于不合格造成的质量经济损失大约占其经营额的 25% 以上。如果这类企业愿意减少自己的质量损失，最现实的方法是实施最基本的科学管理，特别是制定和实施科学合理的符合市场要求的产品标准，并以产品标准为基础建立相配套的技术标准、管理标准和工作标准，实行标准化管理，实施 ISO 9000 质量管理体系，使企业纳入到科学管理的轨道。这本身也可以认为是为将来实施 6σ 管理准备基础条件。

（3）6σ 管理的实施条件与方法

6σ 管理的思想可以为任何一个企业所借鉴，但不是任何一个企业都能实施 6σ 管理。实施 6σ 管理是有一定条件的，这个条件就是必要性和可能性。必要性是指企业生产的产品或提供的服务有必要达到 6σ 的质量水平，实现接近于零不合格；可能性是指企业已经具有一定的基础，其产品和服务要求、技术装备能力（过程能力指数 $C_p > 1.33$）、员工素质、科学管理水平与实施 6σ 管理相适应。

企业实施 6σ 管理的阶段主要包括企业最高管理层的决策、企业所有员工的培训、6σ 项目的开展。其中，6σ 项目的选择、确定、实施和完成是企业实施 6σ 管理的核心内容。企业最终实现 6σ 的目标是通过完成一个个 6σ 项目积累出来的。为了保证 6σ 管理的成功实施，通常对 6σ 项目要采用"设计、测量、分析、改进和控制"的实施程序与方法（即 DMAIC 法）。

实施 6σ 管理成功企业的经验表明：当一个 6σ 项目完成后，不但能有效地提高过程和产品的质量，而且有助于人们发现新的改进项目；特别是当一个项目揭示出同一产品或过程的进一步改进机会时，人们会义无反顾地投入到新的改进项目之中。这样，6σ 项目就会一个一个地做下去，企业就会进入到一种持续改进的良性循环之中，每完成一个 6σ 项目，过程质量和产品质量就提高一步，质量经济效益就增长一步。这样坚持数年，就会由量的积累达到质的升华，实现 6σ 的目标，使过程和产品的不合格趋近于零，使企业不断发展壮大，成为最优秀的企业。

3.3.4 业务流程重组（BPR）

业务流程重组（Business Processing Reengineering，BPR），就是以业务流程为中心，站在一个新的战略角度，打破企业职能部门的分工，对现有的业务流程进行改革或重新思考和重新设计。通过对现有的业务流程进行重新组织与重构，从而提高企业的竞争力，以求能做到以最短的上市时间（Time）、最优的产品质量（Quality）、最低的产品成本（Cost）、最佳的营销服务（Service）、友好的环境特性（Environment）即"TQCSE"去赢得用户、响应市场需求，使得企业能最大限度地适应以 3C 因素即顾客（Customer）、竞争（Competition）、变化（Change）为特征的现代企业经营环境。企业业务流程重组的核心是要在彻底打破旧有的制度、流程的同时，理性地建造一个全新的系统框架，减少一切不必要的业务环节。

业务流程重组的特点是进行一场突变性的变革，而不是一种渐进式的改进。业务流程重组应用于以下情况：循序渐进式的质量改进已不能满足迅速发展的技术变化、日益严峻的竞争压力和顾客更高的要求，企业必须对现有资源和过程模式进行全面重组优化；技术发展要求淘汰旧设备，采用新设备，由此必须重新规划资源和进行业务流程重组；为适应市场变化，企业组织结构和营销体系进行重大调整后，其业务流程也必须重组，以使业务流程与调整后的组织结构和营销体系相一致。进行企业内部业务流程重组的有效工具是企业资源计划（Enterprise Resource Planning，ERP）管理系统，延伸到企业外部的业务流程重组的有效工具是客户关系管理（Customer Relationship Management，CRM）和供应链管理（Supply Chain Management，SCM）。

企业业务流程重组的 BPR 理论强调以顾客为中心和服务至上的经营理念，其原则是：横向集成活动，实行团队工作方式，纵向压缩组织，使组织扁平化，权力下放，授权员工自行作出决定，推行并行工程（Concurrent Engineering，CE）。业务流程重组（BPR）是一项复杂的系统工程，它的实施要依靠工业工程技术、运筹学方法、管理科学、社会人文科学和现代高科技，并且涉及企业的人、经营过程、技术、组织结构和企业文化等各个方面的重构。

业务流程重组（BPR）是当前国内管理学界和实业界密切关注的热点课题之一。它为企业经营管理提供了一种全新的管理思想和思维方式。它能对企业经营过程进行彻底的反思和根本性的改变，使企业在产品成本、质量、服务和运作速度等关键部分上取得显著提高以适应市场需求。然而，在进行企业业务流程重组的过程中，必须使信息技术、人力资源与组织管理有效协调，才能有效地促使 BPR 成功实施。

3.3.5 系统工程（SE）

系统工程（System Engineering，SE）是近二三十年发展起来的一门新型管理学科。它是从系统的观点出发，运用信息、控制论、运筹学等理论和科学方法，以信息基础为工具，对系统进行研究、分析、设计、规划、优化、组织和管理的方法，包括：规划方法、决策方法、对策方法、优选法、网络图等。

企业是一个由人、机器、物料、资金、技术、信息、环境等组成的系统，其中任何一个因素的质量改进都涉及对企业其他因素和总体的影响。因此，企业进行质量改进时，需要采用系统工程的思想和方法，进行整体协调和系统优化，使系统的设计规划、经营管理、运行控制等都能达到最优化，从而实行最优化设计、最优管理和最优控制的目的。

3.3.6 价值工程（VE）

价值工程（Value Engineering，VE）又称为价值分析（Value Analysis，VA）是一门新兴的科学管理技术，是分析功能与费用的关系，进而提高产品或服务的性能价格比，降低成本、提高经济效益，增强顾客满意的有效方法。它是一种谋求最佳技术经济效益的先进而有效的方法。

价值工程是由美国 GE 公司工程师麦尔斯（L. D. Milea）在 20 世纪 40 年代发现并提出的。价值工程无论作为一种思想方法，还是作为一种技术经济方法都非常有用，很快在美国乃至全世界得到了推广和应用。价值工程方法主要用于产品设计和产品质量改进，其目的是用最低的成本实现必要的质量功能，或在现有成本水平上加强必要功能，去掉不必要功能或过剩功能，提高产品的整体质量水平。

换而言之，价值工程（VE），指的都是通过集体智慧和有组织的活动对产品或服务进行功能分析，使目标以最低的总成本（寿命周期成本），可靠地实现产品或服务的必要功能，从而提高产品或服务的价值。价值工程主要思想是通过对选定研究对象的功能及费用分析，提高对象的价值。这里的价值，指的是反映费用支出与获得之间的比例。提高价值的基本途径有5种，即：

- 提高功能，降低成本，大幅度提高价值。
- 功能不变，降低成本，提高价值。
- 功能有所提高，成本不变，提高价值。
- 功能略有下降，成本大幅度降低，提高价值。
- 提高功能，适当提高成本，大幅度提高功能，从而提高价值。

3.3.7 质量功能展开（QFD）

质量功能展开（Quality Function Deployment, QFD）是将顾客或市场的需求转化为产品特性，进而确定产品的设计要求、原材料和零部件采购要求、工艺技术要求、包装运输要求、安装及服务要求的多层次演绎分析方法。它体现了以市场为导向，以顾客要求为产品开发唯一依据的指导思想。质量功能展开的目的和作用是将市场上的顾客需求转换为工厂内的技术要求，从而实现新产品开发或老产品改进。

在市场竞争如此激烈的社会，如何抓住客户并真诚的以客户为中心是每个企业首先要考虑的重点，而以客户为中心就是如何了解、识别客户的需求，并将这些需求转化到客户需要的产品或服务过程当中去满足客户。QFD正是指把用户需求转换成质量特性，确定成品的设计质量，进而将其系统的展开到每一个元件、零件和过程要素及它们的关系中；把构成质量的操作和功能系统地、逐步地展开到具体的部分，保证企业生产出质量可靠又适销对路的产品。具体来说，主要包括：

- 如何去发掘客户明确或潜在的需求。
- 如何利用一些工具去收集关于客户需求的信息并处理需求信息的变化。
- 如何确认客户的需求系统在产品或服务的生产和交付中得到落实。
- 如何提供多种功能适应客户的需求和优先，同时满足市场中竞争生存的要求。
- 如何明确了解所提供的产品或服务与竞争对手的差异。

QFD可用于各类企业。它通过将顾客需求逐层分解，并加权评分确定技术关键，找出瓶颈技术问题，确定产品研发、质量改进的关键环节和关键工艺，使产品的全部开发、研制活动与满足顾客的要求紧密联系，从而增强了产品的市场竞争能力。

复习思考题

1. 质量控制方法包括哪几大类方法？各类的理论基础或原理是什么？
2. 什么是质量统计方法？为什么称其为"老七种工具"？具体包括哪些方法或工具？各自特点与用途是什么？
3. 什么是质量分析方法？为什么称其为"新七种工具"？具体包括哪些方法或工具？各自特点与用途是什么？
4. 什么是质量改进方法？具体包括哪些方法？各自特点与用途是什么？
5. 结合家具行业，试分别举例说明工业工程（IE）、5S管理、6σ管理、价值工程（VE）在家具企业中的应用。

第 **4** 章
质量检验

【本章重点】

1. 质量检验概述。
2. 质量检验表现形式。
3. 质量检验组织管理。
4. 抽样检验概述。

质量检验是人们最熟悉、最传统的质量保证方法，它是生产过程中的独立工序和特殊职能，是用一定的方法对产品进行测量，把测定值与标准值相比较，从而决定一批或一件产品是否合格的有关活动。通过加强质量检验工作可以分离并剔除不合格品，以保证满足客户的要求；同时，通过检验还可以及时预测不合格品的生产，以避免损失。因此，质量检验是全面质量管理中的最基础工作，不仅不能取消和削弱。相反，随着科学技术的发展和用户（消费者）质量观念的变化，产品质量的要求越来越高，质量检验还必须要进一步加强。

4.1 质量检验的概述

4.1.1 质量检验的含义与任务

检验就是对产品或服务的一种或多种特性进行测量、检查、试验、计量，并将这些特性与规定的要求进行比较以确定其符合性的活动。美国质量专家朱兰对"质量检验"一词做了更简明的定义：所谓检验，就是这样的业务活动，决定产品是否在下道工序使用时适合要求；或是在出厂检验场合，决定能否向消费者提供。

检验（inspection）是"通过观察和判断，必要时结合测量、试验所进行的符合性评价"。检验也是为确定产品或服务的各特性是否合格，测量、检查、测试或量测产品或服务的一种或多种特性，并且与规定要求进行比较的活动。质量检验实际上是针对生产过程或服务的"质量特性"所进行的技术性检查活动。一般说来，检验包括以下4个基本步骤或要素。

■ 度量。采用试验、测量、化验、分析与感官检查等方法测定产品的质量特性。

■ 比较。将测定结果同质量标准进行比较。

■ 判断。根据比较结果，对检验项目或产品做出合格性的判定。

■ 处理。对单件受检产品，决定合格放行还是不合格返工、返修或报废。对受检批量产品，决定接收还是拒收。对拒收的不合格批产品，还要进一步做出是否重新进行全检或筛选，甚至报废的结论。

一般来说，质量检验有以下5项基本任务：

第一，鉴别产品或零部件、外购物料等的质量水平，确定其符合程度或能否接收。

第二，判断工序质量状态，为工序能力控制提供依据。

第三，了解产品质量等级或缺陷的严重程度。

第四，改善检测手段，提高检测作业发现质量缺陷的能力和有效性。

第五，反馈质量信息，报告质量状况与趋势，提供质量改进建议。

为了做好质量检验工作，必须具备以下 4 个基本条件：

第一，要有一支足够数量、熟悉业务、忠于职守的质量检验队伍。

第二，要有可靠和完善的检测手段。

第三，要有一套齐全明确的检验标准。

第四，要有一套既严格又科学合理的检验管理制度等。

质量检验虽然是全面质量管理的基础工作，有利于质量保证，是全面质量管理的重要手段。但又不能全部依靠质量检验，因为：

第一，靠检验"不能制造出质量"。检验对质量的评价，只能分别产品的合格与不合格。通过检验只能得到某种程度的质量保证，真正的质量保证来自设计、制造与原材料进厂等过程的全面管理活动。

第二，检验本身存在误差。抽样误差、测定散差等都是不可避免的。而且，有可能将合格品误判为不合格品，或者将不合格品定为合格品，可见检验并非有绝对性效果。

第三，检验的价值问题。检验不能在产品上产生附加价值。虽然赋予等级，但不赋予价值，因为产品本身在检验前后并无质的变化。检验越严格，检验费用越高。

第四，检验不能直接判定产品的可靠性与寿命，因为有的产品在检验前后其性能会发生变化。

第五，质量的评价方法与检验方法缺乏充分协调。

第六，个别小企业认为检验费用是额外负担，明知可能出现不合格品也不做检验。

4.1.2 质量检验的职能与要求

质量检验是生产过程中的特殊职能，它的任务不仅是挑出不合格品，主要还在于预防和过程控制，在于对不合格品的分析，寻找原因，提供改进方案，采取预防措施，从根本上解决质量保证问题，尽可能把经济损失降低到最小限度，以提高生产过程的经济效益。

在产品质量形成的全过程中，为了最终实现产品的质量要求，必须对所有影响质量的活动进行适宜而连续的控制，而各种形式的检验活动正是这种控制必不可少的条件。根据质量检验的含义和任务，质量检验作为一个重要的质量职能，其表现可概括为鉴别职能、保证职能、报告职能、预防职能和改进职能 5 个方面：

（1）鉴别职能

检验活动的过程就是依据产品规范（如产品图样、标准及工艺规程等），按规定的检验程序和方法，对受检物的质量特性进行度量，将度量结果与产品规范进行比较，从而对受检物是否合格作出判定。正确地鉴别产品质量是检验活动的基础功能，是检验质量职能种种表现的首要职能。

（2）保证职能

在正确鉴别受检物质量的前提下，一旦发现受检物不能满足规定要求时，应对不合格品作标记，进行隔离，防止在适当处理前被误用。只有通过检验，实行严格的层层把关，才能使"不合格的材料不投产，不合格的毛坯不加工，不合格的零件不转序，不合格的零部件不装配，不合格的产品不出厂"，从而保证产品的符合性质量，这就是检验的保证职能（或把关职能），保证是任何检验都必须具备的最基本的质量职能。

（3）报告职能

报告职能就是信息反馈的职能。它是为了使领导者和有关质量管理部门及时掌握生产过程中的质量状态，评价和分析质量体系的有效性。这是全面质量管理得以有效实施的重要条件。

在检验工作的过程中，及时进行信息反馈，采取纠正措施只是报告职能的最起码的要求。报告职能的更重要的表现，是通过检验活动，系统地收集、积累、整理及分析研究各种质量信息，根据需要编制成各类报告或报表，按规定向企业有关人员及部门报告企业产品质量的情况、动态和趋势，为企业质量决策提供及时、可靠和充分的依据。一般而言，检验质量报告大致应包括如下内容：

■ 原材料、外购件、外协件进厂验收检验的情况。

■ 成品出厂检验合格率、返修率、报废率、降级率及相应的经济损失的情况。

■ 各生产单位（车间或小组）的平均合格率、返修率、报废率、相应的经济损失及质量因素的排列图分析的情况。

■ 产品报废原因的排列图分析的情况。

■ 不合格品的处理情况报告。

■ 重大质量问题的调查、分析和处理情况报告。

■ 改进和提高产品质量的建议报告。

■ 其他有关问题的报告。

（4）预防职能

鉴别、保证和报告 3 个方面互相配合，共同构成检验质量职能的基础。但是，检验毕竟只能在质量事实发生之后才能进行，所以，仅靠检验的鉴别、保证和报告职能还不可能从根本上解决生产中的质量问题。现代质量检验区别于传统检验的重要之处，在于现代质量检验不单纯是起到鉴别、保证和报告的作用，同时还要起到预防的作用。检验的预防职能大致反映在下列 6 个方面：

- 原材料、外购件、外协件进厂时的验收检验，对后面的生产过程或下道工序能起到预防作用。
- 通过工序能力的测定和控制图的使用，能够分析生产过程的状态，预防不合格品的产生。
- 在生产过程中，要求首件检验符合规范的要求，从而预防批量产品质量问题的发生。
- 通过巡回检验及时发现工序或步骤中的质量失控问题，从而预防出现大的质量事故。
- 保证检验人员和操作人员统一测量仪器的量值，从而预防测量误差造成的质量问题。
- 当终检发现质量缺陷时，及时采取改进措施，预防质量问题的再次发生。

（5）改进职能

质量检验参与质量改进工作，是充分发挥质量检验作用的关键，也是检验部门参与提高产品质量的具体体现。质量检验的改进职能主要表现在下列 3 个方面：

第一，通过检验工作获取的生产过程的质量信息及暴露的设计问题，为产品整顿时的设计改进提供依据。

第二，向工艺部门提供有关加工、转运和装配等方面的质量信息，帮助工艺部门对其工艺方案、工艺路线和工艺规程的质量保证能力进行审查、验证和改进。

第三，在质量检验和试验中发现的原材料、外购件、外协件及配套件的质量问题（主要是进货检验中难以发现的内在质量、功能质量及可靠性指标等），及时反馈给采购供应部门，帮助采购供应部门对供应商的质量保证能力进行审查。

由上述可知，质量检验工作渗透在产品生产的全过程之中。因此，质量检验的职能活动相当广泛，其内容大致为：

- 制定产品的检验计划。
- 进货物料的检验和试验。
- 工序间在制品的检验和试验。
- 成品的检验和验证。
- 不合格品的处置。
- 纠正措施的实施。
- 测量和实验设备的控制。
- 检验和试验记录、报告及质量信息的反馈。

由此可以看出，质量检验在企业生产中的作用可以归纳为以下 3 个方面：

第一，质量检验是企业生产的耳目，是企业管理科学化、现代化的基础工作之一。有经验的企业家认为，没有质量检验的生产就好像盲人走路，因为无法掌握生产过程的状态，必将使生产失去必要的控制和调节。在先进企业里，计量和质量检验是企业的一项专有技术，也是企业的核心机密。企业如果忽视或削弱了质量检验，就像人体失去了健康的神经和耳目，一切生产活动都会陷于盲目和混乱之中。

第二，质量检验是企业最重要的信息源。企业许多信息都直接或间接地通过质量检验来获得。首先，没有检验的结果和数据，各种质量指标（如合格率、返修率、废品率、降等率等）就无法计算，而这些指标都是计算企业经济效益的依据和重要基础；此外，质量检验的结果还是设计工作、工艺工作、操作水平、文明生产乃至整个企业管理水平的综合反映。

第三，质量检验是保护用户利益和企业信誉的卫士。产品质量直接影响到社会和用户的切身利益，也影响到企业的形象和信誉。有人认为，如果放松或取消质量检验，将是企业的一种"自杀"行为。

为了有效发挥质量检验工作的作用并提高其在企业中的地位，质量检验工作的开展应具有以下一些基本要求，即加强"三性"（公正性、科学性、权威性）建设。

第一，公正性。检验工作的公正性是对质量检验最主要的要求，没有公正性，检验就失去了意义，也就谈不上把关的职能。所谓检验工作的公正性，是指检验机构和人员在开展产品质量检验时，既要严格履行自己的职责，独立行使产品质量检验的职权，又要坚持原则，不徇私情，秉公办事，认真负责，实事求是，根据事实和客观标准做出公正的裁决。

第二，科学性。检验工作的科学性是指要确保检验人员必须具备必要的思想和技术素质，根据健全和完善的质量管理与检验方面的规章制度，通过科学的检测手段，提供准确的检测数据，按照科学合理的判断标准，客观地评价产品质量。

第三，权威性。权威性是正确进行检验的基础。所谓检验的权威性实质上是对检验人员和检验结果的信任感和尊重程度。树立检验工作的权威是十分必要的，是保证产品质量和生产工作正常进行的重要条件。当前许多企业的质检部门和质检人员，缺乏必要的权威，因此检验监督工作很难进行，不利于保证产品质量。检验人员的话工人可以不听，检验部门的决定，下面可以不执行，少数企业甚至出现与检验人员对立的情况，这是十分错误的做法。

4.2 质量检验的表现形式

在了解了质量检验的任务和职能之后，为了有效的组织和管理质量检验，还需要了解企业质量检验的内容与表现形式（即其方式及基本类型）。

4.2.1 质量检验的方式

在实践中，常按不同的特征对质量检验的方式进行分类。

（1）按检验的数量划分

按检验的数量划分，可分为全数检验和抽样检验。

第一，全数检验。就是对一批待检产品100%地逐一进行检验，又称全面检验或100%检验。全数检验存在如下一些缺点或局限性。

- 检验工作量大、周期长、成本高、占用的检验人员和设备较多，难以适应现代化大生产的要求。
- 由于受检个体太多，往往导致每个受检个体检验标准降低，或检验项目减少，因此，反而削弱了检验工作的质量保证程度。
- 由于检验的质量鉴别能力受到各种因素的影响，错检和漏检难免客观存在，全数检验的结果并不像人们想象中的那么可靠。
- 不能适用于破坏性的或检验费用昂贵的检验项目。
- 对批量大但出现不合格品不会引起严重后果的产品，全数检验在经济上得不偿失。

由于上述原因，在质量检验中，如无必要一般不采用全数检验的方式。通常，全数检验适用于以下条件：

- 精度要求较高的产品和零部件。
- 对后续工序影响较大的质量项目。
- 质量不太稳定的工序。
- 需要对不合格交验批进行100%重检及筛选的场合。

第二，抽样检验。是按照数理统计原理预先设计的抽样方案，从待检总体（如一批产品、一个生产过程中）取得一组随机样本，对样本中每一个体逐一进行检验，获得质量特性值的样本统计值，并同相应标准比较，从而对总体质量进行判断，做出接收或拒收、受控或失控等结论。由于抽样检验只检验总体中的一部分个体，其优点是显而易见的。然而，抽样检验也有其固有的缺点：

- 在被判为合格的总体中，会混杂一些不合格品，或反之。
- 抽样检验的结论是对整批产品而言的，因此错判（如将合格批判为不合格批而拒收，或将不合格批判为合格批而接收）风险或由此造成的损失往往很大。

一般情况下，抽样检验适用于全数检验不必要、不经济或无法实施的情况，应用非常广泛。主要有以下几种场合：

- 生产批量大、自动化程度高，产品质量比较稳定的产品或工序。
- 带有破坏性检验的产品或零部件。
- 原材料、外购件、外协件成批进货的验收检验。
- 某些生产效率高、检验时间长、检验成本高的产品或工序。
- 产品漏检少量不合格品不会引起重大损失的产品或工序。

（2）按检验的质量特性值划分

按检验的质量特性值划分，可分为计数检验和计量检验。

第一，计数检验。适用于质量特性值为计件值、或计点值的场合，只记录不合格数（件或点），不记录检测后的具体测量数值。特别是有些质量特性本身很难用数值表示，如产品的外形是否美观，颜色是否舒适等，它们只能通过感观来判断是否合格。

第二，计量检验。适用于质量特性值为计量值的场合，就是要测量和记录质量特性的数值，并根据数值与标准对比，判断其是否合格。这种检验在工业生产中是大量而广泛存在的。

（3）按检验方法的性质划分

按检验方法的性质划分，可分为理化检验和感官检验。

第一，理化检验。是应用物理或化学的方法，依靠某种测量工具、仪器及设备装置等对受检物进行检验。理化检验通常都是能测得检验项目的具体数值，精度高、人为误差小，因而有条件时，应尽可能采用理化检验。

第二，感官检验。就是依靠人的感觉器官对质量特性进行评价和判断。如对产品的形状、颜色、气味、伤痕、污损、老化程度等，通常是依靠人的视觉、听觉、触觉、嗅觉等感觉器官来进行检查和评价。感官质量的判定基准不易用数值表达，感官检验在把感觉数量化及比较判断时也常会受人的自身个性、嗜好等主观状态的影响。因此，感官检验的结果往往依赖于检验人员的经验，并有较大的波动性。尽管如此，目前在某些场合，感官检验仍然是质量检验方式的一种选择或补充。

（4）按检验后检验对象的完整性划分

按检验后检验对象的完整性划分，可分为破坏性检验和非破坏性检验。

第一，破坏性检验。有些产品或零部件的检验是带有破坏性的，就是受检物在检验后其完整性遭到破坏，不再具有原来的使用功能。如强度试验、耐久性试验、耐磨性试验等都是破坏性检验。破坏性检验只能采用抽样检验方式。

第二，非破坏性检验。就是检验对象被检验后仍然完整无缺，丝毫不影响其使用功能。如外形尺寸检验、外观色泽检验等都是属于非破坏性检验。现在由于无损检测技术的发展，非破坏性检验的使用范围在不断扩大。

（5）按检验实施的位置特征划分

按检验实施的位置特征划分，可分为固定检验和流动检验。

第一，固定检验。就是集中检验，是指在生产单位内设立固定的检验站，各工作点上的产品加工以后送到检验站集中检验。固定检验站专业化水平高，检验结果比较可靠，但也有不足之处，如需要占用生产单位一定的空间，易使生产工人对检验人员产生对立情绪，以及可能造成送检零件之间的混杂等。

第二，流动检验。就是检验人员直接去工作点检验。由于不受固定检验站的束缚，检验人员可以深入生产现场，及时了解生产过程的质量动态，容易和生产工人建立相互信任的合作关系，有助于减少生产单位在制品的占用。

（6）按检验的目的划分

按检验的目的划分，可分为验收检验和监控检验。

第一，验收检验。是为了判断受检对象是否合格，从而做出接收或拒收的决定。验收检验广泛存在于生产全过程，如原材料、外购件、外协件及配套件的进货检验，半成品的入库检验，产成品的出厂检

验等。

第二，监控检验。也叫过程检验，是为了检定生产过程是否处于受控状态，以预防由于系统性质量因素的出现而导致的不合格品的大量出现，如生产过程质量控制中的各种抽样检验就是监控检验。

4.2.2　质量检验的基本类型

企业产品质量的实际检验活动通常可以分成 3 种类型，即进货检验、工序检验和完工检验。

（1）进货检验

进货检验是指对外购货品的质量验证，即对采购的原材料、辅助材料、外购件、外协件及配套件等入库前的接收检验。为了确保外购货品的质量，进厂时的收货检验应由专职质检人员按照规定的检查内容、检查方法及检查数量进行严格的检验。

进货检验的深度主要取决于需方对供方质量保证体系的信任程度。需方可制定对供方的质量监督制度，例如对供方的定期质量审核，以及在生产过程的关键阶段派人对供方的质量保证活动进行现场监察等。需方对供方进行尽可能多的质量验证，以减少不合格品的产出，这是需方保证进货质量的积极措施。进货必须有合格证或其他合法证明，否则不予验收。供方的检验证明和检验记录应符合需方的要求，至少应包括影响货品可接受性的质量特性的检验数据。

进货检验有首件（批）样品检验和成批进货检验 2 种。

第一，首件（批）样品检验。是需方对供方提供的样品的鉴定性检验认可。供方提供的样品必须有代表性，以便作为以后进货的比较基准。首件（批）样品检验通常用于以下 3 种情况：

- 供方首次交货。
- 供方产品设计或结构有重大变化。
- 供方产品生产工艺有重大变化。

第二，成批进货检验。是对按购销合同的规定供方持续性后继供货的正常检验。成批进货检验应根据供方提供的质量证明文件实施核对性的检查。针对货品的不同情况，有如下 2 种检验方法：

- 分类检验。对外购货品按其质量特性的重要性和可能发生缺陷的严重性，分成 A、B、C 等 3 类。A 类是关键的，必须全检；B 类是重要的，可以全检或抽检；C 类是一般的，可以实行抽检或凭供货质量证明文件免检。
- 抽样检验。对正常的大批量进货，可根据双方商定的检验水平及抽样方案，实行抽样检验。

进货检验应在货品入库前或投产前进行，可以在

供方处也可在需方处进行。为了保证检验工作的质量，防止漏检或错检，一般应制定"入库检验指导书"或"入库检验细则"。进货经检验合格后，检验人员应做好检验记录，及时通知仓库收货。对于检验不合格的应按照不合格品管理制度办理退货或进行其他处置。

（2）工序检验

工序检验又称为过程检验或阶段检验。工序检验的目的是在加工过程中防止出现大批不合格品，避免不合格品流入下道工序。因此，工序检验不仅要检验在制品是否达到规定的质量要求，还要检验影响质量的主要工序因素（即5M1E），以决定生产过程是否处于正常的受控状态。工序检验的意义并不是单纯剔除不合格品，还应看到工序检验在工序质量控制乃至质量改进中的积极作用。工序检验通常有3种形式。

第一，首件检验。也称为"首检制"，是指每个生产班次刚开始加工的第一个工件，或加工过程中因换人、换料、换活以及换工具、调整设备等改变工序条件后加工的第一个工件。对于大批量生产，"首件"往往是指一定数量的样品。实践证明，首件检验是一项尽早发现问题，防止系统性质量因素导致产品成批报废的有效措施。

首件检验一般采用"三检制"的办法，即先由操作者自检，再由班组长复检，最后由检验员专检。首件检验结果应由专职检验员认可并打上规定的质量标记，做好首件检验的记录。无论在何种情况下，首件未经检验合格，不得继续加工或作业。检验人员必须对首件的错检、漏检所造成的后果负责。

第二，巡回检验。是指检验人员在生产现场对制造工序进行巡回质量检验。检验人员应按照检验指导书规定的检验频次和数量进行，并做好记录。工序质量控制点应是巡回检验的重点，检验人员应把检验结果标在工序控制图上。

当巡回检验发现工序质量问题时不能有情面观念，要严格把关。一方面，要和操作工人一起找出工序异常的原因，并采取有效的纠正措施，以恢复工序受控状态；另一方面，必须对上次巡回检验后到本次巡回检验前所有的加工工件全部进行重检或筛选，以防不合格品流入下道工序或用户。

第三，末件检验。是指在主要靠模具、工艺装备保证质量的零件加工场合，当批量加工完成后，对最后加工的一件或几件产品进行检查验证的活动。末件检验的主要目的是为下批生产做好生产技术准备，保证下批生产时能有较好的生产技术状态。末件检验应由检验人员和操作人员共同进行，检验合格后双方应在"末件检验卡"上签字。

（3）完工检验

完工检验又称最终检验，是指在加工、装配等全部生产过程结束后，在产品包装入库前、或出厂前、或交付使用前对产品所进行的最后一次质量检验。它是全面考核半成品或成品质量是否满足设计规范标准的重要手段。由于完工检验是供方验证产品是否符合需方要求的最后一次机会，所以是供方质量保证活动的重要内容。

完工检验必须严格按照程序和规程进行，只有在程序中规定的各项活动已经圆满完成，以及有关数据和文件齐备并得到认可后，产品才能准许发出。完工检验可能需要模拟产品用户的使用条件和运行方式。在有合同要求时，经由用户及用户指定的第三方一起对产品进行验收。必要时，供方应向用户提供有关质量记录。成品质量的完工检验有2种，即成品验收检验和成品质量审核，这些必须有用户的参与并得到用户的最终认可。完工检验可以是全数检验，也可以是抽样检验，应该视产品特点及工序检验情况而定。

供方质量体系应保证，在质量计划规定的活动完成以前绝不发货；同时，质量体系还应该保证收集所有影响质量活动的记录，以便生产结束后对它们立即进行评审。

4.3 质量检验的组织管理

为了切实保证质量检验工作的实施和有效发挥质量检验工作的作用，质量检验必须有一定的组织结构形式和组织工作过程，这就是质量检验的组织与管理。它是围绕质量管理的总目标和质量检验的具体目标，对质量检验工作的合理安排和有效管理，以求得目标的实现。从一般意义上讲，质量检验的合理组织和管理，至少应做好检验机构、检验计划、检验规章制度、检验结果处理等一系列工作。

4.3.1 检验机构

检验机构是企业中执行质量规范、行使质量职权、完成质量检验、具有相对独立性的职能机构。为了充分有效地开展检验的质量职能活动，使质量检验成为企业实现内部和外部质量保证的重要手段，有健全独立的和内部构造合理的质量检验机构至关重要。不仅各生产单位的专职检验机构及人员需要直接隶属于检验部门，而且，凡承担一定检验职能的设计、采购、工艺、生产等系统的人员在质量检验职能活动中也属于检验工作系统。

（1）检验机构的任务

■ 宣传并认真贯彻执行国家有关方针、政策、法规，制定并组织执行本企业的各项质量检验规章制度，做好质量检验的计划工作，确定检验规范和检验程序。

■ 严格执行技术标准、合同和有关技术文件，负责从原材料、外购件与外协件进厂到成品出厂全过程的质量检验工作，对合格品签发合格证，对不合格品做出标记并提出处理意见。

■ 参与确认原材料、外购外协件的协作供应单位的选点和审查工作，负责定期、不定期地抽查库存、工序已检验合格的成品、半成品，及时反馈和处理问题。

■ 制定人员、测量器具等方面的管理和费用预算，严格执行检验计量器具的周期检定制度，不断提高检测技术水平，完善管理，保证检验仪器的正确合理使用，保证检验工作质量。

■ 负责对返修产品和用户提出异议产品的复验、分析、确认工作，参加用户访问、现场试验、市场调查等活动。

■ 参加新产品的设计评审、工艺审查及鉴定定型等工作，并在新产品试制中做好有关试验、检验、评定工作。

■ 参加企业质量目标计划、质量保证体系的制定和实施中的诊断、检查活动，以及 QC 小组的有关活动。

■ 负责质量检验原始资料和外部质量信息的记录、整理、建档工作，及时向有关部门提供情报和反馈信息。

■ 配合企业有关部门，帮助指导质量管理点，提出全厂各车间、科室产品质量考核指标的建议，并按已批准的计划指标进行考核和反馈。

（2）检验机构的权限

■ 根据技术标准、合同和有关技术文件，决定产品是否合格，对合格品签证。

■ 制止未经检验和检验不合格的原材料、工序产品、零部件等流转下道工序、投料、加工、组装、入库和出厂。

■ 监督指导生产中的群众性自检、互检工作的开展，对车间和有关科室执行产品质量检验与质量管理制度的情况进行督促检查。

■ 追查产品质量事故原因，并提出处理意见和限期改进的要求，向有关部门提出关于产品质量的奖惩建议。

■ 向上级主管部门、质量监督等有关部门实事求是地反映本企业的质量状况，并提出改进或处理建议。

（3）检验机构的责任

■ 承担因贯彻质量政策、检验规章制度和掌握标准不严，发生错检、漏检（特别是已经检验并签发合格证入库或出厂的产品质量）以及检验不及时等影响生产进度或造成损失的责任。

■ 承担发现了质量问题和事故，不反映、不汇报、不请示处理，甚至弄虚作假、隐瞒不报造成损失的责任。

■ 承担质量检验报告和检验统计资料真实性、准确性、及时性的责任。

■ 承担对不合格品、废品管理不善，发生混乱，造成损失的责任。

■ 承担处理用户意见不及时，或有条件解决而未及时采取措施，又未及时请示报告，影响企业信誉的责任。

（4）检验机构的设置

■ 检验机构应设置在质量把关的关键环节。如外购物料进货处、在产成品出厂处、车间之间、工段之间、关键零部件或关键工序之后、生产线的最后工序处、半成品入库之前、成品入库之前等。

■ 检验机构应能满足生产流程的需要。可按产品类型设置，可按车间或工段设置，也可在生产过程中按工艺顺序设置在生产线中。

■ 检验机构应有合适的空间和环境。包括检验场地、检验仪器设备、检验辅助设施等。

■ 检验机构应有一定数量并符合要求的检验人员。检验人员数量：生产稳定、工艺先进时，占生产总人数的 2%～4%；产品品种多、工艺水平低、质量不稳定时，占 7%～10%。检验人员条件：掌握全面质量管理和质量检验的基本知识，具有一定的生产实践经验和质量分析判断能力，熟练掌握有关的测试技术和担任检验工作的技术技能，受过专门检验培训并取得资格证书，政治素质好、品行端正、责任心强、办事公道。

■ 检验机构的设置应考虑节约检验成本。对检验机构经济性的评价指标主要有等待时间、忙期、排队长度等。

4.3.2 检验计划

检验计划是企业对产品质量检验工作进行系统筹划与安排的主要质量文件，也是企业对整个检验活动的预计、筹划和总体安排，有时表现为对某一检验活动事前拟定的具体检验内容和步骤。检验计划规定了检验工作的措施、资源和活动，对于实现检验的鉴别、把关和报告的质量职能，保证产品的符合性质量起着十分重要的作用。

在组织企业的质量检验工作中，为了适应生产的需要，经济合理地安排检验力量，并且充分调动和发挥检验人员的积极性，在产品批量生产前，应以检验部门为主，设计、工艺等部门参加，经有关领导审批，制定出一个最经济又能够保证产品质量的检验计划（即确定检什么、谁去检、什么时间检和怎样检的书面计划），指导检验人员工作。

（1）检验计划的编制与实施

为了使检验计划编制的经济、合理、可行，在计划编制前应注意熟悉产品设计、生产工艺和技术标准，了解产、供、销安排及分工，分析质量标准，核查检验设施现状等。做好有关的准备工作之后，即可根据产品的特点、充分考虑企业的生产实际，按照有关的程序进行编制。

检验计划编制结束和投入执行时，应做好解释和动员等工作，认真组织实施。否则，将会增加发生质量事故的概率。在计划实施过程中，应认真观察分析，并且对检验计划依据有关事实（标准的变化、工艺的变化、原材物料的变化、操作者的变化、用户的意见）进行定期或不定期的重新估价，并对不能经济合理地指导生产的检验计划及时进行修订。

（2）检验计划的基本内容

在企业质量管理中，作为一个完整的检验计划一般应包括以下的基本内容：

第一，检验规程。通常用检验流程图来表达检验计划中的检验活动流程、检验站点设置、检验方式和方法及其相互关系。

第二，质量缺陷严重性分级表。对于不能满足预期使用要求的质量缺陷，其质量特性的重要程度、偏离规范的程度、对产品适用性的影响程度等客观上存在着或大或小的差别。对这些质量缺陷实施严重性分级有利于检验质量职能的有效发挥，以及质量管理综合效能的提高。

第三，检验指导书。检验指导书是产品检验规程在某些重要检验环节上的具体化，是产品检验计划的构成部分，其目的在于为重要的检验作业活动提供具体的指导。通常，对于工序质量控制点的质量特性的检验作业活动，以及关于新产品特有的、过去没有类似先例的检验作业活动都必须编制检验指导书。检验指导书的基本内容包括：检验对象、质量特性、检验方法、检测手段、检验判断、记录与报告等。

第四，其他事项。包括测量和试验设备配置计划、人员调配、培训、资格认证等事项的安排及其他需要特殊安排的事项等。

4.3.3 检验规章制度

检验规章制度，是规定企业质量检验工作中应遵守的工作内容、程序和方法的准则和规范。

（1）检验规章制度的类型

■ 基本管理制度。主要包括质检机构内部各类人员的岗位责任制，检验程序规定，原材料、外购外协件、半成品、成品检验制度，产品出厂管理制度，产品质量分析会制度和奖惩制度等，明确规定了各类人员的任务、权限、责任、标准、考核和奖惩办法等。

■ 检验工作制度。主要包括检验样品的抽取、制备、保管制度，检验操作实施细则，检验仪器设备操作规程，检验仪器设备的使用、维护、检定制度，安全操作制度，检验报告制度，检验质量事故分析、处理、报告制度等，明确规定检验机构及有关人员承担各项检验任务的具体工作。

■ 辅助管理制度。主要包括原始记录制度，检验的委托制度，检验准确性的对比、考核制度，标准物质（样品）、标准溶液及药品的管理制度，质检人员的培训考核制度，检验文件和质量档案管理制度，保密制度、卫生、考勤、财务制度等，明确规定质量检验机构应做好的辅助性工作。

（2）典型检验制度

第一，三检制。三检制就是操作者自检、工人之间互检和专职检验人员专检相结合的一种检验制度。这种三结合的检验制度有利于调动广大职工参与企业质量检验工作的积极性和责任感，是任何单纯依靠专业质量检验的检验制度所无法比拟的。

■ 自检。就是操作者对自己加工的产品，根据工序质量控制的技术标准自行检验。自检的显著特点是检验工作基本上和生产加工过程同步进行。因此，通过自检，操作者可以及时地了解自己加工的产品的质量问题以及工序所处的质量状态，当出现问题时，可及时寻找原因并采取改进措施。自检制度是工人参与质量管理和落实质量责任制度的重要形式，也是三检制能取得实际效果的基础。

■ 互检。就是工人之间相互检验。一般包括：下道工序对上道工序流转过来的在制品进行抽检；同一工作地轮班交接时的相互检验；班组质量员或班组长对本班组工人加工的产品进行抽检等。互检是对自检的补充和监督，同时也有利于工人之间协调关系和交流技术。

■专检。就是由专业检验人员进行的检验。专业检验人员熟悉产品技术要求，工艺知识和经验丰富，检验技能熟练，效率较高，所用检测仪器相对正规和精密，因此，专检的检验结果比较正确可靠。而且，由于专业检验人员的职责约束，以及与受检对象的质量无直接利害关系，其检验过程和结果比较客观公正。所以，三检制必须以专业检验为主导。专业检验是现代化大生产劳动分工的客观要求，已成为专门的工种与技术。在质量检验工作中，任何弱化检验，以自检排挤专检的做法都是错误的。实践表明，自检或互检容易发生错检和漏检，这不仅和生产工人的生产定额、检验技能及检测手段等客观因素有关，还和生产工人在自检或互检时的立场、态度、情绪等主观因素有关，所以，检验的质量职能必须通过专检来保证。

第二，重点工序双岗制。重点工序可以是关键零部件或关键部位的工序，可以是作为下道或后续工序加工基准的工序，也可以是工序过程的参数或结果无记录，不能保留客观证据，事后无法检验查证的工序。对这些工序实行双岗制，是指操作者在进行重点工序加工时，还同时应有检验人员在场，必要时应有技术负责人或用户的验收代表在场，监视工序必须按规定的程序和要求进行。工序完成后，操作者、检验员或技术负责人和用户验收代表，应立即在工艺文件上签名，并尽可能将情况记录存档，以示负责和便于以后查询。

第三，留名制。是一种重要的技术责任制，是指在生产过程中，从外购物料进厂到成品入库和出厂，每完成一道工序，改变产品的一种状态，包括进行检验和交接、存放和运输，责任者都应该在检验单上签名，以示负责。特别是在成品出厂检验单上，检验员必须签名或加盖印章。操作者签名表示按规定要求完成了这套工序，检验者签名，表示该工序达到了规定的质量标准，签名后的记录文件应妥为保存，便于以后参考。

第四，质量复查制。有些生产企业，为了保证交付产品的质量或参加试验的产品稳妥可靠，不带隐患，在产品检验入库后和出厂前，要请与产品有关的设计、生产、试验及技术部门的人员进行复查。查图样、技术文件是否有错，查检查结果是否正确，查有关技术或质量问题的处理是否合适。这种做法，对质量体系还不够健全的企业，还是十分有效的。

第五，追溯制。许多企业都很重视产品的追溯性管理，甚至实行跟踪管理制度。在生产过程中，每完成一个工序或一项工作，都要记录其检验结果及存在问题，记录操作者及检验者的姓名、时间、地点及情况分析，在适当的产品部位做出相应的质量状态标志。这些记录与带标志的产品同步流转。产品标志和留名制都是可追溯性的依据，在必要时，都可搞清责任者的姓名、时间和地点。职责分明，查处有据，可以大大加强职工的责任感。产品出厂时还同时附有跟踪卡，随产品一起流通，以便用户把产品在使用时所出现的问题，能及时反馈给生产者，这是企业进行质量改进的重要依据。追溯制有按批次管理、日期管理、连续序号管理3种管理办法。

4.3.4 检验结果处理

检验结果的处理，是质量检验的重要的善后工作，如果按有关程序严格组织了检验，而对检验结果不进行妥善处理，就难以达到检验的目的，甚至前功尽弃。检验结果的处理，是企业对已经质量检验、质量统计与分析后所制定的产品，按照质量法规进行安排、处置的过程。它是在产品质量检验的基础上，对产品的合格性及其质量等级做出判断与评价，主要包括合格品的处理和不合格品的处理。

（1）合格品的处理

合格品的处理，包括对合格的原材料、外购件、外协件、半成品和成品的处理。对合格的原材料、外购件、外协件，由质检机构开据证明，送交有关部门办理产品入库或投入生产。对合格的半成品，由质检人员开据证明，交生产单位办理工序周转或半成品入库。对合格的成品，由质检机构填写检验报告，签发合格证（允许使用标志的产品，可贴上标志），送生产单位办理入库或发货。当然，各种检验合格的产品，都要妥善安放、包装、搬运和存放，严防磕、碰、变坏、霉烂、锈蚀等，并严禁与不合格品相混。

为了满足不同消费者或使用者的不同要求，便于分析和评价产品质量水平，在合格品处置过程中，还要根据有关标准的要求对产品进行质量等级分类，并计算出相应的等级率。目前，我国工业产品质量水平一般划分为优等品、一等品和合格品3个等级。

优等品是指其质量标准达到国际先进水平，且实物质量水平与国外同类产品相比达到近5年内先进水平的产品。

一等品是指其质量标准达到国际一般的现行标准水平，且实物质量水平与国外同类产品的一般水平的产品相同。

合格品是指按我国现行有效的一般水平标准（国

家标准、行业标准、地方标准或企业标准）组织生产，且实物质量水平达到相应标准要求的产品。

（2）不合格品的处理

不合格品是指没有满足某个规定要求的产品。这里的"要求"包括明示的产品标准要求、合同要求，必须履行的有关法律法规要求，以及通常隐含的要求。产品"要求"中的任何一项未满足，就是不合格品。在质量检验工作中，对可疑的不合格品或生产批，必须认真加以鉴别，对确实不符合要求的产品必须确定为不合格品。

不合格品的管理不但包括对不合格品本身的管理，还包括对出现不合格产品的生产过程的管理。为了真正发挥质量检验的把关和预防职能，任何情况下都应该坚持质量检验的"三不放过"原则，即"不查清不合格原因不放过，不查清责任者不放过，不落实改进措施不放过。"当生产过程的某个阶段出现不合格品时，决不允许对其作进一步的加工。如系生产过程失控造成，则在采取纠正措施前，应该停止生产过程，以免产生更多的不合格品。根据产品和质量缺陷的性质，可能还需对已生产的本批次产品进行复查全检。

对于不合格品（产品、原材料、零部件等）本身，应根据不合格的管理程序及时进行标识、记录、评审、隔离和处理。从某种意义上来说，对不合格品处理就是实现评审所作出的决定。对不合格品可以做出如下的处置：

■ 返工（Rework）。可以通过再加工或其他措施使不合格品完全符合规定的要求，成为合格产品。返工后必须经过检验人员的复验确认。

■ 返修（Repair）。对其采取补救措施后，仍不能完全符合质量要求，但能基本上满足使用要求，判为让步回用品。合同环境下，修复程序应得到需方的同意。修复后需经过复验确认。

■ 让步或特许（Concession）。不合格程度轻微，不需采取返修补救措施，仍能满足预期使用要求，而被直接让步接收回用。这种情况必须有严格的申请和审批制度，并得到用户的同意。

■ 降级（Regrade）。对于因外表或局部的质量问题达不到质量标准，又不影响主要性能的不合格品，根据其实际质量水平降低该不合格品的产品质量等级或作为处理品降价出售。

■ 报废（Scrap）。对无法修复或在经济上不值得修复的不合格品，或不能采取以上种种处置时，只能予以报废。报废时，应按规定开具废品报告。

在不合格品的实际管理中，检验判定的不合格品，要根据其不合格的实际情况具体分析，分门别类地进行处理或管理。

第一，对不合格的原材料和外购件、外协件等，要隔离存放，不得办理入库，应由质检机构开据证明（或附检验记录）通知供应部门和财务部门，按合同、协议和有关规定向供货单位提出拒付货款，商讨产品处理意见，或索赔经济损失。

第二，对企业自产的不合格半成品和成品，要详细分析不合格的质量问题，按其质量特性缺陷严重程度和分级规定，分清类别后按要求处理。其具体处理办法有：

■ 对检验剔出的废品，由质检人员做好标记隔离存放，定期统一报废或销毁，或转作原材料等。

■ 对检验定为返修（工）的产品，由质检人员做出返修（工）标记，并填写《返修（工）通知单》，按企业规定返送有关车间进行返修（工）。

■ 对检验判定的次品（副品），可在产品或包装上做出副品（或次品、等外品、处理品）标记，降价销售。

■ 对检验中有轻微缺陷，而其性能和主要质量指标全部符合标准要求判定为回用的不合格品，可由生产制造部门和质检人员填写《回用申请单》，经设计、工艺、质检等部门和企业负责人与技术负责人研究会签、批准同意后，方可做工序周转或入库回用处理。

总之，不合格品的处理是质量检验，也是整个质量管理中的重要问题。对各类不合格品应按规定妥善处理。

4.4 抽样检验的概述

在生产实践中，要判定一件产品是否合格，可按产品图样或产品标准所规定的技术要求，并用规定的检测方法，对该产品进行检查，然后将检测结果与规定的要求进行对比分析和评价判断。通常采用的检验有两种：一种是全数检验；另一种是抽样检验。由于全数检验具有很大的局限性，因此，在很多情况下，产品质量检验需要采用抽样检验的方式来实现。

4.4.1 抽样检验的概念

（1）抽样检验的定义

抽样检验是从提交检查的产品批中只抽取一部分产品（样本），按产品图样或产品标准所规定的技术要求，用规定的检测方法，对这一部分产品（样本逐只逐项进行检查，然后根据对抽取部分产品（样本）的检查结果来判断整批产品的质量是否合格的一种检验方法。具体地讲，抽样检验就是利用数理统计方法规定样本量与接收准则的一个具体方案。

抽样检验的对象是一批产品而非个别产品。

（2）抽样检验的用途

随着科学技术、管理水平的发展，抽样检验在生产实际中获得了越来越广泛的应用，其用途主要有：

第一，为了决定一批产品是否符合产品技术标准的规定要求而进行的抽样检验，称之为"抽样检验"。像生产方的成品，半成品的交库检验，使用方的入库复验等。这类检验一般是按产品技术标准所规定的检验规则进行，其目的主要是防止不合格品出厂，以减少使用方接收了不合格批的产品而造成的经济损失。

第二，为了决定产品的制造过程是否稳定，是否需要进行调整而进行的抽样检验，称之为"抽样控制"。像生产方的质量管理点上的定期抽样检验，产品技术标准规定的形式（例行）检验等。其目的是预防不合格批的出现，以提高产品质量的稳定性。因此，它能起到防患于未然的作用，从提高经济效益的角度来说，它是更为有效的一种抽样检验。

（3）抽样检验的分类

根据不同的使用要求，验收抽样检验可做不同的分类。

▪ 按照收集的数据性质来分。分计数抽样检验和计量抽样检验。

▪ 按照抽取样本的数目来分。分一次抽样检验、二次抽样检验、多次抽样检验和序贯抽样检验。

▪ 按照提交检验时是否组成批来分。分逐批抽样检验和连续抽样检验。

▪ 按照抽样方案能否随情况调整来分。分标准型抽样检验和调整型抽样检验。

▪ 按照对不合格批的处置办法来分。分挑选型抽样检验和非挑选型抽样检验。

在实际应用中，可根据实际情况自行设计抽验方案。但是，在一般情况下，为了达成供需双方对检验结果的共同信任，在不同检验场合下，应尽可能采用合适的国际标准或国家标准来选择抽样检验的标准及方案。

（4）抽样检验的基本术语

第一，单位产品。是指为了实施抽样检验而划分的单位体或单位量。对于按件制造的产品，一件产品就是一个单位产品，如一件家具；对于不是按件制作的产品，单位产品是指人为规定的单位量产品，如一平方米刨切薄木（木皮）等。

第二，检验批（交检批）。是指作为检验对象的一批单位产品。一个检验批应由在基本相同的制造条件下，在一定时间内制造出来的同种单位产品构成。一个检验批内的所有单位产品的质量特性一般会出现随机波动，但不应有本质上的差别。

第三，批量（N）。是指检验批中单位产品的数量，用符号 N 表示。

第四，样本（n）。是指从总体中抽取的一个或多个单位产品，用符号 n 表示。

第五，随机抽样。为了避免人们在抽样中受各种主观因素影响，有意识地挑选好的或者坏的样本，使所抽的样本不能客观地代表总体的质量情况，人们发明了随机抽样。随机抽样是排除人的主观因素影响，使总体中的每一个个体都有同等机会被抽取为样本的抽样方法。常用的随机抽样方法有：

▪ 简单随机抽样。即通过抓阄、掷骰子、使用随机数表等方法产生随机数。

▪ 周期系统抽样。即对连续性作业或连续体，按一定间隔进行抽样。抽样的起始点可通过简单随机抽样确定。

▪ 分层抽样。即当同一种产品由不同班组生产，或在不同生产环境和技术条件下（包括使用不同设备和工艺）生产时，将每一种条件下生产的产品作为一层，按各层产品占总产品的比例确定从各层产品中抽样的数量，然后在各层分别随机抽样，由各层样本组成总样本。

第六，计数检验。是指根据给定的技术标准，将单位产品简单地分成合格品或不合格品，或者统计出单位产品中不合格数的检验。其中，将单位产品简单地分成合格品或不合格品的检验称为"计件检验"，如在一箱五金件（共 100 个）中检出所有的不合格品，常用不合格品率表示；统计出单位产品中不合格数的检验称为"计点检验"，如在一平方米的面板上数出疵点的个数，常用不合格数表示。

第七，计量检验。是指根据给定的技术标准，将单位产品的质量特性如质量（重量）、长度、强度等，用连续尺度测量出具体数值，并与给定的标准进行对比的检验。常用平均值、标准差、变异系数等表示。

4.4.2 抽样方案的类型

（1）抽样方案的定义

抽样方案是在抽样检验中规定样本量和有关接收

准则的一个具体方案。例如，某家具生产企业购入一批外加工零件 200 件，该厂与供方商定随机抽取 2 个进行检验，若其中有 1 个以上不合格，则整批零件拒收；若两个都合格，则整批零件接收。这就是一个明确具体的抽样方案。

通常，在抽样方案中包含 2 个重要参数：样本量 n 和合格判定数 c。因此，一个抽样方案可以表示为 (n, c)，其含义是：从批量为 N 的一批产品中，抽取样本量为 n 的样品进行检验，若其中不合格品数小于或等于 c，就可以判定该批产品是合格批；若其中不合格品数大于 c，则判定该批产品为不合格批。

合格判定数（Acceptance Number），记作 A_c 或 c，指在抽样方案中预先规定的判定该批产品合格的样本中最大允许不合格数。

不合格判定数（Rejection Number），记作 R_e，指在抽样方案中预先规定的判定该批产品不合格的样本中最小不合格数。R_e 与 A_c 的关系在一般情况下有：$R_e = A_c + 1$。

（2）抽样方案的种类

根据对交验批量最多可以做几次抽样才能做出合格与否判断这一标准，抽样方案的类型可以分为：一次抽样方案、二次抽样方案、多次抽样方案和序贯抽样方案。

第一，一次抽样方案（Single Sampling Inspection）。是操作最简单的计数抽样方案。它是根据预定样本量为 n 的样本所得到的检验结果，即样本中不合格（品）数 d 的数值，决定该批产品能否接收的抽样检验。一次抽样方案的程序如图 4-1 所示。

第二，二次抽样方案（Double Sampling Inspection）。是操作比较适中、应用也较广泛的抽样方案。它是根据预定样本量为 n_1 的第一样本，做出该批接收、拒收或再抽取样本量为 n_2 的第二样本的决定；在对第二样本检验后，根据第一样本和第二样本的累积结果，做出该批产品接收或拒收的决定。二次抽样方案的程序如图 4-2 所示。

第三，多次抽样方案（Multiple Sampling Inspection）。是操作比较复杂的抽样方案。它是在检验每一样本后，根据累积结果做出该批产品接收、拒收或抽取下一次样本的决定，直到规定的最后一次样本抽检完毕，做出该批产品接收或拒收的决定。多次抽样方案的程序如图 4-3 所示。兼有一次、二次和多次抽样检验标准的国家标准有 GB/T 2828.1—2012《计数抽样检验程序　第 1 部分：按接收质量限（AQL）检索的逐批检验抽样计划》。

第四，序贯抽样方案（Sequential Sampling Inspec-

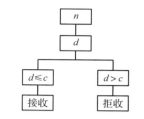

图 4-1　一次抽样方案的程序

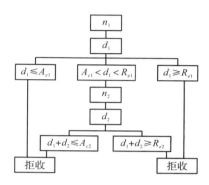

图 4-2　二次抽样方案的程序

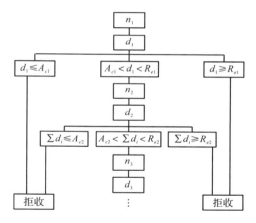

图 4-3　多次抽样方案的程序

tion）。是每次从批中抽取一个单位产品（或一组产品），检验后按某一确定规则做出这批产品接收、拒收或再继续抽样检验另一单位产品（或另一组产品）的决定，直到能够对这批产品作出合格的判断为止。序贯抽样方案的操作比较复杂，检验人员需经过专门的培训。

4.4.3　抽样方案的统计分析

（1）抽样方案的接收概率（又称批合格概率）

如前所述，(n, c) 代表了一个抽样方案，在实际中往往关心的问题是：采用这样的抽样方案时，假设交验批产品的不合格率为 p，那么该批产品有多大可能被判为合格批而予以接收；或者说被接收的概率有多大?

在使用的抽样方案验收时,通常用接收概率(又称批合格概率)来表示。它是指某批产品按照一定的抽样方案进行抽检后,根据抽检结果判定该批产品合格而被接收的概率。一般把接收概率记作 $L(p)$,根据概率统计原理可以计算 $L(p)$ 的值,由概率的基本性质可知:$0 \leqslant L(p) \leqslant 1$。

根据上述条件,在抽样方案(n,c)中样本量 n 和合格判定数 c 确定的情况下,由概率加法定理可得接收概率为

$$L(p) = P_0 + P_1 + P_2 + \cdots + P_c$$

式中　P_0——在抽取样本中,不合格品数为 0 的概率;

$\qquad$ P_1——在抽取样本中,不合格品数为 1 的概率;

$\qquad$ P_c——在抽取样本中,不合格品数为 c 的概率。

通常,接收概率可以分别采用概率论的超几何分布计算法、二项分布计算法、泊松分布计算法等 3 种方法计算。

例:已知产品批为 100 的不合格率 $p = 0.05$,求一次抽样方案(10,0)的接收概率。

解:由于 $N \geqslant 10n$,$p \leqslant 0.1$ 时可用泊松分布(用超几何分布或二项分布)作近似计算,所以可查有关表得:

当 $\lambda = np = 10 \times 0.05 = 0.5$,而 $c = 0$ 时,
$$L(p) = 0.607$$

(2)抽样方案的特性曲线(OC 曲线)

第一,特性曲线的含义。对于批产品总数 N 与不合格品总数 D 所构成的批不合格品率 p 直接影响接收概率 $L(p)$。在同样的抽样方案下,批不合格品率 p 不同,该批的接收概率 $L(p)$ 也不同。如果该批产品的不合格率 p 低,则判定该批产品合格而被接收的概率 $L(p)$ 大;如果批不合格率 p 高,则接收概率 $L(p)$ 小。也就是说,接收概率 $L(p)$ 是交验批不合格率 p 的函数。这个函数称为抽样方案的操作特性函数(Operation Characteristic Function),简记为 OC 函数。函数的图像称为抽样方案的操作特性曲线(Operation Characteristic Curve),即 OC 曲线。

如果以横坐标表示不合格品率 p,以纵坐标表示接收概率 $L(p)$,对于一个既定的抽样方案(n,c),便可作一条 OC 函数的曲线,这就是抽样方案的操作特性曲线(Operation Characteristic Curve),简称 OC 曲线。因此,抽样方案的特性曲线就是描述接收概率 $L(p)$ 与批不合格品率 p 之间函数关系的曲线。

例:每一批供货产品 $N = 1000$,每一批中的不合格品数不等,即批不合格品率 p 不同;当 p 分别为 5%,10%,15%,20% 时,采用同样的抽样方案(30,3),按超几何分布公式计算出 P_d 值和 $L(p)$ 值(表 4-1)。由表中最后一行 $L(p)$ 的数据,可作抽检特性曲线,如图 4-4 所示。

表 4-1　批不合格品率 p 不同情况下的 P_d 值和 $L(p)$ 值

d \ p	P_d			
	5%	10%	15%	20%
0	0.210	0.040	0.007	0.001
1	0.342	0.139	0.039	0.009
2	0.263	0.229	0.102	0.032
3	0.128	0.240	0.171	0.077
$L(p)$	0.943	0.648	0.319	0.119

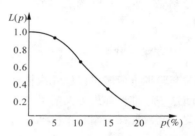

图 4-4　$N = 1000$ 时(30,3)的抽样检验 OC 曲线

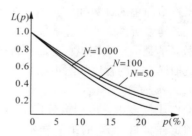

图 4-5　批量 N 变化情况下的抽样检验 OC 曲线

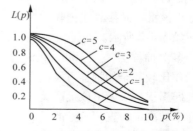

图 4-6　合格判定数 c 变化情况下的抽样检验 OC 曲线

第二,特性曲线的影响因素。主要影响因素有批量 N(图 4-5)、合格判定数 c(图 4-6)、样本数量 n(图 4-7)。根据这些因素的影响结果,人们在实践中一般采用以下措施:在稳定的生产状态下,可以增大

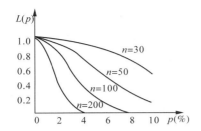

图4-7　样本量 n 变化情况下的抽样检验OC曲线

产品的批量 N，以相对降低检验费用，而抽样检验的风险则几乎不变。当 c 越小，抽样方案越严格；n 越大，抽样方案也越严格。

（3）抽样方案的设计确定

第一，抽样检验的错判与风险。只要是采用抽样检验方法，即对该批产品进行随机抽样，并用抽取样本的不合格品率来推断该批产品的不合格品率，就可能存在2种错误判断及其风险：

■ 将事实上的合格批判断为不合格批，从而被拒收，这种错误判断（"第一种错判"）对生产方（供方）不利，是由生产方所承担的风险，称为"生产方风险（PR）"，用 α 表示。

■ 将事实上的不合格批判断为合格批，从而被接收，这种错误判断（"第二种错判"）对使用方（需方）不利，是由使用方所承担的风险，称为"使用方风险（CR）"，用 β 表示。

在实际工作中，抽样方案总是涉及生产方和使用方的利益：

■ 对使用方来说，希望尽量避免或减少接收质量差的产品批，而且一旦产品批质量不合格，应以高概率拒收。因此，对产品批的质量水平有一个最低要求，即合格批中不合格品率的上限为 p_0，如果不合格品率大于 p_0，该批产品就不能接受。p_0 代表着使用方的可接收水平，或称为"合格质量水平"（AQL）。

■ 对生产方来说，希望达到用户质量要求的产品批能够高概率被接收，特别要防止优质的产品批被错判拒收。因此，对产品批的质量水平有一个最低要求，即不合格批中不合格品率的下限为 p_1。如果不合格品率小于 p_1，该批产品就不能认为是不合格品。p_1 代表着使用方可接收的极限质量水平，或称为"批最大允许不合格率"（LTPD）。

第二，抽样方案的确定。为了使抽样检验能尽量准确地判断产品批的质量，同时最大限度地减少生产方和使用方双方的风险，又能合理地降低检验成本，就应当根据使用方的要求和生产方的条件，合理地确定生产方风险 α 和使用方风险 β，合理地规定产品批不合格品率的下限 p_0 和上限 p_1，然后通过解上述联立方程，制定出适当的抽样方案（n, c）。

抽样方案（n, c）与 p_0、p_1 和 α、β 之间存在密切联系。如果随意指定一个抽样方案，可能会造成抽检的错判概率过大，不能有效地保证批的实际质量；如果令 α、β 这2种风险都很小，那么2种错判的概率也会很少，但这时要求 p_0、p_1 很严格，抽样方案也很严格，抽检成本很高。

■ 理想抽样方案的OC曲线。设一批产品的总数为 N，其中不合格品总数为 D，产品批不合格品率为 $p = D/N$，选取抽样方案为（n, c），则：

当 $p = 0$ 时，$D = 0$，肯定接收；

当 $p = 1$ 时，$D = N$，肯定拒收；

当 $0 < p < 1$ 时，$0 < D < N$，可能接收，也可能拒收；

当 $p \to 0$ 时，$D \to 0$，接收的可能性很大；

当 $p \to 1$ 时，$D \to N$，拒收的可能性很大。

如果当产品批不合格率 $p \leqslant p_0$ 时，接收概率 $L(p) = 1$，即避免"第一种错判"；当产品批不合格率 $p > p_0$ 时，接收概率 $L(p) = 0$，即避免"第二种错判"。这将是最理想的抽样方案情况，其OC曲线图表现为2段直线，如图4-8所示。这种OC曲线只有在全检（100%检验）情况下才能得到，所以也称为全检的OC曲线。但如前所述，全检往往是不现实或没有必要的，那么抽样检验就成为必然。即使是100%的全检，也可能出现错检。

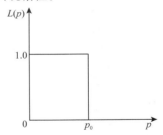

图4-8　理想抽样方案的OC曲线

■ 现实抽样方案的OC曲线。实际的抽样方案不可能具有上述理想方案那样的抽样特性。比较符合人们要求的实际抽样方案是：当产品批质量较好时，应以高概率接收合格批；当产品批质量较差时，接收概率迅速减少；当产品批质量差到某个规定的限度时，应以高概率拒收不合格批。

若抽样方案合格判定标准为 p_0（如 $p_0 = $ AQL），不合格判定标准为 p_1（如 $p_1 = $ LTPD）。又若当 $p = p_0$ 时，抽样方案将合格批误判为不合格批的错判风险概率为 α（即 $\alpha = $ PR），而当 $p = p_1$ 时，抽样方案将不合格批误判为合格批的错判风险概率为 β（即 $\beta = $ CR）。

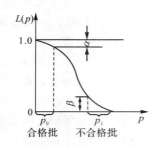

图 4-9 实际抽样方案的 OC 曲线

那么，这种比较理想的现实抽样方案的 OC 曲线的大致形状如图 4-9 所示。

因此，在抽样方案设计时，为了使抽样方案能符合预期的性能要求，常见的方案参数约束有以下几种：

当 $p = p_0 = $ AQL 时，$L(p) = 1 - \alpha$；

当 $p < $ AQL 时，$L(p) > 1 - \alpha$；

当 $p > $ AQL 时，$L(p) < 1 - \alpha$；

当 $p = p_1 = $ LTPD 时，$L(p) = \beta$；

当 $p > $ LTPD 时，$L(p) < \beta$。

总之，AQL 和 LTPD 是抽样检验理论中的 2 个重要概念，也是设计抽样方案的重要参数，它们代表了抽样方案的特性，也代表了使用者和生产者双方的利益。

4.4.4 抽样检验的步骤程序

在本章节中，主要以计数调整型抽样方案为例来介绍抽样检验的一般步骤和程序。

所谓调整型抽样方案，就是在实施抽样检验的过程中，不总是采用一种固定的抽样方案，而是根据以往已经检验批的质量变化情况，依据预先设计好的转移原则，当产品质量正常时，采用正常抽样方案进行检验；当产品质量下降或生产不稳定时，采用加严抽样方案进行检验，以免"第二种错判"概率 β 变大；当产品质量较为理想且生产稳定时，采用放宽抽样方案进行检验，以免"第一种错判"概率 α 变大。

调整型抽样方案较多地利用了抽样结果的历史资料，因此在对交验批质量提供同等鉴别能力时，所需抽样检验平均工作量要少于标准型抽样方案，通过抽样方案之间的不断调整，既能有效地保证产品的检验质量，又能充分地节约检验费用，且能较好地协调供需各方各自承担的抽样风险。调整型抽样方案适用于批量相同且质量要求一定的检验批的连续性产品批接收检验，应用十分广泛。

GB/T 2828.1—2012《计数抽样检验程序 第 1 部分：按接收质量限（AQL）检索的逐批检验抽样计划》是一个典型的计数调整型抽样检验标准，它是我国最早制定的一个抽样检验标准，也是在我国得到最广泛应用并取得显著社会效益和经济效益的一个抽样检验标准。GB/T 2828.1—2012 标准不仅给出了计数调整型抽样检验的具体方法，而且包括了产品抽样检验的一般思想和方法。其中，应用 GB/T 2828.1—2012 标准进行抽样检验的一般步骤和程序为：

（1）规定产品的质量标准及不合格品分类

在产品技术标准或订货合同中，必须严格明确单位产品的技术性能、技术指标、外观等质量特性，即严格规定区分产品是合格品、不合格品的标准，或者用以判断各种缺陷的标准。

质量标准是符合性质量检验的依据。被检查的产品往往有多个质量检查项目，每个检查项目对标准的偏离都构成了一个缺陷。产品质量不仅与缺陷数目有关，还与缺陷的性质有关。

根据严重程度的差别，缺陷可分为以下 3 类：

第一，致命缺陷（Critical Defects）。影响产品基本功能的缺陷，又称为临界性缺陷或 A 类缺陷。

第二，严重缺陷（Major Defects）。影响产品性能或效用的缺陷，又称主要缺陷或 B 类缺陷。

第三，轻微缺陷（Minor Defects）。对产品使用性能无影响的缺陷，又称次要缺陷或 C 类缺陷。

一个不合格品可能同时含有几种不同程度的缺陷，一般常按其中最严重的缺陷来定义不合格品。如致命不合格品、严重不合格品和轻微不合格品。也可以按有关不合格品分级的原则，根据产品预期的使用要求和质量特性，将不合格品分为 A、B、C 3 级或 A、B、C、D 4 级。

（2）规定合格质量水平 AQL

合格质量水平 AQL 是供需双方共同接受的连续交验批的最大过程平均不合格品率，是调整型抽样方案的基本设计依据，在协调供需双方各自承担的抽样风险中具有关键作用。一般来说，当交验批实际质量 p 十分接近 AQL 时，采用正常检查，供需双方的抽样风险都能得到控制；当 p 优于 AQL 时，交验批质量优良，有利于需方，此时采用放宽检查，以减少"第一种错判"的风险，保障供方利益；当 p 劣于 AQL 时，交验批质量不合格，不利于需方，此时加严检查，以减少"第二种错判"的风险，需方利益得到维护。

AQL 可由技术标准确定，也可由供需双方协议确定。确定 AQL 值要考虑需方的质量要求，也要考虑供方的生产能力和相应的生产检验成本。一般而言，对致命缺陷（或致命不合格品）AQL 应小些；对轻微缺陷（或轻微不合格品）AQL 可大些；对严重缺陷（或严重不合格品）AQL 可适中些。

在调整型抽样表中，AQL 值自 0.01 至 1000 有 26 个档位（见 GB/T 2828.1—2012 标准），应用时需从中选择。对于表中的 AQL 值，自 0.01 至 10 的 16 个档值对计件及计点数据均适用；而自 15 至 1000 的 10 个档值仅适用于计点数据。在计件数据场合，档值加上"%"才表示 AQL 值，如档值"0.15"实际表示 AQL = 0.15%；在计点数据场合，档值表示每 100 个单位产品所有的缺陷总数，如档值"400"实际表示每 100 个单位产品有 400 个缺陷，或平均每个单位产品中有 4 个缺陷。

（3）规定检验水平（IL）

检验水平是用来决定批量与样本量之间关系的等级。GB/T 2828.1—2012 标准规定的检验水平为 2 类共 7 个档次：特殊检验水平的 S-1、S-2、S-3 和 S-4；一般检验水平的 Ⅰ、Ⅱ 和 Ⅲ。

一般情况下，如无特殊规定，检验通常采用一般检验水平 Ⅱ。当需要的判别力比较低时，可规定使用一般检验水平 Ⅰ；当需要的判别力比较高时，可规定使用一般检验水平 Ⅲ。如果历史记录表明产品质量一直稳定，降低检验水平后的使用方风险可以接受，那么就可以降到较低的检验水平。

特殊检验水平仅适用于必须使用较小样本且允许较大错判风险的场合，如对价格昂贵的产品做破坏性试验，或产品检验极其复杂且费用很高，这时需要冒较大的错判风险。

（4）组成检查批并决定检验的宽严度

检查批是指为实施抽样检验而汇集起来的单位产品。批的组成、批量的大小以及批的识别，由组织与供方或顾客协商确定。通常，每个检查批应由同种类（尺寸、特性、成分等）、同规格、同型号、同等级，且生产条件和生产时间基本相同的单位产品组成。在这种情况下，有利于组成大批，相对降低抽样检验的费用。但是，不应把质量不同的小批合并成大批。

GB/T 2828.1—2012 标准规定了 3 种宽严度的抽检方案，即正常检查、加严检查和放宽检查。一般情况下，如无特殊规定，检验一般从正常检查开始。当技术规范或合同另有规定时，可以按规定从加严检查或放宽检查开始。根据过去批的质量记录，证明产品质量比 AQL 优，而且有理由相信这种产品质量会继续保持下去时，可以规定从放宽检查开始；根据过去批的质量记录，证明产品质量比 AQL 劣时，可以规定从加严检查开始。对于连续提交的检验批，采用何种宽严程度的检验应按 GB/T 2828.1—2012 标准规定

的转移规则进行，转移的形式主要有：从正常检查转移到加严检查；从加严检查转移到正常检查；从正常检查转移到放宽检查；从放宽检查转移到正常检查；从加严检查转移到暂停检查。

（5）选择抽样方案的类型

GB/T 2828.1—2012 标准分别给出了一次、二次、五次共 3 种类型的抽样方案。对于给定的一组合格质量水平和检查水平，可以使用不同类型的对应抽样方案。不论使用该标准中任何类型的抽样方案进行检验，只要规定的合格质量水平和检查水平相同，其对质量的判断能力基本相同。

在一个特定的抽样计划中，正常检查、加严检查和放宽检查所采用的抽样方案的类型必须一致。

（6）检索抽样方案

检索抽样方案时，首先，根据检验批批量 N 和规定的检验级别 IL 从标准表中查得样本字码大小；然后，根据抽样方案类型（一次、二次或多次）和抽样检验的宽严度确定供检索的抽样方案表（查 GB/T 2828.1—2012 标准中给出的抽样方案表）；最后，根据已查得的样本字码大小和规定的合格质量水平（AQL）在选出的抽样方案表中检索就可以确定所需要的抽样方案。

（7）抽取样本并检查样本

当抽取样本时，要注意：抽样必须是随机的，以使样本能较好的代表批质量；当检查批由若干层组成时，应以分层抽样法抽取样本；当使用多个样本时，每个样本都应从整批产品中抽取；样本的抽取可以在批的形成过程中，也可以在产品批组成以后。

当检查样本时，必须按照产品技术标准或订货合同中对单位产品规定的检查项目，对样本中每一单位产品逐个地进行检查，并累计不合格品数或不合格数（即缺陷数）。对于不同类别的不合格或缺陷，应分别累计。

（8）判断批合格或不合格

在获得样本中累计不合格品或缺陷总数后，就可以根据抽样方案合格判断规则对检验批做出合格与否的判断。根据合格质量水平和检查水平所确定的抽样方案，以及样品检查的结果，若样本中的不合格（品）数小于或等于合格判定数，则判断该批为合格批；若样本中的不合格（品）数大于或等于合格判定数，则判断该批为不合格批。如果在批中发现一个缺陷或致命不合格（A 级不合格），就可以判断该批

为不合格批。

应当注意到，在逐批检验中，由于检验批质量的变化，检验的宽严度可能会发生变化，因而，抽样方案也可能会发生调整。

（9）逐批检查后的处置

逐批检查后，对于合格批就整批接收；对于不合格批，通常整批拒收并退回供方，也可由供需双方协商处理。

无论该批是否被判断为合格批，只要在检验中发现不合格品，就有权拒收该批不合格品。该批不合格品经供方返工修理后，可以再次提交检验。

对于判断为不合格批的，允许供方在对该不合格批进行 100% 全检的基础上，将发现的不合格品剔除或修理好以后，再次提交检验。对于再次提交的检验批，是正常检查还是加严检查，是检查所有类型的缺陷还是有针对性地只检查个别类型的缺陷，应由需方决定。

复习思考题

1. 什么是质量检验？其含义与任务是什么？质量检验有何作用？其主要职能包括哪些内容？
2. 质量检验有哪些分类方法？企业产品质量检验的活动包括哪些基本类型？
3. 为什么要建立质量检验的组织管理？通常包括哪些主要内容和工作？
4. 什么是抽样检验？有何用途？主要有哪些分类方法？
5. 什么是抽样方案？有几种类型？试结合 GB/T 2828.1—2012 国家标准分析抽样检验的具体步骤和程序。

第**5**章
家具质量管理

【本章重点】
1. 市场调研质量管理。
2. 产品设计开发过程质量管理。
3. 物料采购供应质量管理。
4. 产品制造过程质量管理。
5. 产品销售服务过程质量管理

家具工业企业是直接从事家具产品加工制造的生产性单位。企业在新形势下转型之后，其生产经营过程在传统的工业生产过程的基础上，向前向后进行了延伸，即从市场调查和市场预测开始，经过设计和生产过程，直到为消费者提供满意的产品和服务，为企业带来较为丰厚的收益。在这样的情况下，家具企业质量管理的内容也应当相应地扩展，否则将不能适应客观要求。从目前的情况看，家具企业的质量管理，是在生产经营全过程中，对实现家具产品质量所必须的质量职能与活动的管理。由于家具产品在其生命周期中主要经历生产前、生产中和生产后的 3 个阶段，因此，家具企业质量管理的具体内容至少应包括市场调研的质量管理、产品设计开发的质量管理、物料采购供应的质量管理、产品生产制造的质量管理、零部件及产品检验的质量管理、产品销售服务的质量管理6 个方面。现简要介绍如下。

5.1 市场调研的质量管理

在企业的质量管理螺旋中，市场调研的质量是质量螺旋的起点，也是企业开展质量控制的起点。市场和用户对家具产品和产品质量的要求，是家具企业进行生产经营活动的前提。因此，市场调研是家具产品质量产生、形成、实现过程中的第一环。

5.1.1 市场调研的基本任务

市场调研是指运用科学的方法和合适的手段，有目的、有计划地收集、整理、分析和报告有关营销信息，以帮助企业、政府和其他机构及时、准确地了解市场机遇，发现存在的问题，正确制定、实施和评估市场营销策略和计划的活动。

家具企业市场调研的基本任务可以概括为：收集市场信息、分析市场形势、确认顾客需求。

（1）收集市场信息

市场信息是指与家具商品供求情况有关的各种数据和情报资料。家具企业应确定管理市场信息的部门及其职能，由其负责收集、整理、传递和存储市场信息资料。

市场信息主要包括：顾客或用户需求信息、同类产品信息（品种、规格、数量、质量水平、技术特性、发展趋势等）、市场竞争信息（竞争对手、竞争焦点、竞争手段、竞争范围等）、市场环境信息（国内外市场区域、政治经济因素、技术政策以及有关法律、条例、标准等）。

市场信息可以通过向顾客征集信息，开展市场调查与考察活动，检索查阅文献资料，与有关经济、技术组织建立联系，对随机信息进行积累、分析等渠道进行收集。

（2）分析市场形势

市场形势是指家具商品市场诸多要素的状态、动态和发展趋势。在市场经济条件下，市场形势决定着家具企业的经营环境，因此，必须认真分析国际、国内 2 个市场的形势。

国际市场形势分析的主要任务包括：对目标市场所在国家或地区经济周期的分析（指对处于萧条、危机、复苏或繁荣等经济周期不同阶段的市场形势分析）、重要经济指标的分析（如国内生产总值指标、工业生产指标、对外贸易指标、国际收支指标以及关于订货、投资、价格等的指标的分析），以及对拟出口产品的主要进出口国的分析（如对目标市场同类产品主要出口国家和主要出口公司的产品档次、质量、价格、竞争特点等的分析）。

国内市场形势分析的主要任务是：分析目标市场所在地区的经济形势、目标市场的竞争因素和目标市场的环境等。

（3）确认顾客需求

顾客需求是指顾客对家具产品适用性的需要、要求、愿望、期望的总和。顾客对家具产品适用性的需求，是顾客依据各自的客观需要决定的，通常反映在对家具产品的性能或功能、安全性、价格、交货期、质量和信誉等方面的需求。

家具企业为了满足顾客的需求，首先必须确定顾客对产品的需求。此外，尚需确定市场和销售地区，确定具体顾客的要求或评审市场的一般需求，并在组织内传达顾客的所有要求和确保各相关组织能够认可其具有满足顾客要求的能力。

了解与把握顾客需求乃是企业生产经营的前提和开发产品、进行经营决策的依据。企业应通过开展市场调查、征询需求意见、组织考察访问、听取用户信息反馈等多种途径，了解和确认顾客的需求，并对顾客的需求进行分析，然后形成产品说明或产品设想报告，以便为产品的设计和开发提供依据。

5.1.2　市场调查的主要内容与方法

市场调查是企业运用科学的方法，有目的、系统地对市场信息进行收集、记录、分析并加以利用的活动，它是市场研究的有效办法。

经常有效地开展市场调查，对于搞好家具企业的生产经营有着十分重要的意义。首先，市场调查有助于企业了解市场的现实需求和潜在需求，研究生产适销对路的新产品和改进老产品，确定产品的价格和适宜质量，提高产品的市场竞争力；其次，有助于拟定产品的营销策略，选择市场，确定流通渠道，降低销售成本；最后，有助于综合运用营销手段，提高管理效率，增强经济效益。

市场调查的内容是以市场分析和产品分析为基础的，围绕产品（Product）、价格（Price）、流通渠道（Place）、促销方式（Promotion）的组合战略（4P 策略）展开的。一般来说，无论什么类型的市场，都有下列 8 个方面的调查内容：

（1）市场环境调查

包括国内外的政治环境、经济环境、社会文化环境和自然环境等。

（2）技术发展调查

包括新技术、新工艺、新材料的采用，新产品技术水平与发展趋势，技术贸易市场上出现的成果与变化动态等。

（3）市场容量调查

包括现实与潜在市场对某种家具产品的需求量，同行或同类产品的需求满足率与市场占有率，各种产品的销售趋势，竞争企业的策略与动向等。

（4）顾客调查

包括行业范围、区域分布、消费心理、消费习惯、消费水平、购买力、购买动机、购买决策与动向等。

（5）产品调查

包括顾客对本企业产品质量、价格的评价，对各企业产品的接受程度与购买动向，竞争产品的质量特性，各种产品的经济寿命周期分析，产品组合调整的方向等。

（6）价格调查

包括顾客对产品价格的反映以及适宜的价格定位与市场依据，新产品定价与老产品调价，价格与营销的协调等。

（7）销售调查

包括影响销售好坏的因素、产品包装、储存、运输、国外市场销售情况等。

（8）推销调查

包括推销方式、广告媒介、服务方式等。

目前，市场调查的方法多种多样，按不同的标准可以划分为不同的种类。例如，从时间上看，有定期的和不定期的方法；从调查范围上看，有普查和典型调查的方法。一般把调查的方法归纳为以下4种：

（1）访问法

就是由市场调查人员对被调查者进行访问。一般有3种情况，即面谈调查、电话调查和书面调查。

（2）观察法

就是采用从旁观察、写实的方法来获取所需要的市场资料。此方法有一定的客观性，但只能观察表面现象，不能深入了解其内在因素。

（3）实验调查法

就是通过小规模的市场实验，并采用适当的方法收集、分析实验结果，进而取得市场有关资料。较为流行的是产品展销会。在进行设计改进、质量改进、价格调整时，为了了解市场上可能引起的变化，一般都采用这种实验调查方法。

（4）试用与试销法

这是为了取得市场情报而付出一定代价的方法，尤其适用于新产品的上市阶段。通过这种方法，可使顾客或商业网点与生产单位密切合作，从而取得真实和较为详细的信息，为产品的进一步改进以及预测需求量提供重要依据。有时，使用单位为生产单位做出使用鉴定，也会起到良好的宣传推销作用。

5.1.3　市场预测的主要内容与方法

市场预测是一种掌握市场需求变化动态的科学方法，又称为需求预测，其主要任务是在市场调查所获得的信息数据和资料的基础上，运用适当的方法来预测未来一定时期内市场的需求及其变化趋势。例如，市场占有率预测、生产预测、市场变化趋势预测等。

适合家具企业采用的市场预测方法主要有3类。

（1）经验判断法

这是在市场调查的基础上，凭借预测者的经验，通过分析、推理、判断，对市场未来的情况及其发展变化作出预测的一种方法。常用的具体方法有：判断收集法（或经理评判意见法）、销售人员估计法（或销售人员意见法）、用户调查法（或用户意见法）、

订货分析法、专家意见法等。

（2）时间序列分析法

这是把同一经济变量的实际数据按时间顺序排列，运用数学方法进行分析，找出其中的变化趋势和规律性的一种定量预测技术。在实际使用中，又可分为一系列的具体方法，如简单平均法、加权平均法、移动平均法、指数平滑法等。

（3）回归分析法

这是利用经济发展中各种变量之间的因果关系，根据某一变量的发展变化情况，来对另一变量的发展变化趋势作出预测的一种方法。常用的回归分析方法有一元和多元、线性和非线性回归等不同类型。

5.1.4　质量信息的分析与评价

在市场研究中，对于所获得的质量信息，必须经过分析与评价，得出必要的结论，以便作为质量决策的依据。质量信息的分析与评价应包括以下几个方面：

（1）质量分析

通过对市场调查、分析和研究，了解顾客对产品质量的要求，及时改进产品质量，取得市场竞争的主动权。

（2）用途分析

分析研究产品在使用中的性能、特点发挥的程度，不断发现产品的用途，以求开拓市场，打开销路。

（3）竞争分析

主要是分析和研究竞争对手的情况，并与其对比，找出本企业的产品在质量、价格、生产技术上的实力，以及存在的差距，以便取长补短，努力使本企业处于领先位置。

（4）顾客分析

了解消费者或顾客对产品的需求和潜在的期望与需求情况，为新产品开发提供依据。

（5）新产品开拓市场分析

新产品投放市场后，要及时、密切注意市场的反应，听取顾客的意见，以便迅速适应顾客的需要，不断扩大市场。

（6）产品市场寿命周期分析

产品市场寿命周期一般划分为4个阶段，即投入期、成长期、成熟期和衰退期。了解产品所处的阶段，便可以不失时机地采取对策。

（7）其他分析

如销售方式、广告、包装、储运等方面的调查分析。

通过以上的分析和评价，可以了解本企业同竞争对手在产品质量方面的差距，从而为改进和提高产品质量提供方向和依据。

市场调研的成果是最终确定产品质量要求并形成文件，例如，对于服务来说要制定出服务简报，对于实物产品来说要编制产品开发建议书。

5.2 产品设计开发过程的质量管理

产品设计与开发过程是指产品正式投产前的设计、开发、研制等工作或活动的全部过程，包括调查研究、制定方案、产品设计、工艺设计、试制、试验、鉴定以及标准化等工作内容。

5.2.1 产品设计开发的意义

设计开发对于产品质量的重要性和意义，体现在以下3个方面：

（1）产品设计开发是形成产品质量的首要环节

产品设计开发的质量"先天"地决定着产品质量，在整个产品质量产生、形成和实现过程中居于首位。设计开发质量是生产制造质量必须遵循的标准和依据，而生产制造质量则要完全符合设计开发质量的要求；设计开发质量又是最后使用质量中必须达到的目标，而使用质量是设计开发质量、生产制造质量的综合反映。如果设计开发过程的质量管理薄弱、控制不严，必将形成因设计开发"先天不足"而带来"后患无穷"的局面。对于技术含量高、结构复杂、试制周期长、费用高的成套产品，特别是一次生产的产品，对其设计开发过程的质量控制尤为重要。因此，家具产品设计开发过程的质量管理，是全面质量管理的起点，是企业质量管理体系中带动其他各个环节的首要一环。

（2）产品设计开发决定着产品的适用性

产品设计开发过程的质量是由市场研究质量、概念质量和规范质量所构成的。它决定着产品的技术水平、质量等级、功能特性、可靠性、可维修性、工艺性、经济性等产品自身的属性，关系着产品的质量水平是否适宜、是否满足需求和能否"适销对路"。所以，产品设计开发的质量从根本上决定着产品的适用性，是产品质量形成的关键环节。

（3）产品设计开发决定着企业的经济效益

产品设计开发是一项具有系统性和创造性的工作，它对产品质量、竞争能力和价格、效益等有着重大的影响。因此，企业必须采取各种有效的质量控制手段和方法，努力提高设计和开发的质量水平。

5.2.2 产品设计开发的任务

产品设计开发是一项复杂的系统工程，同时需要满足来自用户和制造两个方面的双向要求，图5-1所示为满足双向要求的逼近过程。

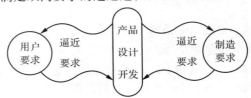

图5-1 满足双向要求的逼近过程

（1）产品质量的识别

清楚了解什么样的顾客需要什么样的产品及服务；这些顾客将来可能需要什么。对一个企业来说，没有什么事能比这个更基本，更重要。并且，上述问题明显处于企业中心地位，所有其他的事都围绕着它而开展。既然如此，产品设计开发质量目标的基本出发点就是满足用户要求。为此，正确识别用户的明确要求和潜在要求是首要的任务，也是确定新产品设计开发的依据。识别的整个过程就是大量收集情报，并进行系统分析的过程。识别的范畴和类别包括：

第一，社会动态、市场情报。国内和国外经济形势、市场规模的变化趋势和市场预测、市场评价、安全及环境法规、新材料新技术动态等。

第二，竞争对手的情报。相关公司（企业）市场占有率比较分析、产品开发动向、未来发展战略及课题方向、竞争产品的性能与特征、与竞争对手产品的比较分析等。

第三，用户的情报。用户满意程度的测试、用户对同类产品生产厂家的评价、用户对产品的改进意见、用户对产品价格的期望值和承受能力、用户使用环境和使用方法等。

（2）逼近过程

经过识别确认的产品质量目标，明确了产品设计的标准，即产品在性能、成本、安全性、可靠性、生产性、维修性、服务性、使用费用、人类工效、对环境的影响以及对法规的符合性等各方面都要充分满足用户的要求。实际上，要完全满足上述客观要求是十分困难的。因此，在产品设计开发过程中只能努力逼近这一目标，只有最佳逼近才能产生优秀的设计成果。

用户要求的最终实现是通过制造过程完成的，因此，设计过程的另一重要质量标志是对制造要求的符合性，这也是一个动态的逼近过程。制造对设计的要求表现在以下方面：产品材料的合理性、产品结构的工艺性、产品造型的可行性、标准化水平、消耗及成本、试制周期、生产效率等。

5.2.3 产品设计开发的阶段划分

产品设计开发过程的阶段划分因产品的类型、规模等的不同而异。在实际工作中，有各种不同的划分方法，一般可以分为以下几个阶段：

（1）产品构思阶段

根据市场需求，并通过市场调研，寻求新产品开发的方向，提出产品开发建议书。这时如有多种新产品可供选择，应结合市场需要和企业的实际，从中选择某项比较容易成功的产品，或排出一个优先顺序，以便进一步论证选择。

第一，产品构思模式。产品构思又称产品设想。企业在市场研究的基础上，根据社会、经济、自然环境以及技术发展动向并结合顾客的需求提出产品的构思。产品的构思开发通常有2种模式，一是需要吸收型；二是技术推动型。

需要吸收型是企业的产品研究与开发部门根据市场需求设计出新产品。由于与市场进行了充分的双向交流，这种产品构思成功的可能性较大，盲目性较小，较适用于中小型企业开发产品。

技术推动型是企业的产品研究与开发部门根据科学技术的发展成果以及本企业的资源与技术实力，主动提出产品构思，促使顾客产生对新产品的需要。如果对顾客的需要考虑得不够充分，即使产品在技术上具有先进性，其成功的可能性也许会相对较小。这种模式较适合技术实力强的企业。

第二，编制产品开发建议书。新产品构思，尽管是在市场研究的基础上产生的，但毕竟还是很笼统和模糊的。为此，还应提出具体的新产品开发方案，即编制产品开发建议书，以便为设计开发提供完整的分析依据。

产品开发建议书一般包括以下内容：开发新产品的目的；市场调查结果分析；技术调查结果分析；顾客调查结果分析；新产品方案设想、建议和功能分析；采用国内外先进技术的建议；先行试验和关键技术课题或试验项目；新产品预计产量，成本与价格目标，销售地区和销售渠道的建议；投资预算和产品开发日程建议；开发进程及其他建议等。一般来说，家具产品可根据其结构、技术的具体情况精简建议书中的有关内容。

第三，新产品开发决策。为了确保新产品的开发成功，要对各种开发方案进行分析、研究，最后作出可否开发的决策。企业的高层决策机构与决策者，在组织新产品开发中应充分吸收从事新产品开发的科技人员、管理人员和营销人员等共同参与，以科学的程序确保决策的正确与果断。

（2）总体方案设计阶段

在审查产品开发建议书的基础上，制定新产品设计计划任务书。该文件应明确指出开发新产品的目的或目标，以及新产品的质量指标，即性能、规格、寿命、可靠性、安全性、外观要求等指标。

根据计划任务书开展总体方案设计，确定新产品的外观造型、材料、结构、总体布局、系统配置以及产品性能指标等，一般用设计草图（理念草图、式样草图、结构草图等）来表达。设计草图通常是徒手勾画的立体图（轴测图或透视图）或主视图，而且有时往往既画透视也画视图，必要时还要画出一些细部结构，以便全面表达设计者的设计意图。

然后，由设计负责人或主任设计师主持，各有关部门参加，进行设计方案评审，即评价设计方案是否符合设计质量目标，论证新技术、新工艺、新原理、新材料采用的必要性和可能性，并论证该产品设计、生产和使用的经济合理性。

（3）初步设计阶段

初步设计是从自然科学原理和技术效应出发，对构思阶段产生的备选方案和设计草图进行评估，通过优化筛选，找出最适宜于实现预定设计目标的造型方案。这个阶段主要是技术设计工作，即进行设计计算、模拟试验、设计图设计、参数设计，以及设计评审工作，并要解决外观造型、基本尺寸、表面工艺、材料与色调等基本问题。这是结合人体工程学参数，对功能、艺术、工艺、经济性等进行全面权衡的决定性步骤。

初步设计的表达可以通过设计图、造型图或效果图、模型或样品来实现。初步设计是在对草图进行筛选的基础上画出方案图与彩色效果图等正式的设计图。这个阶段提交的结果，包括能表达产品的形态、色彩和质感的设计效果图、有尺寸依据的产品结构的三视图和设计模型等。初步设计应给出多个方案，以便进行评估，选出最佳方案。

设计评估是对各个初步设计方案按一定的方式、方法对评价的要素进行逐一的分析、比较和评估。设计评估，一般是通过调查、会议、问卷等不同形式，按不同的评价方法和评价要素分别对不同的方案进行评价，最后获得一个理想的设计方案。一般的评估要素有：功能性、工艺性、经济性、工效性、美观性、市场需求性、使用维护性、质量性能、环保性等。

（4）详细设计与样品试制阶段

详细设计又称施工设计，它是方案设计的具体化和标准化的过程，是完成全部设计文件的阶段。在家具效果图和模型或样品制作确定之后，整个设计进程便转入生产施工设计阶段。施工设计阶段的提交结果，包括各种生产施工图和设计技术文件。

生产施工图是设计的重要文件，也是新产品投入批量生产的基本工程技术文件和重要依据。它必须按照国家制图标准，根据技术条件和生产要求，严密准确地绘出全套详细施工图样，用以指导生产。施工图包括结构装配图、部件图、零件图、大样图和拆装示意图等。对于表面材料、加工工艺、质感表现、色调处理等都要有说明，必要时还要附有样品。

设计技术文件主要包括零部件（含外协件、外购件、五金配件等）明细表、原辅材料明细表（用料清单）、工艺技术要求与加工说明、零部件包装清单与产品装配说明书、产品设计说明书或设计研发报告书等。

在完成生产施工图设计和保证设计系统协调性的基础上，进行设计图纸的审查（工艺性、标准化、图面规范的审查），使技术文件达到齐全、统一、正确、清晰等基本要求；同时进行生产前准备，并转入样品试制和试验，并对试制的样品进行性能评价，评价产品是否达到了设计目标，决定是否能投入小批试制生产，以此发现设计上的缺陷，作为确保设计质量的重要手段；最后进行工厂级的设计鉴定或设计定型工作。

（5）小批试制生产阶段

这一阶段主要是考验生产工艺，经过小批试制生产，解决和排除质量上的问题，并对小批试制生产出来的产品进行市场试销、使用试验和使用调查，收集有关意见和信息反馈，进行调整或修改设计，并进行工厂级的生产定型，然后转入小批量生产。

（6）小批量生产阶段

小批试制生产的新产品在市场中的试销和试用，可以收集到用户的意见，然后设计部门根据用户要求作必要的修改，完善设计，同时，工艺部门进行生产准备，在产品定型后，就可组织小批量生产并投放市场。

在这一阶段，要对初期产品进行市场评价，主要是组织用户或经销商对产品性能、可靠性、实用性等进行评价，评价产品的设计质量和制造质量，目的是审定产品是否得到用户的满意，以及能否转入大批量生产。

5.2.4 产品设计开发的质量职能

为了有效地发挥产品设计开发的质量职能，必须对设计开发进行策划、安排和控制，包括确定设计开发过程的阶段，确定适合各阶段的评审、验证和确认活动，实行技术与组织的接口管理，明确职责分工和权限并实施有效的沟通。通过实施产品质量计划，执行设计开发程序、质量法规和有关标准，运用保证设计质量的科学手段与方法，以经济合理的新产品开发周期，设计出具有适用性的产品。其具体质量职能可归纳为以下几个方面：

第一，研究和掌握顾客对产品的适用性要求，做好技术经济分析，确保产品具有竞争力和适宜的质量水平，使企业和社会均能获得效益。

第二，认真按照产品设计开发策划或产品质量计划所规定的内容和要求开展工作，并对其各个环节实施有效控制。

第三，运用可靠性技术及早期报警手段（如投资风险分析、设计评审、故障或缺陷分析、样品试制、市场试销、小批试生产等），加强早期管理和先期策划，防患于未然，确保设计工作质量。

第四，组织好与保证设计质量有关的其他活动，进行设计改进，提高设计效率，做好产品质量特性重要性分级和传递工作，为工艺准备、采购供应、生产制造、试验检验等进行重点控制提供依据。

第五，组织设计开发评审，使设计开发的产品力求达到美观、好用、耐用、安全、可靠、环保、经济、高效的良好质量效果。

第六，失效模式及影响分析。为了减少事后的风险和损失，较容易地、花费代价较少地对产品设计进行修改及对不同的设计方案进行客观的评价，事先应进行设计失效模式及影响分析（Failure Mode and Effects Analysis，简称 FMEA）。这是一门分析技术，是以产品的元件或系统为分析对象，通过设计人员的逻辑分析，预测结构元件或装配中可能发生的设计方面潜在的故障，研究故障的原因及对产品质量影响的严重程度，并在设计上采取必要的预防措施，以提高产品可靠性的一种有效方法。

第七，进行样品试制、小批试制和评审鉴定，验证批量生产的工艺、工装，确保产品质量稳定。

第八，加强设计开发质量信息管理，加强更改的文件、资料控制。

5.2.5 产品设计开发的评审工作

产品设计开发的评审工作简称为设计评审（designing review，DR），是重要的早期报警措施，也是产品设计阶段最重要的质量保证活动。为了尽早地把设计缺陷消除在设计过程之中，提高设计和规范质量，必须运用设计评审这样一种有效的控制手段，以利于及时采取纠正和完善措施。

设计评审是为确定设计开发达到规定目标的适宜性、充分性和有效性所开展的活动，是为了评价设计开发满足要求的能力，以及识别出任何问题，并提出必要的措施而对设计开发所进行的综合的、系统的并形成文件的检查。

设计评审可以在设计过程的任何阶段进行。在设计的适当阶段，应有计划地对设计结果进行正式评审，并形成文件。每次设计评审的参加者应包括与被评审的设计阶段有关的所有职能部门的代表，需要时也应包括其他专家。这些评审记录应予以保存。

（1）设计评审的作用

第一，保证产品的适用性要求，及时纠正不能满足产品适用性要求的缺陷和无助于产品适用性而无谓增加成本的做法。

第二，补充设计开发人员知识和经验之不足，集中工艺、制造、检验、销售、采购、设备、管理等部门的人员充分论证，集思广益，使设计开发更加合理。

第三，防止设计开发质量的片面性。设计开发质量不仅表现在产品结构和技术的先进性上，而且必须反映市场和用户的需求，以及满足可靠性要求。要防止不顾市场需求，片面追求结构新颖和指标先进，造成售价过高、不受用户欢迎、影响企业效益的情况发生。

（2）设计评审的要点、内容与要求

设计评审是一项集思广益的咨询活动，评审时应广泛听取来自各个方面的建设性意见，贯彻设计质量责任制，不以行政手段或少数服从多数的形式替代设计开发人员对设计方案的抉择权限。

设计评审有助于进一步完善设计规范，以保证产品在其寿命周期内完全具备规定和需要的各项质量特性，提高用户的满意程度。因此，设计评审应以满足用户的要求为前提，以贯彻有关的标准、法令、条例为制约，要站在制造厂和用户共同利益的立场上评审产品的适用性、工艺性、可靠性、可维修性和安全性、寿命周期成本等内容。在评审产品生产制造的可行性的同时，必须注重工艺试验，提高工艺能力和技术水平。

设计评审工作的内容一般包括：选择评审标准，确定各阶段评审的对象，对新产品的有关质量特性进行试验、测量和验证，按照评审标准加以衡量，然后做出评审结论，为下一阶段的设计开发工作指出方向与目标。

从产品开发设计的全过程来看，通常应将初步设计、技术设计、施工图设计、改进设计以及小批试制阶段的工艺方案列为评审点组织评审。设计评审应根据产品的设计性质、复杂程度、技术难度和生产性质等特点，抓住影响设计和规范质量目标的关键决策点，进行包括与用户需要和满意有关的项目、与产品规范有关的项目、与工艺规范有关的项目等方面的内容进行评审。设计评审的内容和要求，即设计评审要素，应按具体的设计阶段和产品加以考虑（表5-1）。

（3）设计评审的阶段

通常按照新产品设计开发工作的程序，可将设计评审工作划分为以下几个阶段：

第一，初期评审。此时设计处于开始阶段，初期评审是设计工作的基础和起点，这一阶段要求对任务和方案做概略的分析和论证，其内容偏重于对技术理论、设计原理以及技术经济效果和实现技术方案可能性等方面的论证和评审。

我国的一些企业在实践中已逐步总结出关于做好设计工作、提供质量保证的一些经验，这些经验可以概括为3条原则。为了做好初期评审工作，同样也必须遵守这些原则。

■ 采用新原理、新结构、新技术、新材料等要有实验依据，要有预先研究的成果。这就是说，重大的技术关键项目必须在确定总体方案之前基本上解决，达到实用程度，否则就不能进入产品设计阶段。

表 5-1 设计评审的内容与要求

设计评审项目与内容		初步设计评审	技术设计评审	施工图设计评审	工艺设计评审	改进设计评审
与用户需求和满意有关的项目	将材料、产品和工序的技术规范与产品概要中表达的用户需求进行对比	√	√	√	√	√
	通过样品的试制、展示、试销，对设计进行确认					√
	产品在预定使用场所和环境条件下的适应能力	√	√	√		√
	考虑误用和滥用问题	√	√	√		√
	安全和环境相容性、环保性	√	√	√		√
	是否符合法规、国际和国家标准及公共惯例	√	√	√		√
	与竞争的设计进行对比	√	√	√		√
	与同类设计进行对比，对过去内部和外部发生的问题进行分析，以防止问题再次发生	√	√	√		√
与产品规范有关的项目	可靠性、耐用性和可维修性方面的要求	√		√		√
	允许尺寸误差与加工精度的比较			√	√	√
	产品的接收和拒收的准则			√	√	√
	可安装性、易装配性、贮存期限和可处理性			√	√	√
	良性故障和缺陷程度	√		√		√
	外观要求及其接收准则	√	√	√		√
	失效模式及影响分析	√		√		√
	诊断和纠正问题的能力		√	√		√
	标签、注意事项、标记、可追溯性要求和使用说明书		√	√		√
	标准件、外购件及五金配件的审查和使用			√	√	
与工艺规定有关的项目	设计的工艺性，包括特种工艺、机械化、自动化、数控、零部件的装配和安装	√		√		
	设计的可检验性和可试验性，包括特殊的检验和试验项目			√	√	√
	材料、零件、部件规范，包括已被认可的外购、外包及供方情况			√	√	
	包装、搬运、防护和贮存期限要求，特别是与进货和产品交付有关的安全因素			√	√	√

■ 设计中的系统或项目必须成套论证、成套定型、成套生产、成套交付，突出重点，顾及一般。如果不是系统地组织产品的设计工作，那么即使难题解决了，由于一些容易解决的部件或配件未能预先落实，性能指标达不到要求，同样也将对全局产生重大影响。

■ 设计出的产品必须做到"好用、好造、好修、好看、好销"，以满足顾客使用要求为前提，以提高产品生命力为重点，以经济合理为目的。

第二，中期评审。这是指从设计开始至设计定型之前的评审工作，其特点是具体、深入、仔细，其目的是验证产品设计的正确性。中期评审包括：

■ 理论验证。把方案的技术条件通过公式（或模拟）进行计算，验证设计的科学性。当有多种方案时，可以取得比较数据，从中鉴定方案的优劣。

■ 模型验证。把有希望的方案制成模型进行试验，取得初步资料。也可建立实物模拟试验，对系统进行全尺寸或缩小比例的实物模拟试验。

■ 样品验证。把有希望的方案制成样品，通过现场试验、展示，取得必要的技术资料，以验证数据的正确性。

第三，终期评审。这是指在新产品样品制成之后进行的评审，重点是全面审查新产品各项性能指标与生产成本是否符合原定的各项要求，以便为投产做好准备，防止出现的各种问题。终期评审的主要形式是设计定型鉴定和生产定型鉴定，必要时，还应包括对初始试验所用的样品的说明以及在鉴定试验中为纠正不足所进行的修改的说明，以便为投产做好准备，防止出现其他问题。它通过获得技术经济效果的数据分析，做出设计开发成败的结论。

第四，销售准备状态评审。这是确定组织是否有提供新产品或重新设计产品的能力。评审的内容主要包括：安装、操作、维护和修理手册是否齐全并适用，是否有适宜的销售和售后服务，现场人员培训，备件的提供情况，现场试用情况，完成鉴定试验情况，产品及其包装和标签的实际检验情况，生产设备的过程能力符合规范的证据。

第五，事后评审。为了考核新产品的实用效果，以及质量指标是否满足用户的使用要求，在投产并交付用户使用一段时间之后，一般要进行事后评审（又称实用评价，或设计再鉴定）。同时，为了确保设计的持续有效，应定期对产品进行评价，其中包括根据现场试验、现场使用情况的调研或新工艺和新技术，对顾客的需要和技术规范进行复审。可采用走访用户、召开用户座谈会等形式，收集用户意见，作为进一步改进产品质量的依据。

第六，设计更改控制。为了有效地开展设计开发质量管理，对设计定型文件发放、更改和使用应有相应的规定和办法。为使设计的更改得以有效控制，必须制定设计更改程序，这些程序应对各种必要的批准手续、执行更改的指定地点和时间、从工作现场收回作废的图样和规范以及在指定的时间和地点对更改进行验证等方面做出规定，程序中还应包括紧急更改办法，以防止不合格品的生产和交付。当对设计定型文件有重大更改，或更改部位较多、更改数量较大时，对产品质量有较大影响或随之而来的风险超过一定的限度时，应考虑再次进行正式的设计评审、确认试验或复查鉴定。在复查鉴定时，应注意保证所有的设计更改不致使产品质量降低，保证所进行的设计更改经过实践的考验符合设计基本文件规定的全部要求。

（4）设计评审的组织

对于产品的设计评审工作，其主要形式是评审会议，应该有两部分人参加，即直接参与设计的各方面人员和不直接参与设计的有关专家与相关部门的代表。例如产品开发设计师，质量保证部门的可靠性工程师和质量控制工程师，制造工程部门的工艺工程师，以及生产管理、采购、工具制造、材料、检验、包装、维修、销售等部门代表，经销商和用户代表。特别强调的是要吸收没有直接参与设计的有关人员参加评审工作。这种评审形式的特点是：

第一，评审活动带有强制性。严格按阶段、按项目、按规定标准进行全面的审查，并实现有记录、有决定、有检查、有执行。这样做有助于早期报警，采取预防措施，确实起到保证设计质量的作用。

第二，评审的重点是研究该项设计的改进和完善的措施。专家们听取设计师的汇报和了解相关技术资料后，提出在设计、制造、测试、使用、维修等方面可能出现的问题，以及对改善工艺性、提高可靠性和经济性等方面的意见，帮助设计人员纠正错误和弥补不足，这样可以收到集思广益的效果。

第三，打破"设计垄断"的局面，但又不改变原设计人员的责任及其最终设计决定权。"设计垄断"是一个通病，通常是设计部门对设计的决定已经达到不容别人挑剔的地步。除非产品试验或使用中出现了毛病，否则，他们一般不会听取别人的意见。组织各方面的专家参加评审工作，可以从多方面指出设计师们考虑欠周之处。例如，可靠性工程师、工艺工程师、销售人员可以提出设计师所未能考虑到的改进方案；与本项目无关的设计专家可以比较客观地指出设计方面的缺陷。因此，设计评审改变了过去一直由设计部门自己审定设计的传统做法，有利于打破设计工作中可能存在的偏见，同时便于组织横向协作，使产品设计工作能够顺利进行，从而更好地保证设计质量。

5.3 物料采购供应的质量管理

在家具企业生产中，与基本制造过程直接相关的物料，包括原材料、辅助材料、外购件、外协件等，经过采购与供应过程，均直接或间接地转移到产品中去，成为家具企业产品的组成部分。显然，这些物料本身质量的好坏，直接影响到产品质量。因此，物料采购供应质量管理的任务就是要保证所采购到的物料符合规定的质量标准，做到采购及时、方便，并综合考虑质量、价格、交货期等诸因素，以求合理恰当的平衡。同时要在保证满足生产需要的前提下，减少储备量，以加速资金周转。物料采购供应质量管理是家具企业质量管理的一个重要内容。

5.3.1 物料采购的质量职能

（1）传统采购与现代采购

需方与供应厂商的关系可以有多种形式，如合同关系、合作关系、对手关系等。决定与供应商的关系形式最主要的因素是所采购物质的性质。弄清这个事实很重要，因为现代的采购与传统的采购有很大的不同。传统采购一般是当面现场交易，或签订采购合同，交货时由需方检查验收。而现代采购，需方要在了解供应商在设计、工艺、制造、试验、服务等方面的能力的基础上，才能决定是否采购或签订合同。因此，现代采购的着眼点就不是局限于具体采购，更重要的是要与供应商建立更为密切和比较全面的关系，这一点对我国大多数家具企业来说具有十分重要的现实意义。表5-2将传统采购与现代采购进行了比较。

因此，在现代家具企业生产中，为了搞好物料采购和保证物料采购质量，一般应采取以下措施：

■ 充分了解物料供应动态，收集市场有关情报信息，并预测未来市场供应情况。

■ 尽可能选择质量好、价格低、交货及时的供应商和协作单位。

表 5-2 传统采购与现代采购的对比

序号	传统采购	现代采购
1	天然材料或半加工材料	除物料之外，还购买设计、计划和技术服务
2	公差大、质量不稳定	精度高、可靠性高
3	规格要求笼统	设计完善、参数已定量化
4	单独使用、互换性差	适应性强、互换性高
5	主要靠进货检验	单靠进货检验已经不够
6	外购范围有限，但买卖双方所处地区邻近，反馈路线短	外国范围广泛，买卖双方所处地区广阔，距离远近不一，反馈路线长
7	买卖双方互相保密	相互交流很重要，但个别项目保密
8	单线联系	多线联系
9	供应厂商只管供货	负责供货并提供合格证明

■ 正确处理好与供应商或协作单位的关系。

■ 充分了解供应商产品的设计、工艺、生产、服务等情况，掌握其技术和质量保证能力。

（2）采购的质量职能

物料采购的质量职能就是为产品提供质量"早期报警"。为了执行这一质量职能，一般要进行以下活动：

■ 明确采购的质量文件和对合格供应商或协作单位的要求，采用适当的方法及时、明确、准确、完整地提出采购要求。

■ 对多种多样的供应来源进行调查和评价，选择合格的物料供应商或协作单位。

■ 明确质量保证协议，确定在处理与供应商或协作单位关系中有关质量方面的方针。

■ 制定审查供应商或协作单位资格和检验其产品质量的正式程序，组织好进货检验，完善进货质量记录。

■ 规定验证方法，以尽量避免供需双方因检验方法不同或技术规范的解释不同而产生的争议。

■ 供需双方共同制定计划，分头执行，建立双程多线交流沟通制度。

■ 交换检验资料，确认检验结果。

■ 规定查明差错和采取纠正措施的办法，明确处理争端的方式方法。

■ 对供应商或协作单位进行监督。

■ 协助供应商或协作单位改进和提高产品质量。

■ 帮助供应商或协作单位进行质量评级。

■ 制定物料采购（或供应）手册。

5.3.2 供需关系方面的决策

（1）自制与外购的决策

随着科学技术的进步和生产力的发展，生产的社会化程度和专业化水平提高，分工越来越细，协作面愈加广泛。一般说来，从总的经济效果来衡量，提高采购材料、毛坯、半成品、成品件的比例所带来的经济效果比自制所带来的经济效果要大得多，并且能够使本企业集中精力于某些关键技术方面的提高，从而不断地增强产品在市场立的竞争能力，保证产品在性能和经济性方面处于领先地位。

物料采购的决策方案，一般由企业的质量管理部门、生产部门和采购供应部门共同研究确定。它要考虑到经济性的要求和供应商或外协单位的质量保证能力。一般在以下几种情况下考虑外购或外协：

■ 一般原材料、辅助材料都由外厂购入。

■ 标准件、通用件、五金配件等绝大多数外购入厂。

■ 毛坯、半成品，如果本企业有能力制造，且经济性较好则自制，本企业能力不足或自制的经济性差者则寻求外协。

■ 如果本企业能力不足，则尽量采用扩散的方式，寻找协作单位制造零部件。

■ 与本企业技术领域差别较大的配套成品，则按最终产品的需求和规格，向外企业订购。

（2）选择单一货源与多种货源

随着企业采购自主权的扩大、供货渠道增多，企业须就选择单一货源还是多种货源做出决策。企业是采用单一货源、还是采用多种货源，不能一概而论，必须具体分析，决定取舍。

第一，多种货源的优缺点。优点是："货比三家"，择优选购；供应商处于竞争状态下，会努力提高产品质量；供应商较主动地满足买方的要求。因而，对那些重要的物料采购以多种货源为宜。其不足之处是需要对供应商进行多次调查，费时费钱。

第二，单一货源的优缺点。买卖双方关系稳定，互相了解、共同协作；一般因采购数量多，在价格方面可以得到优惠等是单一货源的优点。采用单一货源的缺点是由于没有供应商之间在质量价格、服务等方面的竞争，因而使买方失掉竞争所带来的好处；由于是单一货源，所以一旦供应商出现意外事故，就会影响买方的生产经营活动，可能会承受经济损失；由于只此一家，供应商缺乏改进质量的积极性。

因此，为解决单一货源的缺点，实践经验表明，

可以采用以下解决办法(也适于多种货源):

■ 向供应商介绍自己所需产品的用途,以便供应商努力达到质量标准(即使达不到也能满足适用性的需要)。

■ 按材料或产品质量特性的重要程度分类,以便使供应商集中精力解决关键的质量问题。

■ 向供应商提供资金援助,使之购置为提高质量所需要的机器设备和检验测量手段。

■ 帮助供应商研究提高工序能力等。

■ 需(买)方增加本企业的检验测试手段,加强进货或来料筛选。

■ 需(买)方增加本企业的加工力量,以便返修未达到规格的材料或产品。

■ 由外购、外协改为自制。

■ 更换供应商。

■ 修改设计,取消供应商供应的那种材料。

■ 请与供应商有业务往来的第三方出面干涉、仲裁。

■ 与其他买方协商、共同帮助供应商提高产品质量。

■ 说服供应商的管理部门采取合作态度,以便保持关系,促使单一货源的供应商提高产品质量。

(3)同供应商的关系

需方把供应商或协作单位主要看作是本企业内部的一个部门,还是作为一个"外人"看待,任其自行其事。一般说来,在现代采购中,相互依赖的关系居于主导地位;而传统采购,可以保留两个独立的天地。由此可以决定选择需方与供应商的关系的形式。一般有以下3种形式:

第一,对手关系。供需双方不强求保持长期关系,但求获得眼前利益,因此,互相猜疑,从而排斥了互助和其他形式的密切合作。这种对手关系往往在进行价格、质量、交货期的谈判时明显地表现出来。

第二,合同关系。一般作法是"公事公办","不即不离","保持安全距离",保持非敌非友关系。所有这些关系都受法律要求和程序所制约,协约双方是法人之间的关系。

第三,合作关系。这是一种建立在相互信赖基础上的关系。双方共同计划,互帮互助,开诚布公,有计划地使关系不断发展,供应商被当作需要方(买方企业)的延伸部分。这种关系适用于现代产品采购业务,因为它的合作性质,显示出保证质量的优越性。我国的大多数中、大型家具企业与提供物料的小企业及协作厂,通常都是建立这样的关系。

(4)处理供需关系的原则

为了处理好供需双方的关系,双方应相互信任,相互协作,怀着共存共荣的观念和企业的社会责任感,诚实地履行下述10条原则:

■ 需方和供方有责任相互理解对方的质量管理体系,共同实行质量管理。

■ 需方和供方必须各自具有自主性,并且相互尊重对方的自主性。

■ 需方有责任向供方提供明确的要求,使供方清楚地知道制造或提供什么产品好。

■ 需方和供方在开始交易时,必须就质量、数量、价格、交货期、支付条件等签订合同。

■ 供方有责任保证质量,使需方在使用中能够满意,而且有责任提供必要的客观数据。

■ 需方和供方必须在签订合同时确定好解决双方之间各种纠纷的方法、程序。

■ 供需双方必须在签订合同的同时确定双方都满意的评价方法。

■ 需方和供方必须相互站在对方的立场上交换双方实行质量管理所需要的信息。

■ 需方和供方必须对订货、生产、库存、计划、事务处理、组织等充分进行管理,以使双方关系经常保持正常。

■ 需方和供方在进行交易时,必须经常充分考虑最终消费者的利益。

结合我国家具行业的实际情况,在处理供需双方关系时,大体上应该遵循以下6条原则:

■ 效益原则。企业在决策产品自制或外购、外协时,首先应该以经济效益为决策的指导思想,在充分调查研究的基础上,权衡效益,作出决策,从而使外购、外协工作在有效益的前提下开展起来并落实下去。

■ 法规原则。在进行外购、外协活动中,协作双方自始至终都必须贯彻执行国家方针、政策、法纪。供需双方必须按合同办事,对合同承担责任,履行义务。

■ 计划原则。一个企业的外购、外协产品或零部件,均要编制外协配套计划,并作为企业生产经营计划的一个重要组成部分来进行管理,使活动在计划指导下进行。

■ 择优原则。在选择供应商,确定协作网点时,要采取多方位择优办法,价格上就廉、质量上就优、路途上就近等,以确保协作定点的可靠性。

■ 平等原则。供需双方无论大小,应平等相待,双方的关系是相互依存,共同发展的关系,在技术上、管理上要互相指导支持，以不断加强和巩固合作关系。

■ 整体原则。供需双方要顾大局、识整体、急对方之所急，同舟共济，切实履行合同。

5.3.3 供应商的选择

确定供需关系的原则以后，就要依此选择供应商。

(1) 对合格供应商的要求

供应商提供满足需方需要的合格的产品，对于需方是十分重要的。因此，选择合格的供应商是采购活动的首要工作。

合格的供应商应具备完全满足规范、图样和订货单要求的能力。具体说来，就是：

■ 提供合格的材料和产品。

■ 按时交货。

■ 满足数量要求。

■ 价格合理。

■ 服务周到。

供应商是否具备这种能力，在签订合同之前是很难把握的。一般来说，可以采取以下办法来了解供应商是否具备这些能力：

■ 根据供应商的信誉，对比类似产品的历史情况，对比其他用户的使用情况，凭经验来考虑选择供应商。

■ 根据供应商提供的样品进行评价来选择供应商。

■ 对供应商的能力和质量体系进行现场调查和评价来选择供应商。

■ 根据是否取得有关质量认证机构的质量体系认证证书来选择供应商。

(2) 对供应商的调查和评价

对供应商调查是对供应商质量能力做出的一种预测。一般是派出一组有资格的观察员对供应商进行访问。观察员了解设备，研究各种程序，同负责人交谈并收集有关资料。通过这些工作，他们就能够对供应商是否有可能交付优质产品做出有用的预测。

要使预测结果尽可能如实反映实际情况，就需要对调查的方法和内容作认真细致的考虑。总地说来，调查的方法切忌形式主义，调查的内容力求全面。经验表明，为了做到有的放矢，心中有数，最好是事先编制调查表，寄发给被调查的供应商，要求如实填写。需方企业的调查组在研究供应商提供的信息之后，再到现场进行访问、调查、核实。调查表的要点

大致包括以下内容：

■ 经营管理。包括宗旨、质量方针、组织机构、在质量上承担的责任等。

■ 设计能力。包括组织机构、采取的制度、规范的质量、现代技术的运用、对可靠性注意的程度、工艺变更的控制等。

■ 制造能力。包括技术装备、设备保养、特殊工序、加工能力、工艺策划的质量、批别质量的辨认和追查能力等。

■ 采购控制。包括规格、供应关系、程序等。

■ 质量控制。包括组织机构、质量控制方法的有效性、质量计划（包括材料、在制品、成品、包装、储存、运输、使用、现场服务）、质量标准、质量规范、对执行计划的审查等。

■ 检验和试验。包括试验手段、特种试验工具仪表、计量控制、检验管理等。

■ 质量协作。包括协作组织、订货单分析、对分包厂的控制、质量成本分析、纠正措施的环节、不合格品的处置等。

■ 资料体系。包括设备、程序、报告、以及信息反馈系统的有效程度等。

■ 技术人员。包括技术培训规定讲授的内容、方法程序、群众质量管理等。

■ 质量成果。包括成绩表现、有声望的用户和分包商对供应商的意见和评价。

5.3.4 供应商的关系处理

在确定供应商之后，供需双方就要签订合同并执行合同。但在现代采购业务中，虽已对供应商进行了调查和评价，实质上是对供应商能力的一种预测，很难十分准确。因此必须处理好与供应商的关系，才能真正提供质量保证。

(1) 制定联合质量计划

现代产品的采购，不仅购买产品本身，而且还要购买供应商在产品设计、制造工艺、质量控制、技术服务等方面的能力。要有效地购买供应商的这种能力，需要把他们和购买者组织里的对等能力相互协调起来。协调的办法就是制定联合质量计划，并将此方面的计划内容写入双方真实合同或协议文件中去。这一般包括经济、技术、管理3个方面。

第一，经济方面。包括进行价值分析，以便协助买主从合同中取得最大的价值；对成本、质量和交货期等方面进行综合平衡，以便实现最佳成本；对使用寿命周期费用进行审查，使产品整个寿命周期内使用成本降到最低水平。在有些情况下，共同制定经济方

面的计划可以修正合同中担保条款或现场服务条款。

第二，技术方面。需要制定一系列的技术计划，如产品设计、工艺设计、生产组织、检验与测试等计划与方案，这涉及到买卖双方的各种职能。

第三，管理方面。主要是识别必不可少的管理活动，并且建立明确的责任制来进行这些活动。此外，还要进行沟通买卖双方渠道的工作，建立迅速、灵敏的信息反馈渠道，变单线交流沟通为双程多线沟通，并保证各交流路线畅通无阻。

（2）对供应商的合格判断审核

需方与供方应就检验方法达成协议，所签订的协议应能使对质量要求和检验、试验与抽查方法的解释的困难减至最少，保证双方对产品质量的检验具有可比性，从而保证检验数据的统一性。需方应制定进货检验计划，作为总检验计划的一部分，应在最佳成本条件下，选择合适的检验项目和检验水平，并慎重确定被检验物资的质量特性。在采购的物资到达前，应确保必要的工具、检测器具、仪器和设备完好无缺并经周期检定合格，同时还必须配备训练有素的工作人员。最后，还要保存与接收的产品质量有关的质量记录，这既可达到可追溯性的目的，还可利用这些资料来评价供方的工作和质量的趋势。

经验表明，供需双方通过有效的管理方法，做到互相信赖对方的检验、测试数据，有利于搞好双方关系。一种有效的管理方法就是"合格判定审核"。

"合格判定审核"这一概念是指为了简化入厂检验手续，提高检验工作效率，同供应商建立长期、稳定的关系，从而有效地保证产品质量，需方对供方的检验工作能力所作的审核。这一方法的具体做法如下：

- 供应商在交付各批货物时，随时提交检验数据。
- 需方进行入厂检验，并把检验结果与供应商的检验数据合在一起列表对照比较。
- 经审核认为供应商的检验结果准确、可靠、可信任，则减少入厂检验，改为定期检验复核。

（3）对供应商的监督

监督供应商是指为了保证供应商所提供的产品符合既定标准或适用性的要求而进行的一切活动。所谓监督，包括程序的、工艺的和产品的各种审核，以及购买者所执行的任何检验。

监督也属于"早期报警"的范畴。通常有2种监督方式。一种是通过对供应商的定期访问来实施监督；另一种是派出驻厂代表执行对于某些重大产品或危及人身安全和有重大影响的产品的经常性监督。

如果执行得好，监督活动可以在产品不符合规格或不适于使用等故障发生之前，就让买方或用户获得早期报警。但是达到这一目的是困难的，因为监督工作难以使供需双方都满意，这主要是由于一些对适用性仅有很小或毫无影响的小缺陷，或文件中规定的一些要求虽不影响适用性，但确实影响所证明的状态，加上驻厂代表职责不清，就会干涉过多。因此，最好的办法是将出现的缺陷及其程度进行分级，并加强对于解决质量问题以及工序控制的合作。

（4）对供应商的质量评级

对供应商绩效的评级是决定供应关系是否继续下去的依据。在有多个供应商来源的情况下，对供应商的质量评级尤为重要。在质量评级时，不仅要把产品质量合格与不合格的比例作为评价的依据，而且还应把价格、信守合同等情况作为评价的依据，进行综合评价。由于依据不一，综合方法不同，就有各种各样的评价方法。目前，通常采用菲根堡姆在20世纪50年代提出的百分制评级法，其具体做法是：

- 质量管理部门负责向采购部门提供进厂材料的质量数据。
- 采购部门负责选择供应商和安排订货。
- 两部门共同对供应商进行评分。百分制评级法评分标准见表5-3。

表 5-3 百分制评级法评分标准 分

因素	优	良	中	劣
质量	40	38~39	36~37	36 以下
价格	35	33~34	31~32	31 以下
服务	25	22~24	20~21	20 以下
总分	100	94~99	87~93	87 以下

如果总分为劣者或单项成绩为劣者，则应取消其供应商资格。单项评分办法如下。

- 质量分：评分期间（例如 1 个月）内，各批进厂材料或产品均合格为满分，即 40 分。如果发生拒收或退货，则按比例扣分（表5-4）。
- 价格分：在被评级的各供应商中，价格最低者为满分，其余按比例扣分（表5-5）。
- 服务分：以信守诺言和按时交货等条件打分。

例如，3 家供应商的得分结果是：

① 按质量打分，A、B、C 得分分别为：

A：90% × 40 = 36

B：93.3% × 40 = 37.3

C：80% × 40 = 32

② 按价格打分，A、B、C 得分分别为：

A：价格最低(0.93)，得满分，$1 \times 35 = 35$

B：按比例扣分，$(0.93/1.16) \times 35 = 28.1$

C：按比例扣分，$(0.93/1.23) \times 35 = 26.5$

③ 按服务打分，A、B、C 得分分别为：

A：$90\% \times 25 = 22.5$

B：$95\% \times 25 = 23.8$

C：$100\% \times 25 = 25$

综合以上得分，结果见表5-6。应当指出，总分低于87分、质量分低于36分、价格分低于31分、服务分低于20分的供应商，应当取消其合格供应商的资格；在某种特殊情况下，例如紧俏商品或暂时供不应求的原材料，对于正好处于不合格临界分数的某些供应商，则可以酌情处理，或者做进一步调查，或者给予一定的管理、技术和财务上的援助，促使其提高质量等级。

表5-4 质量评分

供应商	进厂批数（批）	合格批数（批）	拒收批数（批）	合格率（%）	系数	分数（分）
A	60	54	6	90	40	36
B	60	56	4	93.3	40	37.3
C	20	16	4	80	40	32

注：如果一批中有部分拒收，也按比例计算，如0.1批、0.5批等。

表5-5 价格评分

供应商	单价	折扣系数（%）	运费	净价	系数	分数（分）
A	1.00	0.10	0.03	0.93	35	35
B	1.25	0.15	0.06	1.16	35	28.1
C	1.50	0.30	0.03	1.23	35	26.5

表5-6 综合评分 分

因素	A	B	C
质量	36	37.3	32
价格	35	28.1	26.5
服务	22.5	23.8	25
总分	93.5	89.2	83.5

5.3.5 采购活动的组织管理

如上所述，外购材料、五金配件和外协零部件等的质量对产品质量有着重大影响（在某些情况下甚至是决定性的影响），所以采购部门承担着部分质量职能。实践表明，找货源、采购、订货、催货、验收、

保管、发放等这些传统的采购活动固然是必要的，但是对于质量保证说来，这些活动就显得不够了。为了有效地执行这部分职能。就必须开展如前几节所述的现代采购活动。现代采购牵涉面广、工作量大、要求高，就企业内部而言，采购部门很难能单独开展采购活动，它需要有其他部门的配合、协作。这是采购活动的组织管理所要解决的问题。根据企业的经验，主要有两项。

（1）明确职责与分工

主要涉及设计、采购、检验、质量管理、以及上层管理等部门，在采购质量管理方面的分工与职责，见表5-7。此表实质上是明确职责与分工的一种工具。列出所涉及的各项活动，然后召开有关部门负责人会议，商讨、研究、分析，明确责任，然后在此基础上再拟定具体的职责条例。

表5-7 采购质量管理的职责与分工

活动内容 \ 部门	上层管理	设计	采购	检验	质量管理
制定采购政策	√√	—	√	—	√
确定货源	—	—	√√	—	—
供应商资格鉴定	—	—	√	√	√√
与供应商协商规格要求	—	√	√√	—	√
缺陷严重性分类	—	√	√	√	√
选定抽样方案及合格质量水平	—	—	√	√	√√
入厂检验	—	—	—	√√	√
制定检验计划	—	—	—	√	√
沟通联络	—	√	√√	—	√
不合格品处理程序	√	√	√√	—	√
供应商监督	—	√	√	—	√√
供应商评级	√	—	√	—	√√

注："√√"或"√"表示主要责任部门和配合部门。

这里必须指出的是，表中所画的"√√"或"√"是表示主要责任部门和配合部门，这仅是作为一个例子用来说明问题的，主要责任部门和配合部门的划分并不存在某一种统一的模式，在实际工作中，应该结合企业的具体情况来确定。

（2）制定供应手册

供应手册又称供应关系手册，是企业用来指导采购活动和处理与供应商关系的一种工具。手册的内容一般包括如下几方面：

■ 本企业的质量方针和采购政策，其中包括与供

应商关系的政策。

■ 本企业主要产品的目录，以及产品质量状况和在市场上所享有的声誉。

■ 本企业与采购活动有关的主要部门及其人员配备和职责范围。

■ 本企业各主要产品的质量规格和要求。

■ 本企业入厂检验所采取的方式，包括各种抽样验收方案的选择等。

■ 本企业收集质量数据的方法和所使用的表格形式，质量信息的传递、反馈等。

■ 本企业进行供应商的调查、审核、监督以及评级的方式和内容。

■ 本企业对于供应商的各项要求，如要求供应商提供首件样品、编制质量计划、进行某些特殊的检验、进行可靠性方面的试验、制定处理不合格品的程序、保存各种记录和报表、制定实施工艺改革的程序等。

■ 本企业所使用的各种专门术语的含义。

■ 本企业采购、订货以及处理不合格品的规定和程序等。

通常利用质量手册的形式来体现企业的质量体系情况，在这种情况下，供应手册就是质量手册的一个组成部分。

5.4 产品制造过程的质量管理

将一个理想的产品设计由图样变成实物，是在生产制造过程中实现的。工业产品在生产车间工艺加工全过程（即从投料开始到制成成品的整个制造过程）的质量管理，称为制造过程的质量管理。产品在生产制造过程中，其质量高低要受到操作者、原材料、机器设备、方法、工具、环境等多种因素（"5M1E"，即人、机、料、法、测、环）的影响，只有对这些因素实行有效控制，才能使产品质量达到质量标准。因此，生产制造过程质量管理的重点是保证形成一个能稳定生产合格产品的生产系统，变事后的检验为事前控制。

5.4.1 制造过程的质量职能

生产制造是以经济的方法，按质、按量、按期、按工艺要求，生产出符合设计规范的产品并能稳定控制其符合性质量的过程。生产制造过程的质量管理是实现设计意图、形成产品质量的重要环节，也是实现企业质量目标的重要保证。

（1）制造过程质量管理的含义

具体地讲，制造过程质量管理就是要建立一个控制状态（生产的正常状态）下的生产系统，以便能够稳定地、持续地生产符合设计质量的产品，并能够保证合格（符合规格标准）产品的连续性和再现性。

加强生产制造过程的质量管理，是企业不容忽视的重要工作，其管理思路可概括为下列4条：

第一，质、量、期三位一体。按质、按量、按期完成计划是生产制造的首要任务，而完成这一任务的主要依据则是工艺标准、制造质量控制计划和生产作业计划，这三者必须事先协调、平衡，不可偏废。生产工艺无疑应是生产制造的法规，工艺管理乃是现场质量管理的主导。控制物流、组织均衡生产和文明生产则是开展现场质量管理的基本条件。所以，工艺与生产管理是制造过程质量管理的基础。

第二，按质量职能办事。企业必须明确各有关部门服务、生产现场的质量职能，各司其职，各负其责。制造过程的质量管理通常以车间为主体，以工艺管理为主导，由检验部门进行执法，由设备、工装、计量、供应、生产、劳资、安全等部门分别履行其质量职能，质量管理部门负责协助企业领导分解落实各有关部门的质量职能，并对跨部门的质量管理活动进行协调，但不替代任何专业管理部门具体实施其质量职能。

第三，点、线、面相结合。是指对关键、特殊工序的重要质量特性和部位设立工序质量控制点，实行重点管理；对重要生产线以控制点为核心，连点成线建立重要生产线的现场质量控制系统；对所有工序均按生产工艺规定运用各种质量控制方法进行全面控制。

第四，预防和把关相结合并以预防为主。事先控制影响工序质量的各种因素，把质量隐患消除在发生不合格品之前称为预防；对产品和零部件实行严格的检验，防止不合格品流入下道工序或入库，杜绝不合格产品出厂称为把关。提倡预防和把关相结合，特别要强调以预防为主，防患于未然，做到既管工序因素，又管制造结果。

（2）制造过程的质量职能及活动

总地说来，制造过程的质量职能是为了实现设计质量标准，保证对设计的符合性质量，加强对影响工序质量的各种因素（"5M1E"）的管理与控制，以便高质量、稳定和经济地生产制造出用户满意的产品。制造过程的质量职能主要体现在以下3方面：

第一，严格贯彻执行制造质量控制计划。根据技术要求及制造质量控制计划，建立责任制，对影响工序质量的因素（"5M1E"）进行有效控制。

第二，保证工序质量处于控制状态。运用控制手段，找出产生质量问题的原因，采取纠正措施，使工序恢复到受控状态，以确保产品质量稳定，符合制造质量控制计划规定的要求。

第三，有效地控制生产节拍和确保均衡生产。严格按期量标准组织生产，有效地控制生产节奏，维持正常的生产秩序。适时开展预防、协调活动，及时处理质量问题，以便均衡地完成生产任务。

制造过程的质量职能活动主要有以下几项：明确质量责任；合理组织生产；加强岗位培训；提供设备保障；提供计量保障；保证物资供应；严肃工艺纪律；执行"三自一控"（自检、自分、自作标记，控制自检正确率）；控制关键工序；加强在制品管理；加强质量信息管理；组织文明生产；搞好技术文件与资料的管理；严格工艺更改控制；加强检查考核。

（3）制造过程质量管理的内容

产品正式投产后，能不能保证达到设计质量标准，这在很大程度上取决于制造部门技术能力以及生产制造过程的质量管理水平。生产制造过程质量管理的内容通常是重点要抓好生产技术准备的质量管理、基本制造过程的质量管理等工作。下面分别给予具体介绍。

5.4.2 生产技术准备的质量管理

产品在制造之前，必须做好准备工作，这种准备工作也就是通常所说的生产技术准备工作。生产技术准备历来是产品制造阶段的一项重要的和丰富的工作内容，没有必要的和充分的生产技术准备就不能从根本上保证制造过程的质量，也就无法保证最终的产品质量。

生产技术准备是根据产品设计要求和生产规模，把材料、设备、工装、能源、测量技术、操作人员、专业技术人员与生产设施等资源系统地、合理地组织起来，明确规定生产制造方法和程序，编制各种工艺技术文件，分析影响质量的因素，采取有效措施，明确生产按规定的工艺方法和工艺过程正常进行，使产品的制造质量稳定地符合设计要求和控制标准的全部活动。生产技术准备工作是直接影响产品制造质量的主要的系统要素。

当产品设计定型之后，生产技术准备工作的质量对确保制造质量、提高工作效率、降低制造成本、增加经济效益将起到决定性的作用。尤其是在市场竞争

机制下，新产品从开发设计到正式投产的周期越来越短，因此，如何在确保工艺准备质量的前提下缩短工艺准备的周期，已经成为十分重要与现实的课题。生产技术准备质量管理的主要内容如下。

（1）制定制造过程的质量控制计划

所谓制定制造过程质量控制计划，是指编制工艺技术文件，保证各生产作业按规定的方法和顺序在受控条件下进行。这里所指的受控条件包括对材料、生产设备、工艺方法、计算机软件、人员及有关的物资、通用设施和环境进行适当的控制，应以作业指导书（工艺规程）的形式规定各项作业或各道工序的具体内容。

为了对产品的制造质量实施有效控制，在产品批准投入批量生产之前，必须由工艺部门对生产制造过程的质量控制进行统筹安排，制定质量控制计划，以确保产品制造在受控的状态下进行。

制定制造过程的质量控制计划涉及工艺准备的各项职能活动，计划的内容视实际需要选择、确定，通常包括下列主要方面：

■ 审查、研究产品制造的工艺性，确保生产过程的顺利进行。

■ 确定工艺方法、工艺路线、工艺流程和计算机软件。

■ 选择与质量特性要求相适应的设备，配备必要的仪器、仪表。

■ 对采用的新材料、新工艺、新技术、新设备进行试验、验证。

■ 设计、制造、验证专用工装、储运工具和辅助设备。

■ 确定产品的主要质量特性，制定工序质量控制计划。对关键工序、部位和环节实行重点控制，对于重点控制的质量特性设置工序质量控制点。编制必要的产品检验计划，明确检验程序、方法、手段、标准等。

■ 培训操作人员，对特殊工序的操作与验证人员进行资格培训、考核与认可。

■ 判定合理的材料消耗定额与工时定额。核算能源需用量，分析其供应的安全性与可靠性。

■ 确定在产品形成适当阶段的合适的验证，对所有特性和要求明确接收标准。

■ 对零部件和产成品放行、交付和交付后的活动实施进行控制。

■ 研究改进制造过程质量和工序能力的措施和方法。

■ 确定和准备制造过程的质量记录图表和质量控

制文件与质量检验规范等。

（2）验证工序能力

工序能力是体现工序质量保证能力的重要参数，是指工序能够稳定地生产出合格产品的能力，也即工序处于受控状态下的实际加工能力。

在制造过程中，工序是产品质量形成的基本环节。因此，在制定制造过程质量控制计划的基础上，需要对生产工序的实际加工能力是否符合产品规范进行验证，即验证工序能力。

第一，工序能力验证的重点。对产品质量有重大影响的、与产品或工序特性有关的作业，对这些作业进行适当控制，以保证有关的特性在技术条件允许的范围内，在必要时进行及时调整。

第二，工序能力验证检验的内容包括。材料、设备以及计算机系统、软件、程序、人员。

第三，工序能力验证活动一般有3个层次。单工序验证：主要是对关键工序的工艺文件、工艺装备和生产设备进行验证；零部件单条生产线的验证：在单工序验证的基础上，对零部件全过程生产线进行验证，重点是该线的质量控制系统和组织生产方案规定的内容，以保证投产后新产品零部件的质量水平；产品全部生产线的验证：是指对产品形成全过程生产线的验证，这是最大范围的验证活动，是从全局出发，对产品的质量控制系统和组织生产方案进行验证，以确认其质量保证能力以及各生产线间的协调性。

当然，要保证工序能力稳定地符合产品规范的要求，除了验证之外，关键还在于控制，即进行工序质量控制。关于工序质量控制，已在其他章节中详述。

（3）制定工艺文件

工艺文件是产品制造过程中用来指导工人操作的技术文件，是企业安排生产计划、实施生产调度、劳动组织、材料供应、设备管理、质量检查、工序控制等的重要依据。

通常，工艺文件除工艺规程外，还有检验规程、工装图样、工时定额表、原材料消耗定额表等。此外，根据质量要求，为了进行重点控制，还应有工序质量控制点明细表、工序质量分析表、作业指导书、检验计划、检验指导书等。根据产品生产的需要，在可能的情况下还应增加工艺评定书和技艺评定准则等必要的文件。当采用数控设备或计算机控制和测试时，还应编制和维护计算机软件，并使之成为受控工艺文件的组成部分。

工艺文件的形式有：工艺流程图、工艺过程卡、工艺卡、操作规程、工艺守则、检验卡、工艺路线

等。采用何种形式的工艺文件，应视企业的产品类型、生产规模、生产方式特点而定。

对于制定的工艺文件必须贯彻执行，并保持相对的稳定性，若需修改，必须按规定的程序进行审批，以确保受控工艺文件的质量。

（4）人员准备

一切事物中，人是最宝贵的。在产品的制造过程中，每个岗位上的每一个人都懂得应该做什么和如何去做这两件最基本的事情，那么产品质量就有了根本保证。

第一，操作人员的组织与培训。在新产品正式投产前，必须对承担该产品生产的操作人员，特别是关键工序的操作人员进行培训。培训的内容包括：责任感等方面的企业精神教育，必须掌握的工艺技术知识，产品的技术要求，技术要求和操作工序之间的关系，违反工艺设计规定的操作规程所产生的严重后果，预防缺陷和质量控制的方法等。

第二，操作人员的选择和配备。合理地使用人力资源也是企业科学管理的一项重要内容。企业要根据工艺设计对操作人员的要求，以及工序的重要度，从工作责任心，考核的技术等级，实际操作能力等方面选择操作人员，并且按生产岗位制定和执行配备计划。

第三，特殊工序操作人员的资格认定。对特殊工序（也称特种工艺）的操作人员，在新产品投产前必须进行培训，考试合格后颁发工艺操作证书后才能上岗操作。

（5）物资和能源准备

中国有句古话："兵马未动，粮草先行"，组织新产品生产就是一场战役，除了人员准备之外，物资准备和能源准备也是另一个重要的环节。

物资是指原材料、外购配套件、外协加工件等。企业根据工艺设计制定的材料消耗定额和市场预测以及用户订货的数据编制物资供应计划。对物资（外购货品）的采购要进行严格的质量控制，将外购货品按对产品质量影响的程度分类进行质量认定（如关键类、重要类、一般类）。对供方、分供方要进行必要的选择和管理。

企业产品生产所需要的能源（一般包括水、电、气、暖）就像人需要的空气一样，是绝对不可缺少的，企业进行能源准备，也是根据工艺设计所制定能源消耗定额和年产量来编制需求计划，其中降低能源消耗是质量管理的重点。

（6）机械装备准备

机械装备准备包括提供工艺生产设备和工艺装备两方面的内容。企业要根据工艺设计要求，工艺加工方法和工艺参数等，设计或选择工艺生产设备。另一方面，企业要按工艺设计配备足够的工艺装备，即工艺加工所需的刀具、夹具、模具、量具、检具、辅助工具等，根据工艺装备系数合理确定工艺装备的品种数。

机械装备准备是组织产品投产的一项重要的物质基础，只要做好这项工作，才能从根本上保证产品的质量和数量。

（7）对加工条件的调理

生产技术准备的质量管理，除了上述各项工作之外，还应注意对加工条件（如辅助材料、公用设施和环境条件）的调理，使之有利于产品质量的提高。在对质量特性起重要作用的地方，应控制加工中使用的水、压缩空气和化学用品之类的辅助材料和公用设施，并定期进行检查，以保证加工条件的稳定性。如果生产环境（如温度、湿度、光照度、清洁度等）对产品质量有重要影响时，则应规定一定的限度，并进行控制和检查。

5.4.3 基本制造过程的质量管理

基本制造过程的质量管理是指从材料进厂到形成最终产品的整个过程对产品质量的控制，是产品质量形成的核心和关键的控制阶段，其质量职能是根据产品设计和工艺文件的规定以及制造质量控制计划的要求，对各种影响制造质量的因素实施控制，以确保生产制造出符合设计意图和规范质量并满足用户或消费者要求的产品。

基本制造过程的质量管理的基本任务是：严格执行制造过程质量控制计划，实施制造过程中各个环节的质量保证，以确保各工序处于受控状态，保证工序质量水平；有效地控制生产节拍，及时处理各种质量问题，建立能够稳定地生产符合质量水平要求的产品的生产制造系统；严格贯彻设计意图和执行技术标准，均衡地按照规范和图样的要求组织生产，使产品达到质量标准。

为此，基本制造过程的质量控制的主要环节包括以下几个方面：加强工艺管理，执行工艺规程或作业指导书的规定；加强预防，严格质量把关，强化过程检验；坚持文明生产和均衡生产；应用统计技术，掌握质量动态，开展失效模式及影响分析，减轻已识别的风险；加强不合格品的控制；建立产品标识，实施

防误措施和可追溯性过程的控制（质量可追查性）；综合运用工序质量控制方法，建立健全工序质量控制点；验证状态的控制，规定并实施产品防护（包括标识、搬运、包装、贮存和保护）；制造过程的质量经济分析。

制造过程质量管理的内容主要涉及：物资管理、机械设备管理、工艺文件更改管理、工序质量控制点的设置、工序控制方法的运用、产品制造的防误措施和制造过程中的质量可追查性7个方面，具体内容分述如下。

（1）物资管理

物资（或物料）是企业生产资料的重要组成部分，是保证企业的生产经营活动顺利进行、达到预期目标的物质基础。根据质量管理的要求，企业生产制造过程物资管理的要点包括：

第一，在投产前确保所有的材料、外购零部件均应符合相应的规范和质量标准。不合格的不投料、不生产、不装配。为此，应有严格而又科学的进货检验。所谓严格，是指不合格品一律不准放过；所谓科学，是指检验方法必须科学。并且在确定检验数量时，要认真权衡成本对产品质量的影响。

第二，在生产过程中，注意物资（材料、毛坯、半成品、成品、工具工装等）的合理堆放（摆放）、隔离、搬运贮存期和妥善保管，严防磕、碰、划伤、锈、变质、混料等影响物资质量的现象发生，以保持各种物资的适用性。

第三，在物资流转过程中（整个生产制造过程的物流运动），应明确和保持各种物资的识别标记（如打号、印记等），以确保其能够被及时、快捷、顺利识别，并保持各种物资质量状况的可追溯性。

（2）机械设备管理

机器设备是工业企业生产的物质技术基础，是企业固定资产的重要组成部分。常言道："工欲善其事，必先利其器"。从质量管理的角度看，设备质量的好坏直接影响产品的质量，加强设备管理，保持设备加工精度的稳定性，对于提高产品质量有着直接的意义。按照质量管理的要求，生产制造过程中设备管理的主要工作是：

第一，在使用前对所有的生产设备（包括机器、夹具、工装、工具样板、模具、计量器具等）严格检验其准确度和精密度，并特别注意工序控制中使用的计算机及其软件的维护。

第二，根据生产的产品特点和工艺要求，合理配备设备和安排生产任务及设备负荷，并为设备创造良

好的工作条件和配备具有一定熟练程度的操作者，建立健全使用与保养设备的规章制度（如岗位责任制、安全操作规程、定期检查维护规程等），保证设备的正确使用。

第三，建立设备档案资料，做好设备编号登记和各种状态记录，加强设备的日常管理。在设备停用期间应注意合理存放和维护保养，定期进行检查和再校准，以确保其准确度和精度。

第四，为了有效地对设备进行预防性保养，应拟定设备的预防性保养计划，并认真组织计划的实施，以确保设备具有和保持持续而稳定的工序能力。尤其特别注意对关键产品的质量特性有影响的、或控制点上的设备性能。

第五，为了保持设备的良好状态，首先要依靠生产员工正确使用和认真维护保养，及时消除隐患，使设备完好率保持在 90% 以上；其次要有专门的设备检修队伍来为生产服务，经常巡回检查设备，及时发现和消除设备隐患，预防设备故障的产生，对发生故障的设备要及时进行修理，保证生产制造过程顺利进行和产品的质量。

（3）工艺文件更改管理

现场使用的工艺技术文件，必须按照质量管理的要求严格实施控制，以保证各种文件齐全、正确、统一、清晰，这是强化生产制造过程的质量管理所必不可少的。

现场生产用到的工艺文件，难免有所更改。特别是多品种小批量生产的企业，改动的频次更高。为了有的放矢地组织更改，避免出现混乱，工艺更改的管理应注意：

■ 明确规定工艺更改的责任和权限，以及审批程序，必要时还需经用户同意。

■ 需要对设计文件进行更改时，应按规定的程序及时修改工艺，包括相应的设备、工具、材料等。

■ 对工艺文件的更改，要保证更改内容和形式的正确性、准时性、统一性和一致性。

■ 在每次工艺更改后，应对产品进行评价，用以验证更改后的产品质量是否达到预期效果。

■ 由于工艺更改而引起的工序与产品特性之间的变化，应写进有关技术文件，及时通知有关部门和人员。

（4）工序质量控制点的设置

工序质量控制点是指在质量活动中需要重点进行控制的对象或实体。就产品而言，它可以是硬件产品的关键部位或零件，也可以是软件产品的环节或程序，还可以是流程性材料的重要工艺过程；在服务过程中，它可以是关键部门、关键人员和关键因素。

工序质量控制点具有动态性。也就是说，随着过程的进行，工序质量控制点的设置不是永久不变的，例如某环节的质量不稳定因素得到了有效控制，处于稳定状态，这时该控制点就可以撤销，而当别的环节、因素上升为主要矛盾时，就需要增设新的工序质量控制点。

在什么地方设置工序质量控制点，需要对产品的质量特性要求和制造过程中各个工序进行全面分析来确定。设置工序质量控制点时，一般应考虑以下因素：

■ 对产品的适用性（性能、精度、寿命、可靠性、安全性等）有重要影响的关键质量特性、关键部位，应设置工序质量控制点。

■ 对在工艺上有严格要求，对下道工序有重要影响的关键质量特性、部位，应设置工序质量控制点。

■ 对质量不稳定、出现不合格品较多的项目，应设置工序质量控制点。

■ 对紧缺物资或可能对生产安排有重要影响的关键项目，应设置工序质量控制点。

一种产品在生产制造过程中应设置多少个工序质量控制点，要根据产品的复杂程度，以及技术文件上标记的特性分类、缺陷分级的要求而定。工序质量控制点一般可以分为长期型和短期型两种。对于设计、工艺方面的关键、重要项目必须长期重点控制；而对于工序质量不稳定、不合格品较多或用户意见较多的项目，或因为材料供应、生产安排等在某一时期有特殊需要的，则要设置短期工序质量控制点。

当技术改进项目的实施、新材料的使用、控制措施的标准化等经过一段时间有效性验证后，控制点可以相应撤销，转入一般的工序质量控制。如果一种产品的关键特性、关键部位和重要因素都设置了工序质量控制点，得到了有效的控制，则这种产品的符合性质量就有了保证。同时，工序质量控制点还可以收集大量有用数据、信息，为质量改进提供依据。所以，设置工序质量控制点，加强工序管理，是企业建立生产现场质量体系的重要环节。

设置工序质量控制点时，一般可按照以下步骤进行：

第一，结合有关的质量体系文件，按照质量环明确关键环节和部位，然后在程序文件和操作指导书中明确需要特殊控制的质量体系和主导因素。

第二，由设计、工艺和技术等部门分别确定本部门所负责的工序质量控制点，然后编制工序质量控制点明细表，并经批准后纳入质量体系文件中。

第三，编制工序质量控制点流程图，在明确关键环节和工序质量控制点的基础上，要把不同的工序质量控制点根据不同的流程阶段分别编制出工序质量控制点流程图，并以此为依据在生产现场设置质量控制点和质量控制点流程站。

第四，编制工序质量控制点作业指导书，根据不同的工序质量控制点的特殊质量控制要求，编制出工艺操作卡或自检表与操作指导书。

第五，编制工序质量控制点管理办法。工序质量控制点虽然单独存在，但又有很强的相关性，必须统一综合管理，制定管理办法，解决接口问题。

第六，正式验收工序质量控制点。

以上做法和编制的文件都要与质量体系文件相结合，并经过批准正式纳入质量体系中有效运转。

（5）工序控制方法的运用

工序控制就是要判断加工过程是否符合各种规定的标准，以及判断生产制造过程是否稳定。如果发现偏差，就要分析原因，及时采取措施，以保证稳定生产合格品。这是保证制造质量最有效的措施。

由于工序能力受到许多因素的影响，而且各种工序的主导因素也不相同，因此不可能对各种工序都采用同一种模式来进行控制，而应该根据各种工序的主导因素，通过工序标准化，使设备、材料、方法、人员和环境等因素的变化尽量控制在某一范围内，并采取相应的工序控制方法，如控制图、调查表法、工序能力指数分析法等方法来对这些因素进行控制，可以有效地控制工序质量。

（6）产品制造的防误措施

经验表明，产品的质量事故，往往不只限于技术方面的原因，人为的因素也常常占有很大的比例。一些技术不稳定或人为因素造成的生产过程失控，使某些重要的质量特性的缺陷潜伏下来，造成在使用中出现重大故障，酿成严重损失。对于这些差错，应力求避免或降至最低程度。同时，为了防止类似故障的发生，就必须找出产品上可能潜在的缺陷，产品制造过程的防误措施就是为了解决上述问题而提出来的。

差错往往是由于误操作或疏忽而引起的，这种人为的差错可以通过采用机械化、自动化等方式，或采用一些相应的装置，使误操作或疏忽造成的人为差错不发生或使差错降至最低程度。以上采用的各种各样的方法，我们统称为防误措施。常见的防误措施主要有以下几种：

第一，保险措施。① 进行连锁程序设计。如为了保证作业 A 的实施，把后续作业 B 安排在作业 A 的基础上进行，只要作业 A 没有完成，就无法进行作业 B。② 设置报警或截断装置。一旦生产过程中断或发生其他反常现象时就可发出信号，如果运转一切正常，它就不发出信号。③ 设置解除报警信号。为了解除故障而采取的一切补救措施已经实现并可以恢复正常生产后，就发出信号，以示故障已经解除，可以继续生产。④ 设置确保安全的装置。这些装置不仅起保证本工序安全操作的保险作用，而且还可以检查前道工序的工作质量，如当本工序操作失误，或输入不正确的材料或零件时，机器就自动停机，以确保人身安全。

第二，感官的扩大。① 安装指示物和定位装置。以便精确定位，弥补靠人工感官定位的不足。② 适当增加照明强度。从而增加可见度，避免发生视觉差错。③ 实行遥控观察。如闭路电视，可不受距离、热度、烟幕、灰尘等影响，更能清楚地观察加工情况。④ 利用多种识别代号和信号。以防止物件或产品的混淆，增强识别和反应的可能性。

第三，多重把关。① 要经过多重检验。② 要经过多重批准。

第四，倒数检查程序。采用倒数计时系统，如检验装配系统以倒序方式检验装配工作是否全部进行完毕等。

（7）制造过程中的质量可追查性

可追查性又称可追溯性，是指根据记载的标志，追踪实体的历史、应用情况和所处场所的能力。生产制造过程中的质量可追查性是指具有鉴别产品及其由来的能力。具体来说，它就是指在制造质量形成的过程中，运用科学的管理手段，准确掌握各个因素对质量的影响，明确每个部门、每个班组以及每个人员的质量责任，做到质量情况有据可查，最终保证产品质量。

事实证明，在制造过程中，往往由于一些技术不稳定因素或人为因素造成生产过程失控，其结果使某些重要质量特性的缺陷潜伏下来，以致在以后的使用中出现重大故障，造成严重损失；一些重大产品往往因为个别零件缺陷造成质量事故，致使大量产品停止使用，直至把该零件全部更换为止。为了防止这些质量问题的发生，必须找出潜在缺陷点及发生时间，查考缺陷零件的制造批次和日期，这就要求制造过程的质量具有可追查性的特点。

使制造过程的质量具有可追查性的好处在于：

■ 可以加强对质量波动的观察、控制，保证只有质量合格的材料和零件才能成为最终产品，只有合格的产品才能出厂。

■ 便于进行质量分析，查明缺陷的起因和责任者，进一步改进质量，并使维修和补救费用最少。

■ 可以在精确无误的基础上回收质量可疑的产品,不用大量回收或全部回收,避免造成制造企业和用户的重大经济损失。

■ 通过提供各种明显标志,避免产品混淆。

一般说来,制造过程中的质量可追查性有以下几种方法:

第一,批次管理法。对于重大、精密产品应加强批次管理,保证零件、部件、组件批次标志清楚、记录齐全,达到质量信息可追查性。这类产品往往价值很高,使用中出现质量危险大,因此在组织生产时,从零件、部件、组件起,分批投入,在它们上面标注产品的批次号码,同时记录有关质量信息。当产品装配时,完整地整理出各零部件的批次。产品出厂时,应该注以连续编号。这样,如果某产品出现事故,并确定是由某零件故障引起的,则从批次号中很快就可以知道该零部件的初始状态、加工者、制造日期,以及生产制造情况。如需要更换该可疑零件,则可派有关人员到装有该批次零件而正在使用的产品上进行更换。同时,工厂应保存用户的名单,以便查找。

第二,日期管理法。对于连续生产、价值较低的

产品,一般采用日期编号作为可追查的标志。由于生产的特点,各种不同来源的原材料不定时地陆续投入加工过程,所以没有形成自然批量。日期编号以一些主要工作,如打包、最后试验、最后装配等发生的日期为基础,记录实际投产的材料、制造期间的加工条件,以及试验结果。因为这些产品具有连续生产的性质,不可能精确地辨别投入一批新材料或改变加工方法的起止日期,所以只能采用这一方法。

第三,连续编号管理法。在消费品和工业产品制造中广泛采用连续编号来区别单位产品的生产、制造和装配情况,而且其质量保证制度也与这些连续编号相联系。

(8) 标准执行的追查

产品是执行标准的结果,它可以反映出每个环节、每个人执行标准的好坏,还能发现标准本身存在的某些问题。因此,搞好标准化,加强标准执行过程和执行结果的追查,即以标准为线索进行追查,可以明确质量责任,提高企业的经济效益。标准执行的追查的一般追查程序如图5-2所示。

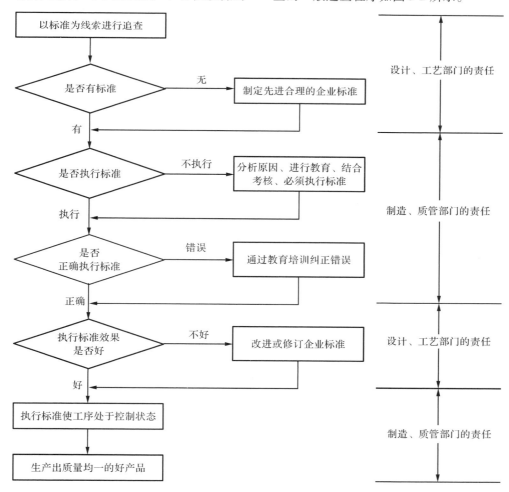

图 5-2　标准执行的追查程序

对标准执行的情况进行追查的方式，通常可以有以下几种：

第一，在制造过程各环节要建立和保存原始记录，准确掌握产品的材料来源、工艺因素、加工数据和检验数据，与标准对照，检查是否符合标准（质量标准、作业标准、检查标准等）。配置观察、控制有关压力、温度、时间、电流、转速等工艺仪器、仪表，以便准确地执行标准和对执行标准的情况进行检查。

第二，建立工艺纪律检查制度，每月数次随机检查，并建立工艺纪律检查记录，如实记录每次检查情况。对于关键工序、关键部位、执行标准的薄弱环节和个人，要特别严加检查，还可以采用控制图进行观察和控制。

第三，要充分发挥工段长、班组长、质量检验人员对标准执行情况的监督作用，坚持每天进行工艺纪律的巡检和记录，并主动帮助工人解决在执行标准过程中出现的问题和困难。应把这项工作作为工段长、班组长的主要工作内容和评价其工作好坏的依据之一。

（9）文明生产的管理

企业的文明生产水平代表了企业经营管理的基本素质，良好的生产秩序和整洁的工作场所，是保证产品质量的必要条件，是消除质量隐患的重要途径。

企业文明生产是制造过程质量管理的重要内容，如图 5-3 所示。国内外成功企业总结其经验，都在坚持文明生产方面取得共识。事实也是如此，当你踏进一个成功企业的大门，就会感到自己像一个工作精力旺盛的人一样，正准备去投入令人精神振奋的工作。

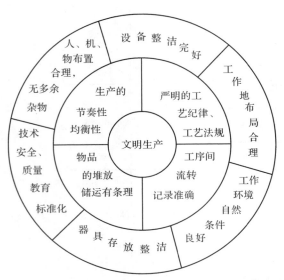

图 5-3 企业文明生产的内容

但目前，做不到文明生产，是我国很多家具企业普遍存在的共性问题。国外不少外商来我国家具企业考察时，都认为我国的一些家具企业文明生产很差。事实上，我们的很多家具企业都懂得没有文明生产，就不会有好的产品质量的道理。为此，我们有必要学习和借鉴国外的成功经验，结合我国家具企业的实际情况加以应用。

日本不少企业家认为，制造过程的质量管理，最基础的工作是"5S"活动。日本的企业，由于实施了"5S"活动，给工作者创造了一个安全、清洁、愉快的生产现场。因为每个人要在企业（车间、生产现场或工作场所）工作和生活 8 小时或更长时间，环境对企业每个成员都是十分重要的。当然，"5S"活动的主要目的是在于保证质量、降低消耗、增加效益。正因为如此，日本很多企业对"5S"活动十分重视，他们并不把它看成是一时一事，而是下决心要长期坚持和保持下去，并且定期评价，在不断改进中形成适合本企业的"5S"管理标准。

（10）现场生产的管理

现场生产的管理，又称现场管理，就是对全部生产过程的经济活动、进行组织、监督调节工作，检查加工件是否按照计划和规定进行生产，如发现不符合计划和规定要求之处，要及时采取措施予以纠正。生产家具的企业或车间，应该重点抓好以下几项管理工作。

第一，建立岗位经济责任制。家具企业生产的根本任务，就是用最少的人力和物力消耗，最大限度地为社会提供财富，以满足人民群众不断增长的物质文化生活的需要。实行经济责任制和推行全面质量管理，都是为了实现这一根本任务，以使企业达到高质量、高效率、低成本、低消耗、安全文明、经济效益高的目的。经济责任制是以提高经济效益为目的，责任、权力、利益紧密结合的生产经营管理制度。实行岗位经济责任制是把企业职工的经济利益同他们所承担的责任和经济效果联系起来，使企业或车间的全体人员都能以主人翁的态度去努力提高产品质量、降低成本、改善经营管理、提高经济效益。这也正是全面质量管理的目的和任务。

第二，做好质量基础工作。全面质量管理的目的，就是以预防为主，来确保产品质量。为了实现这一目的，家具企业的生产应该通过整顿，做好以下几项基础工作：

■ 整顿和健全原始记录。质量管理是以数据为基础的活动，而数据是直接从原始记录上得到的。没有原始记录，就没有可靠的数据，也就不能及时得到质量信息，做出质量判断，并采取积极的预防措施。没有数据就无法进行数理统计工作，也必然会影响责任制的贯彻和质量的改进。为了使所取得的数据真实可靠，具有一定代表性，原始记录本身设计的好坏也有一定的关系。目前有些家具企业，对原始记录还没有给予应有的重视，记录表格五花八门，实用性差，而且记录不健全，达不到管理的目的。因此，必须整顿和健全原始记录。整顿的原则是：既有利于加强责任制，又便于收集数据，并使数据具有实际的分析价值。用于家具制造过程的原始记录，一般有4种表格，即：生产班组用的半成品竣工通知单（表5-8）；个人质量统计表（表5-9），用于考核个人质量；班组质量状况汇总表，即班组月份质量统计表（表5-10），是车间分析当月产品质量的依据；车间用于上报的产品质量完成情况统计表（表5-11）。

表 5-8　半成品竣工通知单

_____组　　　　　　　　　　　　　　　　　　　　　　　　　　　　　　　年　　月　　日　　第　　号

通知单号	图样号	半成品名称	单位	本日产量	入库数量	检验数			说　明
						抽检数	合格数	退修数	

半成品库_____　　　　　　检验_____　　　　　　　　　　　　　　　制单_____

表 5-9　个人质量统计表

姓　名		抽检总数		上月平均合格率		%
班　组		合格总数		本月平均合格率		%
工　序		返修总数		复　核		
生产总数		报废总数		检　验		

日　期	零部件名称	生产数	检验数	次品数	报废数	质量问题分类			备　注

日期_____　　　　　　　　　　　　　　　制表_____

表 5-10　_____月份各班组质量状况汇总表

序号	班组名称	生产数量	检验数	返修数	报废数	返修状况		合格率（%）	返修率（%）	报废率（%）
						已修	未修			
1	木材干燥									
2	配料（一）									
3	配料（二）									
4	机加工（一）									
5	机加工（二）									
6	胶合与胶黏									
7	涂饰（一）									
8	涂饰（二）									
9	装配（一）									
10	装配（二）									
11	包装（一）									
12	包装（二）									

日期_____　　　　　　　　　　　　　　　制表_____

表 5-11 车间产品质量完成情况统计表

序号	品名	计算单位	指标名称	检验数		合格数		不合格数		完成情况		与计划比		备注
				本月	累计	本月	累计	本月	累计	本月	累计	本月	累计	
1														
2														
3														

日期＿＿＿＿＿＿ 制表＿＿＿＿＿＿

表 5-12 废次品损失金额统计表

序号	品 名	计算单位	不合格品数	损失金额（元）		产生废次品的主要原因
				本月	累计	
1						
2						
3						

日期＿＿＿＿＿＿ 制表＿＿＿＿＿＿

表 5-13 产品质量档案

单位名称		产品名称		半成品名称	
		图 号			
废次品数量		事故责任者		日 期	
造成废次品的主要原因					
损失金额					
具体措施					
初步效果					
备 注					

日期＿＿＿＿＿＿ 制表＿＿＿＿＿＿

表 5-14 质量问题分析表

序号	问 题	原 因	措 施	负责人	完成日期
1					
2					
3					

日期＿＿＿＿＿＿ 制表＿＿＿＿＿＿

■ 做好废次品的统计分析工作。家具的废次品，是指不符合技术标准规定，而且不能按原定用途使用的半成品或成品。对于这类废次品，必须进行分类、统计、分析和研究，并找出报废原因，采取预防措施。首先，根据有关质量的原始记录，对废次品的种类、数量、损失金额数、产生原因和责任者等，进行分类和加以统计，并将各类数据资料汇总编制成表（表 5-12）。其次，在分类统计的基础上组织班组进行深入分析，包括废次品状况的动态分析、废次品状况的类比分析、废次品情况的构成分析、废次品的因果分析等。通过分析，掌握废次品情况，找出原因，采取措施，避免再次发生。另外也可用排列图法和因果图法对废次品进行统计与质量分析，这些方法对于找出造成废次品的真正原因，以及明确改进措施，改善产品质量具有一定作用。

■ 建立产品质量档案。对于废次品、副品的统计分析资料及重大质量事故的分析处理资料，必须加强管理，建立完整的质量档案。并统一编号和进行保管。质量档案由工厂的检验部门或质量管理部门负责整理。在档案中，除注明时间、地点和责任者外，还要对产生废次品的原因或事故发生的原因做详细记载，并记录所采取的措施和达到的效果（表 5-13），不仅可供以后借鉴，也有助于发现和掌握废次品产生变化的规律，有计划地采取防范措施。

■ 定期召开质量动态分析会。组织各方面人员参加这种分析会，是发扬生产技术民主的一种有效的组织形式，也是保证和提高产品质量的一种手段。这种会议可以有班组的、车间的和整个企业的，原则上每月召开一次。会议内容一般为：将本月质量指标的实际完成情况和存在的问题，与原定计划或上月、上年同期的情况进行分析比较，总结经验，找出差距，研究改进措施；检查质量措施的实施和车间、班组 PDCA 循环的情况；检查工艺规程、质量标准、原始记录的贯彻执行情况；检查质量管理（简称 QC）小组的活动情况，研究并协调处理 QC 小组在质量攻关中所遇到的问题。对以上研究和检查的问题，应使用专门的表格进行记录（表 5-14），并放入质量档案。

第三，严格执行工艺规程，不断提高产品的质量。工艺就是加工技艺，即合理的加工技术与方法。通过一定的工艺和各种加工设备，将原材料加工成产品的过程就叫工艺过程。工艺过程中各项有关规定叫工艺规程。工艺规程是生产的规定，每个操作者必须严格遵守。

■ 任何生产制造过程，其质量管理的核心问题，都是如何采取有效措施，使生产过程经常处于稳定受控状态，以保证和提高产品质量的问题。因此，严格贯彻执行生产工艺规程，加强工艺管理，也是生产过程中质量管理的一个重要环节。

■ 另外，加工工艺本身也有个质量问题，尽管影响产品质量的工艺因素是多种多样的，但总不会超出操作者、原材料、设备、操作方法和环境等这几方面的因素。产品加工过程的这些因素，同时对产品质量产生综合作用的过程，也是产品质量的产生和形成过程。因此，提高加工工艺的质量是很重要的。企业的技术部门应该经常要研究生产中各种因素的变化规律，及其与产品质量波动之间内在联系，不断改进和革新工艺，以提高加工工艺本身的质量。

■ 在家具行业，由于家具生产的工艺性差，机械化程度不高，工艺落后，长期以来，小生产的习惯势力还较强，因而有的企业，对工艺的作用尚未予以应有的重视，甚至不设置工艺技术员，使工艺处于无人过问的状态。这对于开展质量管理、提高产品质量是非常不利的。因此，家具行业，一定要改变不重视工艺的现状。加工工艺的质量有了保证，对于保证产品就能收到事半功倍的效果。必须加以高度重视。

第四，建立工序质量控制，加强对半成品的检验。全面质量管理的重要原则是以预防为主，在产品的生产过程中进行工序把关，及时发现质量差错和问题，防患于未然，确保产品的质量。由于家具产品的品种多、零部件的规格多、制造工艺的工序多，所以进行工序质量控制和加强对半成品的检验，就更有一定的作用和意义。家具制品可能产生的质量问题主要是：尺寸（长、宽、厚、公差）；材质（含水率、变形、开裂、纹理、色泽、厚度公差等）；工艺质量（表面光洁度、胶合耐久性、结构的严密性、拆卸与装配性等）。在家具制造工业中，这一类型质量问题比其他工业部门更为普遍。所以，相对来说，家具生产中的工序质量管理就更为复杂和困难。因此，对于家具产品，必须进行工序质量控制和半成品检验，以提高产品的合格率。加强工序质量控制和半成品检验，应从以下两方面入手：

■ 确定关键工序，建立控制点。由于家具的加工工艺过程是由许多道工序组成的，如木家具生产工艺过程包括干燥、配料、毛料加工、净料加工、木材胶合、弯曲成型、铣型、砂光、贴面、封边、打眼、钻孔、涂饰、装配等工序，在经过整个生产流水线的加工过程中，缺陷总是会越来越严重。因此，只检验最后的制成品是不够的。而是必须严格控制整个生产过程中每一道工序的加工质量，即从第一道工序起就进行质量检验。例如，下料时如果将长度定错了，那么这批材料经过齐边、刨平（砂光）、开榫、打眼（钻孔）等工序，直到装配时才发现不符合图样，只得将其另作它用或贮存起来留待以后使用，这就在工时和材料利用率上都造成了不应有的损失，最终必然会降低企业的利润。所以，对于家具生产，必须进行工序质量控制。各家具厂的生产方式不同，所采用的控制计划也不尽相同，这要根据各自的特定情况进行考虑，可以有计划地对直接影响质量的生产工序进行重点控制，设置必要的检验点，编制相应的工艺、检验文件，并对制造过程中的关键工序和特殊工序实施监督手段，以确保制造过程按计划执行，使工序处于受控状态。

■ 制定半成品标准。标准是检验的依据，要使每道工序都合格，就应明确每个零部件的质量要求。所以企业的技术部门在产品投产以前，就应先定出半成品标准，并使每一个操作者都能了解半成品标准包括规格、尺寸和允许公差，以及材质缺陷的允许范围等。一般来说，半成品的质量要求，应随着成品标准的修订而改变，并且，半成品的质量标准应该高于成品的质量标准，以保证最终成品的质量。

■ 设立班组兼职的检验员。为了做到工序间层层把关，做到不合格的零部件不流入下道工序，不合格的半成品不使用。除质量检验部门对一些关键工序设立专职检验员以外，还应依靠班组的力量建立自检制度。按照班组的大小，推举 1 ～ 2 名责任心强的人员作为本班组的质量员，负责检验本班组的加工制品和上道工序流入的制品。班组检验应以流动检验为主，重点检验加工前的原材料，上工序流入的半成品和各机台加工完毕的零部件，各机台的操作人员也应做好首件产品的检验和加工过程中的检验。如果发现不合格品，应及时向班组长反映，查明原因，采取措施。将影响质量的因素清除后，再继续生产。班组检验员要与班组长密切配合，除负责本工序、本班组工人的抽检外，在一定范围内还担负着执行工序监督的职能。

第五，掌握质量信息，开展信息反馈。质量信息是指反映产品质量和产、供、销各环节工作质量情况的基本数据、原始记录，以及产品使用过程中反映出来的各种情报资料。把质量信息如实地反映出来，并及时传送给有关部门或人员的过程叫质量信息反馈。质量信息，是调查研究产品质量的第一性资料；是质量管理的耳目；是加强质量管理工作中不可缺少的一

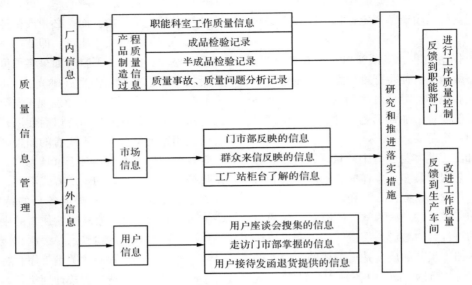

图 5-4　质量信息反馈管理网

环。当前，在家具供过于求的情况下，有的产品已出现滞销苗头。加强信息管理，开展信息反馈更具有现实性和重要性。所以每一个家具企业在生产经营活动的全过程中，都必须通过质量信息源不断发出质量信息，用以揭示工程能力因素和工作质量上存在的问题，推动各方面的管理工作，使产品做到适销对路、优质、安全、高产、低消耗。

■ 建立内外质量信息反馈管理网。在企业总经理的领导下，质量管理都要组织设计、计划、采购、供销部门和生产车间建立质量信息反馈管理网，其组成如图 5-4 所示，定期搜集市场和产品制造过程中的质量信息。

■ 质量信息反馈的工作步骤。质量信息反馈工作大体上可以按照图 5-5 所示的流程进行：

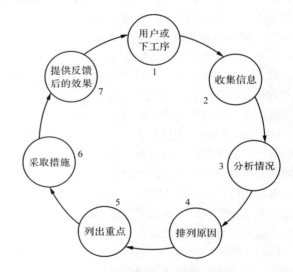

图 5-5　质量信息反馈管理流程

表 5-15　产品质量信息反馈登记表

序号	部件名称	产品		质量问题	原因判断建议措施	信息发生时间	实施单位及负责人	处理结果	信息返回时间	验收意见
		名称	图号							
1										
2										
3										
4										
5										

日期_____　　　　制表_____

a. 收集信息。用户或下工序及检验部门是产品制造过程中提供质量信息的来源，质量信息反馈组织的成员采用各种方式，广泛收集质量信息资料。例如，与检验部门合作，定期提供产品质量信息；召开检验人员座谈会，访问用户、销售商或下工序的有关人员等。

b. 分析情况。对收集到的各种质量信息要进行整理，并由有关部门领导组织专业研讨会，进行认真分析解剖，并作出初步判断。

c. 查找原因。运用排列图法和因果图法，找出主要问题和主要原因，分析原因和结果的关系。

d. 列出重点。质量信息反馈小组要将需要重点反馈的项目登记在反馈登记表上（表5-15）。

e. 采取对策。由企业领导或负责生产技术的总经理召集有关职能部门参加的会议，将反馈项目落实到部门或个人，并由接受部门制定详尽攻关或改进计划，明确进度，报质量信息反馈小组备案。各部门在采取措施的过程中，要作好详细记录，并把改进后的样品或资料报信息反馈小组。企业要组织鉴定或召开现场会，并将有效的信息加以标准化。对在解决质量问题中作出贡献的部门或个人，给予表彰或奖励。对没有按进度完成的反馈项目的单位或个人，则应承担行政和经济方面的责任。

第六，充分发挥质量管理QC小组的作用。为了充分发挥职工参加现场质量管理的积极性，质量管理QC小组，可由职工根据生产活动中的问题自行组合，也可按行政单位（班组）集体参加。

■ QC小组的形式。根据一些企业的经验，家具企业的QC小组，一般有以下组织形式：

a. 以行政班组为基础，成立永久性的QC小组。组长由行政班组长担任，这种形式效果较好。

b. 对于工厂所存在的某些难以解决的质量问题，可以成立临时性的由企业领导、管理干部、技术人员和工人组成的QC攻关小组。组长由小组成员推选。

c. 工厂要组织QC小组学习有关文件，明确QC的基本思想和改进工作的方法步骤，学习质量管理的基本统计方法，以提高业务技能。

d. QC小组正式成立后，企业有关部门要进行登记，填写QC小组登记表，并经审核后备案。

e. 企业和车间的QC领导小组要针对本部门存在的质量问题，帮助各小组选好活动课题，制定活动计划。

■ QC成果发表会。QC小组经过辛勤的劳动取得成果后，要在一定的场合发表。召开QC成果发布会，是检阅和评价QC小组活动的一项主要工作，企业应有专人负责。召开QC成果发布会，对于推动

QC工作大有好处，可以鼓舞士气、交流经验，而且，把课题的实施情况公诸于众后，能接受群众的监督审查。QC成果发布会不同于经验介绍，所以，应该突出数据、图样和效果。

■ QC成果的评定和奖励。召开QC成果发布会时，要请企业领导、有关生产技术负责人、工程技术人员、QC小组代表等，对每个QC小组发表的成果进行评分和评价。评分标准为：

a. 选题理由（10分）。所选的课题是否为企业或本部门的质量关键，理由和论据是否充分。

b. 基本做法（30分）。所选之课题按企业QC手法进行分析后，是否用数据找出主要影响因素。所采取的措施是否具体和切实可行，措施的难易等。

c. 主要效果（40分）。成果的技术经济实效和对提高产品质量、工作质量、降低消耗、提高管理水平的作用。以及用户（下工序）的评价，另外与同工种、同行业的对比等。

d. 今后打算（20分）。成果是否有巩固措施，是否标准化。对遗留问题，是否已确定新的活动目标及活动安排。

对QC成果的评定，要由评分员填写成果评定记录表（表5-16）。最后，根据每个评分员所评的分数算出平均分，即为该成果所得的分数。成果一般分为三级：90分以上为一级；80~89分为二级；70~79分为三级。取得一、二、三级的成果，企业要给以表彰和适当的物质奖励。有些家具企业已制定了QC小组的成果奖励办法，奖金从奖励基金或企业基金中支付。

表5-16　QC成果评定记录表

课题名称_____　　　　发布单位_____

序号	项目	满分	实得分	备注
1	选题理由	10		
2	基本做法	30		
3	主要效果	40		
4	今后打算	20		
合　计		100		

评分员_____　　　　日期_____

5.5　产品销售服务过程的质量管理

销售和服务过程是产品质量产生、形成和实现的最后一个过程，即实现过程，包括产品的包装、识别标志、搬运、贮存与防护、安装与调试、交付、广告宣传和售后服务等一系列活动。销售和服务过程的质

量职能就是开展售前和售后服务，收集用户现场使用的质量信息。

5.5.1　销售服务过程的质量职能

家具产品销售是家具企业经营管理的重要组成部分，也是家具企业质量职能的重要环节。随着市场经济的发展，家具产品销售工作已经成为家具企业生产经营和质量管理中最能动、最富有生机活力的一环。

产品销售是企业根据自身的经营发展战略，通过营销工作，在市场上销售产品，以满足市场和用户的需求，并使企业获得收益和实现产品的使用价值与经济价值的活动。家具产品销售的质量管理，是家具企业质量管理从生产过程向市场、用户以及流通领域和使用过程的延伸。

（1）产品销售的基本任务

家具产品销售的基本任务是：

■ 掌握市场情况，扩大传统市场，开发潜在市场，提高本企业产品的市场占有率，以实现产品销售的计划目标。

■ 要在市场竞争中维护企业的权益和树立企业的信誉，以提高企业和产品的社会知名度，并努力降低销售成本，提高企业的综合经济效益。

产品销售质量管理的基本职能及各项职能活动，均应服从于上述任务的需要。

（2）产品销售的质量职能

产品销售的质量职能可归纳如下：

■ 确定国内外目标市场并制定具体的营销策略，开发和建立营销渠道、销售服务网点。

■ 开展市场研究，确定用户和市场对产品的要求和期望，向设计开发部门提供初始的产品规范，向企业有关职能部门提供用户和市场对本企业产品需求和期望的信息，并促进其提高满足营销要求的能力。

■ 确定并实施企业的商标和广告策略，策划并提供产品介绍，开展宣传，提高产品知名度以及产品在市场上的信誉。

■ 制定、实施并控制企业的产品销售计划，确保实现企业的市场营销目标。

■ 组织、实施、监控对产品的搬运、贮存、包装、防护、交付以及安装和服务。

■ 建立营销职能的信息反馈系统，了解用户和市场对本企业产品的需求和期望，获得用户对产品满意与不满意的信息，掌握产品在整个寿命周期内质量特性的表现与演变情况。

■ 策划并制定营销人员的培训计划，建立培训

档案。

■ 做好营销职能范围所需的质量记录，并实施全过程的控制。

5.5.2　产品售前的质量管理

产品售前服务就是从技术角度帮助用户对适用的产品做出适合的选择，为市场、销售人员和用户提供产品的广告资料，举办展览和报告会，为用户演示经销产品及应用案例，通过市场宣传，让用户深入地了解所要销售的产品。在顾客使用产品之前，从保证实现产品的既定质量出发，要着重抓好下列工作：

（1）产品的包装

包装通常是家具产品生产制造过程的最后一道工序，是为在流通过程中保护产品、方便贮存和运输、促进销售，使用适当的材料做成和物品相适应的容器，以及采用适当的处理技术和方法的总称。包装是产品质量的重要组成部分，也是企业生产经营的重要工作。包装的质量，既直接影响家具产品的质量，又直接影响到产品在市场上的可销性和价值，包装质量不好，甚至会直接造成浪费。

产品包装的作用，一是为了保护产品安全、清洁卫生，防止散失、变质和损坏；二是有利促销，具有广告和推销的功能；三是增加利润，即提高产品身价，激发消费者购买的兴趣。包装质量特性的内涵在于包装的适用性、美观性、可靠性、安全性、耐用性和经济性。这些都需要从包装方式、包装设计和包装材料等几方面来考虑。其中，产品的包装方式应根据产品特点、运输条件、途中的搬运方法、可能遇到的贮存条件以及合同的规定等因素予以确定。

（2）产品的识别标志

产品的识别标志与产品的出厂、贮存、防护、运输、接收、交付、使用等均有直接关系。如果产品识别标志不清，使产品混淆，不便辨认，易导致不良后果，甚至造成人身伤亡或其他损失，所以产品识别标志的质量控制也是至关重要的。产品的识别标志的内容十分广泛，从商标图案到数字、型号、符号，从商品标签到订货附件，以及彩色涂料等均可作为产品的识别标志。

为做好家具产品的识别标志，要求做到：

■ 标志和标签的字迹清晰、图案美观、牢固耐久，符合规范化要求。

■ 产品从出厂、接收、交付直到最终用户，均须保持识别标志的完整。

■ 随货附件和特殊订货附件等也必须有明显的识

别标志。

■ 产品的标志应便于识别，如果产品质量出现问题，可将识别标志追回，以便于贯彻产品质量的可追溯性管理。

■ 产品的商标是不同生产者专有产品的商品标志。依法注册的商标，是企业在产品上具有专用权的"厂牌"，受法律的保护。

使用注册商标的意义：一是维护企业的正当权益，保护企业的信誉；二是有助于督促企业搞好产品质量，如果企业不顾商标信誉，工商行政管理部门还将依法进行追究；三是商标可以发挥促进销售的作用，著名的商标对于产品的销售有着积极的推动作用。

由于商标使用关系到消费者、生产者和国家、社会的直接利益，所以各国均以法律和法规对商标进行管理。家具企业必须通过质量管理对商标的设计、注册、使用和维护进行质量控制，包括对商标设计、商标注册、商标使用的质量控制以及实行商标设计的质量审核等。

（3）产品的搬运、贮存与防护

产品搬运就是在保持产品原有质量水平的前提下，采用经济合理的方式，把产品安全、准确地运到用户手中的过程。产品搬运的质量控制包括下列方面：

■ 制定并严格执行产品搬运管理制度，保证合同交货期和产品发运的质量，在企业内部的搬运工作，也要建立健全并实施有关的管理制度。

■ 控制产品装卸、搬运等环节的操作规程，保证安全作业，装卸搬运人员应经培训考核合格后上岗，对以上环节加强监督。

■ 在搬送、运输过程中要有防护措施，对运输质量进行控制，若受企业条件限制，委托运输企业发运时，应对运输方的合格能力进行评审。

■ 要有防止产品错发、漏发及转运过程丢失、损坏等现象的控制措施，加强对产品押运工作的管理。

■ 对体积大、超重的特殊产品，需制定产品发运的质量控制措施计划，并与承运方协调落实起吊、装卸、运输、防护等方案。

产品入库贮存的质量控制，应抓住以下环节：

■ 贮存区域应整洁，具有适宜的环境条件，对温度、湿度和其他条件敏感的产品，应有明显的识别标志，贮存环境应符合技术要求。

■ 采用适当的贮存方法，对可能变质或腐蚀的产品应采取相应的防护措施包装贮存。

■ 验证合格产品入库时应注明接收日期并作明显标记，对有贮存期要求的产品要有适用的产品贮存周转制度，产品堆放应划分区域，并摆放整齐，便于存取，防止误用。

■ 定期检查库存产品状况，加强出库管理。

■ 企业应制定产品贮存质量控制的程序文件，满足质量保证的要求。

产品的防护与贮存的质量控制活动是紧密相连的。就防护而言，其质量控制的主要环节是：

■ 成品仓库应做到"四防"：防火、防水、防盗、防损坏事故；"十不"：不漏、不潮、不腐、不锈、不霉、不变、不混、不噬（咬坏）、不蛀、不曝不冻。

■ 对大型产品或无法入成品库的产品，更要加强防护，按产品防护有效期规定已超期存放的产品要开箱检查并重新防护，如发现异常要及时返工，只有达到防护质量要求时才能发运交付。

■ 为用户（需方）代为保管的产品，包括逾期不发的产品，要与产成品一视同仁地进行防护，并作明显标记，以免误发给其他用户。

■ 防护工作要把责任落实到人，加强岗位责任的检查与考核工作。

（4）产品的安装

产品安装是家具企业为用户或消费者提供技术支持与服务的活动内容之一。对于安装要求高的产品，企业应派出人员为用户进行安装，同时为用户传授有关技术、知识与技能。企业应制定并提供用户正确安装产品的技术指导文件，明确安装方法、具体要求与注意事项，以防止由于用户安装不当造成产品故障，或引起的产品质量降低，以使产品顺利进入正常工作状态。

为了传播产品安装与调试的知识与技术以及使用方法和维修保养技术，企业可以举办各种形式的培训班，帮助用户培训技术骨干。

（5）产品的交付

产品交付是指家具产品从进入产成品仓库，直至抵达需方收货地点并由需方完成验收的整个过程。在交付的各个环节，企业均应采取保护产品质量的控制措施，并制定相应的程序文件。除涉及以上关于产品搬运、贮存与防护的质量控制外，就产品交付的质量控制而言，应抓好以下两方面：

第一，产品的交付质量必须满足合同规定的交货期、交货状态、交货条件的要求，要保证产品质量的责任一直延续到交付的目的地为止，开箱合格率确保100%。其中，交货状态是指部件交货、整体交货、解体发运、现场整体交货、散件装箱、成套交货等形式。交货条件是指 FOB 船上交货（指定装运港）、FOR 铁路交货（指定起运地点）、FOT 货车交货（指定起运地点）、自提（供方厂内交货）。

第二，产品交付的质量控制活动应该包括以下几项：① 由交货人员（含押运人员、特别派出人员、派驻重点工程工地服务人员等）同用户一起做好货品清点并核对发运通知说明的各项内容，共同检验、复核到达的货品包装及外现质量状态，核检随货到达的质量证明文件及其他文件资料。② 用户对家具货品收妥无误后，应完成交货手续并在有关资料上签字。③ 与用户落实货款支付、结算等事宜，以利及时回收货款。

（6）产品的广告宣传

产品广告宣传是企业产品促销活动之一。广告是社会范畴的经济、文化活动，受法律的约束和保护。广告的作用在于：传递商品信息，沟通产需联系；介绍知识，指导应用；激发需求，增加销量；招揽顾客，促进竞争；启迪思索，丰富文化生活。

广告的质量，首先要求内容清楚明白，实事求是，不得以任何形式弄虚作假，蒙蔽或欺骗用户和消费者。同时，广告内容与形式均应健康，设计和构思要有创造性和艺术性。

产品质量是广告宣传的基础。产品质量差，广告宣传再多也无济于事，只有产品质量好，再加上广告宣传的媒介作用，才能有助于拓展市场，在竞争中取胜。

5.5.3 产品售后的质量管理

产品销售后的质量管理主要指的是售后服务。售后服务属于产品的附加利益，是现代产品整体概念中十分重要的组成部分。

（1）售后服务的作用

售后服务的作用表现在以下几个方面：

第一，售后服务有助于迅速、有效、持久地发挥产品的功能和社会效益。顾客购买产品的目的是为了使用产品，作为产品的生产者和销售者，应帮助顾客尽快运送、安装、调试产品，培训操作人员，以及提供维修配件和维修服务。这样才能使产品迅速、有效、持久地发挥应有的功能，否则虽然从生产企业看，产品已经销售出去，但从顾客和社会看，产品并未发挥应有的功能和效益。

第二，售后服务有助于高效快速地解决用户在使用产品时出现的各种技术问题，保证用户的产品连续、稳定高效地运行，最大限度地保护用户投资，为用户提供产品系统扩充和升级服务等。

第三，售后服务有助于提高产品信誉，促进产品销售。使用中的产品是最有说服力的推销员。产品在使用过程中难免发生故障，其中有些是生产企业造成的，有些是顾客使用不当造成的。产品发生故障后，不仅顾客受到了损失，产品生产者同样蒙受很大的损失。具有战略头脑的经营者总是千方百计地降低企业产品的故障率，其中重要的措施之一是加强售后服务，指导和帮助顾客正确使用本企业的产品，如在保证期内一旦发生重大故障，不仅立即派人赶往现场维修，甚至无偿地用新产品更换有故障的产品。其结果是企业只花极少的销售费用，而极大地提高产品的信誉，加强了顾客的信任感、安全感，从而有力地促进产品的销售。

第四，售后服务有助于生产企业直接倾听顾客的意见，了解顾客的需要，设计出更好的产品。因为售后服务可使生产者和顾客直接见面，互通信息，如果生产者能根据产品使用条件和使用中发生的种种问题来设计产品，就有可能生产出顾客满意的产品。许多成功的产品都是根据顾客的意见不断改进而日益完善的。

第五，售后服务还有助于向顾客介绍产品，引导消费。有许多产品虽然性能良好、物美价廉，但由于顾客不了解，或者由于习惯而不愿接受，或者由于对新技术无知而抱怀疑拒绝的态度，从而影响产品的生存和发展。如果生产者能够主动向潜在的顾客免费传授技术，免费试用新产品，自然就会把新产品介绍给潜在的顾客，一大批潜在顾客就可能成为忠实顾客，从而起到引导消费的作用。

（2）售后服务的内容

售后服务的内容很多，归纳起来，主要有以下各项：

第一，咨询介绍服务。家具企业不仅要向顾客提供产品，同时还应提供详细的产品技术说明书、必要的产品结构、安装图样、产品使用和维修手册等资料，把产品向顾客详细介绍。除提供书面资料外，还可设立咨询服务窗口，专门接待感兴趣的顾客，在保守商业秘密的前提下，诚恳、热情、实事求是地回答他们所提出的一切咨询。必要时也可组织潜在顾客参观产品的生产过程和试验过程。通过咨询介绍增强未来的顾客对本企业产品的了解程度和信赖度，及时解决他们的疑虑和将来使用中可能发生的问题。

第二，技术培训服务。技术培训服务可以针对已购买或准备购买本企业产品的顾客，也可针对一切可能购买本企业产品的顾客进行。这种培训完全是服务性的，通常不收费甚至还提供培训期间的生活费用。许多生产高级、复杂、技术密集型产品的企业都普遍开展技术培训服务。当受训者掌握和熟悉该产品的使用方法后，自然就会倾向于购买该种产品。

第三，"三包服务"。我国生产企业一般都实行包退、包换、包修的"三包服务"。有的企业还增加包使用寿命、包赔偿损失、包技术培训等新的内容。"三包"实际上是生产企业对产品质量和功能所作出的保证和承诺。正因为产品可能发生某种问题才需要"三包"，因此应把"三包"看做产品质量出现问题时的一种补救措施，而不应把"三包"看成是对顾客的恩赐。

第四，维修服务。任何产品特别是耐用品在使用中都会发生磨损，都需要维修服务。生产企业对产品的维修服务的形式一般有 3 种：

■ 定点维修。生产企业在本企业产品销售比较集中的地区，派人设立修理部。为了节省费用也可委托各地有关企业、商店作为本企业某种产品的特约维修点。特别是对于那些比较笨重，不便长途运输的产品，或者结构特殊、需要专门零件和修理技术的产品，更应在产品市场覆盖范围内设立修理点，以方便顾客修理。

■ 上门修理。定点修理需要顾客把损坏的产品送到修理点才能修理，对某些产品而言这样做仍不很方便。较好的方法是上门修理。顾客通过信件、电报、电话把产品故障情况和停放地点通知生产企业，企业派人上门修理。如，某家具企业向顾客保证在接到顾客要求修理的函电后，本省 24h 赶到现场，国内其他地区 3 天内赶到现场进行修理。尽管产品质量好，但难免发生故障，所以这种及时的修理服务保证对顾客具有极大的吸引力，可以防止顾客可能因产品问题所造成的损失。

■ 巡回服务。对于一些高档、复杂、昂贵的产品，生产企业应根据产品档案，主动巡回进行预防性维修，这样就可以避免故障发生后产生的损失，使顾客更加放心。

第五，访问服务。家具生产企业要做好访问服务，一般分为 4 次：第一次访问在产品出售后 1 个月内进行，主要检查产品安装和操作情况，建立产品顾客档案；第二次访问在产品出售后 3 ~ 6 个月进行，主要帮助顾客对产品进行保养，发现顾客在使用中的问题，及时予以提示；第三次访问在产品出售后 2 ~ 3 年进行，主要进行修理服务，更换一些已经损坏的零件，恢复产品的功能，同时也要向顾客介绍此类产品目前还可使用，但正在变得陈旧和落后；第四次访

问在产品出售后 5 ~ 6 年进行，主要目的是向顾客介绍新产品，并用大量的事实向顾客证明购买新产品替代老产品所能带来的经济效益。

5.5.4 现场使用质量信息的收集与管理

顾客使用产品的质量信息是评价产品质量最直接、最确切、最及时的重要信息，做好现场使用信息的收集、整理、分析和传递工作，是不断改进和提高产品质量的重要措施。

（1）顾客意见的分析和处理

这里所用的"意见"两字是指顾客对产品质量所表示的不满，其中包括退货、换货、包修、损失索赔等情况。绝大多数的生产企业能认真对待这些意见，并迅速组织人员予以处理。处理意见的目的是重新为顾客提供服务，从而保持生产企业在顾客中的信誉。对于个别意见，比较好处理。问题是对于重复性的意见不仅要进行统计归类，还要分析出现某些类型故障或缺陷的原因，采取纠正措施，从技术上或归类上彻底根除。

但应该注意，对产品质量意见的多少，并不一定就是衡量产品质量好坏的惟一标准，重要的是对具体问题要具体分析，切忌笼而统之，大而化之。经验表明，造成用户意见多少的原因是多方面的，包括：

第一，产品质量不好，但顾客没有提意见。造成顾客不提意见的原因是：产品价格低，不值得提；超过保修期，顾客自费修理；产品在市场上供不应求。这些没有正式提出的不满意见，可以说是对生产企业的一种威胁。当顾客自认倒霉后，决定不再购买该企业的产品，还会对该企业的产品进行"反宣传"，这样就会失去顾客。如果企业的经营者体会不到产品故障的实际严重程度，而是自欺欺人，洋洋得意地认为产品已使顾客满意，那将会导致严重后果。为了避免这种危险，企业必须采取措施来获取真实的产品使用质量信息。

第二，顾客意见有假象，不能充分反映质量状况。主要是有些顾客意见表达得有些过分，如顾客使用不当，提出修理，实际上在保修期内送修产品中约有 1/3 并非是质量问题，如果顾客学习有关手册或指导书，本来是完全可以避免这些故障的；维修不当，退换较多零部件，在维修过程中，维修技术员在判断产品故障时找错了原因，于是换下了可疑的零部件，而故障依然存在，技术员把换下的零部件作为"不合格品"退回，其实这些零部件中往往有较大的比重是合格的，虽然这种顾客意见的重要性是有限的，但可以通过分析所得到的数据说明现场使用的质量情况，

然而，不要仅限于顾客意见的数据，而是要收集更为广泛的数据。

第三，单价对顾客意见的影响。产品的单价往往对顾客意见数与现场故障数之比具有极大的影响。调查的数据显示：在单价低时，意见和现场故障数之比低于1%。对于这类产品，仅仅利用意见数来衡量现场使用质量是完全靠不住的。单价上升时，意见数也上升。对于单价极高的产品，意见数与现场故障数之比几乎是1∶1，每当产品出现故障，就会有一次包修。

第四，时间对顾客意见的影响。对于寿命长的产品来说，首次发生故障以前的工作时间是决定投诉率的主要变量。"磨损"的产品，也就是当其达到规定的使用寿命的产品，因年久失修，并不会引起什么意见。相反，由于无故障运转时间有所增加，中间偶发性故障的概率极小，所以当出现"婴儿夭折性"故障时，就易于提出投诉。

（2）现场使用质量信息的管理

为了正确分析顾客意见，使其成为提高质量的可靠信息来源，就必须对现场使用的质量信息进行管理。这里的"现场使用的质量信息"是指产品出厂后所形成的对生产企业有用的一切有关的信息情报。因而单从修理部门获取信息是不够的，应通过各种渠道收集信息，并组织管理好这项重要工作，才能收到应有的效果。

第一，确定信息内容。由于产品不同，现场使用的质量信息的内容就有较大的差别。现场使用信息对企业的设计、生产制造等多方面都有重要作用，因此企业质量部门可以会同厂内设计、工艺、生产、检验、维修和销售等部门，共同研究确定所需要的信息内容。

对家具的使用质量信息，可以包括以下内容：产品及其重要的几项质量特性；产品故障类型、部位，

故障前产品正常使用的累积时间（包括已过保修期的产品）；故障影响范围的大小，通常是以包修服务率（保修费与包修产品总数之比）等指标作为统计量；最易损坏或损失最大的故障次数；了解产品的使用环境，以便分析故障是在使用环境下出现的还是在环境恶劣情况下出现的；收集顾客对产品的满意程度信息。

第二，选择合适的信息收集方法。现场使用信息的来源有多种：同现场有关人员接触，包括向销售员、顾客意见调查员、技术维修人员、修理部门人员了解情况；有控制地"试用"产品，生产企业可以充分利用自己的产品，有选择地在某些顾客中试用，按规定时间提取数据；向顾客购买情报，可以签订合同，按规定执行；产品监测，可以在产品使用过程中对产品的完好状态进行监测。

第三，现场使用信息的管理。现场使用信息来源多，信息量大，只有集中进行归纳整理分析，才能变为有用的信息。目前，很多企业都还没有设立一个专门负责质量信息的部门。质量信息工作一般分散在几个部门中进行，如销售、服务、维修等部门，此外，技术设计和制造部门在处理现场技术问题时也收集到部分第一手信息。我国一些家具企业的经验表明，在质量管理部门中配备专职人员从事质量信息管理的办法是有效的。这类专职人员的主要职责是：厂内外质量信息反馈的组织联络工作；进行数据处理和质量信息综合分析工作，并写出报告，作为领导决策的依据；必要时参加分析试验和组织现场调查；组织回复顾客意见等。随着产品和质量信息数据的不断增多，单纯靠传统的统计分析方法已经不能适应当前信息管理的要求，应该借助于计算机和网络，将现场使用的质量信息进行分类、编码、储存，经过处理，及时、准确地提供所需要的质量信息。

复习思考题

1. 什么是家具企业的质量管理？它主要包括哪些具体内容？

2. 什么是市场调研？它的主要任务是什么？市场调查和市场预测的主要内容与方法有哪些？市场质量信息如何分析与评价？

3. 产品设计开发的意义体现在哪几个方面？产品设计开发的主要任务、阶段过程和质量职能包括哪些具体内容？如何对产品设计开发进行评审？

4. 物料采购供应质量管理的任务是什么？它的质量职能包括哪些主要内容？如何进行采购活动的组织管理？

5. 什么是产品制造过程的质量管理？它的含义和内容包括哪几方面？有哪些主要影响因素？

6. 什么是生产技术准备的质量管理？它的主要内容有哪些？

7. 什么是基本制造过程的质量管理？它的基本任务、主要环节和内容有哪些？

8. 什么是产品销售服务过程？它的质量管理主要包括哪些具体内容？

第 **6** 章
家具产品质量检验

【本章重点】

1. 家具质量检验概述。
2. 家具材料质量检测。
3. 家具尺寸与形状位置检测。
4. 家具表面加工质量检测。
5. 家具表面覆面材料剥离强度检测。
6. 家具表面涂饰质量检测。
7. 家具产品力学性能检测。
8. 家具中有害物质检测。

家具质量检验是利用各种测试手段，按规定的技术标准中的各项指标，对家具零部件及产品进行检测，最终确定出质量的优劣和对产品进行质量监督。通过质量的检测用科学的数据反映出产品的实际质量水平，划分出质量等级，促使优质产品得到进一步发展和提高，不合格的劣质产品停止生产，及时退出销售市场，可使生产企业树立质量观念和加强质量管理，同时也为消费者购买家具时提供了参考依据，保障了消费者的利益。

6.1 家具质量检验的概述

6.1.1 质量检验的分类

家具产品质量检验的内容包括外观质量、理化性能、力学性能和环保性能的检验。家具产品质量检验的形式可分为型式检验和出厂检验。

（1）型式检验

型式检验是指对产品质量进行全面考核，即按标准中规定的技术要求对家具进行全部指标检验。它的特点是按规定的试验方法对产品样品进行全性能试验，以证明产品样品符合指定标准和技术规范的全部要求。型式试验的结果一般只对产品样品有效，用样品的型式试验结果推断产品的总体质量情况有一定风险。凡有下列情况之一时，应进行型式检验。

- 新产品或老产品转厂生产的试制定型鉴定。
- 正式生产后，如结构、材料、工艺有较大改变，可能影响声品性能时。
- 正常生产时，定期或积累一定产量后，应周期性进行一次检验，检验周期一般为一年。
- 产品长期停产后，恢复生产时。
- 出厂检验结果与上次型式检验有较大差异时。
- 客户提出要求时。
- 国家质量监督机构提出进行型式检验的要求时。

型式检验采用抽样检验的方式，将母样编号后随机抽取检验的子样。

木家具和金属家具单件产品母样数不少于20件，从中抽取4件，其中2件送检，2件封存；成套产品的母样数不少于5套，从中随机抽取2套，其中1套送检，1 套封存；如果送检样品中有相同结构的产品或单体，则可从中随机抽取 2 件。

沙发和弹簧软床垫类软体家具，从 3 个月内生产的产品库存中抽取样品，沙发母样数应大于 10 件（套），弹簧软床垫应大于 20 件，将母样编号后，从中随机抽取 2 件（套），其中 1 件（套）送检，1 件（套）封存。

漆膜理化性能检验用的试样，木制件和金属件一般在送检产品上直接取得，也可在与送检产品相同材料、相同工艺条件下制作的试样上进行试验。木制件和金属件进行漆膜性能检验的试样尺寸和数量见表 6-1。

表 6-1 木制件和金属件漆膜性能检验试样的规格尺寸和数量

试样	测试内容	试样材料	试件数（块）	试件厚（mm）	试件大小（mm×mm）
金属件	漆膜硬度	玻璃板（光平面）	3	3~5	100×100
	漆膜附着力	马口铁板	3	0.20~0.30	50×100
	漆膜冲击强度	马口铁板	3	0.20~0.30	50×120
	漆膜耐腐蚀	普通低碳薄钢板	3	0.8~1.5	70×150
	漆膜光泽度	玻璃板	3	2~3	20×90
	漆膜耐湿热	普通低碳薄钢板	3	0.8~1.5	70×150
木制件	漆膜耐液	木材或木质材料	3	3~5	250×200
	漆膜耐湿热	木材或木质材料	3	3~5	250×200
	漆膜耐干热	木材或木质材料	3	3~5	250×200
	漆膜附着力	木材或木质材料	3	3~5	250×200
	漆膜厚度	木材或木质材料	3	3~5	250×200
	漆膜光泽	木材或木质材料	3	3~5	250×200
	漆膜耐冷热温差	木材或木质材料	4	3~5	250×200
	漆膜耐磨性	木材或木质材料	3	3~5	φ100、中心孔 φ8.5
	漆膜抗冲击	木材或木质材料	3	3~5	250×200

此表摘自 QB/T 1951.2 和 GB/T 4893.1~9。

（2）出厂检验

出厂检验是指在产品进行型式检验合格的有效期内，由企业质量检验部门进行检验。它一般是在产品出厂或产品交货时必须进行的各项检验。

单件产品和成套产品的出厂检验应进行全数检验，但当检查批数量较多，全数检验有困难时，也可进行抽样检验（依据 GB/T 2828.1—2012）。抽样检验时，在母样上编号后，按表 6-2 规定随机抽取规定件数。

表 6-2 抽样与组批规则 件（套）

检验批数量	抽取受检产品数	合格判定数（Ac）	不合格判定数（Re）
26~50	8	1	2
51~90	13	2	3
91~150	20	3	4
151~280	32	5	6
281~500	50	7	8
501~1200	80	10	11
1201~3200	125	14	15
≥3201	200	21	22

注：26 件以下应全数检验。

6.1.2 质量检验的项目

家具产品质量检验的内容主要包括尺寸与形位公差检验、用料与外观质量检验、表面理化性能检验、力学性能检验和环保性能检验等五大类项目。

（1）尺寸与形位公差检验

尺寸与形位检验包括产品外形尺寸检验、各类产品主要尺寸（功能尺寸）检验、形状与位置公差检验等。

（2）用料与外观质量检验

用料与外观质量检验包括用料质量及其配件质量的检验、木工加工质量和加工精度的检验、涂饰质量外观检验以及产品标志的检查等。

（3）表面理化性能检验

表面理化性能检验包括漆膜理化性能的检验、软质和硬质覆面理化性能的检验。主要有耐液性检测、耐湿热检测、耐干热检测、附着力检测、耐磨性检测、耐冷热温差检测、光泽检测、抗冲击力检测等。

（4）力学性能检验

力学性能检验包括各类产品的强度检验、耐久性检验、稳定性检验、软硬质覆面剥离强度的检验等。

（5）环保性能检验

环保性能检验是指各类家具产品中有害物质释放量检验，主要包括甲醛释放量的检验、重金属含量的检验、挥发性有机化合物 VOC 释放量的检验、苯及同系物甲苯及二甲苯释放量的检验、放射性核素的检验等。

木家具、金属家具、软体家具产品质量应检验项目的内容及技术要求见表 6-3 至表 6-6。

表 6-3　木质家具质量检验和质量评定项目

尺寸与形位公差检验项目

序号	检验项目名称	检验内容及要求					项目分类		
							基本	分级	一般
1	产品外形尺寸极限偏差（mm）	受检样品图样外观宽、深、高尺寸与实测值允差配套或组合产品的极限偏差应同取正值或负值			高度	A 级：±3		√	
					宽度	B 级：±4			
					深度	C 级：±5			
2	各类产品主要尺寸（即功能尺寸）（mm）	桌类	桌面高：680～760						√
			中间净空高：≥580				√		
			中间净空宽：≥520				√		
			桌、椅（凳）配套产品的高差：250～320						√
		椅凳类	坐高：硬面 400～440，软面 400～460（包括下沉量）						√
			扶手椅扶手内宽：≥460				√		
		柜类	挂衣棍上沿至底板内表面间距		挂长衣：≥1400				√
					挂短衣：≥900				
			挂衣空间深度：≥530（设计为宽度方向挂衣时不受此限）						√
			折叠衣物放置空间深：≥450						√
			书柜层间净高：≥230						√
		床类	床铺面净长：1920、1970、2020、2120						√
			床铺面宽：800、900、1000、1100、1200、1350、1500、1800、2000						√
			床铺面高：400～440（不放置床垫），240～280（放置床垫）						√
			双层床层间净空高：≥1150						√
			双层床安全栏板上应设置限制床垫放置高度的永久性警示线，该警示线距安全栏板上端面距离：≥200				√		
			双层床安全栏板缺口长：500～600				√		
3	形状与位置公差（mm）	翘曲度	面板、正视面板件	对角线长度≥1400	A 级≤1.0，B 级≤2.0，C 级≤3.0			√	
				700≤对角线长度＜1400	A 级≤0.7，B 级≤1.0，C 级≤2.0				
				对角线长度＜700	A 级≤0.4，B 级≤0.7，C 级≤1.0				
		平整度	面板、正视面板件：≤0.2						√
		邻边垂直度	面板、框架	对角线长度	≥1000	长度差≤3			√
					＜1000	长度差≤2			
				对边长度	≥1000	对边长度差≤3			
					＜1000	对边长度差≤2			
		位差度	门与框架、门与门相邻表面、抽屉与框架、抽屉与门、抽屉与抽屉相邻两表面间的距离偏差（非设计要求的距离）：≤2.0						√
		分缝	所有分缝（非设计要求时）：≤2.0						√
		底脚着地平稳性	≤2.0						√
		抽屉下垂度	≤20						√
		抽屉摆动度	≤15						√

（续）

用料与外观质量检验项目

序号	检验项目名称	检验内容及要求		项目分类		
				基本	分级	一般
4	材料含水率（％）	木材含水率	8%≤W≤产品所在地区年平均木材平衡含水率+1%	√		
		人造板含水率	中密度纤维板 4~13	√		
			刨花板 4~13			
			胶合板 6~16			
			细木工板 6~14			
			浸渍胶膜纸贴面人造板 6~14			
			装饰单板贴面人造板 6~14			
5	木制件外观	贯通裂缝	应无具有贯通裂缝的木材	√		
		腐朽材	外表应无腐朽材，内表轻微腐朽面积不应超过零件面积的20%	√		
		树脂囊	外表和存放物品部位用材应无树脂囊			√
		节子	外表节子宽度不应超过材宽的1/3，直径不超过12mm（特殊设计要求除外）			√
		死节、孔洞、夹皮和树脂道、树胶道	应进行修补加工（最大单个长度或直径小于5mm的缺陷不计），缺陷数外表不超过4个，内表不超过6个	√		
		其他轻微材质缺陷	如裂缝（贯通裂缝除外）、钝棱等，应进行修补加工			√
6	人造板件外观	干花、湿花	外表应无干花、湿花			√
			内表干花、湿花面积不超过板面的5%			√
		污斑	同一板面外表，允许1处，面积在3~30mm²内			√
		表面划痕	外表应无明显划痕			√
		表面压痕	外表应无明显压痕			√
		色差	外表应无明显色差			√
		鼓泡、龟裂、分层	外表应无鼓泡、龟裂、分层	√		
7	五金件外观	电镀件	镀层表面应无锈蚀、毛刺、露底	√		
			镀层表面应光滑平整，应无起泡、泛黄、花斑、烧焦、裂纹、划痕和磕碰伤等			*√
		喷涂件	涂层应无漏喷、锈蚀	√		
			涂层应光滑均匀，色泽一致，应无流挂、疙瘩、皱皮、飞漆等缺陷			*√
		金属合金件	应无锈蚀、氧化膜脱落、刃口、锐棱	√		
			表面细密，应无裂纹、毛刺、黑斑等			*√
		焊接件	焊接部位应牢固，应无脱焊、虚焊、焊穿	√		
			焊缝均匀，应无毛刺、锐棱、飞溅、裂纹等缺陷			*√
8	玻璃件外观	外露周边应磨边处理，安装牢固		√		
		玻璃应光洁平滑，不应有裂纹、划伤、沙粒、疙瘩和麻点等缺陷				*√
9	塑料件外观	塑料件表面应光洁，应无裂纹、皱褶、污渍、明显色差				*√
10	软包件要求	包覆的面料拼接对称图案应完整；同一部位绒面料的绒毛方向应一致；不应有明显色差				*√
		包覆的面料不应有划痕、色污、油污、起毛、起球				*√
		软面包覆表面应：①平服饱满、松紧均匀，不应有明显皱褶；②有对称工艺性皱褶应匀称、层次分明				*√
		软面嵌线应：①圆滑挺直；②圆角处对称；③无明显浮线、明显跳针或外露线头				*√
		外露泡钉：①排列应整齐，间距基本相等；②不应有泡钉明显敲扁或脱漆				*√
11	木工要求	人造板部件的非交接面应进行封边或涂饰处理		√		
		板件或部件在接触人体或储物部位不应有毛刺、刃口或棱角		√		
		板件或部件的外表应光滑，倒棱、圆角、圆线应均匀一致				*√
		贴面、封边、包边不应出现脱胶、鼓泡或开裂现象		√		
		贴面应严密、平整，不应有明显透胶				√
		榫、塞角、零部件等结合处不应断裂		√		
		零部件的结合应严密、牢固				√
		各种配件、连接件安装不应有少件、透钉、漏钉（预留孔、选择孔除外）		√		
		各种配件安装应严密、平整、端正、牢固，结合处应无开裂或松动				√
		启闭部件安装后应使用灵活				√

（续）

用料与外观质量检验项目

序号	检验项目名称	检验内容及要求	项目分类		
			基本	分级	一般
11	木工要求	雕刻的图案应均匀、清晰、层次分明，对称部位应对称，凹凸和大挖、过桥、棱角、圆弧处应无缺角，铲底应平整，各部位不应有锤印或毛刺。缺陷数不应超过4处			* √
		车木的线形应一致，凹凸台阶应匀称，对称部位应对称，车削线条应清晰，加工表面不应有崩茬、刀痕、砂痕。缺陷数不应超过4处			* √
		家具锁锁定到位、开启应灵活	√		
		脚轮旋转或滑动应灵活			√
12	漆膜外观要求	同色部件的色泽应相似			√
		应无褪色、掉色现象	√		
		涂层不应有皱皮、发黏或漏漆现象	√		
		涂层应平整光滑、清晰，无明显粒子、涨边现象；应无明显加工痕迹、划痕、雾光、白棱、白点、鼓泡、油白、流挂、缩孔、刷毛、积粉和杂渣			* √
13	产品标志	产品上应有持久性的厂标	√		

表面理化性能检验项目

序号	检验项目名称		试验条件及要求			项目分类		
						基本	分级	一般
14	漆膜理化性能	耐液性	10%碳酸钠溶液，24h 10%乙酸溶液，24h	A级	不低于1级		√	
				B级	不低于2级			
				C级	不低于3级			
		耐湿热	20min	A级	85℃ 不低于1级		√	
				B级	70℃ 不低于2级			
				C级	70℃ 不低于3级			
		耐干热	20min	A级	85℃ 不低于1级		√	
				B级	70℃ 不低于2级			
				C级	70℃ 不低于3级			
		附着力	2mm划格法	A级	不低于1级		√	
				B级	不低于2级			
				C级	不低于3级			
		耐冷热温差	3周期	应无鼓泡、裂缝和明显失光		√		
		耐磨性	1000r	A级	不低于1级		√	
				B级	不低于2级			
				C级	不低于3级			
		抗冲击	冲击高度50mm	A级	不低于1级		√	
				B级	不低于2级			
				C级	不低于3级			
		耐香烟灼烧	应无脱落黑斑、裂纹、鼓泡现象			√		
15	软硬质覆面理化性能	耐冷热温差	无裂缝、开裂、起皱、鼓泡现象			√		
		耐干热	无龟裂、无鼓泡			√		
		耐划痕	加载1.5N，表面无整圈连续划痕			√		
		耐液性	10%碳酸钠溶液，24h 10%乙酸溶液，24h	A级	不低于1级		√	
				B级	不低于2级			
				C级	不低于3级			
		耐磨性	图案	磨100r后应保留50%以上花纹		√		
			素色	磨350r后应无露底现象				
		耐香烟灼烧	应无脱落黑斑、裂纹、鼓泡现象			√		
		抗冲击	冲击高度50mm	A级	不低于1级		√	
				B级	不低于2级			
				C级	不低于3级			
		耐光色牢度	（灰色样卡）	≥4级		√		
		表面胶合强度	贴面、覆面与基材的胶结合强度≥0.4MPa			√		

（续）

力学性能检验项目

序号	检验项目名称		要 求	项目分类		
				基本	分级	一般
16	桌几类	强度	①零部件应无断裂或豁裂	√		
		耐久性	②无严重影响使用功能的磨损或变形		√	
17	椅凳类	强度	③用手撬压某些应为牢固的部件，应无永久性松动	√		
		耐久性	④连接部位应无松动		√	
18	单层床	强度	⑤活动部件（门、抽屉等）开关应灵活	√		
		耐久性	⑥家具五金件应无明显变形、损坏		√	
19	柜类	强度	①零部件应无断裂或豁裂 ②无严重影响使用功能的磨损或变形 ③用手撬压某些应为牢固的部件，应无永久性松动 ④连接部位应无松动 ⑤活动部件（门、抽屉等）开关应灵活 ⑥家具五金件应无明显变形、损坏	√		
			搁板挠度与长度比值≤0.5%	√		
			挂衣棍挠度与长度比值≤0.4%	√		
			挂衣棍支承位移≤3mm	√		
			柜类主体结构和底架位移值 $d≤15mm$	√		
		耐久性	①零部件应无断裂或豁裂 ②无严重影响使用功能的磨损或变形 ③用手撬压某些应为牢固的部件，应无永久性松动 ④连接部位应无松动 ⑤活动部件（门、抽屉等）开关应灵活 ⑥家具五金件应无明显变形、损坏		√	
20	桌类稳定性		按 GB/T 10357.7 中附录 A 进行加载试验，应无倾翻现象	√		
21	椅凳类稳定性		按 GB/T 10357.2 中附录 A 进行加载试验，应无倾翻现象	√		
22	柜类稳定性		按 GB/T 10357.4 进行搁板稳定性、空载稳定性、加载稳定性试验，应无倾翻现象	√		
23	双层床稳定性		当按照 GB/T 24430.2 中 5.7 条款，采用 120N 加载试验时，翘离地面的床腿或床角不应超过一个	√		

环保性能检验项目

序号	检验项目名称		限量值	项目分类		
				基本	分级	一般
24	甲醛释放量（mg/L）		≤1.5	√		
25	重金属含量（限色漆）（mg/kg）	可溶性铅	≤90	√		
		可溶性镉	≤75	√		
		可溶性铬	≤60	√		
		可溶性汞	≤60	√		

此表摘自 QB/T1951.1—2010 和 GB18584—2001。

表6-4 金属家具质量检验和质量评定项目

尺寸与形位公差检验项目

序号	检验项目名称		检验内容及要求	项目分类	
				基本	一般
1	产品外形尺寸的极限偏差（mm）	非折叠式	产品外形宽、深、高尺寸的极限偏差：±5		√
		折叠式	产品外形宽、深、高尺寸的极限偏差：±6		√
2	各类产品主要尺寸（即功能尺寸）（mm）	桌类	桌面高：680~760		√
			中间净空高：≥580	√	
			中间净空宽：≥520	√	
			桌、椅（凳）配套产品的高差：250~320		√
		椅凳类	座高：硬面400~440，软面400~460（包括下沉量）		√
			扶手椅扶手内宽：≥460	√	
		柜类	深度方向挂衣空间深度：≥530	√	
			折叠衣物放置空间深：≥450	√	
			书柜层间净高：≥230	√	

（续）

序号	检验项目名称	检验内容及要求				项目分类	
						基本	一般
2	各类产品主要尺寸（即功能尺寸）(mm)	床类	床铺面净长：1920、1970、2020、2120				√
			床铺面宽：800、900、1000、1100、1200、1350、1500、1800、2000				√
			单层床铺面高：400～440（无床垫），240～280（有床垫）				√
			双层床上下铺间净空高：6岁及以下使用者≥750，其他≥1150			√	
			双层床安全栏板上应设置限制床垫放置高度的永久性警示线，该警示线距安全栏板上端面距离不应少于200				√
			双层床安全栏板缺口长：6岁及以下使用者300～400，其他500～600			√	
3	形状与位置公差（mm）	邻边垂直度	面板、框架	对角线长度	<1000	折叠式≤4；非折叠式≤2	√
					≥1000	折叠式≤6；非折叠式≤3	
				对边长度	<1000	折叠式≤4；非折叠式≤2	
					≥1000	折叠式≤6；非折叠式≤3	
		翘曲度	面板、正视面板件	对角线长度<700		≤1.0	√
				700≤对角线长度<1400		≤2.0	
				对角线长度≥1400		≤3.0	
		桌面水平偏差	折叠桌面			≤7‰	√（基本）
		平整度	门、桌面和抽屉面			≤0.2	√
		圆度	圆管弯曲处	φ<25		≤2.0	√
				φ≥25		≤2.5	
		位差度	门与框架、门与门、抽屉与框架、抽屉与门、抽屉与抽屉相邻表面间的距离偏差（非设计要求的距离）			≤2.0	√
		分缝	所有分缝（非设计要求时）			≤2.0	√
		下垂度	抽屉			≤20	√
		摆动度				≤15	√
		着地平稳性	底脚与水平面的差值			≤2.0	√
		抽屉深度	产品内空深度	≤600		抽屉深度与产品内空深度的偏差≤50	√
				>600		500≤抽屉深度≤550（供需双方特殊要求除外）	

用料与外观质量检验项目

序号	检验项目名称	检验内容及要求		项目分类	
				基本	一般
4	木制件	含水率	木材：8%≤W≤产品所在地区年平均木材平衡含水率+1%	√	
			人造板：应符合相关人造板标准的规定	√	
		虫蛀材	木材应经杀虫处理，木制部件中不应有蛀虫	√	
		贯通裂缝	零部件应无贯通裂缝	√	
		腐朽材	外表不应有腐朽材，内部腐朽材面积应不超过零件面积的15%，深度应不超过材厚的25%	√	
		节子	节子宽度应不超过可见材宽的1/3，直径应不超过12 mm（特殊设计要求除外）		√
		封边处理	人造板零部件的非交接面应进行封边或涂饰处理	√	
			封边处应无脱胶、鼓泡、透胶、露底		√*
		树脂囊	涂饰或存放物品的部位应无树脂囊		√
		斜纹材	产品受力部位使用的木材斜纹程度不应超过20%		√
		倒棱	外表应倒棱、圆角圆线应一致		√*
		崩茬	结合处应无崩茬		√
		表面装饰层	贴面部位表面应无明显透胶、脱胶、凹陷、压痕、鼓泡、胶迹		√*
			表面应手感光滑，无划痕、压痕、雾光、白楞、白斑、鼓泡、流挂、刷毛、积粉和杂渣、明显色差、皱皮、发黏、漏漆现象		√*
			应无脱色、掉色现象	√	

（续）

序号	检验项目名称		检验内容及要求	项目分类	
				基本	一般
5	金属件	管材	管材应无裂缝、叠缝	√	
			外露管口端面应封闭	√	
		焊接件	焊接处应无脱焊、虚焊、焊穿、错位	√	
			焊接处应无夹渣、气孔、焊瘤、焊丝头、咬边、飞溅		√*
			焊接处表面波纹应均匀		√
		冲压件	冲压件应无脱层、裂缝	√	
		铆接件	铆接处铆接应牢固，无漏铆、脱铆	√	
			铆钉应端正圆滑，无明显锤印		√
		皱纹或波纹	圆管和扁线管弯曲处弧形应圆滑一致		√
		喷涂层	涂层应无漏喷、锈蚀和脱色、掉色现象	√*	
			涂层应光滑均匀、色泽一致，应无流挂、疙瘩、皱皮、飞漆等		√*
		电镀层	电镀层表面应无剥落、返锈、毛刺	√*	
			电镀层表面应无烧焦、起泡、针孔、裂纹、花斑（不包括镀彩锌）和划痕		√*
6	软包件	软面包覆表面	包覆的面料拼接对称图案应完整；同一部位绒面料的绒毛方向应一致；不应有明显色差		√*
			包覆的面料应无破损、严重划痕、色污、油污等	√	
			①平服饱满、松紧均匀，不应有明显皱折；②对称工艺性皱折应匀称、层次分明		√*
		外露泡钉	①排列应整齐，间距基本相等；②不应有泡钉明显敲扁或脱漆		√*
		缝纫	线迹间距应均匀，无明显浮线、跳针或外露线头、脱线、开缝、脱胶		√*
7	塑料件		应无裂纹，无明显变形	√	
			应无明显缩孔、气泡、杂质、伤痕		√*
			外表用塑料件表面应光洁，无划痕，无污渍，无明显色差		√*
8	玻璃件		玻璃外露部件不应有裂纹或缺角	√	
			应符合 GB 28008—2011 中 5.3.2、5.3.3、5.3.4 的规定		√*
9	其他		接触人体或收藏物品的部位应无毛刺、刃口、棱角	√	
			固定部位的结合应牢固无松动、无少件、漏钉、透钉（预留孔、选择孔除外）	√	
			启闭配件、部件应启闭灵活	√	
			推拉构件（抽屉、键盘、拉篮等）应有防脱装置	√	
			脚轮中至少有两个能被锁定，并且锁定装置完好。开锁状态下应运动灵活	√	
			折叠产品应折叠灵便，应无自行折叠现象	√	
10	标志和使用说明		产品或产品包装中应有标志和使用说明，标志和使用说明的内容见标准的规定	√	

表面理化性能检验项目

序号	检验项目名称		检验内容及要求	项目分类	
				基本	一般
11	金属喷漆（塑）涂层	硬度	≥H	√	
		冲击强度	冲击高度400mm，应无剥落、裂纹、皱纹	√	
		耐腐蚀	100h 内，观察在溶剂中样板上划道两侧3mm 以外，应无气泡产生	√	
			100h 后，检查划道两侧3mm 以外，应无锈迹、剥落、起皱、变色和失光等现象	√	
		附着力	应不低于2级	√	
12	金属电镀层	抗盐雾	18h，1.5mm 以下锈点≤20 点/dm²，其中≥1.0mm 锈点不超过5点/dm²（距离边缘棱角2mm 以内的不计）	√	
13	木制件表面涂层	耐液	10%碳酸钠溶液，24h；10%乙酸溶液，24h，应不低于3级	√	
		附着力	应不低于3级	√	
		耐湿热	70℃，20min，应不低于3级	√	
		耐干热	70℃，20min，应不低于3级	√	
		耐冷热温差	温度40℃±2℃，相对湿度98%~99%；-20℃±2℃，3周期，应无鼓泡、裂缝和明显失光	√	
		冲击强度	冲击高度50mm，应不低于3级	√	
		耐磨	1000r，应不低于3级	√	

（续）

序号	检验项目名称	检验内容及要求		项目分类 基本	一般
14	木制件表面贴面层	耐冷热循环	无裂缝、开裂、起皱、鼓泡现象	√	
		耐干热	不低于 3 级	√	
		耐划痕	加载 1.5N。表面无大于 90% 的连续划痕或表面装饰花纹无破坏现象	√	
		耐污染性能	应不低于 3 级	√	
		表面耐磨性	图案 磨 100r 后应保留 50% 以上花纹	√	
			素色 磨 350r 后应无露底现象	√	
		耐香烟灼烧	应不低于 3 级	√	
		抗冲击	冲击高度 50mm，应不低于 3 级	√	
15	覆面材料（纺织面料/皮革）	耐光色牢度	≥4 级（灰色样卡）	√	
		耐干摩擦	≥4 级	√	
		耐湿摩擦	≥3 级	√	
		纺织面料 pH 值	4.0~7.5	√	
		皮革 pH 值	3.5~6.0	√	
		皮革涂层黏着牢度	≥2.5 N/10mm	√	
16	塑料件	耐老化性	户外使用的金属家具塑料件耐老化性（合同要求），试验时间 500h，试验后拉伸强度、断裂伸长率、冲击强度的保持率不小于 60%；外观颜色变色评级不小于 3 级	√	
		冲击强度	应不小于 10J/m²	√	
		压缩永久变形	泡沫塑料压缩永久变形不应大于 10.0%	√	
17	玻璃件	耐热冲击性	户外频繁使用的有耐高温要求的金属家具玻璃部件耐热冲击性能应符合 GB 28008—2011 中 5.5.1、5.5.2 的规定	√	
		耐干热性	用于摆放餐饮器具等或有受高温的玻璃台面部件表面耐干热性能应符合 GB 28008—2011 中 5.5.3 的规定	√	
18	人造板（当供需双方有该项合同要求或有相关仲裁检验要求时）	吸水厚度膨胀率	≤8.0%	√	
		握螺钉力（板厚度 ≥16mm）	板面：≥1100N；板边：≥700N（注：当人造板的厚度 <16mm 时，握螺钉力不做要求）	√	
		表面胶合强度	≥0.40MPa	√	
		装饰单板饰面人造板浸渍剥离试验	试件贴面胶层上的每一边剥离长度不超过 25mm	√	
19	人造板封边条	表面胶合强度	应不小于 0.40MPa。特殊试验条件及要求可由供需双方协定，在合同中明示	√	

力学性能检验项目

序号	检验项目名称	要求	项目分类 基本	一般
20	桌类强度和耐久性	①零部件应无断裂或豁裂	√	
21	椅凳类强度和耐久性	②无严重影响使用功能的磨损或变形	√	
22	单层床强度和耐久性	③用手揿压某些应为牢固的部件，应无永久性松动 ④连接部位应无松动 ⑤活动部件(门、抽屉等)开关应灵活 ⑥家具五金件应无明显变形、损坏	√	
23	柜类强度和耐久性	①零部件应无断裂或豁裂 ②无严重影响使用功能的磨损或变形 ③用手揿压某些应为牢固的部件，应无永久性松动 ④连接部位应无松动 ⑤活动部件(门、抽屉等)开关应灵活 ⑥家具五金件应无明显变形、损坏	√	
		搁板挠度与长度比值≤0.5%		√
		挂衣棍挠度与长度比值≤0.4%		√
		挂衣棍支承位移≤3mm		√
		柜类主体结构和底架位移值 d≤15mm		√

（续）

序号	检验项目名称	要　　　求	基本	一般
			项目分类	
24	桌类稳定性	应无倾翻	√	
25	椅凳类稳定性	应无倾翻	√	
26	柜类稳定性	应无倾翻	√	

环保及阻燃性能检验项目

序号	检验项目名称	限量值	基本	一般
			项目分类	
27	有害物质限量	GB 18584 修订版实施前，应符合 GB/T 3325 中的规定；GB 18584 修订版实施后，应符合 GB 18584 中的规定	√	
28	阻燃性能（合同要求）	公共场所使用的阻燃家具及其组件的阻燃性能应符合 GB 20286 的规定，阻燃级别根据阻燃制品的标识，无标识时按 2 级要求	√	

此表摘自 QB/T1951.2—2013。

表 6-5　软体家具沙发质量检验和质量评定项目

主要尺寸及外形对称度

序号	检验项目名称	检验内容及要求		基本	分级	一般
				项目分类		
1	主要尺寸（功能尺寸）(mm)（当有特殊或合同要求时，另定）	座前宽 B	单人≥480，双人≥960，三人≥1440	√		
		座深 T	480～600	√		
		座前高 H_1	360～420			√
		背高 H_2	≥600			√
2	外形对称度(mm)	部位	对角线长度界限	允许差值		√
		座面对称度	≤1000	≤8		√
			>1000	≤10		√
		背面对称度	≤1000	≤8		√
			>1000	≤10		√
		相同扶手对称度	≤1000	≤8		√
			>1000	≤10		√
		围边对称度	厚度差	≤5		√
3	底脚平稳性(mm)	沙发底脚着地的不平度偏差		≤2.0		√

产品用料及加工

序号	检验项目名称	检验内容及要求		基本	分级	一般
				项目分类		
4	用料一致性	产品中主要使用的包覆材料（包括软质包覆材料、硬质包覆材料）、框架材料、弹性材料、其他材料及其使用部位，应与产品标识、使用说明中明示的一致		√		
5	木制件	内部用料不应使用：①贯通裂缝材；②昆虫尚在侵蚀的木材；③轻微腐朽材面积超过零部件面积15%的木材；④腐朽材深度超过材厚25%的木材；⑤有轻微裂缝或节子影响结构强度的木材；⑥带有树皮的木材		√		
		内部木制件应经刨削处理，粗光				√
		外表用料：①针阔叶树种在同一胶拼件中不得混用；②材色和纹理相似				*√
		外表用料不应使用：①贯通裂缝材；②昆虫尚在侵蚀的木材；③腐朽材；④死节材；⑤未经处理带有树脂囊material；⑥脱胶的人造板材；⑦带有树皮的木材		√		
		外表用料不应使用：①节子宽度超过材宽 1/3 的木材；②节子直径超过 12mm 的木材		√		
		外表用料正视面不应：①有裂纹；②有缺棱		√		
		外表用料侧视面裂纹、缺棱应进行修补加工				√
6	木材含水率	8%≤W≤产品所在地区年平均木材平衡含水率+1%		√		
7	金属件	各种管材或异型管材，其受力部件的管壁厚度应不小于 1.2mm				√
		圆度	金属管弯曲处直径≤25	≤2.0			√
			金属管弯曲处直径＞25	≤2.5			√

（续）

序号	检验项目名称	检验内容及要求			项目分类		
					基本	分级	一般
8	铺垫料	麻毡(布)、棕毡、棉毡、棉(或化学)絮用纤维等/铺垫材料应：①干燥；②无霉烂变质及刺鼻异常气味；③无夹含泥沙及金属物等杂质；④目视无检出危害健康的节足动物或蟑螂卵夹等			√		
9	泡沫塑料	表观(体积)密度 (kg/m³)	座面	≥25	√		
			其他部位	≥20			√
		回弹性能(%)	A级	≥45		√	
			B级	≥40			
			C级	≥35			
		压缩永久变形(%)	A级	≤5.0		√	
			B级	≤7.0			
			C级	≤10.0			
10	防锈处理	内部的金属件和各类型弹簧等配件均应经防锈处理，不应有锈蚀			√		
11	摩擦声	徒手揿压座面和背面，应无异常的金属件摩擦或撞击等响声			√		

产品外观性能

序号	检验项目名称	检验内容及要求		项目分类		
				基本	分级	一般
12	面料	面料应保持清洁，无破损		√		
		纺织面料应：①同一部位绒面的绒毛方向应一致；②无明显色差；③无残疵点				* √
		皮革或人造革面料应：①无明显色差；②无表面龟裂		√		
13	缝纫和包覆	面料缝线应：①无跳针或明显浮线；②无断线或脱线现象或外露线头				* √
		嵌线应圆滑顺直且圆弧处均匀对称				√
		外露泡钉应：①排列整齐、间距基本相等；②无松动脱落；③无明显敲扁或脱漆				* √
		面料的包覆应：①平服饱满无明显皱褶；②松紧均匀无明显松弛现象；③对称工艺性皱褶线条应对称均匀				* √
14	金属件	弯曲处圆弧应圆滑一致				√
		金属件铆接处应端正圆滑，无明显锤印				√
		金属件铆接处不应有漏铆或脱铆		√		
		金属件焊接处应牢固		√		
		管材表面接缝处应：①焊缝均匀；②无毛刺；③无锐棱；④无飞溅；⑤无裂纹；⑥无明显叠缝				* √
		金属件焊接处不应有：①脱焊；②虚焊；③毛刺；④焊穿；⑤锐棱；⑥咬边或飞溅；⑦裂纹		√		
15	木制件	人造板制成的零部件外露部位应封边处理，封边应平整无脱胶、无漏胶		√		
		外表木制件应平整精光：①无啃头；②无刨痕；③无崩茬；④无逆纹；⑤无沟纹				* √
		外表木制件应：①倒楞均匀；②圆角和弧线及线条对称均匀；③顺直光滑				* √
		外表木制件车木线型应：①对称部位对称一致；②无刀痕、砂痕等缺陷				* √
16	饰面	金属件	烘漆或喷塑涂层应：①无明显流挂；②无凹凸疙瘩；③无皱皮；④无飞漆；⑤无漏喷；⑥无锈蚀			* √
			电镀层应：①表面无烧焦；②无明显针孔；③无划痕；④无毛刺；⑤无露底；⑥无起泡；⑦无泛黄；⑧无花斑；⑨无磕碰伤			* √
			金属五金件及其配件应：①表面细密；②无锈蚀；③无氧化膜脱落；④无刀口；⑤无锐棱；⑥无毛刺；⑦无黑斑			* √
			涂层饰面应无明显色差及裂纹或脱落	√		
		木制件	漆膜涂层应：①无明显流挂；②无针孔；③无皱皮或无涨边；④无明显积粉或飞渣；⑤无明显刷毛；⑥无明显色差			* √
			漆膜涂层应：①无漏漆；②无明显鼓泡；③无涂层脱落或裂纹	√		
17	五金件及其配件安装	安装应配合严密牢固				√
		安装固定孔(选择孔除外)不应漏拧连接螺丝或少件				√
		五金件及其配件使用应灵活				√

（续）

产品理化性能

序号	检验项目名称	检验内容及要求				项目分类		
						基本	分级	一般
18	表面涂层理化性能	木制件漆膜涂层	附着力交叉切割法	A级	1级		√	
				B级	2级			
				C级	3级			
			耐磨性2000次磨转	A级	1级		√	
				B级	2级			
				C级	3级			
			耐冷热温差	3周期应无鼓泡、裂纹和明显失光		√		
			抗冲击	冲击高度50mm，≥3级		√		
		金属件表面涂层	硬度	≥H				√
			冲击强度	≥3.92J，无剥落、裂纹等				√
			附着力	≥2级		√		
			耐腐蚀	100h内，观察溶剂中样板上划道两侧3mm以内，应无气泡产生		√		
				100h后，检查划道两侧3mm以外，应无锈迹、剥落、起皱、变色和失光现象		√		
		金属件电镀层	耐腐蚀	盐雾试验1周期后，锈点应≤20点/dm²，其中直径≥1.5mm锈点不超过5点		√		
19	覆面材料理化性能	各种面料颜色摩擦牢度，级		≥4		√		
		纺织面料耐酸汗渍色牢度，级		≥3		√		
		纺织面料耐碱汗渍色牢度，级		≥3		√		
		皮革涂层黏着牢度，N/10mm		≥2.5		√		

产品力学性能

序号	检验项目名称	检验内容及要求		项目分类		
				基本	分级	一般
20	沙发座、背及扶手耐久性	A级	60000次		√	
		B级	40000次			
		C级	20000次			
		经各相应等级测试后，沙发座、背及扶手的面料应完好无损，面料缝纫处无脱线或开裂，垫料无移位或破损，弹簧无倾斜、无松动或断簧，绷带无断裂损坏或松动，骨架无永久性松动或断裂				
21	背松动量(°)	≤2				√
22	背剩余松动量(°)	≤1				√
23	扶手松动量(mm)	单人沙发≤20，双人以上（含双人）≤10				√
24	扶手剩余松动量(mm)	单人沙发≤10，双人以上（含双人）≤5				√
25	压缩量(mm)	座面压缩量a≥55				√
		座面压缩量c≤110				√

产品安全性能及使用说明

序号	检验项目名称	检验内容及要求	项目分类		
			基本	分级	一般
26	安全性能	沙发在正常使用中应无尖锐金属物穿出座面或背面等部位	√		
		座面与扶手或靠背之间的间隙缝内，徒手伸入后应无刃口、毛刺等	√		
		外露金属件应无刃口或毛刺	√		
27	阻燃性能	产品抗引燃特性应符合GB 17927的要求	√		
28	使用说明	产品应附有使用说明，使用说明的编写应符合GB 5296.6的规定	√		

此表摘自QB/T1952.1—2012。

表6-6 软体家具弹簧软床垫质量检验和质量评定项目

序号	检验项目名称	检验内容及要求		基本	分级	一般
1	主要尺寸（功能尺寸）(mm)（当有特殊或合同要求时，另定）	长度 L	1900、1950、2000、2100	√		
		宽度 W	800、900、1000、1100、1200	√		
			1350、1400、1500、1800			
		高度 H	≥140			√
2	尺寸偏差(mm)	长 ΔL：（-10，+10）				√
		宽 ΔW：（-10，+10）				√
		厚 ΔH：（-15，+15）				√
3	床垫铺面对角线偏差（mm）	单人≤20				√
		双人≤25				
4	面料	应无破损		√		
		应清洁、无污染				√
		应无明显色差				√
5	铺面、边面缝纫	单处浮线长度≤15mm；浮线累计长度≤50mm		√		
		应无断线				√
		跳单针≤10 处				√
		跳双针≤5 处				√
		不应连跳 3 针以上				√
6	缝边	应顺直				√
		四周圆弧应均匀对称				√
		露毛边累计长度≤20mm		√		
		应无断线		√		
		跳针≤5 处				√
		浮线累计长度≤50mm		√		
7	面料物理性能	面料耐干摩擦色牢度≥3 级		√		
8	铺垫料物理性能	毛毡	棕纤维垫、椰丝垫强度≥16N/cm			√
			化纤（棉）毡≥10N/cm			√
		泡沫塑料	慢回弹回弹性≤12%	√		
			回弹性≥35%	√		
			慢回弹拉伸强度≥50kPa	√		
			其他拉伸强度≥80kPa	√		
9	卫生、安全	应无异味		√		
		不应有霉变、虫蛀，肉眼观察不应检出蚤、蜱、臭虫等节肢动物和蟑螂卵夹		√		
		不应使用医用废弃物、废旧服装及其他类似废旧制品		√		
		纤维性工业下脚料或用其加工的再生纤维状物质应经高温成型(热熔)、消毒等工艺处理		√		
		不应夹杂塑料编织材料、植物秸秆或叶、壳、竹丝、刨花、泥沙、石粉、金属丝等杂物		√		
		所用絮用纤维不应漂白		√		
		不应检出绿脓杆菌、金黄色葡萄球菌和溶血性链球菌等致病菌		√		
		床垫的甲醛释放量≤0.050mg/(m²·h)		√		
		阻燃性能应通过 GB 17927 的相关评定		√		
		弹簧钢丝不应刺出垫面		√		
		床垫对螨虫的抑螨率≥10%				√
10	弹簧	不应有锈迹				√
		不应有锈蚀		√		
		应无弹簧摩擦声				√
11	耐久性	睡眠区域中心	试验时和试验结束后，面料无破损，无断簧，缝边无脱线，铺垫料无破损或移位	√		
			试验结束后，垫面高度应不小于初始垫面高度的90%	√		
		边部	试验时和试验结束后，面料无破损，无断簧，缝边无脱线，铺垫料无破损或移位	√		
			试验结束后，垫面围边应不小于初始围边高度的90%	√		
12	产品标志	产品应有产品标志（产品名称、型号规格、执行标准号、检验合格证明、生产日期、生产者名称和地址）		√		
		产品应有使用说明		√		

此表摘自 QB/T1952.2—2011。

6.1.3 质量检验的方法

家具质量检验时，对送检试样的检验程序应先进行外观检验，再进行力学性能试验，最后进行理化性能试验等。检验程序应符合不影响余下检验项目正确性的原则。不同检验项目应采用不同的方法进行检验，以确定产品是否合格。

家具质量检验的方法可概括分为眼看手模和技术测试。眼看手模法主要凭经验来判断，故缺乏准确可靠的数据，但目前我国大多数家具企业基本上均采用这种方式在企业内部来进行评定产品质量，这种方法对家具质量和使用性能，只能作大概的评定，无法确切地判断出产品的内在质量，也无法向用户提供有关产品质量使用性能的数据，更不能作为改进设计工艺和提高产品质量的科学依据。技术测试法是采用专门的测试仪器和工具，对既定的质量指标进行测定，这是一种用具体的数据概念来评定产品质量的科学方法，目前在我国家具质量监督检验、质量认证、质量合格证、产品评级、市场监督管理等活动中，根据各类家具产品的标准要求，已经广泛采用这种科学有效的测试方法。

木质家具、金属家具和软体家具等各类家具作外观检验时，应在自然光或光照度 300 ~ 600lx 范围内的近似自然光（如 40W 日光灯）下，视距为 700 ~ 1000mm，至少由 3 人共同进行检验，以多数相同的结论为检验结果，检验时可根据不同的检验项目采用各种测量工具。

各类家具的理化性能、力学性能和环保性能的检验，则必须采用相应的检测仪器或试验设备进行技术测定，各类家具的各项指标应符合表 6-3 至表 6-6 中的技术要求，测试工作应按相应的标准中所规定的试验内容、程序和要求进行。

6.1.4 质量检验结果评定

（1）型式检验结果评定

第一，木质家具和金属家具质量的形式检验结果评定。应分别按 QB/T 1951.1—2010《木家具质量检验及质量评定》和 QB/T 1951.2—2013《金属家具质量检验及质量评定》标准的规定（表 6-3 和表 6-4）对不符合技术要求项目的不合格类别进行评定。

对于木家具，根据 QB/T1951.1—2010，检验项目分为基本项目、分级项目和一般项目。基本项目、一般项目判定检验结果是否合格；分级项目的检验结果分别评出该项的等级，达不到 C 级的判定该项目不合格。检验结果分级判定：

A 级品（优等品）：基本项目均合格，分级项目中允许有 3 项以下（含 3 项）B 级或 1 项 C 级，一般项目允许有 3 项不合格，但耐久性应为 A 级。

B 级品（一等品）：基本项目均合格，分级项目允许有 2 项 C 级，一般项目允许有 4 项不合格，但耐久性应为 B 级以上（含 B 级）。

C 级品（合格品）：基本项目均合格，分级项目均达到 C 级以上（含 C 级），一般项目允许有 6 项不合格。

不合格品：低于 C 级要求的为不合格品。

对于金属家具，根据 QB/T1951.2—2013，出厂检验结果的评定：单件产品出厂检验项目中，基本项目应合格，一般项目不合格项不超过 3 项，则该产品为出厂合格品；低于合格品要求的为出厂不合格品。型式检验结果的评定：单件产品检验项目中，基本项目全部合格，一般项目不合格项不超过 5 项，则该型号产品为合格品（合同项目，按合同要求进行判定）；低于合格品要求的为不合格品。

木质家具和金属家具成套产品中的每一件产品应按上述单件产品评定要求进行定，当每一件产品均为合格品时，评定该型号成套产品为合格品，否则即为不合格品。

按照国家或行业有关的家具标准，木家具和金属家具只有合格品和不合格品之分，没有规定等级品的要求，而家具市场上所谓木家具或金属家具质量等级标有"一等品、正品、优等品、特等品"等都是没有依据的（软体家具标有一等品、优等品、合格品的除外）。

第二，软体家具质量的型式检验结果评定。应分别根据 QB/T 1952.1—2012《软体家具 沙发》和 QB/T 1952.2—2011《软体家具 弹簧软床垫》标准的规定（表 6-5 和表 6-6）对产品检验结果进行评定和分类。

软体家具中的沙发和弹簧软床垫质量等级分为：优等品（A 级品）、一等品（B 级品）、合格品（C 级品）。优等品和一等品的确认应由国家级检验中心、行业检验机构或受国家、行业委托的法定检验机构出具的实物质量等级的检验证明；合格品由企业自行检验评定。

对于沙发单件产品，优等品是指检验内容中的基本项目应合格；分级项目中允许有 1 项 B 级，其中耐久性应为 A 级；一般项目中允许 1 项不合格。一等品是指检验内容中基本项目应合格；分级项目中允许有 1 项 C 级，其中耐久性应为 B 级；一般项目中允许存在 2 项不合格。合格品是指检验内容中的基本项目应合格；分级项目应达到 C 级以上（含 C 级）；一般项目中允许有 3 项不合格。不合格品是指低于或达不到合格品要求的。对于沙发成套产品，将成套产品中的单位产品按上述单件产品分别评定等级，取其中单位产品中等级最低的评定该套产品的质量等级。

对于弹簧软床垫，优等品是指检验内容中的基本项目和一般项目均应合格；分级项目中允许有 2 项 B 级，其中耐久性应为 A 级，不应有 C 级或不合格项。一等品是指检验内容中基本项目应合格；分级项目中允许有 2 项 C 级，其中耐久性应为 B 级以上（含 B 级），不应有不合格项；一般项目中允许存在 2 项不合格。合格品是指检验内容中的基本项目应合格；分级项目中耐久性应为 C 级以上（含 C 级），允许有 1 项其他不合格项；一般项目中允许有 3 项不合格。不合格品是指低于或达不到合格品要求的。

第三，家具质量型式检验不合格品的复验结果评定。各类家具产品经型式检验为不合格的，可以进行一次复验。复验样品应从封存的备用样品中进行检验，复验项目应对型式检验不合格的项目或因试件损坏而未能检验的项目进行检验。复验产品检验结果一般是判断合格与否，在检验结果报告中注明"复验合格（或不合格）"。

（2）出厂检验结果评定

各类家具出厂检验时，每件（套）家具产品的评定应按上述相应的型式检验结果评定的方法进行。批产品质量经抽样检验的结果按表 6-2 的规定进行评定，在抽取受检产品件数中，不合格品数小于或等于合格判定数（Ac）时，应评定该批次产品为合格批；不合格品数大于或等于不合格判定数（Re）时，应评定该批次产品为不合格批。

产品检验结果各项技术指标符合型式检验时评定要求的，按型式检验时评定的产品合格性（木家具或金属家具等）或等级（软体沙发或弹簧软床垫等）出厂；若低于型式检验时评定等级要求的，降级出厂，不合格品不应出厂。

6.2　尺寸与形状位置的检测

为了保证家具产品的质量，以及家具产品尺寸、形状和零部件尺寸、形状的正确，需要对其主要尺寸、尺寸公差及形状位置公差等作规定并进行检测。

6.2.1　尺寸的检测

（1）产品主要尺寸及其极限偏差的检测

产品主要尺寸主要是指家具产品的功能尺寸，包括产品外形上的长、宽、高（或宽、深、高）以及满足使用要求的主要功能尺寸。

产品外形的长、宽、高（或宽、深、高）尺寸的极限偏差，木质家具和金属家具（非折叠式产品）均为 ±5mm（折叠式家具为 ±6mm），但有的产品宽度上的极限偏差定为 ±5mm，深度和高度的极限偏差定为 ±3mm，这需要根据家具产品的种类、形式、用途、使用条件和要求而定。配套或组合产品的极限偏差应取正值或负值。

各类家具产品的主要尺寸（功能尺寸）在相应家具标准中已有规定（表 6-3 至表 6-6），测量时应采用每米误差不大于 ±0.6mm 的 3m 钢卷尺（或钢直尺）对安放在平板（或平整地面）上的试样进行测定。

（2）木制件尺寸及其公差与配合的检测

木质家具和其他家具木制件的尺寸及其表面或结构的尺寸公差，以及由它们组成的配合等，可按 QB/T 4452—2013《木家具　极限与配合》标准进行确定。

在 QB/T 4452—2013《木家具　极限与配合》标准中，木制件的基本尺寸从 0～800mm 共分为 15 个尺寸段；标准公差分为 9 级，从 IT10～IT18，其中 IT10 精度最高，依次等级逐渐降低。尺寸大于 800mm 的共分 8 个尺寸段，标准公差也分为 9 级，即 IT10～IT18（参见标准附录 B）。木制件的基本尺寸和各等级标准公差数值可见 QB/T 4452—2013《木家具　极限与配合》标准中的规定。

在 QB/T 4452—2013《木家具　极限与配合》标准中，规定有基孔制和基轴制。基孔制中基准孔的上偏差为正值，下偏差为零；基轴制中基准轴的上偏差为零，下偏差为负值。一般情况下优先采用基孔制。

在 QB/T 4452—2013《木家具　极限与配合》标准中，对于基本尺寸相同并且相互结合的孔和轴的配合，分为间隙配合、过渡配合和过盈配合 3 类。属于哪一类配合，取决于孔的尺寸公差带（上、下偏差线所限定的一个区域）与轴的尺寸公差带之间的相互关系。间隙配合时，孔的公差带在轴的公差带之上；过渡配合时，孔的公差带在轴的公差带之下；过盈配合时，孔的公差带与轴的公差带相互交叠。

对于如榫接合等尺寸精度要求较高，具有孔、轴之间尺寸偏差和它们之间的配合关系的测量时，应选用相应精度的测量工具。用游标卡尺或千分尺可以检测榫头与榫孔的配合尺寸；深度游标卡尺或深度指示器可以测定榫孔和榫槽的深度；万能角度尺或榫肩比较仪可以测量榫肩的位置或角度。对于圆榫与圆榫孔的配合公差可依据 QB/T 3654—1999《圆榫接合》中的规定。

（3）软体座面（或垫面）高度尺寸及其尺寸偏差的检测

沙发软体座面的座高是以其座前高为测量依据的。对座前高的测定是将直径为 100mm 的标准圆形垫块置于沙发座面中心线上，使垫块的端面与沙发座面前沿边平齐，对于弧形座面则使垫块置于沙发座面前沿刚好不会掉下之处，通过垫块垂直向下施加 75N 力（含垫块自重），测出垫块表面与水平地面（或平板）距离的实测值，减去垫块厚度即为座前高。

弹簧软床垫的高度尺寸的测定，是将试样放在平板上，并将铝合金方管（截面尺寸为 40mm × 40mm × 2mm，长约 3m，质量为 2.5kg ± 12.5g）放在床垫对角线上，使管子中心与床垫的顶面几何中心一致，在床垫的两个角分别测量管子与平板表面间的距离，在另一条对角线上重复以上测量，4 个测量值的平均值即为床垫高度，此测量高度与床垫标识高度的差值即为高度尺寸偏差。

6.2.2 形状位置公差的检测

家具产品及零部件上的形状位置公差，主要包括翘曲度、底脚平稳性、平整度、邻边垂直度、位差度、下垂度、摆动度、水平偏差、圆度等。其中木质家具和其他家具木制件中零部件的有些形状和位置公差（简称形位公差或几何公差）可按 QB/T 4453—2013《木家具 几何公差》标准进行确定。

（1）翘曲度测定

翘曲度是指产品（部件）表面上的整体平整程度。

翘曲度的测定应采用误差不大于 0.1mm 的翘曲度测定器具。测定时，将器具先后放置在被测部件表面的两条对角线上，分别测量对角线中点与基准直线的距离，以其中一个最大距离为翘曲度测定值。

（2）底脚平稳性测定

底脚平稳性是指产品底脚着地时的一致性程度。

底脚着地平稳性的测定应采用塞尺。测定时，将试件放置在平板上，测量某一底脚与平板间的距离。

（3）平整度测定

平整度是指产品（部件）表面在 0~150 mm 范围内的局部的平整程度。

平整度的测定应采用误差不大于 0.03mm 的平整度测定器具。测定时，将仪器放置在试件的被测表面，分别选择不平整程度最严重的 3 个部位，测量 0~150mm 长度范围内被测表面与基准直线间的距离，

以其中一个最大值为平整度测定值。

（4）邻边垂直度测定

邻边垂直度是指产品（部件）外形为矩形时的不矩程度。

邻边垂直度的测定应采用每米误差不大于 ±0.6mm 的 3m 钢卷尺（或钢直尺）。测定时，用钢卷尺（或钢直尺）测量矩形试件的两条对角线，其差值即为邻边垂直度测定值。

（5）位差度测定

位差度是指产品中门与框架、门与门、门与抽屉、抽屉与框架、抽屉与抽屉相邻两表面间的距离。

位差度的测定应采用误差不大于 0.1mm 的位差度测定器具。测定时，应选择门与框架（或门与门、门与抽屉、抽屉与框架、抽屉与抽屉）相邻两表面间距离的最大部位，在该相邻表面中任选一表面为测量基准面，将器具的基面安放在测量表面上，器具的测量面对另一相邻表面进行测量（并沿着该相邻表面再测量一个或一个以上部位），当测得都是正（或负）值时，以最大绝对值为位差度测定值；当测得值为正负时，以最大绝对值之和为位差度测定值。但当设计时要求门（或抽屉）与框架相邻两表面间为某一距离值时，应在每次测量的量值上扣除该距离值。

（6）分缝测定

分缝是指门（或抽屉）与框架之间的间隙。

分缝的测定应采用塞尺进行测量。测定抽屉的分缝时，应将抽屉紧靠一边，测量另一边的最大分缝以及左右和上下的分缝；门的分缝测定时，应分别测量门四边分缝的最大部位，测得最大值即为分缝的测定值。

（7）抽屉下垂度和摆动度测定

抽屉下垂度、摆动度的测定应采用每米误差不大于 ±0.6mm 的 3m 钢卷尺（或钢直尺）和长度大于700mm、直线度不大于 0.2mm 的钢尺。测定时，钢尺放置在试件测量部位相邻的水平面和侧面上，测量试件在伸出总长的三分之二时，抽屉面水平边的自由下垂和抽屉两侧边左右摆动的值。测得的最大值即为下垂度和摆动度的测定值。

（8）水平偏差测定

水平偏差的测定应采用每米误差不大于 ±0.6mm 的 3m 钢卷尺（或钢直尺）测量方桌面每组对边中点的离地高度，圆桌面测量圆周上最高一点和过圆心相对

称另一点的离地高度，其差值与边长（或直径）的比值即为水平偏差测定值。

（9）平行度测定

平行度的测定应采用误差不大于 0.1mm 平行度测定仪器。测定时，可任选框架、门、抽屉中某一前表面的任一边为测量基准面，用平行度测定仪器测出测量基准面和与其相邻表面之间的最大间距和最小间距，然后取两个间距的差的绝对值即为平行度测定值。

（10）圆度测定

圆度的测定应采用 0.05mm 精度的游标卡尺测量圆管弯曲段中部最大管径和最小管径，其差值即为圆度测定值。

6.3 表面加工质量的检测

木材及木质人造板经切削加工或压力加工制成要求形状和尺寸的零部件，在加工过程中，由于受到加工机床的状态、切削刀具的几何精度，加压时施加的压力、温度、进料速度、刀轴转速、刀片数量以及木材树种、含水率、纹理方向、切削方向等各种因素的影响，在加工表面上会留下各种各样或程度不同的加工不平度。各种加工不平度，可分为宏观不平度和微观不平度。

在零部件上比较大的单个不平度为宏观不平度，这主要是机床设备的几何精度较差和材料产生翘曲变形造成的。宏观不平度用于评定零部件的加工精度，包括尺寸误差、形状误差和位置误差，这些在尺寸公差和形位公差中都已有规定。

在零部件上具有较小间距和微小峰谷的高低不平或微观加工痕迹为微观不平度，也称为表面粗糙度。它主要包括刀具痕迹、波纹、破坏性不平度、弹性恢复不平度、木毛或毛刺等几种不平度。木材表面粗糙度是评定木家具表面质量的重要指标。它直接影响木材的胶合质量和装饰质量以及胶黏剂和涂料的耗用量，同时，对加工工艺的安排、加工余量的确定、原材料的消耗和生产效率的提高都具有很大的影响。因此，国家在制定有关木制品和木家具等产品技术标准中，木材加工表面粗糙度都作了相应的规定。

6.3.1 表面粗糙度评定参数

评定木材表面粗糙度是一个相当复杂的问题，目前广泛采用轮廓最大高度 R_y、轮廓微观不平度 10 点高度 R_z、轮廓算术平均偏差 R_a、轮廓微观不平度平均间距 S_m、单位长度内单个微观不平度的总高度 R_{pv} 等表征参数来评定。以上各参数是从不同的方面分别反映表面粗糙轮廓特征的，实际运用时，可以根据不同的加工方式和表面质量要求，选用其中一个或同时用 2～3 个参数来评定。例如，锯材表面可以用 R_y 值，刨削和铣削表面可以用 R_z 及 S_m 值，胶贴及涂饰表面可以用 R_a 及 S_m 或 R_z 及 S_m 来分别确定其表面粗糙度。

（1）轮廓最大高度（R_y 或 R_{max}）

在取样长度内，被测轮廓最高峰顶与轮廓最低谷底之间在垂直于基准线方向上的距离，如图 6-1 所示。它是决定被加工表面切削层厚度的决定因素之一，它是组成工序余量的一部分，对于规定锯材表面粗糙度要求时特别重要。这个参数还关系到覆（贴）面零件表面的凹陷值和胶接强度。因此，它是一个很重要的参数。但它仅适用于目测可以明显看到轮廓最大高度所在部位的情况，如果在加工表面上破坏性不平度占主要地位时，用此参数是比较方便的，而对于微观不平度较小，粗糙度比较均匀的表面就不一定适合作为主要评定参数。

（2）轮廓微观不平度 10 点高度（R_z）

它是在取样长度内，被测轮廓上 5 个最大轮廓峰高（Y_{pi}）的平均值与 5 个最低轮廓谷深（Y_{vi}）的平均值之和，如图 6-2 所示。

$$R_z = \frac{1}{5}\left(\sum_{i=1}^{5} Y_{pi} + \sum_{i=1}^{5} Y_{vi} \right)$$

微观不平度 10 点高度 R_z 比轮廓最大高度 R_y 有更广泛的代表性，因为它是取样长度范围内的 5 个最大轮廓峰高的平均值和 5 个最低轮廓谷深平均值之和。这个参数适用于表面不平度较小、粗糙度分布比较均匀的表面。对于用薄膜贴面或涂料涂饰的木材及人造板表面宜用 R_z 作为表面粗糙度的评定参数。

（3）轮廓算术平均偏差（R_a）

它是在取样长度内，被测轮廓上各点至基准线距离（偏差距）绝对值的算术平均值，如图 6-3 所示。R_a 可以用包含在轮廓线与基准线之间的面积来求得。

$$R_a = \frac{1}{l}\int_{0}^{l} |y| \, \mathrm{d}x$$

R_a 适用于不平度间距较小、粗糙度分布均匀的表面，特别适合于结构比较均匀的材料，如纤维板及多层结构的刨花板砂光表面等粗糙度的评定。此参数可用轮廓仪可以自动测量和记录。

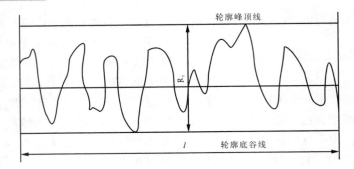

图 6-1 轮廓最大高度

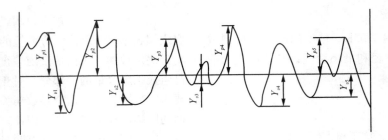

图 6-2 微观不平度 10 点高度

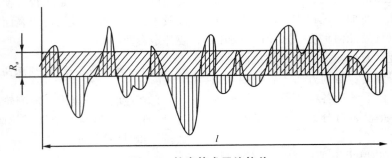

图 6-3 轮廓算术平均偏差

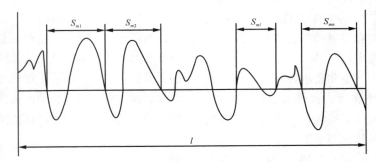

图 6-4 轮廓微观不平度平均间距

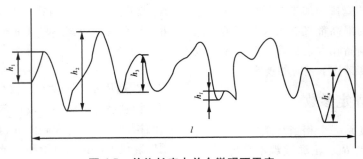

图 6-5 单位长度内单个微观不平度

（4）轮廓微观不平度平均间距（S_m）

它是在取样长度内被测轮廓在基准线上含有一个峰和一个谷的微观不平度间距的算术平均值，如图6-4所示。

$$S_m = \frac{1}{n} \sum_{i=1}^{n} S_{mi}$$

S_m 适合于评定铣削后的表面粗糙度，如果两个铣削后的表面，即使测得的 R_z 相同，并不能说明两者的粗糙度是相等的，因为不平度的平均间距不同，反映出粗糙度特性就会有很大的差别。S_m 不仅反映了不平度间距的特征，也可用于确定不平度间距与不平度高度之间的比例关系。胶贴零件因基材不平度的影响，而导致贴面层的凹陷的大小，不仅取决于不平度的高度，而且也取决于不平度间距与高度之间的比例。为了保证胶贴表面的质量要求，利用 S_m 作为规定基材表面粗糙度的补充参数是必要的。此参数也适用于薄木贴面或涂料涂饰的刨花板表面粗糙度的评定。

（5）单位长度内单个微观不平度的总高度（R_{pv}）

又称单个微观不平度高度在测定长度上的平均值，即在给定测量长度（l）内各单个微观不平度的高度（h_i）之和除以该测量长度，如图6-5所示。

$$R_{pv} = \frac{1}{l} \sum_{i=1}^{n} h_i$$

对于具有粗管孔的硬阔叶材表面，由于导管被剖切等所形成的结构不平度，对经切削加工后表面粗糙度的测定带来不同程度的干扰，而采用 R_{pv} 参数相对地能削弱其影响程度，较真实地反映出表面粗糙度状态，同时也能比较正确地判定出用不同砂粒粒度的砂带（砂纸）砂磨表面后的粗糙程度。因而，R_{pv} 主要是作为检测此类表面粗糙度所使用的参数。

6.3.2 表面粗糙度标准与数值

根据我国木制品的生产实际状况，在 GB/T 12472—2003《产品几何量技术规范（GPS） 表面结构 轮廓法 木制件表面粗糙度参数及其数值》国家标准中，规定了木制零件表面粗糙度各参数的具体数值。此标准适用于未经涂饰处理的木制零部件表面粗糙度的评价，也适用于由单板、覆面板、胶合板、刨花板、层压板以及中纤板等材料制成的、而且未经涂饰处理的木制件表面粗糙度的评价。

该标准规定采用中线制评定木制件的表面粗糙度，其表面粗糙度参数从轮廓算术平均偏差 R_a、微观不平度10点平均高度 R_z 和轮廓最大高度 R_y 3个参数中选取，另外根据表面状况又增加了轮廓微观不平度平均间距 S_m 和单位长度内单个微观不平度的总高度 R_{pv} 两个补充参数。

取样长度规定 0.8mm、2.5mm、8mm 和 25mm 4个系列。测量 R_a、R_z 和 R_y 时，对应选用的取样长度见表6-7。各参数 S_m 及 R_{pv}、R_a、R_z 和 R_y 数值见表6-8。

表 6-7　不同 R 值所选用的取样长度

不同粗糙度 R 值	R_a（μm）	R_z、R_y（μm）	l（mm）
取样长度 （mm）	0.8, 1.6, 3.2	3.2, 6.3, 12.5	0.8
	6.3, 12.5	25, 50	2.5
	25, 50	100, 200	8
	100	400	25

表 6-8　R_a、R_z、R_y、S_m 及 R_{pv} 值

参数	单位	数值							
R_a	μm	0.8	1.6	3.2	6.3	12.5	25	50	100
R_z、R_y		3.2	6.3	12.5	25	50	100	200	400
S_m	mm	0.4	0.8	1.6	3.2	6.3	12.5	—	—
R_{pv}	μm（mm）	6.3	12.5	25	50	100	—	—	—

在测量 R_{pv} 参数时，测量长度 l 规定为由 20mm 至 200mm，一般情况下选用 200mm，如果被测定粗糙度的表面幅面较小，或者微观不平度较均匀的可以选用 20mm。

另外，GB/T 12472—2003 标准中还给出了砂光、手光刨、机光刨、车削、纵铣、平刨、压刨等不同加工方法和柞木、水曲柳、刨花板、人造柚木、柳桉、红松等不同材种所能达到的表面粗糙度的数值范围，可供实际生产参照使用。除此之外，在有些标准中，将表面粗糙度划分为粗光、细光和精光 3 等。

粗光：指经平刨、压刨等刨削加工后，直接使用的零部件，达到表面平整，不得有啃头、锯痕和明显逆纹、沟纹，波纹长度不大于 3mm。

细光：指允许有目视不明显而手摸有感觉的木毛、毛刺、刨痕，但不得有逆纹、沟纹。

精光：指经目视和手感都无木毛、毛刺、啃头、刨痕、机械损伤，用粉笔平划后看不出粗糙痕迹。

木质家具产品涂饰前各部位的表面粗糙度应符合表6-9的规定。

表6-9　木家具涂饰前各部位的表面粗糙度

部　位	粗糙度要求	
	普级	中、高级
外　表	细光	精光
内　表	细光	细光
内　部	粗光	细光
隐蔽处	粗光	粗光

在实际生产中，通常要求木家具未涂饰部位粗糙度，内部 $R_a = 3.2 \sim 12.5\,\mu m$（细光），隐蔽处 $R_a > 12.5\,\mu m$（粗光）。

在木质家具生产中，应根据不同的加工类型、加工方法和表面质量，对木制件的表面粗糙度提出相应的要求，标出规定的表面粗糙度参数和数值。用 R_a、R_z 和 R_y 参数评定粗糙度时，一般应避开导管被剖切开较集中的表面部位，如果无法避开，则在评定时应除去剖切开导管所形成的轮廓凹坑。对于表面上具有的裂纹、节子、纤维撕裂、表面碰伤和木刺等缺陷，应作单独限制和规定。

6.3.3　表面粗糙度测量

木材表面粗糙度的轮廓有时虽然可以用计算方法求出，但由于木材在切削后出现弹性恢复、木纤维的撕裂、木毛的竖起等原因，使得计算结果往往不够准确，所以必须借助于专门的仪器来观测表面的轮廓，按照求得的参数值来评定表面粗糙度。为了使测量轮廓尽可能与实际表面轮廓相一致，并具有充分的代表性，就应要求测量时仪器对被测表面没有或仅有极小的测量压力。

测量木材表面粗糙度的方法较多，根据测量原理不同，常用的方法主要有目测法、光断面法、阴影断面法、轮廓仪法等。

（1）目测法

此法又称感触法或样板比较法，它是车间常用的简便方法。它是通过检验者的视觉（用肉眼、有时还可借助于放大镜放大）或凭检验者的触觉（用手摸），将被测表面与粗糙度样板（可预先在实验室用仪器测定其粗糙度）进行观察对比，按照两者是否相符合来判断和评价被测表面的粗糙程度。

粗糙度样板可以是成套的特制样板（样板尺寸应不小于 $200mm \times 300mm$），也可用从生产的零部件中挑选出来的表面粗糙度合乎要求的所谓"标准零件"。

为使检验结果准确，样板在树种、形状、含水率、结构、纹理、加工方法等方面应与被检验的零部件相一致，否则会产生较大的误差。在 GB/T 14495—2009《产品几何技术规范（GPS）表面结构 轮廓法 木制件表面粗糙度 比较样块》标准中，对样板的制作方法和表面特征等均有规定。

（2）光断面法

此法是利用双筒显微镜的光切原理测量表面粗糙度，所以又称光切法。此法的主要优点是对被测表面没有测量应力，能反映出木材表面毛绒状的微观不平度，但测量和计算较费时。这类仪器主要由光源镜筒和观察镜筒两大部分组成。这两个镜筒的光（轴）线互相垂直，均与水平成 45° 角，而且在同一垂直平面内，从光源镜筒中发出光，经过聚光镜、狭缝和物镜形成狭长的汇聚光带，这光带照射到被测表面后，反射到观察镜筒中，如图 6-6 所示。表面的凹凸不平使照射在表面上的光带相应地变成曲折，所以从观察目镜中看到的光带形状，即是放大了的表面轮廓，利用显微读数目镜就可测出峰与谷之间的距离，并计算出表面粗糙度的参数值。

此种测量仪器视野较小，所以它只适用于测量粗糙度较小的木材表面，同时由于木材的反光性能较差，在测量时，光带的分界线往往不易分辨清楚。

（3）阴影断面法

此法原理与光断面法基本相同，但在被测表面上放有刃口非常平直的刀片，从光源镜筒射出的平行光束照射到刀片上，投在木材表面上的刀片阴影轮廓就相应地反映出被测量的木材表面的不平度，如图 6-7 所示。为使阴影边缘清晰，在这种仪器中宜采用单色平行光束，此法也同样可以用显微读数目镜来观测木材表面的粗糙度。

（4）轮廓仪法

此法是利用磨锐的触针沿被测表面上机械移动或轻轻滑移的过程中，通过轮廓信息顺序转换的方法来测量表面粗糙度的，所以又称针描法或触针法。图6-8所示为一种轮廓顺序转换的接触（触针）式仪器，这种轮廓仪由轮廓计和轮廓记录仪组合而成，属于实验室条件下使用的高灵敏度的仪器。包括立柱，用于以稳定的速度来移动传感器的传动电动机、电源部

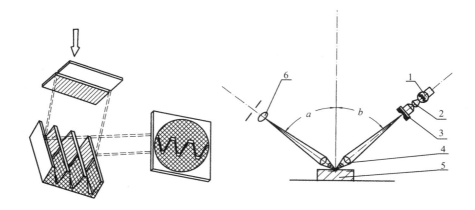

图 6-6　光断面法示意图

1—光源　2—聚光镜　3—狭缝　4—物镜　5—工件　6—测微目镜

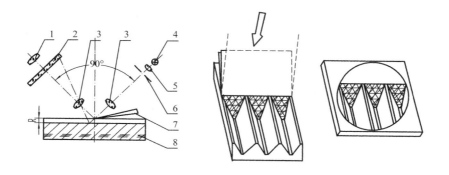

图 6-7　阴影断面法示意图

1—目镜　2—分划板　3—物镜　4—光源　5—透镜　6—小孔光栏　7—刀片　8—被测工件

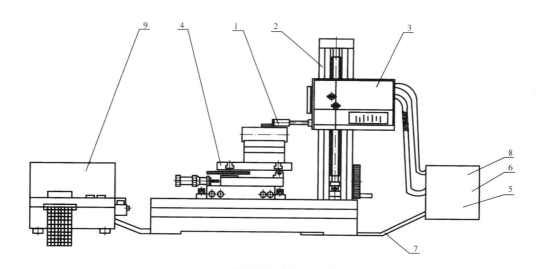

图 6-8　触针式轮廓仪法示意图

1—传感器　2—立柱　3—传动电动机　4—工作台　5—电源部分
6—测量部分　7—电缆　8—计算部分　9—轮廓记录仪

分、传感器、测量部分、计算部分和记录部分等几个主要部分。传感器 1 是用特制的装置固定在立柱 2 的传动电动机 3 上的。在立柱的平台上装有工作台 4，它能使被测零件在相互垂直的两个方向上移动。仪器工作的控制和来自传感器的电信号的加强和转换都是由电源部分 5 和测量部分 6 来实现的。它们通过电缆 7 与传动电动机 3 和用于处理电信号并将测量结果发送到数字显示装置的计算部分 8 以及轮廓记录仪 9 联结起来。用这种轮廓仪可以测量表面轮廓的 R_y、R_z、R_a 等参数。

轮廓仪工作时，它的触针在被测表面上滑移，随被测表面的峰谷起伏不平而上下摆动引起触针的垂直位移，通过测量头中的传感器将这种位移转换成电信号，再经滤波器将表面轮廓上不属于表面粗糙度范围内的成分滤去，然后经过放大处理，轮廓计将测量的粗糙度参数的平均结果以数值显示出来，轮廓记录仪则以轮廓曲线的形式（垂直放大倍数可达 10^5，水平放大倍数为 $2×10^3$ 的放大图形）将表面轮廓起伏的现状记录描绘在纸带上。

轮廓仪法测量迅速准确、精度高；可以直接测量某些难以测量的零件表面（如孔、槽等）的粗糙度；既可以直接测量出各种表面粗糙度参数的数值；也可以绘出被测表面的轮廓曲线图形；使用简便、测量效率高。

6.4 家具材料质量的检测

家具是由各种材料通过一定的结构技术制造而成的。材料是家具造型和结构的物质基础，以自身的科学性、外观性、经济性，能动地为造型和结构服务。家具材料的种类很多，主要有木材、木质人造板材、金属、竹材、藤材、塑料、玻璃、大理石、涂料（油漆）、贴面材料（薄木、装饰纸、浸渍纸、装饰板、塑料薄膜、纺织物、合成革、金属箔等）、软垫材料（弹簧、泡沫塑料、乳胶海绵、皮革、布织物、填充材料、绷结与紧固材料等）、胶黏剂和五金配件等，不同的材料具有不同的光泽、质地、色彩、纹样。通常，采用一种材料制成的家具显得单纯而易于显示特殊材质效果，仅适于功能性强的公共空间应用的家具，而更多家具则采用 2 种或多种材料共同组成，可显示出多变而又富于材质对比趣味。

如要生产质量优良的家具，除了有精湛的技术、良好的设备与先进的加工方法外，对于家具制造过程中所采用的原、辅材料进行严格的质量控制，也是保证产品质量必不可少的环节。由于家具生产是由很多工序组成的，因此，仅仅控制生产工艺往往是不够的，按照全面质量管理的要求，必须控制全部生产过程，特别是对进厂的原、辅材料，在进车间以前，一定要进行严格的质量把关，只有这样，才可避免因原、辅材料不合格而造成的最终产品质量低劣的后果。由于篇幅所限，这里仅介绍家具生产中常用的几种典型原、辅材料的质量要求及其检验方法。

6.4.1 木材的质量检测

木材（Solid Wood）是一种质地精良、感觉优美、易于加工成型的自然材料，是一种沿用最久、最好、最多的家具材料。制造家具所用的木材，在质量要求的特性方面有很大的差异，某一给定产品的不同部件所要求的木材特性也不完全相同，因此，选择适宜的木材是非常重要的。选择木材时一般应考虑如下特性：

- 树种、密度大小。
- 强度及韧性、刚度和硬度。
- 色泽的深浅、纹理结构及其均匀性。
- 干燥特性，如干缩湿胀和翘曲变形。
- 胶合性能。
- 表面装饰效果。
- 切削、弯曲、改性等可加工性。
- 缺陷、抗气候和虫害性等。

家具用材对木材材质的要求除了木材质量适中、强度高、胀缩变形小、易于加工等之外，对于表面料用材，还要求材色悦目、纹理美观、有足够硬度、易于装饰、涂饰性能好；对支承料用材则要求强度高（内部用料可以相对低些，仅满足强度部分就可以了）。为了能够准确地判断这些特性，做到合理选用木材，对于进厂的木材，应在加工和使用之前就开始进行质量检验。从质量管理的角度出发，需进行以下各项工作：

（1）认真执行木材标准

标准是对产品和工程建设质量、规格及检验方法等所作的技术规定，任何产品都不能没有标准。标准是产品检验的依据，对于木材来说，其标准分为基础标准和材种标准两部分。

基础标准是木材计量工作中，作为主要依据的基本规定，如 GB/T 16734—1997《中国主要木材名称》、GB/T 144—2003《原木检验》、GB/T 155—2006《原木缺陷》、GB/T 4822—2015《锯材检验》、GB/T 4823—2013《锯材缺陷》、GB/T 153—2009《针叶树锯材》、GB/T 4817—2009《阔叶树锯材》、GB/T 6491—2012《锯材干燥质量》、GB/T 18107—2000《红木》等标准中明确规定了木材的名称、树种、分类、尺寸检量、

质量缺陷、材积计算等，再如 GB/T 1927—2009 至
GB/T 1943—2009 等标准规定了木材各种性能的试验
方法。上述这些标准是明确评定木材质量好坏或等级
高低的依据。

材种标准是指各种木材产品对材质的具体要求。
对家具产品来说，就是 GB/T 3324—2008《木家具通
用技术条件》和 QB/T 1951.1—2010《木家具质量检验
及质量评定》等标准。因此，对家具用木材质量的控
制，首先要熟悉标准，只有熟悉了标准才能认真贯彻
执行标准。

（2）做好进厂木材的检验

对于进厂的原木或锯材要进行复验，以确定其等
级、树种、材积等是否相符。检验的内容包括材积计
算、等级检查、材种鉴别。

原木先根据 GB/T 144—2003《原木检验》、GB/T
15787—2006《原木检验术语》标准检验小头的直径和
木材的长度，再从 GB/T 4814—2013《原木材积表》中
查得材积值；制材后的成材，按 GB/T 4822—2015
《锯材检验》标准进行检验，测量厚度、长度和宽度，
重点控制厚度公差；计量方法参见 GB/T 153—2009
《针叶树锯材》和 GB/T 4817—2009《阔叶树锯材》以及
GB/T 449—2009《锯材材积表》等标准。

等级检查除了包括尺寸检量之外，还包括缺陷的
检验和计量。缺陷检验和计算，参见 GB/T 155—
2006《原木缺陷》、GB/T 143—2006《锯切用原木》、
GB/T 4812—2006《特级原木》、GB/T 15106—2006
《刨切单板用原木》、GB/T 15779—2006《旋切单板用
原木》、GB/T 4823—2013《锯材缺陷》、GB/T 6491—
2012《锯材干燥质量》、GB/T 20445—2006《刨光材》、
GB/T 20446—2006《木线条》等标准中的有关规定。

进厂的木材应根据木材的基本特征，如树皮、材
色、纹理、光泽、气味、密度等来进行木材鉴别和树
种识别。

（3）控制木材的干缩和湿胀

对木材质量的控制，主要是控制木材的干缩和湿
胀。木材中的水分，有存在于细胞腔中的自由水和存
在于细胞壁内的结合水。当木材由潮湿转为干燥状态
时，先蒸发出来的是自由水，自由水蒸发完了，才蒸
发结合水。在自由水减少时，木材并不变形，只是减
轻重量。但当结合水减少时，木材的细胞壁就产生收
缩从而改变其外形。当木材的自由水分全部失去，仅
剩下结合水时，称为纤维饱和点（约为30%）。当木
材的含水率降低至纤维饱和点以下时，木材就收缩，
反之，就膨胀。

因此，要控制木材干缩和湿胀，就必须制定合理
的干燥基准，对木材进行干燥处理，以防在加工过程
中产生变形、翘曲、开裂等缺陷。

（4）防止木材腐朽变质和开裂

木材的保管工作，是家具生产过程中的一个重要
环节。如果贮存不好，就会腐朽变质和开裂。对于大
多数家具厂来说，成材的存放一般采用衬条和纵横交
叉堆积，或在木堆端头设置遮阳板。堆积方式有水平
垛、倾斜垛等，水平垛堆积省力，方法简单、应用
最广。

为了控制木材质量，防止腐朽、变质，一般应把
木材堆积在树荫下，或用枝叶、板皮遮盖，或堆积在
板材库中（尤其适用于干板材的堆积和存放），避免
日光直接照射，同时还要改进堆积方法，做到基础地
面平整，并能有效控制环境的温、湿度。

（5）木材含水率的测定和控制

木材是家具制造的主要材料，木材含水率是否符
合家具产品的技术要求，直接关系到产品的质量、强
度和可靠性以及整个加工过程的周期长短和劳动生产
率的提高。而对木材的合理使用则是建立在对木材正
确干燥和对木材含水率严格控制的基础上的。

待加工的木材必须具有适当的含水率。这是生产
优质产品必须具备的先决条件。木材是一种吸湿性材
料，它会与周围的环境大气建立湿度平衡。满足这一
条件的含水率称为平衡含水率，这是由环境大气的相
对湿度和温度所决定的，其中起决定性作用的是相对
湿度，温度的影响是次要的。对于家具厂来说，最理
想的含水率是最后使用条件下的平衡含水率。为了达
到这个目的，从质量管理的角度考虑，必须对木材的
含水率控制和检测，必要时应在以下阶段中进行
抽查。

■ 从制材车间或从锯木厂购买或者加工木材时进
行测定。

■ 在家具厂接受该批木材时测定。

■ 在入干燥室前（木材通常是经过风干的）要
测定。

■ 在干燥过程中，应检查木材是否按照干燥基准
进行干燥。

■ 在干燥后，检查最后的含水率。

■ 在家具车间加工的各道工序制作过程和贮存过
程中，也应进行测定。

由于家具产品的种类、用途、使用地区的不同，
木材的含水率要求有很大的差异。因此，应根据家具
产品的技术要求、使用条件、质量要求、不同用途以

及使用当地的平衡含水率来确定木材的含水率。一般要求制作家具的木材含水率应比其使用地区或场所的年平均木材平衡含水率（EMC）低 2% ~ 3%。

木材在加工之前应妥善保存，在保存期间不应使其含水率发生变化，即干材仓库气候条件应稳定，应有调节空气湿度和温度的设施，使库内空气状态能与干锯材的终含水率相适应。干燥木材（或毛料）在进行机械加工过程中，车间内的空气状态也不应使木材的含水率发生变化，以保证公差配合的精度要求。木制品毛料或零部件和成品，在加工、存放、运输过程中，最好能严密包装或有温度、湿度调节设施，以保证其含水率不发生变化。

木材含水率的要求和检测方法见 6.4.2 章节所述。具体测定方法可参见 GB/T 1931—2009《木材含水率测定方法》。

6.4.2 木材含水率的检测

木材中水分的含量被称为木材含水率。木材含水率的高低直接影响到家具产品的质量和使用性能，制作家具的木材含水率应根据使用地区气候条件以及室内或室外等使用情况不同而不同。为保证家具的产品质量，应根据家具产品的种类、用途、使用条件、技术要求、质量要求以及使用当地的平衡含水率来确定木材的含水率。通常要求生产家具用的木材含水率应与该家具的使用环境年平均含水率相适应，一般要求木材含水率不高于实际使用地区的年平均木材平衡含水率，即应比其使用地区或场所的年平均木材平衡含水率（EMC）低 2% ~ 3%，并使其稳定控制在一定范围值内，以免引起家具在使用过程中，由于木材含水率随气候条件的变化而产生干缩湿胀导致翘曲、变形、开裂、脱榫等现象，使家具的力学性能和使用效能降低，同时也影响家具的美观。

确定木材含水率是否符合家具使用的技术要求，一般要对木材的含水率进行检测，通常可采用重量法和电测法来测定。

（1）重量法

重量法，又叫称重法或烘干法，其测定方法是：首先锯取一块试样，立即称重记录，而后放入烘箱中，以 95 ~ 105℃ 的温度烘干，在试样烘干过程中每隔一定时间称重记录，到连续 2 次称出的重量不变或相差极小时（即为恒重），就说明木材内部的水分已经全部排出，此时的重量就是木材试样的全干重量，其重量的损失就是此木材试样的水分含量，即木材试样的初期重量与其全干重量之差。用木材试样中水分含量对木材试样全干重量之比的百分率（%）计算出的数值就是木材含水率（绝对含水率）。

用重量法测定木材含水率，虽然要从整块木材和家具零部件上截取试样，而且需要对试样进行烘干，烘干过程较长，测量速度太慢，但由于其测定的数值比较准确可靠，故一般都用作木材含水率检测的标准方法。

（2）电测法

电测法是采用电测湿度计对木材含水率进行快速测定，它能方便而且迅速地定出木材的含水率。但这种方法不太精确，一般仅用于只要大致了解木材的含水率。在家具生产中通常采用这种方法，一般选用测量精度误差不大于 ±2% 的木材测湿仪进行测定。

当含水率在 7% ~ 25% 的范围内时，只要正确地使用与维护并根据木材的品种和现场湿度做必要的校正，电测湿度计的测量精度可以指望达到 ±1%。对于较厚的木材可以采用电阻型湿度计，测定时，应将两个电极针插到木材的不同深度上，以测定水分在木材中的分布范围，也可将电极针插到木材厚度的 1/5 处，测定木材的平均含水率。

测定时，应在抽样现场（或同一地区）进行，取家具试样离地面 100mm 以上部分作为测试部位，任选 3 个不同位置的零件，在每一个零件上又任选 3 个点各测 1 次，分别求出 3 个零件上测得的平均值，以其中最大的平均值作为该家具试样的木材含水率的测定值。

6.4.3 木质人造板及饰面人造板的质量检测

天然木材由于生长条件和加工过程等方面的原因，不可避免地存在着各种缺陷，同时，木材加工也会产生大量的边角余料，为了克服天然木材的缺点，充分合理地利用木材，提高木材利用率和产品质量，木质人造板得到了迅速发展和应用。木质人造板（Wood-based Panel）是将原木或加工剩余物经各种加工方法制成的木质材料。其种类很多，目前在家具生产中常用的有胶合板、刨花板、纤维板、细木工板、空心板、多层板以及层积材和集成材等。它们具有幅面大、质地均匀、表面平整、易于加工、利用率高、变形小和强度大等优点。采用人造板生产家具，结构简单、造型新颖、生产方便、产量高和质量好，便于实现标准化、系列化、通用化、机械化、连续化、自动化生产。目前，人造板已逐渐代替原来的天然木材而成为木质家具生产中的重要原材料。

（1）胶合板的质量要求与质量检测

胶合板（Plywood，PW）是原木经旋切或刨切成单板，涂胶后按相邻层木纹方向互相垂直组坯胶合而成的三层或多层（奇数）板材。由于各单板层之间的纤维方向是互相垂直的，它的结构（结构三原则：对称原则、奇数层原则、层厚原则）决定了它的纵横方向上物理力学性能比较均匀、强度差异小，克服了天然木材各向异性等缺陷。

胶合板以其幅面大、厚度小、容重轻、木纹美丽、表面平整、不易翘曲变形、强度高等优良特性，适用于家具上大幅面的部件，不管是出面还是作衬里，都极为合适。如各种柜类家具的门板、面板、旁板、背板、顶板、底板，抽屉的底板和面板，以及成型部件如折椅的靠背板、座面板、沙发扶手、台面望板等。

胶合板厚度规格主要有 2.6、2.7、3、3.5、4、5、5.5、6、7、8mm……（1mm 递增）。一般三层胶合板为 2.6~6mm；五层胶合板为 5~12mm；七至九层胶合板为 7~19mm；十一层胶合板为 11~30mm 等。胶合板幅面（宽×长）主要有 915mm×1830mm（3′×6′）、915mm×2135mm（3′×7′）、1220mm×1830mm（4′×6′）、1220mm×2440mm（4′×8′），常用为 1220mm×2440mm（4′×8′）等。

在家具生产中常用的有厚度在 12mm 以下的普通胶合板和厚度在 12mm 以上的厚胶合板以及表面用薄木、木纹纸、浸渍纸、塑料薄膜以及金属片材等贴面做成的装饰贴面板。用于制造家具的胶合板，在质量上应注意板材分类、板面材质（外观）等级、厚度公差、加工缺陷、胶合强度、耐水性、甲醛释放量等。

胶合板的分类、外观等级、规格尺寸及尺寸公差、形位公差、物理力学性能等技术指标和质量要求及其检验规则等可参见 GB/T 9846—2015《普通胶合板》等标准中的相关规定。胶合板的甲醛释放量可参见 GB 18580—2017《室内装饰装修材料　人造板及其制品中甲醛释放限量》标准中的规定。

（2）刨花板的质量要求与质量检测

刨花板（Particle Board，PB）是利用小径木、木材加工剩余物（板皮、截头、刨花、碎木片、锯屑等）、采伐剩余物和其他植物性材料加工成一定规格和形态的碎料或刨花，并施加胶黏剂后，经铺装和热压制成的板材，又称碎料板。

由于刨花板具有幅面尺寸大、表面平整、结构均匀、长宽同性、无生长缺陷、不需干燥、隔音隔热性好、有一定强度、加工方便、利用率高、表面可进行多种二次加工装饰（贴面或涂饰）等优点，因而是制造板式家具的主要材料。

由于刨花板堆密度大、平面抗拉强度低、厚度膨胀率大、边部易脱落、不宜开榫、握钉力低、切削加工性能差、游离甲醛释放量大、表面无木纹等缺点，因此在家具生产中，对进厂的刨花板要提出质量要求并进行质量检验，不仅要控制外观质量，还要注意其厚度公差、加工缺陷、物理力学性能、甲醛释放量等。

刨花板的常用厚度规格主要有 4、6、8、9、10、12、14、16、19、22、25、30mm 等。刨花板的幅面（宽×长）主要为 915mm×1830mm（3′×6′）、915mm×2135mm（3′×7′）、1220mm×1830mm（4′×6′）、1220mm×2440mm（4′×8′）及大幅面等，常用 1220mm×2440mm（4′×8′）等。

刨花板的分类、外观等级、规格尺寸及尺寸公差、形位公差、物理力学性能等技术指标和质量要求及其检验规则等可参见 GB/T 4897—2015《刨花板》等标准中的相关规定。模压刨花制品的质量要求及质量检验可参见 GB/T 15105.1—2006《模压刨花制品　家具类》标准中的规定。刨花板的甲醛释放量可参见 GB 18580—2017《室内装饰装修材料　人造板及其制品中甲醛释放限量》标准中的规定。

（3）纤维板的质量要求与质量检测

纤维板（Fiber Board，FB）是以木材或其他植物纤维为原料，经过削片、制浆、成型、干燥和热压而制成的板材，常称为密度板。在家具生产中常用的纤维板主要有中密度纤维板（也称中纤板或 MDF，密度 0.4~0.8g/cm³）和高密度纤维板（也称高密板或 HDF，密度一般为 0.8~0.9g/cm³）。

由于中密度纤维板（MDF）和高密度纤维板（HDF）的幅面大、结构均匀、强度高、尺寸稳定变形小、易于切削加工（锯截、开榫、开槽、砂光、雕刻和铣型等）、板边坚固、表面平整、便于直接胶贴各种饰面材料、涂饰涂料和印刷处理，因而它们（尤其是中密度纤维板 MDF）是中高档家具生产的主要材料。

中密度纤维板（MDF）的常用厚度规格为 6、8、9、12、15、16、18、19、21、24、25mm 等。其常用幅面（宽×长）尺寸为 1220mm×2440mm（4′×8′）等。

家具用中密度纤维板（MDF）的质量应着重于板材表面外观质量、厚度公差、加工缺陷和物理力学性能等方面，其中尤其以含水率、密度、内结合强度、静曲强度、吸水厚度膨胀率、甲醛释放量等物理力学性能为最重要。

中密度纤维板（MDF）的分类、技术要求和检验规则、试件制备、密度的测定、含水率的测定、吸水厚度膨胀率的测定、平面抗拉强度的测定、静曲强度和弹性模量的测定、握螺钉力的测定、甲醛释放量的测定等可参见 GB/T 11718—2009《中密度纤维板》标准中的相关规定。中密度纤维板（MDF）的甲醛释放量也可参见 GB 18580—2017《室内装饰装修材料　人造板及其制品中甲醛释放限量》标准中的规定。

（4）细木工板的质量要求与质量检测

细木工板（Block Board，BB）俗称木工板或大芯板，它是将厚度相同的木条，同向平行排列拼合成芯板，并在其两面按对称性、奇数层以及相邻层纹理互相垂直的原则各胶贴一层或两层单板而制成的实芯覆面板材，所以细木工板是具有实木板芯的胶合板，也称实心板。

由于细木工板幅面尺寸大，结构稳定，不易变形，板面美观，不带天然缺陷，加工性能好，强度和握钉力高，是木材本色保持最好的优质板材，广泛用于中高档家具的生产，尤其适于制作家具的台面板和座面板部件以及结构承重构件。

细木工板的常用厚度规格为 12、14、16、18、19、20、22、25mm 等。其常用幅面（宽×长）尺寸为 1220mm×1830mm（4′×6′）、1220mm×2440mm（4′×8′）等。

家具用细木工板的质量，应重点控制板面材质外观等级、加工缺陷、厚度公差、板芯结构（芯条胶拼：机拼板和手拼板；芯条不胶拼：未拼板或排芯板）以及含水率、静曲强度、胶合强度、甲醛释放量等物理力学性能等。

细木工板的分类、规格尺寸和公差、通用技术要求、外观分等、尺寸测量方法、试件锯割方法、含水率测定方法、横向静曲强度测定方法、胶合强度测定方法、检验规则、标志包装运输保存等可按 GB/T 5849—2016《细木工板》标准中的相关规定。细木工板的甲醛释放量可按 GB 18580—2017《室内装饰装修材料　人造板及其制品中甲醛释放限量》标准中的规定。

（5）单板层积材的质量要求与质量检测

单板层积材（Laminated Veneer Lumber，LVL）是把旋切单板多层顺纤维方向平行地层积胶合而成的一种高性能产品。

单板层积材的生产工艺与胶合板类似。但胶合板是以大平面板材来使用的，因此要求纵横向上尺寸稳定、强度一致，所以才采取相邻层单板互相垂直的配坯方式；而 LVL 虽然可作为板材来使用，如台面板、

楼梯踏板等，但大部分是作方材，一般宽度小，而且要求长度方向强度大，因此把单板纤维方向平行地层积胶合起来。

由于单板层积材采用单板拼接和层积胶合，可以去掉缺陷或分散错开，使得强度均匀、尺寸稳定、材性优良，作为一种新型木质材料已被引起注意，开始广泛用于家具和木制品等方面，可作板材或方材使用，主要用于家具的台面板、框架料和结构材等。

单板层积材的规格尺寸及尺寸公差、形位公差、物理力学性能、外观质量等技术指标和技术要求可参见 GB/T 20241—2006《单板层积材》和日本标准中 JAS 规格（日本农林规格 Japanese Agricultural Standard）等国际标准中的相关规定。单板层积材的甲醛释放量也可参见 GB 18580—2017《室内装饰装修材料　人造板及其制品中甲醛释放限量》标准中的规定。

（6）饰（贴）面人造板的质量要求与质量检测

饰（贴）面人造板是指以胶合板、刨花板、中（高）密度纤维板、细木工板、单板层积材、实木拼板（集成材）、碎料模压制品等为基材，表面饰贴或覆贴木质薄木、印刷装饰纸、合成树脂浸渍纸、合成树脂装饰板（防火板）、塑料薄膜等贴面材料而制成的板材。

家具用各种饰（贴）面人造板的质量，应重点控制板面外观质量要求（等级）、加工缺陷、幅面尺寸及其偏差、厚度规格及其偏差、形位偏差以及含水率、静曲强度、胶合强度或剥离强度、甲醛释放量等物理、理化、力学性能等。

装饰单板贴面人造板（又称薄木贴面人造板）的术语、分类、分等、基材和装饰单板技术要求、规格尺寸和偏差、外观质量要求、物理力学性能、检验和试验方法、检验规则、标志包装运输和贮存等可参见 GB/T 15104—2006《装饰单板贴面人造板》标准中的相关规定。

合成树脂浸渍纸饰面人造板的术语、分类、分等、基材质量要求、规格尺寸及偏差、外观质量要求、理化性能、检验和试验方法、检验规则、标志包装运输和贮存等可参见 GB/T 15102—2006《浸渍胶膜纸饰面人造板》标准中的相关规定。

印刷装饰纸贴面人造板有宝（保）丽板（Polyester Board）和华丽（印花）板（Paper Overlay Board）之分。宝（保）丽板是一种常见的饰面人造板，它是在人造板基材表面上胶贴未油漆（未预涂）装饰纸，然后再涂饰不饱和聚酯树脂漆（PE），待其固化后，就构成了具有较好装饰性能的材料，可直接使用，宝丽板具有亮光和柔光两种装饰效果，亮光的宝丽板板面有光

泽，表面硬度中等，耐热、耐烫性能优于一般涂料的涂饰面，有一定的耐酸碱性，表面易于清洗；柔光的宝丽板耐烫和耐擦洗性能比较差。华丽（印花）板是在人造板基材表面上胶贴预涂氨基树脂（Amino）装饰纸，可直接使用；或在人造板基材表面上胶贴未油漆（未预涂）装饰纸，然后再涂饰氨基树脂（Amino）或聚酯树脂漆（PU），待其固化后，就可直接使用。印刷装饰纸贴面人造板的分类、分等、规格尺寸及尺寸公差、外观质量等技术指标和要求可参见有关标准或产品说明书中的相关规定。

聚氯乙烯塑料薄膜饰面人造板的术语、分类、分等、规格尺寸及允许偏差、基材及 PVC 薄膜质量要求、外观质量要求、理化性能、检验方法、试验方法、检验规则、标志包装运输和贮存等可参见 LY/T 1279—2008《聚氯乙烯薄膜饰面人造板》标准中的相关规定。

各种饰（贴）面人造板的理化性能试验方法也可参见 GB/T 17657—2013《人造板及饰面人造板理化性能试验方法》中的规定；甲醛释放量也可参见 GB 18580—2017《室内装饰装修材料　人造板及其制品中甲醛释放限量》标准中的规定。

6.4.4 集成材（实木拼板）的质量检测

集成材（Laminated Wood、Glued Laminated Wood、Glulam）是将木材纹理平行的实木板材或板条在长度或宽度上分别接长或拼宽（有的还需要再在厚度上层积）胶合形成一定规格尺寸和形状的木质结构板材，又称实木拼板、胶合木或指接材（Finger Joint Wood）。

由于集成材是板材或小方材在厚度、宽度和长度方向胶合而成，能保持木材的天然纹理，其强度高、材质好、尺寸稳定不变形、安全系数高，是一种新型的功能性结构木质板材，故可制得能满足各种尺寸、形状以及特殊形状、任意断面形状要求的木构件，而且可按木材的密度和品极不同而用于木构件的不同部位，为产品结构设计和制造提供了任意想象的空间，广泛用于建筑构造、室内装修、地板、墙壁板、家具和木质制品的生产中，在制作如家具异型腿等构件时，可先将木材胶合制成接近于成品结构的半成品，再经仿型铣等加工，使用集成材制作家具可节约大量木材。

家具用集成材（实木拼板）的质量，应重点控制板面外观质量要求（等级）、加工缺陷、幅面尺寸及其偏差、厚度规格及其偏差、形位偏差以及含水率、静曲强度、胶合强度或剥离强度、甲醛释放量等物理力学性能等。

集成材的规格尺寸及偏差、形位公差、物理力学

性能、外观质量、树种及材质、指接用指型及指榫尺寸、胶黏剂选用等技术指标和技术要求可参见 GB/T 21140—2007《指接材非结构用》以及日本标准中 JAS 规格（日本农林规格）等国际标准中的相关规定。对于由集成材（或实木拼板）制成的家具部件，其实木胶接合强度和耐水性的测定也可参见 QB 1093—2013《家具实木胶接件剪切强度的测定》和 QB 1094—2013《家具实木胶接件耐水性的测定》标准中的规定。

6.4.5 贴面材料的质量检测

随着家具生产中各种木质人造板的应用，需用各种贴面和封边材料作表面装饰和边部封闭处理。贴面（含封边）材料按其材质的不同有多种类型，其中，木质类的有天然薄木、人造薄木、单板等；纸质类的有印刷装饰纸、合成树脂浸渍纸、合成树脂装饰板（防火板）等；塑料类的有聚氯乙烯（PVC）薄膜、聚乙烯（PVE）薄膜、聚烯羟（Alkorcell 奥克赛）薄膜等；其他的还有各种纺织物、合成革、金属箔等。贴面材料主要起表面保护和表面装饰 2 种作用。不同的贴面材料具有不同的装饰效果。装饰用的贴面材料，又称饰面材料，其花纹图案美丽、色泽鲜明雅致、厚度较小。

（1）薄木的质量要求与质量检测

薄木（Veneer）是一种具有珍贵树种特色的木质片状薄型饰面或贴面材料。薄木是家具制造与室内装修中最多采用的一种天然木质的高级贴面材料。采用薄木贴面工艺历史悠久，能使零部件表面保留木材的优良特性并具有天然木纹和色调的真实感，至今仍是深受欢迎的一种表面装饰方法。

装饰薄木的种类较多，目前，按制造方法分主要有锯制薄木、刨切薄木、旋切薄木、半圆旋切薄木；按薄木形态分主要有天然薄木、人造薄木、集成薄木；按薄木厚度分主要有厚薄木（厚度 >0.5 mm，一般指 0.5~3 mm 厚的普通薄木）、薄型薄木（厚度≤0.5 mm，一般指 0.2~0.5 mm 厚的薄木）、微薄木（厚度≤0.2 mm，一般指 0.05~0.2 mm 且背面黏合特种纸的连续卷状薄木或成卷薄木）；按薄木花纹分主要有径切纹薄木、弦切纹薄木、波状纹薄木、鸟眼纹薄木、树瘤纹薄木、虎皮纹薄木等；按薄木树种分主要有阔叶材薄木、针叶材薄木等。

刨切薄木（又称刨切单板）的分类、分等、规格尺寸及尺寸公差、含水率、表面粗糙度、外观质量等，以及薄木贴面后的人造板材的技术指标和要求，可分别参见 GB/T 13010—2006《刨切单板》和 GB/T 15104—2006《装饰单板贴面人造板》中的相关规定。

（2）印刷装饰纸的质量要求与质量检测

装饰纸（Print Decorative Paper）是一种通过图像复制或人工方法模拟出各种树种的木纹或大理石、布等图案花纹，并采用印刷辊筒和配色技术将这些图案纹样印刷出来的纸张，又常称木纹纸。

印刷装饰纸按原纸定量分为3种：一种是定量为 $23 \sim 30 g/m^2$ 的薄页纸，主要适用于中纤板及胶合板基材；另一种是 $60 \sim 80 g/m^2$ 的钛白纸，主要适用于刨花板及其他人造板；第三种是 $150 \sim 200 g/m^2$ 的钛白纸，主要适用于板件的封边。

印刷装饰纸按纸面有无涂层可分为2种：一种是表面未油漆（未预涂）装饰纸，贴面后通常还需要用树脂涂料进行涂饰；另一种是预油漆装饰纸或预涂饰装饰纸，适用于家具外表面、内表面、部件的软成型、后成型及各种封边装饰。

印刷装饰纸的分类、分等、规格尺寸及尺寸公差、外观质量等技术指标和要求可参见有关标准或产品说明书中的相关规定。

（3）合成树脂浸渍纸的质量要求与质量检测

合成树脂浸渍纸（Resin Impregnated Paper）是将原纸浸渍热固性合成树脂后，经干燥使溶剂挥发而制成的树脂浸渍纸（又称树脂胶膜纸）。常用的合成树脂浸渍纸贴面，不用涂胶，浸渍纸干燥后合成树脂未固化完全，贴面时加热熔融，贴于基材表面，由于树脂固化，在与基材黏结的同时，形成表面保护膜，表面不需要再用涂料涂饰即可制成饰面板。

常用的合成树脂浸渍纸是三聚氰胺树脂浸渍纸，其主要有高压三聚氰胺树脂浸渍纸、低压（改性）三聚氰胺树脂浸渍纸、低压短周期三聚氰胺树脂浸渍纸。低压三聚氰胺树脂浸渍纸贴面刨花板、中纤板主要用于厨房家具、办公家具及计算机台的加工。

树脂浸渍纸的分类、分等、规格尺寸及尺寸公差、外观质量等技术指标和要求可参见有关标准或产品说明书。采用树脂浸渍纸贴面装饰后的人造板材的技术指标和要求可参见国家标准 GB/T 15102—2006《浸渍胶膜纸饰面人造板》中的相关规定。

（4）合成树脂装饰板的质量要求与质量检测

合成树脂装饰板（Decorative Laminated Sheet），即三聚氰胺树脂装饰板，又称热固性树脂浸渍纸高压装饰层积板（HPL）或塑料贴面板，俗称防火板，是由多层三聚氰胺树脂浸渍纸和酚醛树脂浸渍纸经高压压制而成的薄板。第一层为表层纸，在板坯中的作用是保护装饰纸上的印刷木纹并使板面具有优良的物理化学

性能，表层纸由表层原纸浸渍高压三聚氰胺树脂制成，热压后呈透明状。第二层为装饰纸，在板坯内起装饰作用，防火板的颜色、花纹由装饰纸提供，装饰纸有装饰原纸（钛白纸）浸渍高压三聚氰胺树脂制成。第三、四、五层为底层纸，在板坯内起的作用主要是提供板坯的厚度及强度，其层数可根据板厚而定，底层纸由不加防火剂的牛皮纸浸渍酚醛树脂制成。

三聚氰胺树脂装饰板或层压板（HPL），根据表面耐磨程度可分为高耐磨型、平面型、立面型、平衡面型；根据表面性状可分为有光型、柔光型、浮雕型；根据性能可分为滞燃型、抗静电型、普通型、后成型等。其具有良好的物理力学性能、表面坚硬、平滑美观、光泽度高、耐火、耐水、耐热、耐磨、耐污染、易清洁、化学稳定性好，常用于厨房、办公、机房、实验室、学校等家具及台板面的制造和室内的装修。其厚度为 0.6 ~ 1.2mm。装饰图案多种多样，有仿木纹的、仿大理石的、仿织物纹的等，近年来还有一种专门的装饰板，其厚度按使用场所不同可达 1.5 ~ 3 mm。

装饰板的分类、分等、规格尺寸及尺寸公差、形位公差、物理力学性能、外观质量等技术指标和技术要求可参见国家标准 GB/T 7911—2013《热固性树脂浸渍纸高压装饰层积板（HPL）》以及有关标准或产品说明书中的相关规定。

（5）塑料薄膜的质量要求与质量检测

目前，家具板式部件贴面用的塑料薄膜主要为聚氯乙烯（PVC）薄膜等。聚氯乙烯（PVC）薄膜是最常用的塑料薄膜，由聚氯乙烯树脂、颜料、增塑剂、稳定剂、润滑剂和填充剂等在混炼机中炼压而成的一种热塑性片材。薄膜表面印有模拟木材的色泽和纹理，压印出导管沟槽和孔眼，以及各种花纹图案等。薄膜色调柔和、美观逼真、透气性小，具有真实感和立体感，贴面后可减少空气湿度对基材的影响，具有一定的防水、耐磨、耐污染的性能，但表面硬度低、耐热性差、不耐光晒，其受热后柔软，适用于室内家具中不受热和不受力部件的饰面和封边，尤其是适于进行浮雕模压贴面（即软成型贴面或真空异型面覆膜）。

PVC薄膜是成卷供应的，厚度为 0.1 ~ 0.6 mm 的薄膜主要用于普通家具，厨房家具需采用 0.8 ~ 1.0 mm 厚的薄膜，真空异型面覆膜、浮雕模压贴面或软成型贴面一般也需用较厚的薄膜。在背面涂刷压敏性胶黏剂可制成各种自粘胶黏膜，用于家具和室内装饰贴面。

PVC薄膜的技术指标和要求参见 GB/T 3830—2008《软聚氯乙烯压延薄膜和片材》中的有关规定；

PVC 薄膜贴面装饰人造板材的技术指标和要求可参见林业行业标准 LY/T 1279—2008《聚氯乙烯薄膜饰面人造板》中的有关规定。

6.4.6 胶黏剂的质量检测

在家具生产中，胶黏剂（胶料）是必不可少的重要材料，如各种实木方材胶拼、板材胶合、零部件接合、饰面材料胶贴等，都需要采用胶料来胶合，胶料对家具生产的质量起着重要作用。

（1）家具生产用胶黏剂应具备的条件

目前，家具生产中常用的胶黏剂主要有：脲醛树脂胶黏剂（UF）、酚醛树脂胶黏剂（PF）、三聚氰胺树脂胶黏剂（MF）、聚醋酸乙烯酯乳液胶黏剂（PVAc，常称白胶或乳白胶）、热熔性胶黏剂（EVA，简称热熔胶）、间苯二酚树脂胶黏剂（RF）、氯丁橡胶胶黏剂、丁腈橡胶胶黏剂、聚氨酯树脂胶黏剂、异氰酸酯胶黏剂（MDI）、环氧树脂胶黏剂（常称万能胶）、蛋白质胶黏剂（皮骨胶、鱼胶、血胶、豆胶、干酪素胶）等。

对于胶黏剂的作用，其共性是能把两个物体胶合在一起，并具有一定的胶合强度、耐久性和耐水性。但胶合不同的材料，对胶黏剂有不同的要求。一种比较理想的家具与木制品用胶黏剂必须尽可能满足在胶合性能、胶接操作、经济成本等若干方面的要求。具体而言，胶黏剂应具备以下一些基本条件：

■ 具有极性基团，以保证与被胶合材料极性分子相互吸引产生牢固结合。

■ 具有良好的湿润性与流动性，使胶液能形成薄而均匀一致的胶层。

■ 应有适当的酸碱度，以保证胶合强度。

■ 用有适当的分子量和合适的黏度。

■ 胶合强度高，固化后胶层有一定弹性。

■ 耐水、耐热、耐老化性能好。

■ 便于使用，能在常温低压下短时间固化。

■ 没有毒性及强烈的刺激性，环保好。

■ 价格便宜，原料来源丰富等。

（2）家具生产用胶黏剂的选用原则

胶黏剂的种类不同、属性不同，使用条件也就不一样，各种既定的胶黏剂，只能适用一定的使用条件。因此，应根据各种胶黏剂的特性、被胶合材料的种类、胶接制品的使用条件、胶接工艺条件、经济成本等来合理选择和使用胶黏剂，才能最大限度地发挥每种胶黏剂的优良性能。

第一，根据胶黏剂特性选择。如胶黏剂的种类、固体含量、黏度、胶液活性期、固化条件、固化时间等。

第二，根据被胶合材料性能选择。如单板胶合、实木方材胶拼、饰面材料装饰贴面与封边、胶接合等被胶合材料的种类、材性、含水率、纤维方向、表面状态等。

第三，根据胶接制品使用要求选择。如胶接强度、耐水性、耐久性、耐热性、耐腐性、污染性及加工性等。

第四，根据胶接工艺条件选择。如生产规模、施工设备、工艺规程（涂胶量、陈化与陈放时间、固化压力及温度与时间）等。

第五，根据胶接经济成本选择。取决于生产规模、胶黏剂价格、胶合操作条件等。

（3）家具生产用胶黏剂的质量检测

在家具生产中，胶黏剂无论是自产自用还是外购供应，为控制或评定胶黏剂的质量，保证生产过程中工艺的稳定性和胶合强度的稳定性、可靠性，在使用前均应对胶黏剂的质量进行检验和测试。一般来说，胶黏剂的质量指标主要包括：外观、固体含量、黏度、pH 值、固化速度或固化时间、活性期（适用期）、贮存期、游离甲醛等有害物质含量等。

胶黏剂质量的检验和测试可根据胶黏剂的相关标准，如 GB/T 14074—2006《木材胶黏剂及其树脂检验方法》、GB/T 14732—2006《木材工业胶黏剂用脲醛、酚醛、三聚氰胺甲醛树脂》、GB 18583—2008《室内装饰装修材料 胶黏剂中有害物质限量》，或产品说明书中的相关规定。其中：

第一，外观的测定。外观是指用肉眼观察待测样品的颜色、状态、均匀性等物理性能。一般应在天然散射光或日光灯下观察，试验在 25℃ ±1℃ 下进行。

第二，固体含量的测定。固体含量是胶黏剂在一定温度下，加热后剩余物质量与试样原质量的比值百分数。测试方法均采用烘箱法，但干燥条件、温度与时间因胶黏剂种类不同而不同。

第三，黏度的测定。黏度是反映流体内部阻碍相对流动的一种特性，是一层液体与另一层液体作相对运动时的阻力。它是评价胶黏剂质量的一项重要指标。黏度测试有多种方法，主要有奥氏黏度计法、涂-4 黏度计法、旋转黏度计法等。

第四，pH 值的测定。pH 值又称酸碱度，是氢离子浓度的负对数值。由于它关系到树脂胶黏剂的贮存稳定性并影响到固化时间，因此它也是一项很重要的质量指标。测定水溶液 pH 值常用的方法有比色法和 pH 计（或酸度计）法。

第五，固化速度或固化时间的测定。胶液的固化时间是指胶液制成后，在一定温度下，从液状变成凝胶状的时间。胶液的固化时间是影响胶合件的质量、生产率和成本等的重要因素。

第六，活性期（适用期）的测定。胶液的活性期是胶液制成后，在室温（23℃±2℃）条件下，从液状变成凝胶状的时间，也是胶黏剂从各组分混合均匀开始，到能维持其可用性能的时间。活性期是实际使用检验胶液质量的重要工艺指标，对涂胶、组坯、陈放等工艺操作、胶合质量等有重要影响。

第七，贮存期的测定。胶黏剂的贮存期是指胶黏剂在规定条件下贮存后，仍然保持使用性能稳定的这段时期。可用测定黏度或胶合强度来表示其贮存期。

第八，游离甲醛等有害物质的测定。有些胶黏剂在施工固化期间会释放游离甲醛、苯、甲苯、二甲苯、挥发性有机化合物 VOC、氨等有害物质，这些有害物质如果超量释放，必将对人们的健康带来极大危害，因此必须对胶黏剂中释放或挥发出的有害物质加以限制。其测试方法可按上述相关标准中的规定。

6.4.7　涂料的质量检测

未经任何涂饰的家具，很容易受空气中温度及湿度的影响，发生干缩湿胀而引起翘曲变形和开裂。另外，也很易受菌类微生物的寄生而腐朽，同时也很易被磨损、擦伤和污染。要提高家具的使用价值和装饰性，并延长使用寿命，必须对其进行涂饰，使家具的表面蒙上一层很薄的保护层。木质家具或钢木家具有了保护层之后，不仅可以免受外界有害物质作用的影响，而且还可以增加家具表面的美观，提高产品的质量。因而涂料在家具的生产上占有极其重要的地位。为确保家具的质量，对进厂涂料的质量，必须进行控制和评定。

（1）家具生产用涂料应具备的性能要求

家具上使用的涂料种类很多，常用的涂料按其主要成膜物质可分以下几类：大漆（又称中国漆）、酚醛树脂漆、丙烯酸树脂漆、醇酸树脂漆、酸固化氨基醇酸树脂漆（又称 AC 漆）、硝基漆（又称 NC 漆、蜡克）、聚氨酯树脂漆（又称 PU 漆）、聚酯树脂漆（又称 PE 漆，有非气干型或隔氧型、气干型或喷涂型之分）、光固化漆（也称光敏漆或 UV 漆）、烘漆（又称烤漆）、粉末涂料等。

为了起到很好的保护与装饰作用，在家具生产中，无论使用何种涂料，都应考虑以下 4 个因素，即：装饰性、保护性、工艺性、配套性与经济性，即

应根据漆膜装饰性能、漆膜保护性能、施工使用性能、层间配套性能、经济成本性能等性能要求或原则选择涂料。

第一，能够美化产品、具有良好的装饰性。装饰性能要求包括光泽、保光性、色泽、保色性、透明度（清晰度）、质感、观感、触感等。使家具表面涂了涂料以后就有了美丽和装饰的效果，赋予产品一定的色泽、质感、纹理、图案纹样等明朗悦目的外观，使其形、色、质完美结合，给人以美好舒适的感受。因此，要根据家具制品的装饰性能和基材特性选用涂料。

第二，适应环境要求、具有良好的保护性。保护性能要求包括附着力、硬度、柔韧性、冲击强度、耐液性、耐磨性、耐热性、耐寒性、耐温性、耐候性、耐久性等。在家具表面覆盖一层漆膜保护层，使制品基材避免或减弱阳光、水分、大气、外力等的影响和化学物质、虫菌等的侵蚀，防止制品翘曲、变形、开裂、磨损等，以便延长其使用寿命。因此，应根据家具的使用环境和要求选用涂料。

第三，具有多种施工方法的可操作性。施工使用性能要求包括流平性、细度、黏度、固体含量、干燥时间、遮盖力、贮存稳定性、涂饰方法等。因此，要根据施工方法和涂饰工艺要求选用涂料，以适应不同的家具生产企业规模、不同的家具品种、不同的涂饰施工条件的要求。

第四，具有良好的配套性。层间配套性能要求包括层间涂料应相溶、层间无皱皮、无橘纹、无脱落、无咬底等。家具涂料是一种按功能和施工工序的不同而制作多种涂饰的涂料，有嵌补腻子、封闭底漆、着色底漆、透明底漆、中层涂料、面层涂料等多个配套产品，各涂料产品在整个涂饰工艺中发挥着各自的作用。因此既要选择好各层的涂料产品，又不可忽视各涂料品种间的相互配套性。

第五，具有合适的经济性。经济性能要求是指漆膜质量好、涂料消耗少、涂料价位低等。在保证漆膜质量的前提下选择经济的涂料，是提高经济效益的有力措施。

（2）家具生产用涂料的质量检测

家具生产企业所用的涂料是造漆厂经过检验的成品，但大部分涂料往往要经过贮存、运输，最后才用到家具表面上涂饰，假如涂料贮存时间过长或贮存不当，就可能发生变化。有时外观看来没有变化，其实质也有可能产生了变化。因此，对入厂的涂料应该由有关部门进行必要的复验手续。有的单位很少有涂料

的检验设备，也可凭目测或试用等办法，来确定涂料是否符合质量标准。

涂料质量的检验项目很多，但根据使用单位的使用实践来看，在检验时，除了核对涂料的合格标签，如产品型号、使用期限等之外，还需对涂料的透明度、固体份含量、黏度、细度、干燥时间、有害物质释放量等方面进行复验。

涂料质量的检验和测试可根据涂料或油漆的相关标准以及 GB 18581—2009《室内装饰装修材料　溶剂型木器涂料中有害物质限量》标准，或产品说明书中的相关规定。其中：

第一，透明度的测定。一般是指检查不含颜料的透明涂料的清晰程度，也是指涂料在容器中的性状，如是否存在分层、沉淀、结块、凝胶等现象以及经搅拌后是否能混合成均匀状态，它是最直观的判断涂料外观质量的方法。检查时，先将整桶清漆上下搅拌翻动，然后目测，观察是否仍保持一定的透明性。在我国涂料标准中，几乎都以"经搅拌后呈均匀状态，无结块"为合格，该项技术指标反映了涂料的表观性能，即开罐效果。在一般情况下，目测有时只有极轻微的浑浊即算合格，如果发现变成乳白糊状就表明涂料中含有较多的杂质和水分，此时不宜使用，否则，将会影响成膜后的光泽和颜色，并会延长涂层的干燥时间。除目测的办法外，也可将涂料样品倒入内径为 $15 \pm 1\mathrm{mm}$ 的洁净的无色玻璃试管内，在自然光线下对光观察。

第二，固体含量的测定。涂料的固体含量是指涂料中所含不挥发物质的含量，它是涂料在一定温度下加热，干燥后剩余物的质量与试样原质量的比值百分数。固体含量对成膜质量、遮盖力、施工性、成本等均有较大影响。其测试的方法主要有红外线灯加热法和烘箱法。

第三，黏度的测定。黏度是指液体分子间相互作用而产生阻碍其相对运动的能力，是液体流动的阻力，即流体内部阻碍其相对流动的一种特性。它是涂料的重要指标之一，对涂料的贮存稳定性、施工应用等有很大的影响，因此需要测试涂料的黏度作为内控指标。黏度测试有多种方法，主要有奥氏黏度计法、涂 -4 黏度计法、旋转黏度计法等。

第四，细度的测定。细度是涂料中颜料及体质颜料分散程度的一种量度，即在规定的条件下，于标准细度计上所得到的读数，一般以 μm 表示。该项技术指标是涂料生产中研磨色浆的内控指标，对成膜质量、漆膜的光泽、耐久性、装饰性、涂料的贮存稳定性等都有较大影响。

第五，干燥时间的测定。涂料的干燥时间是指涂料以规定的厚度，涂布在物体表面的涂层干结成膜所需要的时间。随着涂层干燥的程度又可分为表面干燥、实际干燥和完全干燥。从使用单位的角度而言，一般只测定涂层的表面干燥和实际干燥 2 个项目。所谓表面干燥，是指涂层表面已干燥到不沾尘土，或手指轻触不留痕迹；所谓实际干燥，是指手指重压漆膜不留指痕。

测定涂层表面干燥的简单方法有 2 种：即用嘴对着涂层表面哈气（但应注意，这一方法不能用来检定虫胶清漆和硝基清漆等怕水的涂层），如果出现雾气，说明涂层的表面已经干燥；如果没有雾气，则仍未干燥。检验涂层表面干燥的另一种方法，是用一小棉花球轻轻放在涂层上面，离样板 10～15cm 处用嘴顺涂层方向轻吹棉球，如能吹走，涂层面不留有棉丝，即已经达到表面干燥的程度。

测定涂层实际干燥的方法有 2 种：即在漆膜表面放一小棉花球，棉花球上放一块 $1\mathrm{cm}^2$ 的小木板，在木板上再放一个重 200g 的重物（干燥试验器），经过 30min 后，将重物、木板和棉花球取去，如果漆膜上不留有棉花球的痕迹及失光现象，即涂层已达到实际干燥的程度。另外也可用滤纸来代替棉花球，测定涂层的实际干燥时间，方法是在漆膜上放一块 20mm × 20mm 的定性滤纸，在滤纸上同样放 200g 的重物，经 30s 后，拿掉重物，将漆膜样板翻转向下，滤纸能自由下落，或在样板背面用食指轻敲几下，滤纸仍能自由下落，而且滤纸纤维不被沾在漆膜上，即表明涂层已达到了实际干燥程度。

第六，贮存稳定性的测定。是指涂料产品在正常的包装状态及贮存条件下，经过一定的贮存期限后，产品的物理及化学性能仍能达到原规定的使用性能。它包括常温贮存稳定性、热贮存稳定性、低温贮存稳定性等。由于涂料在生产后需要有一定时间的周转，往往要贮存一段时间后才能使用，因此不可避免地会有增稠、变粗、沉淀等现象产生，若这些变化超过容许限度，就会影响成膜性能，甚至涂料开桶后就不能使用，造成损失。

第七，有害物质释放量的测定。有些涂料在施工固化期间会释放挥发性有机化合物 VOC、苯、甲苯、二甲苯、游离甲苯二异氰酸酯 TDI、可溶性铅、镉、铬、汞等重金属等有害物质，这些有害物质如果超量释放，必将对人们的健康带来极大危害，因此必须对涂料中挥发出的有害物质加以限制。其测试方法可按上述相关标准中的规定。

6.4.8 五金配件的质量检测

家具五金配件是家具产品不可缺少的部分，特别是板式家具和拆装家具，其重要性更为明显。它不仅起连接、紧固和装饰的作用，还能改善家具的造型与结构，直接影响产品的内在质量和外观质量。

家具中常用的五金配件主要有铰链(明铰链、暗铰链、门头铰、玻璃门铰等)、连接件(偏心式、螺旋式、挂钩式等)、抽屉滑轨、移门滑道、翻门吊撑(牵筋拉杆)、拉手、锁、插销、门吸、搁板承、挂衣棍承座、滚轮、脚套、支脚、嵌条、螺栓、木螺钉、圆钉等。其中，铰链、连接件和抽屉滑道是现代家具中最普遍使用的3类五金配件，因而常被称为"三大件"。对于这些家具生产用五金配件的质量要求，一般应控制以下几方面：

- 必须保证规格尺寸及其允许偏差符合标准或符合图样的规定。

- 五金配件的形状、孔眼位置及其允许偏差均应符合图样和有关技术标准的规定。

- 凡常开启的五金配件，如铰链、锁、抽屉滑轨等，要求开关灵活。

- 五金配件表面不得带有锈迹。

- 五金配件在贮存、运输过程中，应涂上防锈油后放于纸盒内，不能暴露在空气中。

家具生产用五金配件的质量检测，根据不同类型的五金配件种类和用途可按其相关标准以及产品说明书中的相关规定等进行复验。

6.4.9 其他材料的质量检测

目前，在家具生产中，除了使用上述主要材料之外，根据家具的种类和风格不同，还广泛使用金属、塑料、弹簧、软包、皮革、玻璃、镜子等其他材料。通常，采用一种材料制成的家具显得单纯而易于显示特殊材质效果，而更多家具则采用两种或多种材料共同组成，活泼多变，可以满足不同造型、结构和舒适性的要求。

第一，金属材料。金属为现代家具的重要材料，现代家具的主框架乃至接合零部件与装饰部件的加工等，许多都由金属来完成。应用于家具制造的金属材料通常是由两种或两种以上的金属所组成的合金，主要有铁、钢、铝合金、黄铜等。金属材料质量的检验和测试，可根据其不同的种类和用途按其相关标准以及产品说明书中的相关规定等进行复验。

第二，塑料。塑料是一种新兴的并在不断改进开发的家具用人工合成材料。塑料家具以丰富的色彩和简洁并富于变化的造型将复杂的功能柔和在单纯的形式中，突出了以往木材和金属家具形式的束缚，富有创新的造型和结构，兼具经济、实用、美观的价值，尤其是整体成型自成一体，色彩丰富，防水防锈，成为公共家具、办公家具、室外家具的首选材料。塑料家具除了整体成型外，通常也可制成家具部件与木材、金属、玻璃等配合组装成具有独特功能效果的现代家具。目前，塑料家具常用的材料主要有强化玻璃纤维塑料(又称玻璃钢或FRP, Fiberglass Reinforced Plastic)、苯乙烯–丁二烯–丙烯腈三元共聚物树脂(ABS)、丙烯酸树脂(又称压克力, Acrylic resins)、聚氨酯泡沫塑料(发泡塑料)、聚氯乙烯(PVC)、聚乙烯(PE)、聚丙烯(PP)、聚酰胺(PA, 尼龙)等，都应用在家具设计制作上。塑料质量的检验和测试，可根据其不同的种类和用途按其相关标准以及产品说明书中的相关规定等进行复验。

第三，软体材料及弹性材料。在沙发、床垫、座椅等软体家具生产中，除了由质地较硬的木材及木质人造板、金属钢管及型材等组成结构框架之外，为了达到一定的弹性、柔软度和舒适度，必须使用软体材料或弹性材料，主要有弹簧、泡沫塑料、乳胶海绵、皮革、布织物和填充材料等。其中，弹簧主要有盘簧(又称螺旋弹簧，可分为沙发盘簧、包布盘簧和宝塔簧)、弓簧(又称蛇簧)、拉簧(又称螺旋穿簧)等；泡沫塑料主要有聚氨酯泡沫塑料、聚氯乙烯泡沫塑料和聚苯乙烯泡沫塑料等；软体家具蒙面材料主要有皮革和织物两大类，皮革主要有真皮、人造皮和人造革等；织物主要有植物纤维(棉、麻)、动物纤维(毛、丝)和人造纤维(人造丝、化纤、尼龙等)等；填充材料主要有棕丝、椰丝、马鬃、棉花等；以及绷绳、绷带、鞋线、麻布、市布(普通白布)、嵌线绳、骑口钉、秋皮钉(鞋钉)、漆泡钉等其他辅料。这些软体材料或弹性材料的质量检验和测试，可根据其不同的种类和用途按其相关标准以及产品说明书中的相关规定等进行复验。其中可参考的标准有：

GB/T 10802—2006《通用软质聚醚型聚氨酯泡沫塑料》、GB/T 6343—2009《泡沫塑料和橡胶 表观密度的测定》、GB/T 6344—2008《软质泡沫聚合材料 拉伸强度和断裂伸长率的测定》、GB/T 6669—2008《软质泡沫聚合材料 压缩永久变形的测定》、GB/T 6670—2008《软质泡沫聚合材料 落球法回弹性能的测定》、GB/T 16799—2008《家具用皮革》、GB/T 3920—2008《纺织品 色牢度试验 耐摩擦色牢度》、GB 18401—2010《国家纺织产品基本安全技术规范》、GB 17927.1—2011《软体家具 床垫和沙发 抗引燃特性的评定 第1部分：阴燃的香烟》、GB 17927.2—2011《软体家具 床垫和沙发 抗引燃特性

的评定 第2部分：模拟火柴火焰》等。

第四，石材。石材是一种质地坚硬耐久而感觉粗犷厚实的自然材料，多数石材皆具有不燃不腐、耐压耐磨及不烂不蛀和易于维护等特性，其外形色彩沉重丰厚，肌理粗犷结实，而且纹理造型自由多变，具有雄浑的刚性美感。不足之处是易碎，不保温、不吸音和难于加工与修复等。石材可锯成薄板并打磨成光滑面材，适于作桌几、橱柜的面板，切割成块材可作桌台面的腿和基座，全部用石材制作家具，可以显示出石材单一的风貌，配合其他材料可有生动的变化，利用不同色彩的薄板，经锯割拼装后，可设计出多种不同形式的图案，带有山水云纹的石片作为装饰可镶嵌在家具上，并可车旋和雕刻成型制作各种工艺品用作家具的部件，以突出家具的情调。用于家具生产的石材主要有天然石材（主要有花岗岩、大理石）和人造石材（主要有树脂型、水泥型、复合型、烧结型）等。石材的质量检验和测试，可根据其不同的种类和用途按其相关标准以及产品说明书中的相关规定等进行复验。

第五，玻璃与镜子。玻璃是一种透明性的人工材料，有良好的防水、防酸碱的性能，以及适度的耐火耐磨的性质，并具有清晰透明、光泽悦目的特点。受光照射有反射现象，尤其是那些经过加工处理，被磨成各种棱面的玻璃，产生闪烁折光。也可经截锯、雕刻、喷砂、化学腐蚀等艺术处理，得到透明或不透明的效果，以形成图案装饰，丰富了家具造型立体效果。玻璃是柜门、搁板、茶几、餐台等常用的一种透明材料，也用于覆盖在桌台面上，保护桌面不被损坏，并增加装饰效果。厚的玻璃可以直接用于桌面、腿部支架以及直接弯曲成连续一体的家具产品。玻璃的种类较多，其中主要有平板玻璃（又称净白玻璃）、钢化玻璃、压花玻璃、碎花玻璃、磨砂玻璃、镀膜玻璃等。将玻璃经镀银、镀铝等镀膜加工后成为照面镜子（镜片），具有物象不失真、耐潮湿、耐腐蚀等特点，可作衣柜的穿衣镜、装饰柜的内衬以及家具镜面装饰用。玻璃和镜子的质量检验，可根据其不同的种类和用途按其相关标准以及产品说明书中的相关规定等进行复验。

6.5 家具表面覆面材料剥离强度的检测

在家具生产过程中，常采用如前所述的木质薄木（装饰单板）、装饰纸、合成树脂浸渍纸、合成树脂装饰板（防火板）、聚氯乙烯（PVC）塑料薄膜等各种贴面材料或覆面材料，对各类人造板件或其他零部件进行各种饰（贴）面或覆面处理，以增加美观，改善家具产品的表面质量，提高家具的档次。不同的贴面材料具有不同的装饰效果。

各类家具零部件经上述这些装饰用的贴（饰）面材料贴面（或覆面）后的技术指标和要求，除了木质薄木（装饰单板）贴面可参见GB/T 15104—2006《装饰单板贴面人造板》、合成树脂浸渍纸贴面可参见GB/T 15102—2006《浸渍胶膜纸饰面人造板》、聚氯乙烯（PVC）塑料薄膜可参见林业行业标准LY/T 1279—2008《聚氯乙烯薄膜饰面人造板》等标准中的有关规定之外，还可以根据贴（饰）面材料的软、硬程度分别按有关标准进行表面覆面材料剥离强度的检测。

6.5.1 家具表面软质覆面材料剥离强度的检测

按照有关家具通用技术条件的标准，以木材或木质人造板材料为基材，表面覆贴聚氯乙烯（PVC）塑料薄膜、皮革、人造革、织物等软质覆面材料胶压成的家具及其他木制品零部件，也应按QB/T 4448—2013《家具表面软质覆面材料剥离强度的测定》标准中的规定进行覆面材料的剥离强度试验，以确定覆面胶压的质量。

（1）试件要求

在QB/T 4448—2013标准中，要求家具表面软质覆面材料剥离强度试验用试件的长度为150mm，宽度为25mm，厚度不得大于7mm，试件的形状、尺寸和要求见表6-10。

（2）实验方法

在QB/T 4448—2013标准中，规定剥离强度试验是利用力学试验机将家具表面软质覆面材料从基材表面呈180°剥离下来，观察试件胶合面的破坏状况和最大破坏载荷。其剥离强度试验的设备和测量工具、试验步骤与方法、试验结果的计算等见表6-11。

（3）试验记录

根据试件宽度b（mm）和破坏载荷P（N），按表中公式$q = (P/b) \times 10^3$可计算剥离强度q（N/m），计算精确至1N/m。计算所有试件剥离强度的算术平均值，并以此作为试验的结果进行软质覆面材料剥离强度的测定记录，如表6-12。

表 6-10　家具表面软质覆面材料剥离强度试验用试件要求

试件形状与尺寸（mm）	试件数	试件要求	试件的制取
覆面材料　基材 20　150　25　7	≥16 块	①锯取试件不能损坏覆面材料 ②端面平整与侧面互相垂直 ③有 10% 覆面材料脱胶时应剔除 ④在温度 20℃ ±2℃ 相对湿度 60%～70% 的条件下放置 48h	①试材从被测家具部件的不同部位制取或用相同材料、相同工艺条件下专门制作 ②试材胶压后须在室内存放一定时间后再制取试件陈放时间： 热压≥48h 冷压≥72h

注：引自 QB/T 4448—2013。

表 6-11　家具表面软质覆面材料剥离强度的试验方法

试验设备与工具	试验方法	试验结果的计算
①力学试验机（最大负荷 100N，相对误差不大于 ±1%） ②夹具 ③游标卡尺（0.02mm），测试件宽度 ④外径千分尺（0.01mm），测量覆面材料的厚度	①沿锯口处将覆面材料反转 180° 用手工剥离至离试件末端 40～45mm 处 40~45 ②试件夹紧于上下夹具上 ③以 0.2～0.8mm/s 匀速下降，剥离长度为 20～30mm ④记录剥离强度最大值 P 及胶合面上的破坏程度	①按下式计算剥离强度 $$q = \frac{P}{b} \times 10^3 \ (\text{N/m})$$ 式中　P——破坏载荷（N）； 　　　b——试件宽度（mm）。 ②计算所有试件剥离强度的算术平均值

注：引自 QB/T 4448—2013。

表 6-12　家具表面软质覆面材料剥离强度测试记录表

1. 制品或部件名称：＿＿＿＿＿＿＿＿＿＿
2. 基材：＿＿＿＿＿＿＿＿＿＿
3. 硬质覆面材料种类：＿＿＿＿＿＿＿；厚度：＿＿＿＿＿mm
4. 胶合剂种类：＿＿＿＿＿＿＿＿＿＿
5. 胶贴方式：　热压、冷压
6. 胶贴工艺规程：涂胶量：＿＿＿g/m²；温度；＿＿＿℃；压力：＿＿＿MPa；时间：＿＿＿min

编号	试件宽度 b（mm）	破坏载荷 P（N）	剥离强度 q（N/m）	破坏程度（%）		
				胶层	基材	覆面材料

试验日期：＿＿＿＿＿＿＿＿；试验者（签名）＿＿＿＿＿＿＿＿

6.5.2　家具表面硬质覆面材料剥离强度的检测

按照有关家具通用技术条件的标准，以木材或木质人造板材料为基材，表面覆贴刚度大于或等于 0.1N·m、厚度小于 2mm 的硬质覆面材料，如木质薄木（装饰单板）、合成树脂装饰板（防火板）等各种片材胶压成的家具及其他木制品零部件，也应按 QB/T 4449—2013《家具表面硬质覆面材料剥离强度的测定》标准中的规定进行覆面材料的剥离强度试验，以确定覆面胶压的质量。

（1）试件要求

在 QB/T 4449—2013 标准中，要求家具表面硬质覆面材料（厚度为 δ）剥离强度试验用试件的长度为 50 ±0.5mm，宽度为 20 ±0.1mm，基材厚度不得小于 10mm，试件的形状、尺寸和要求见表 6-13。当测定用于封边的硬质覆面材料与基材之间的剥离强度时，试件的宽度应等于被封边部件的厚度。

（2）试验方法

在标准中，规定家具表面硬质覆面材料剥离强度试验是利用力学试验机，将试件两端伸出的硬质覆面材料置于夹具的支承刀上，并在试件中心加以垂直向下的压力，使硬质覆面材料与基材之间产生不均匀分布的载荷，从而使硬质覆面材料从基材上剥离下来或发生破坏，观察试件胶合面的破坏状况和最大破坏载荷。2片支承刀的切削刃必须在同一水平面上，并且互相平行，支承切削刃的最小容许半径为0.1mm。其剥离强度试验的设备和测量工具、试验步骤与方法、试验结果的计算等见表6-14。

表6-13　家具表面硬质覆面材料剥离强度的试验方法

试件形状与尺寸（mm）	试件数	试件要求	试件制取
覆面材料 基材 5 ┃ 40±0.5 ┃ 5 基材厚 h>10 20±0.1	≥16个	①锯取试件，不能损坏覆面材料，并把残留的基材清除 ②端面应平整，与侧面互相垂直 ③覆面材料没有脱胶现象 ④覆面材料的纤维方向与试件长度方向一致 ②试件在20℃±2℃和60%~70%相对湿度条件下放置48h后作试验	①胶合好的试材在室内放置一定时间再制取试件 陈放时间 热压>48h 冷压>72h ②试材可以是家具生产中的胶合产品或采用相同材料、相同胶合条件下专门制作

注：引自 QB/T 4449—2013。

表6-14　家具表面硬质覆面材料剥离强度的试验方法

试验设备与工具	试验方法	试验结果的计算
①力学试验机（最大负荷500N，相对误差不大于±1%） ②夹具 ③游标卡尺（0.02mm），测试件宽度 ④外径千分尺（0.01mm），测量覆面材料的厚度 单位：mm P 压头 支承刀 试件 60 75	①试件安装于夹具上使试件的中心线与力学试验机压头的中心线相重合 ②以0.4~0.5mm/s均速加载 ③记录覆面材料剥离或破坏瞬间的最大破坏载荷P及破坏程度	①用下式计算剥离强度 $$q = \frac{P}{2b} \times 10^3 \ (\text{N/m})$$ 式中　P——破坏载荷（N）； 　　　b——试件宽度（mm）。 ②计算所有试件的剥离强度的算术平均值

注：引自 QB/T 4449—2013。

表6-15　家具表面硬质覆面材料剥离强度测试记录表

1. 制品或部件名称：_____
2. 基材：_____
3. 硬质覆面材料种类：_____；厚度：_____ mm
4. 胶合剂种类：_____
5. 胶贴方式：__热压、冷压__
6. 胶贴工艺规程：涂胶量：_____ g/m²；温度；_____ ℃；压力：_____ MPa；时间：_____ min

编号	试件宽度 b（mm）	破坏载荷 P（N）	剥离强度 q（N/m）	破坏程度（%）		
				胶层	基材	覆面材料

试验日期：_____；试验者（签名）_____

（3）试验记录

根据试件宽度 b(mm) 和破坏载荷 P(N)，按表中公式 $q = (P/2b) \times 10^3$ 可计算剥离强度 q(N/m)，计算精确至 1N/m。计算所有试件剥离强度的算术平均值，并以此作为试验的结果进行硬质覆面材料剥离强度的测定记录，如表 6-15。

6.6 家具表面涂饰质量的检测

根据家具产品的等级和加工工艺不同，在涂饰完工后 7~10 天内，并使涂层达到完全干燥后，对家具及其零部件表面漆膜的物理与化学性能进行测试，以判定其表面涂饰质量。

6.6.1 木质家具表面漆膜外观质量及理化性能的检测

（1）木质家具表面漆膜的外观质量要求及其检测

木质家具表面漆膜外观质量的检测与评定是检验其漆膜外观是否达到涂饰工艺规程中的各项技术要求，判断产品表面涂饰效果优劣的一种方法，也是评定家具产品质量的一个重要内容。目前，在木质家具生产和产品质量评定中，对各类不同等级木质家具的表面漆膜外观质量的一般要求见表6-16。

木质家具表面漆膜外观质量的检测与评定一般都以目测与标准样板（或标准样品）进行比较。其检测与评定的内容很多，综合起来主要有以下 4 个方面：

第一，色泽涂层的检验。用指定的样板（或样品）与实物的表面比较，观察其颜色的鲜明度和木纹的清晰程度、整件或成套产品的颜色相似程度，以及分色处色线的整齐程度等；检查着色部位的颜色有无流挂、过楞、色花、白楞、白点、笔毛、积漆、积粉等缺陷；检查内部着色与外部着色的相似程度。

第二，通明涂层的检验。根据主、次面的不同要求，观察漆膜表面的平整光滑程度和沉陷等情况；检查涂层有无流挂、缩孔、鼓泡、皱皮、漏漆、涨边、针孔、毛糙、脱离、龟裂等缺陷。

第三，抛光面的检验。漆膜经砂磨、抛光后是否有镜面般的光亮度；漆膜表面有无加工痕迹，如细条纹、划痕、雾光、鼓泡等缺陷。

第四，不涂饰部位的检验。内部清洁或不涂饰部位是否保持清洁，是否有肥皂水迹或其他污迹及杂渣，边沿漆线是否涂饰整齐等。

（2）木质家具表面漆膜的理化性能指标及其检测

木质家具表面漆膜理化性能检测试验是为了正确确定涂饰的工艺规程和保证木质家具表面漆膜具有高质量的装饰性和保护性。其测试项目是根据家具使用过程中常会出现的问题而确定的，一般包括耐液性、耐湿热性、耐干热性、附着力、厚度、光泽度、耐冷热温差性、耐磨性、抗冲击性等几个方面，见表6-17。上述各类理化性能测试试验用试件的要求见表6-18。

第一，耐液性测定。耐液性是指漆膜耐各种日常可能接触液体作用的性能。其测试方法见表6-19。

第二，耐湿热性测定。耐湿热性是指漆膜抵抗湿热作用的性能。其测试方法见表 6-20。

第三，耐干热性测定。耐干热性是指漆膜抵抗干热作用的性能。其测试方法见表6-21。

第四，附着力测定。附着力是指漆膜与被涂制品、零部件或材料表面通过物理和化学作用结合在一起的牢固程度。其测试方法见表6-22。

第五，厚度的测定。确定木质家具表面漆膜的厚薄大小。其测试方法见表6-23。

表 6-16 木质家具表面漆膜的外观质量要求

项 目	产 品 类 别		
	普级家具	中级家具	高级家具
色泽涂层	①颜色基本均匀，允许有轻微木纹模糊 ②成批配套产品颜色基本接近 ③着色部位粗看时（距离1m）允许有不明显的流挂、色花、过楞、白楞、白点等缺陷	①颜色较鲜明，木纹清晰与样板相似 ②整件产品或配套产品色泽相似 ③分色处色线整齐 ④凡着色部位，不得有流挂、色花、过楞，不应有目视可见的白楞、白点、积粉、杂渣等缺陷 ⑤内表着色与外表颜色接近	①颜色鲜明，木纹清晰，与样板基本一致 ②整件产品或配套产品色泽一致 ③分色处色线必须整齐一致 ④凡着色部位，目视不得有着色缺陷，如积粉、色花、刷毛、过楞、杂渣、白楞、白点、不平整度和修色的色差等缺陷 ⑤内部着色与外表颜色要相似

（续）

项 目	产 品 类 别		
	普级家具	中级家具	高级家具
透明涂层	①涂层表面手感光滑，有均匀光泽。漆膜实干后允许有木孔沉陷 ②涂层表面允许有不明显粒子和微小不平整度及不影响使用性能的缺陷。但不得有漆膜发黏、明显流挂、附有刷毛等缺陷	①正视面抛光的涂层，表面应平整光滑，漆实干后无明显木孔沉陷 ②侧面不抛光的涂层表面手感光滑，无明显粒子，漆膜实干后允许有木孔沉陷 ③涂层表面应无流挂、缩孔、鼓泡、刷毛、皱皮、漏漆、发黏等缺陷。允许有微小涨边和不平整度	①涂层表面平整光滑、漆膜实干后不得有木孔沉陷 ②涂层表面不得有流挂、缩孔、涨边、鼓泡、皱皮、线角处与平面基本相似，无积漆、磨伤等缺陷
抛光层	—	正视面抛光： ①涂层平坦，具有镜面般的光泽 ②涂层表面目视应无明显加工痕迹、细条纹、划痕、雾光、白楞、白点、鼓泡、油白等缺陷	表面全抛光 ①涂层平坦，具有镜面般的光泽 ②涂层表面不得有目视可见的加工痕迹、细条纹、划痕、雾光、白楞、白色、鼓泡、油白等缺陷
不涂饰部位	允许有不影响美观的漆迹、污迹	要保持清洁	要保持清洁，边缘漆线整齐

注：①不透明涂层除不显木纹外，其余要求须符合上表。②填孔型亚光涂层除光泽要求不同外，其余须符合上表中、高级产品的要求。③古铜色除图案要求不同外，其余应符合高级产品的要求。

表 6-17　木质家具表面漆膜的理化性能指标

分级	耐液	耐湿热	耐干热	附着力	光泽度（%）				耐磨性	抗冲击	耐冷热温差
					高光泽		亚 光				
					原光	抛光	填孔亚光	显孔亚光			
1	无印痕	无试杯印痕	无试杯印痕	割痕光滑，无漆膜剥落	>90	>85	25~35	<14	漆膜未露白	无可见变化（无损伤）	观察试样中间部分的漆膜表面，无裂纹、鼓泡、明显失光和变色等缺陷
2	轻微的变泽印痕	间断轻微印痕及轻微变泽	间断轻微印痕及轻微变泽	割痕交叉处有漆膜剥落，漆膜沿割痕有少量断续剥落	80~89	75~84	15~24	15~24	漆膜局部轻微露白	漆膜表面无裂纹，但可见冲击印痕	
3	轻微变色或明显的变泽印痕	近乎完整的环痕或圈痕及轻微变色	近乎完整的环痕或圈痕及轻微变色	漆膜沿割痕有断续或连续剥落	70~79	65~74	<14	25~35	漆膜局部明显露白	漆膜表面有轻度的裂纹，通常有1~2圈环裂或弧裂	
4	明显的变色，鼓泡、皱纹等	明显环痕或圈痕变色	明显环痕或圈痕变色	50%以上的切割方格中漆膜沿割痕有大碎片剥落或全部剥落	<69	<64	—	—	漆膜局部明显露白	漆膜表面有中度到较重的裂纹，通常有3~4圈环裂或弧裂	
5	—	严重环痕或圈痕、变色或鼓泡	严重环痕或圈痕、变色或鼓泡	50%以上的切割方格中漆膜沿割痕有大碎片剥落或全部剥落	—	—	—	—	—	漆膜表面有严重的破坏，通常有5圈以上的环裂、弧裂或漆膜脱落	

注：根据 GB/T 4893.1~3—2005 和 GB/T 4893.4~9—2013 标准编制。

表 6-18 木质家具表面漆膜理化性能试验用试件的要求

项 目	试件尺寸(mm)	试件数	试件的要求	试验室条件
耐 液	250×200	1	①涂饰完工后至少存放 10 天，完全干燥后试验 ②表面须平整，漆膜无划痕、鼓泡等缺陷	温度：20℃±2℃ 相对湿度：60%~70%
耐湿热	250×200	1		
耐干热	250×200	1		
附着力	250×200	1		
厚 度	250×200	1		
光 泽	250×200	1		
耐冷热温差	250×200	4		
耐磨性	φ100×(3~5) 中心开 φ=8.5mm 圆孔	1		
抗冲击	200×180	1		

注：根据 GB/T 4893.1~3—2005 和 GB/T 4893.4~9—2013 标准编制。

表 6-19 木质家具表面漆膜耐液性测定的方法

试 液	试验设备和材料	试验时间	试验方法
氯化钠(15% 浓度)	①定性滤纸(GB 1915—1980)	10s	①试件表面用软布擦净
碳酸钠(10% 浓度)	②玻璃罩(φ50mm，h25mm)	10min	②选 3 个试验区和一个对比区，试验区中心距试件边缘不小于 40mm，2 个试验区中心相距不小于 65mm
乙酸(30% 浓度)	③不锈钢光头镊子	1h	
乙醇(70% 医用)	④观察箱	4h	③浸透试液的 φ25mm 滤纸在每个试验区放上 5 层后用玻璃罩罩住
洗涤剂(白猫洗洁精)(25% 脂肪醇环氧乙烷，75% 水)	⑤清洗液(15mL 洗涤剂 + 1000mL 蒸馏水)	8h 24h	④达到规定时间后揭去滤纸吸干残液
酱油			⑤静置 16~24h
蓝黑墨水			⑥用清洗液及清水洗净表面并用软布擦干
红墨水			
碘酒			
花露水(70%~75% 乙醇，2%~3% 香精)		80h	⑦静置 30min
茶水(10g 云南滇红 1 级碎茶，加入 1000g 沸水，泡 5min 后的茶水)			⑧观察与对比区间的差异 a. 放入观察箱检查变泽和印痕情况
咖啡(40g 速溶咖啡加 1000g 沸水)			b. 在室内自然光下检查变色、鼓泡和皱纹情况
甜炼乳			c. 以 2 个试验区一致的评定值为最终试验值
大豆油			
蒸馏水			

注：根据 GB/T 4893.1—2005 标准编制。

第六，光泽度的测定。光泽度是指漆膜表面反射所产生的光亮程度。用光电光泽仪测定的光泽值是以漆膜表面正反射光量与同一条件小标准板表面的正反射光量之比的百分数表示的。其测试方法见表 6-24。

第七，耐冷热温差性的测定。耐冷热温差性是指漆膜在冷、热交替作用下耐温差的性能。其测试方法见表 6-25。

第八，耐磨性的测定。耐磨性是指漆膜表面抵抗磨损的能力。其测试方法见表 6-26。

第九，抗冲击性的测定。抗冲击性是指漆膜抵抗外界冲击的能力。其测试方法见表 6-27。

表6-20　木质家具表面漆膜耐湿热性测定的方法

试验设备与材料	试验温度(℃)	试 验 方 法
①铜试杯 ②矿物油(燃点不低于250℃) ③电炉 ④坩埚钳 ⑤水银温度计(0~100℃) ⑥木板：100mm×100mm×10mm ⑦白色尼龙纺(70mm×70mm)品号 21156，品名112/62，53g/m² ⑧不锈钢镊子 ⑨蒸馏水 ⑩定性滤纸 ⑪观察箱 ⑫天平(0.1g)	55 70 85	①任取3个试验区，每区为φ50mm，试验区中心距试件边≥40mm，3试验区中心相距≥65mm ②记录试验前状况 　　a. 颜色：试验区与对比区色彩相一致 　　b. 光泽：用光电光泽仪测定试验区光泽值 　　c. 表状：目视试验区无明显缺陷 ③铜试杯盛100±1g矿物油加热至超过规定温度10℃ ④将单层尼龙纺浸透蒸馏水后置于试验区上 ⑤待铜试杯油温达到规定温度后放于尼龙纺上，静置15min ⑥除去试杯和尼龙纺，用滤纸吸干 ⑦静置16~24h后用滤纸轻拭 ⑧观察试验区和对比区的差异： 　　a. 放入观察箱检查印痕 　　b. 室内自然光下检查 　　颜色：与对比区色彩不一的为变色 　　光泽：低于原光泽5%~10%为轻微变泽 　　表状：目视有细小气泡为漆膜鼓泡 ⑨以2个试验区一致的评价值为最终试验值

注：根据 GB/T 4893.2—2005 标准编制。

表6-21　木质家具表面漆膜耐干热性测定的方法

试验设备与材料	试验温度(℃)	试 验 方 法
①铜试杯 ②矿物油(燃点不低于250℃) ③电炉 ④坩埚钳 ⑤水银温度计(0~200℃) ⑥木板：100mm×100mm×10mm ⑦观察箱 ⑧天平(0.1g)	70 80 90 100 120	①任取3个试验区每区直径φ50mm，试验区中心距试件边缘≥40mm，3试验区中心相距≥65mm ②记录试验前状况 　　a. 颜色：⎫ 　　b. 光泽：⎬与耐湿热同 　　c. 表状：⎭ ③铜试杯盛100±1g矿物油，并加热到超过规定温度10℃ ④将铜试杯放在木板上使油温降到规定的试验温度再移到试件的试验区上 ⑤静置15min后将试杯取走，用滤纸轻拭试验区 ⑥静置16~24h，再用滤纸轻拭 ⑦观察试验区与对比区的差异： 　　a. 放入观察箱检查印痕和变泽 　　b. 在室内自然光下检查： 　　颜色：⎫ 　　光泽：⎬与耐湿热同 　　表状：⎭ ⑧以2个试验区一致的评定值为最终试验值

注：根据 GB/T 4893.3—2005 标准编制。

表 6-22　木质家具表面漆膜附着力测定的方法

试验设备与工具	试 验 方 法
①FE—漆膜附着力测定仪或其他具等同试验结果的仪器 ②氧化锌橡皮膏 ③猪鬃漆刷 ④观察灯：白色磨砂灯泡(60W) ⑤放大镜(4×)	①取 3 个试验区(尽量不选用纹理部位)试验区中心距试件边缘≥40mm，试验区间中心相距≥65mm ②每个试验区的相邻部位分别测两点漆膜厚度，取其算术平均值 ③在试验区的漆膜表面切割出两组相互成直角的格状割痕，每组割痕包括 11 条长 35mm、间距 2mm 的平行割痕，所有切口应穿透到基材表面，割痕与木纹方向近似为 45° ④用漆刷将浮屑掸去 ⑤用手将橡皮膏压贴在试验区的切割部位 ⑥顺对角线方向将橡皮膏猛揭 ⑦在观察灯下用放大镜仔细检查漆膜损伤情况

注：根据 GB/T 4893.4—2013 标准编制。

表 6-23　木质家具表面漆膜厚度测定的方法

试验设备与工具	试 验 方 法
①超声波涂层测厚仪 ②专用耦合剂	①预处理：试验前，试样(250 mm×200 mm)应在温度为 20℃±2℃，相对湿度为 60%~70% 的环境中预处理 24 h ②试验点：距试样边缘不小于 50 mm 的范围内，在不同的位置或不同方向上取 3 个试验点测定漆膜厚度 ③设备校准：按照产品说明书，先在已知厚度的漆膜(参考标准)上校准超声波涂层测厚仪的准确度 ④厚度测定：在待测的漆膜表面上，涂覆专用耦合剂进行测定。对于光滑、厚度较小的漆膜，也可使用蒸馏水作为耦合剂。将超声波测厚仪的探针置于漆膜试样表面进行测量，并保持恒定的压力。在测量过程中保持探针平稳。每个试验点测量 3 次，记录每次测量的数据 ⑤试验结果：试验结果取 9 次测量数据的算术平均值，结果表示以 μm 为单位，保留整数

注：根据 GB/T4893.5—2013 标准编制。

表 6-24　木质家具表面漆膜光泽度测定的方法

试验设备与工具	试 验 方 法
①光泽仪 ②绒布或擦镜纸	①预处理：在试验前试样(250 mm×200 mm)应在温度为 20℃±2℃，相对湿度为 60%~70% 的环境中预处理 24 h ②仪器校准：用镜面光泽值接近 100 的工作参照标准板，将光泽计调节至标准值。接着取第二个(光泽值较低)工作参照标准板，进行测量。当读数在标准值的 1 个标度分度之内，则可进行测定 ③光泽测定：光泽计校准后，用擦镜纸擦净试样表面，在距试样边缘 50 mm 内的不同的位置或不同方向进行测定，每测定 3 个数据，用较高光泽的工作参照标准板进行校准，以保证仪器无漂移，共测定 6 个数据 ④试验结果：如果 6 个数据的极差小于 10 GU 或平均值的 20%，则记录该平均值和这些值的范围，否则，重新取样测定

注：根据 GB/T4893.6—2013 标准编制。

表 6-25 木质家具表面漆膜耐冷热温差性测定的方法

试验设备与工具	试 验 方 法
①恒温恒湿试验箱：精度 ±1 ℃ ②四倍放大镜 ③封边材料：铝箔胶带或扁鬃刷、石蜡和松香 ④电炉 ⑤棉质干布	①预处理：在试验前试样(250 mm×200 mm)应在温度为20℃±2℃，相对湿度为60%～70%的环境中预处理24 h ②试验周期：应当根据产品标准或供需方的要求确定，如无特殊规定，建议温度为40±2℃，相对湿度95%±3%和 −20℃±2℃，采用3周期 ③测定：用规定的封边材料将试样4周和背面密封，若使用石蜡 − 松香混合液封边，其混合比例为1∶1。试样在恒温恒湿箱内应水平放置 一个试验周期由两个阶段构成。第一阶段：高温40±2℃，相对湿度95%±3%，1 h；第二阶段：低温 −20℃±2℃，1 h。高低温转移的时间应不超过2 min 试验结束后，将试样在20±2℃、相对湿度60%～70%的条件下放置18 h后，用棉质干布清洁表面，进行检查 ④试验结果与评定：排除离试样边缘20 mm的范围，用四倍放大镜观察中间部分的漆膜表面，如果出现裂纹、鼓泡、明显失光和变色中任一缺陷，则评定此件试样不合格(不考虑缺陷的形状、尺寸和数量) 应有3名检测人员分别对每一块试样进行评定，至少2人评定合格，则该试样合格，否则为不合格 3块试样分别评定，至少2块合格，评定为合格；否则为不合格

注：根据 GB/T 4893.7—2013 标准编制。

表 6-26 木质家具表面漆膜耐磨性测定的方法

试验设备与工具	试 验 方 法
①漆膜磨耗仪：转盘转速(60±2)r/min ②砂轮修整器 ③橡胶砂轮：材质采用丁腈橡胶，硬度在(60±5)IRHD范围内，砂子为100#，直径(50±0.5)mm，厚(12±0.5)mm ④吸尘器	①预处理：试验前，试样(100±1) mm×(100±1) mm，3块，中心开一个合适的小孔)应在温度为20℃±2℃，相对湿度为60%～70%的环境中预处理24 h ②试验条件：实验室温度20～25℃，相对湿度40%～90%。磨转次数根据产品标准或供需双方协议，建议次数为200、300、400、500、1000、3000、4000、5000、8000、10000。实验过程中不应更换砂轮 ③测定试验：将试件固定在磨耗仪的工作盘上，通过加压臂在试件表面上加(1000±1)g砝码和符合要求橡胶砂轮。试验过程中应开启除尘装置并保证吸尘装置正常工作。试件先初磨50 r，使漆膜表面呈平整均匀的磨耗圆环(发现磨耗不均匀，应及时更换试件)。重新调整计数器到规定的磨转次数直至试验终止，观察漆膜表面磨损情况 ④试验结果与评定：根据漆膜表面磨损情况对检验结果进行分级。分别按漆膜未露白、局部轻微露白、局部明显露白、严重露白判定为1～4级 应有3名检测人员分别对每一块试样进行评定，取等级平均值为结果 3块试样分别评定，以3块试样的等级平均值为最终结果

注：根据 GB/T 4893.8—2013 标准编制。

表 6-27 木质家具表面漆膜抗冲击性测定的方法

试验设备与工具	冲击高度(mm)	试 验 方 法
①冲击器：由水平基座、垂直导管、冲击块与钢球4部分组成 ②放大镜(10×)	10 25 50 100 200 400	①确定冲击部位：各冲击部位中心距离试件边沿应≥50mm，各冲击部位中心间的距离≥20mm ②将试件放在水平基座上，所有冲击部位都处在水平基座范围内 ③将冲击器放在被测试件上，钢球对准冲击部位中心 ④将冲击块提升到规定的冲击高度，向钢球冲击一次，每个冲击高度各冲击5个部位 ⑤将试件置于自然光下，用放大镜检查各冲击部位的损伤程度 检查时，可晃动试件、光源和改变观察角度进行，必要时也可涂上与漆膜颜色反差较大的水性着色剂，稍待片刻(5min)后擦去着色剂再作检查 ⑥评定出同一冲击高度的每个冲击部位的数字等级取其算术平均值最接近的整数作最终评定结果

注：根据 GB/T 4893.9—2013 标准编制。

6.6.2 金属家具表面涂镀层外观质量及理化性能的检测

（1）金属家具表面涂镀层的外观质量要求及其检测

金属家具表面涂镀层外观质量的检测与评定一般都以目测与标准样板（或标准样品）进行比较。其检测与评定的内容很多，综合起来，金属家具表面涂镀层外观质量要求主要包括：

第一，金属件外观要求。管材和冲压件不允许有裂缝；管材无叠缝，焊接无错位和结疤；冲压件无脱层；圆管和异型管弯曲处的波纹高低不大于 0.4mm，弯曲处弧形应圆滑一致；焊接件焊疤表面波纹高低不大于 1mm，焊接处无夹渣、气孔、焊瘤、咬边和飞溅，无脱焊、虚焊或焊穿；铆接件铆钉头圆滑、端正，无明显锤印，无漏铆、脱铆；在接触人体或收藏物品的部位不得有毛刺、刃口或棱角。

第二，金属件漆膜涂层外观要求。不得有露底、凹凸、明显流挂、疙瘩、皱皮、飞漆、色差、图案缺损、漏喷、剥落、黏漆等。

第三，电镀层外观要求。外露部位不得有烧焦、起泡、露底、针孔、裂纹、明显毛刺、花斑、划痕、剥落、返锈和黏漆等。

（2）金属家具表面烘漆喷塑涂层的理化性能指标及其检测

金属家具表面烘漆喷塑涂层理化性能指标，一般包括硬度、冲击强度、耐腐蚀、附着力、光泽度等几个方面，其性能要求与测试方法见表6-28。

表 6-28 金属家具表面烘漆喷塑涂层理化性能要求与测定方法

项 目	技术指标	理化性能测定
硬度	≥H	按 GB/T 6739—2006 中涂膜硬度铅笔测量法规定试验
冲击强度	冲击高度 400mm，应无剥落、裂纹、皱纹	按 GB/T 1732 规定试验
耐腐蚀	100h 内，观察在溶剂中样板上划道两侧 3mm 以外，应无气泡产生	按 GB/T 13667.1—2003 规定试验
	100h 后，检查划道两侧3mm以外，应无锈迹、剥落、起皱、变色和失光等现象	
附着力	应不低于 2 级	按 GB/T 9286 规定试验
抗盐雾	18h，1.5mm 以下锈点 ≤20 点/dm²，其中 ≥1.0mm 锈点不超过 5 点/dm²（距离边缘棱角2mm 以内的不计）	

（3）金属家具表面电镀层的理化性能指标及其检测

金属家具表面电镀层理化性能指标，一般包括结合力、粗糙度、抗盐雾、铬层厚度、氧化膜厚度等，其性能要求与测试方法见表6-29。其中：

盐雾试验是将试件表面除油污后，成15°～30°角度悬挂在盐雾箱内，用5%的氯化钠溶液（用蒸馏水溶解化学纯以上的NaCl试剂配制）间断喷雾8h（每小时喷雾15min，保持温度35℃±2℃），存放16h（存放时自然降温冷却），24h为一周期，盐雾沉降率为$1 \pm 0.5 mL/h \cdot 80 cm^2$，取出后试件用清水洗去试液，并观察试件上锈点的大小及多少。

镀铬层厚度测定是使用计时点滴法，试件表面除油污后，将试件、试剂、试验器具在20～25℃温度下存放至少3h，试验时，试件平放，用0.5mm滴管，将盐酸（相对密度1.18）滴一滴于铬层表面；自盐酸与铬层反应开始按秒表计时，直至局部铬层溶穿，露出内层为止；根据所需时间按标准查表和用公式计算镀铬层厚度。

表6-29 金属家具表面电镀层理化性能要求与测定方法

项 目	技术指标	理化性能测定
结合力	镀层不应有起皮或脱落现象	按 QB/T 3821—1999 中规定试验
粗糙度	$R_a \leqslant 1.25$ μm	按 QB/T 3814—1999 中规定试验
抗盐雾	18h，1.5mm 以下锈点≤20 点/dm²，其中≥1.0mm 锈点不超过 5 点/dm²（距离边缘棱角2mm 以内的不计）	按 QB/T 3826—1999 中规定试验
铬层厚度	≥0.3 μm	按 QB/T 3818—1999 中规定试验
氧化膜厚度	≥3 μm	按 QB/T 3816—1999 中规定试验

6.7 家具产品力学性能的检测

利用技术测试手段考察家具在正常或非正常使用情况下的强度、耐久性和稳定性，以便对家具某些特征的性质有一个估计。对家具进行整体力学性能试验能为产品实现标准化、系列化和通用化取得可靠的数据和规定出科学的质量指标，有利于根据使用功能的实际要求来合理设计出家具的结构和确定出零、部件的规格尺寸，以利于提高设计质量。家具产品的力学性能试验是最终的质量检验手段，科学的测试方法和标准可以保证产品具有优良的品质和提高企业的质量管理水平，同时还可将家具的质量和性能真实地反映给用户，便于用户根据自己的使用场合、使用要求和使用方法不同，从产品的质量及价格等方面综合考虑后选购出适用的家具。

6.7.1 家具力学性能试验的概述

（1）家具力学性能试验的依据

模拟家具在人们正常使用和习惯性的误用情况下可能经受到的载荷作为力学性能试验的基本依据，从而确定出各类家具应具有的强度指标。

家具在日常使用过程中，常会出现一些非正常的误用情况，如图6-9所示。其受力情况有的影响到家具的结构刚度、结构强度，有的影响稳定性和耐久性。因此，必须根据家具在正常使用和非正常但可允许的误用情况下所可能受到的各种载荷来对各类家具进行力学性能试验，规定出各类家具进行强度、耐久性和稳定性试验的项目和试验方法。

（2）家具力学性能试验的分类

各类家具在预定条件下正常使用和可能出现的误用时，都会受到一定的载荷作用。载荷是家具结构所支承物体的重量，也可把它叫作作用于家具上的力。家具所承受的载荷主要有恒载荷和活载荷。恒载荷是指家具制成后不再改变的载荷，即家具本身的重量；活载荷是指家具在使用过程中所接受的大小或方向有可能随时改变的外加载荷，即可能出现在家具上的人和物的重量以及其他作用力。活载荷又可分为静载荷、冲击载荷、重复载荷等。

第一，静载荷。是指逐渐作用于家具上达到最大值并随后一致保持最大值的载荷，常使家具处于静力平衡或产生蠕动变形。如一个人慢慢地安静坐到椅子上，他的体重就是静载荷的一个例子；书柜内书和碗柜中碗盘的重量也是静载荷。

第二，冲击载荷。是指在很短时间内突然作用于家具上并产生冲击力的载荷，会使家具发生冲击破坏和瞬间变形。它通常是由运动的物体产生，如小孩在床上蹦跳就是冲击载荷作用到床上。从对家具产生的破坏效果来说，冲击载荷要比静载荷大得多，如一个人猛然坐到椅子上，就有相当于他体重2～3倍以上的力作用到椅子上。

第三，重复载荷。又称循环载荷，是指周期性间断循环或重复作用于家具上的载荷，常会使家具发生疲劳破坏和周期性变形。通常经过许多循环周期。重复载荷要比静载荷更容易引起家具构件和结点的疲劳破坏。

按各类家具在预定条件下正常使用和可能出现的误用所受到的载荷状况，将试验分为：

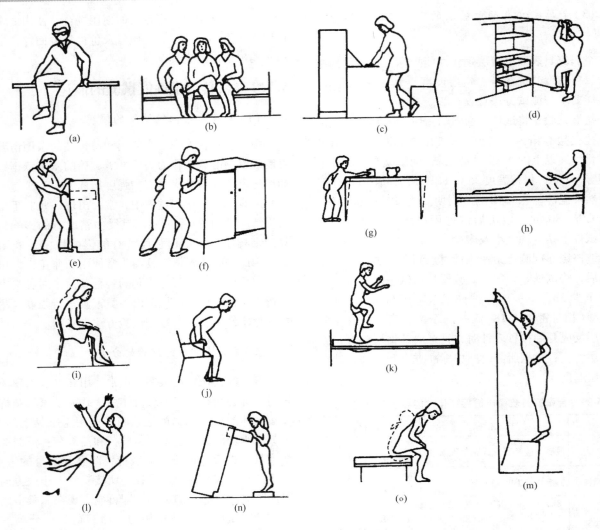

图6-9 家具非正常误用情况

(a)桌上坐人或站人 (b)多人集中坐于床板一侧 (c)重压于翻板门上 (d)门扇上受较大力 (e)抽屉拉手受大载荷 (f)柜子被水平推动 (g)桌子受推力 (h)床架水平受力 (i)椅子前后摆动 (j)椅扶手受外撑力 (k)床板经受反复弹压 (l)椅子后仰 (m)踩蹬椅子 (n)柜上端抽屉拉出前倾 (o)床面受冲击力

■ 静载荷试验。检验家具在可能遇到的重载荷条件下所具有的强度。

■ 耐久性试验。检验家具在重复使用、重复加载条件下所具有的强度。

■ 冲击载荷试验。检验家具在偶然遇到的冲击载荷条件下所具有的强度。

■ 稳定性试验。检验家具在外加载荷作用下所具有的抵抗倾翻的能力。

（3）家具力学性能试验水平的分级

在《家具力学性能试验》国家标准中，根据家具产品在预定使用条件下的正常使用频数，或可能出现的误用程度，按加载大小与加载次数多少将强度和耐久性试验水平分为5级，见表6-30。

表6-30 家具力学性能试验水平分级

试验水平	预定的使用条件
1	不经常使用，小心使用，不可能出现误用的家具，如供陈设古玩、小摆件等的架类家具
2	轻载使用，误用可能性很少的家具，如高级旅馆家具、高级办公家具等
3	中载使用，比较频繁使用、比较易于出现误用的家具，如一般卧房家具、一般办公家具、旅馆家具等
4	重载使用、频繁使用、经常出现误用的家具。如旅馆门厅家具、饭厅家具和某些公共场所家具等
5	使用极频繁，经常超载使用和误用的家具，如候车室、影剧院家具等

注：摘自 GB/T 10357.1—2013 和 GB/T 10357.3—2013。

（4）家具力学性能试验的要求

第一，试件要求。家具力学性能试验的试件应为完整组装的出厂成品，并符合产品设计图样要求。拆装式家具应按图样要求完整组装；组合家具如有数种组合方式，则应按最不利于强度试验和耐久性试验的方式组装。所有五金连接件在试验前应安装牢固。采用胶接方法制成的试件，从制成后到试验前应至少在一般室内环境中连续存放 7 天，使胶合构件中的胶液充分固化。

第二，试验环境。标准试验环境温度 15～25℃、相对湿度 40%～70%。试验位置地面应水平、平整，表面覆层积塑料或类似材料。

第三，试验方式。耐久性试验可分别在不同试件上进行，强度试验应在同一试件上进行；测定产品使用寿命时，应按试验水平逐级进行直至试件破坏；检查产品力学性能指标是否符合规定要求，则可直接按试验水平相应等级进行试验。

第四，加载要求。强度试验时加力速度应尽量缓慢，确保附加动载荷小到可忽略不计的程度；耐久性试验时加力速度应缓慢，确保试件无动态发热；均布载荷应均匀地分布在规定的试验区域内。

第五，试验设备及附件。试验设备应保证完成对试件的正常加力，须设有各种加力装置以及加载垫、加载袋、冲击块、冲击锤、绳索、滑轮、重物、止滑挡块等试验所必须的附件。

第六，测量精度。尺寸小于 1m 的精确到 ±0.5mm；大于 1m 的为 ±1mm；力的测量精度为 ±5%。

（5）家具力学性能试验结果的评定

家具力学性能试验前应实测试件的外形尺寸，仔细检查其质量，并记录零、部件和接合部位的缺陷。试验后对试件尺寸和质量重新作评定，要重点检查以下几个方面：

- 零部件产生断裂或豁裂部位及情况。
- 某些牢固的部件出现永久性松动。
- 某些部件产生严重影响功能的磨损、位移或变形。
- 五金连接件出现松动。
- 活动部件产生开关不灵便等。

6.7.2　桌类家具力学性能检测

桌类家具力学性能检测包括强度、耐久性和稳定性试验。

强度和耐久性试验是模拟桌类家具在正常或非正常误用以及长期实际使用中所承受的载荷进行试验，以保证产品具有足够的强度和保持其实际需要的功能。

桌类家具稳定性试验是模拟桌类家具受到外加静载荷的条件下，测定其保持不倾覆的能力。具体进行垂直加载稳定性和垂直与水平加载的稳定性试验，此试验适用于与地面、建筑物、家具等没有固定连接的桌类家具。

（1）强度试验

第一，静载荷试验
- 主桌面垂直静载荷试验：见表 6-31（根据 GB/T 10357.1—2013 编制）。
- 副桌面垂直静载荷试验：见表 6-32（根据 GB/T 10357.1—2013 编制）。
- 桌面持续垂直静载荷试验：见表 6-33（根据 GB/T 10357.1—2013 编制）。
- 桌面水平静载荷试验：见表 6-34（根据 GB/T 10357.1—2013 编制）。

第二，冲击试验
- 桌面垂直冲击试验：见表 6-35（根据 GB/T 10357.1—2013 编制）。
- 桌腿跌落试验：见表 6-36（根据 GB/T 10357.1—2013 编制）。

（2）耐久性试验
- 桌面水平耐久性试验：见表 6-37（根据 GB/T 10357.1—2013 编制）。
- 独脚桌垂直耐久性试验：见表 6-38（根据 GB/T 10357.1—2013 编制）。

（3）稳定性试验
- 桌子垂直加载稳定性试验：见表 6-39（根据 GB/T 10357.7—2013 编制）。
- 桌子垂直和水平加载稳定性试验：见表 6-40（根据 GB/T 10357.7—2013 编制）。

表 6-31　主桌面垂直静载荷试验（GB/T 10357. 1—2013）

试 验 方 法	加 载 值		试验结果评定
	试验水平（级）	静载荷（N）	
①用加载垫在桌面上最易发生损坏的部位加载10次，每次加力至少滞留10s ②有多处易损坏部位时，最多选3处进行试验	1	500	①测定经加载后桌子的整体结构 ②评定损坏及产生缺陷情况
	2	750	
	3	1000	
	4	1250	
	5	2×900 *	

＊：试验水平5级运用两个垂直力，这二力的加力中心应间隔500mm。

表 6-32　副桌面垂直静载荷试验（GB/T 10357. 1—2013）

试 验 方 法	加 载 值		试验结果评定
	试验水平（级）	静载荷（N）	
①用加载垫在每一副桌面（延伸桌面部分）上最易发生损坏的部位加载10次，每次至少滞留10s ②进行试验时，如桌子发生倾翻，应在主桌面上加重物，使桌子保持平稳	1	125	①测量加载荷后，副桌面的最大挠度及整个桌子结构的最大挠度 ②评定损坏及产生缺陷情况
	2	250	
	3	350	
	4	500	
	5	750	

表 6-33　桌面持续垂直静载荷试验（GB/T 10357. 1—2013）

试 验 方 法	加 载 值		试验结果评定
	试验水平（级）	均布载荷（kg/dm^2）	
①在桌面上施加均布载荷 ②加载后滞留7天	1	1.0	①测量加载前和加载7天后尚未卸载时的桌面挠度，并按二支承间跨距的百分比记录挠度值 ②检查桌子整体结构 ③评定损坏和产生的缺陷情况
	2	1.0	
	3	1.5	
	4	2.0	
	5	2.5	

表 6-34　桌面水平静载荷试验（GB/T 10357. 1—2013）

试 验 方 法	加 载 值（N）		试验结果评定
	试验水平（级）	A、B、C、D	
①用挡块围住桌子一侧的腿 ②桌面上均布防止倾翻的平衡载荷最大值不能超过100kg ③按规定在A、B、C、D位置对桌面每一边加载10次，每次滞留10s ④如果100kg稳定载荷仍使桌子倾翻则应把水平力减少到正好防止桌子倾翻，并将此力记录下来	1	175	①分别对A、B、C、D各部位第一次及最后一次加载及卸载时测量加载点的位移值e ②检查桌子的损坏程度 ③评定损坏和产生缺陷的情况
	2	300	
	3	450	
	4	600	
	5	900	

（续）

试 验 方 法	加　载　值（N）		试验结果评定
	试验水平（级）	A、B、C、D	

表 6-35　桌面垂直冲击试验（GB/T 10357.1—2013）

试验方法	冲击试验指标			试验结果评定
	试验水平（级）	冲击器（kg）	跌落高度（mm）	
①将冲击器从规定高度对桌面自 　由跌落，作冲击试验 ②冲击位置及次数 　a. 靠近支承桌面部位一次 　b. 桌面跨距中心部位一次	1	25	—	①检查桌子整体结构 ②评定损坏及产生缺陷情况
	2	25	80	
	3	25	140	
	4	25	180	
	5	25	240	

　　注：冲击器是 ϕ200mm 的圆柱体，通过螺旋压缩弹簧组件与冲击头相连接，并能沿冲击头轴线作相对运动，冲击头加载表面覆以皮革材料，内装干细砂，外形扁平，整个冲击器质量为 25 ± 0.1kg。

表 6-36　桌腿跌落试验（GB/T 10357.1—2013）

试 验 方 法	试 验 指 标		试验结果评定
	试验水平（级）	跌落高度（mm）	
①将桌子放在平整试验场地上 ②将方桌任意一腿端部或长方形桌子窄向的一腿端 　部提升到规定的高度，自由跌落 10 次 ③层叠式桌子仅对一腿做跌落试验，受试一腿端部与 　对角一腿端部的连线同地面夹角为 20°	1	100	检查桌子整体结构损坏及产生缺陷情况
	2	150	
	3	200	
	4	300	
	5	600	

表 6-37　桌面水平耐久性试验（GB/T 10357.1—2013）

试 验 方 法	加　载　周　期		试验结果评定
	试验水平（级）	循环次数（次）	
①用挡块将所有装有脚轮桌腿围住，应限制脚轮活动 ②桌面上均匀放上防止倾翻的平衡载荷最重不超过 100kg，如桌 　仍倾翻应把力减少到不使桌子倾翻并记录下实际加的力 ③在离桌面边缘 50mm 处，通过加载垫 * 施加 150N 水平载荷 ④按 a—b—c—d 次序加载为一个循环周期，每次循环的累计延 　续时间至少为 2s ⑤每次加力应从 0→150→0 并在 1s 内完成 ⑥主桌面一端附有副桌面，在主副桌面上均布的平衡载荷总计 　重量不能超过 100kg	1	5000	①在第一次和最后一次循环加力和卸 　力时间至少为 10s，并在加载部位 　分别测量位移值 e ②检查桌子的整体结构 ③评定损坏和产生缺陷情况
	2	10000	
	3	15000	
	4	30000	
	5	60000	

（续）

试 验 方 法	加 载 周 期		试验结果评定
	试验水平（级）	循环次数（次）	

* ：加载垫是具有坚硬、光滑表面和边缘倒圆的刚性物体，尺寸为 100mm×100mm。

表 6-38 独脚桌垂直耐久性试验（GB/T 10357.1—2013）

试 验 方 法	加 载 周 期		试验结果评定
	试验水平（级）	循环次数（次）	
①桌面上加均布载荷防止桌子倾翻，最大平衡载荷不超过100kg ②在主或副桌面上预计最容易变形的部位上施加150N力，加载中心离桌子边缘距离不小于50mm ③从0→150→0加载过程在1s内完成 ④如果加上100kg均布载荷仍发生倾翻应把施加的力降到正好防止桌子倾翻并将此力记录下来 ⑤第一次和最后一次加力至少保持10s	1 2 3 4 5	500 2500 10000 30000 60000	①测量桌子偏离水平线的挠度值 e ②检查桌子的整体结构 ③评定损坏和产生缺陷情况

表 6-39 桌子垂直加载稳定性试验（GB/T 10357.7—2013）

试 验 方 法	最 小 加 载 力		试验结果评定
	品 种	载荷（N）	
①将桌子放在试验基面上 ②在最不稳定桌边中心离边缘向内50mm桌面处，通过加载垫垂直向下逐渐加力至规定值或至少有一桌腿离地为止 ③带有活动桌板应选用最不稳定状态作试验，若活动桌板有多种连接方式时应选用最不稳定的方式试验	四脚桌 写字桌 独脚桌 折桌 课桌	600 600 200 200 600	①试验前记录试件外形尺寸 ②取整数记录此试验中的最大载荷

表 6-40　桌子垂直和水平加载稳定性试验（GB/T 10357.7—2013）

试　验　方　法	最小加载力		试验结果评定
	品　种	载荷（N）	
①将试验桌子放在试验基面上 ②用挡块挡住最不稳定边的桌腿防止试验中移动 ③在最不稳定边中心离边缘向内 50mm 桌面处，通过加载垫垂直施加 100N 力，同时在该边中点桌面上向外施加一个水平力，逐渐加力至规定值或者至少有一桌腿离地为止，见表 6-39 中图 ④带有活动桌板并有多种连接方式时应选用最不稳定状态作试验	四脚桌	40	①试验前记录试件的外形尺寸 ②取整数记录在此试验中的最大载荷
	写字桌	40	
	独脚桌	30	
	折桌	30	
	课桌	20	

注：①独脚桌指支承点连线所成的面积与桌面面积之比小于 65% 的桌子；②加载垫和挡块要求与垂直加载稳定性试验同。

6.7.3　椅凳类家具力学性能检测

椅凳类家具力学性能检测包括强度、耐久性和稳定性试验。强度和耐久性试验用于家庭、宾馆和饭店等场合使用的各种椅凳类家具，不适用于转椅和陶瓷、柳藤等材料制作的家具。

（1）强度试验

第一，静载荷试验（确定椅凳在遇到偶然重载情况下的静态强度）

■ 椅凳座面静载荷试验：见表 6-41（根据 GB/T 10357.3—2013 编制）。

■ 椅背静载荷试验：见表 6-42（根据 GB/T 10357.3—2013 编制）。

■ 椅子扶手和枕靠侧向静载荷试验：见表 6-43（根据 GB/T 10357.3—2013 编制）。

■ 椅子扶手垂直向下静载荷试验：见表 6-44（根据 GB/T 10357.3—2013 编制）。

■ 椅凳腿向前静载荷试验：见表 6-45（根据 GB/T 10357.3—2013 编制）。

■ 椅凳腿侧向静载荷试验：见表 6-46（根据 GB/T 10357.3—2013 编制）。

表 6-41　椅凳座面的静载荷试验（GB/T 10357.3—2013）

试　验　方　法	加　载　值		试验结果评定
	试验水平（级）	载荷（N）	
①按椅座面位置安装座面加载垫，其为表面光滑具自然形状的凸形刚性体如下图所示 ②按椅子加载模板确定座面加载点，加载模板形式如下图所示 A 座位载荷(椅类) B 靠背载荷 C 座位载荷(凳类)	1	—	①检查椅凳的整体结构 ②检查试验前后的变化，损坏和产生缺陷的情况
	2	1200	
	3	1300	
	4	1600	
	5	2000	

（续）

试 验 方 法	加 载 值		试验结果评定
	试验水平（级）	载荷（N）	
③在椅面中心线上，离座面前沿100mm处加载，加载10次，每次加力至少保持10s ④凳子用小型座位加载垫（φ200mm刚性体，凸形表面曲率半径为300mm周边倒圆）			

注：与靠背静载荷试验联合进行。

表6-42　椅背静载荷试验（GB/T 10357.3—2013）

试 验 方 法	加 载 值		试验结果评定
	试验水平（级）	载荷（N）	
①椅子后腿靠住挡块 ②用椅背加载模板确定椅背加载点或在椅背纵向轴线上距离靠背上沿100mm处 ③在座面加载点上加平衡载荷 ④按规定的载荷值沿着与椅背，呈垂直方向，通过靠背加载垫，在上述椅子靠背两个位置中，一个较低的位置上重复加载10次，每次加力至少保持10s ⑤当椅背加力至410N后有倾翻趋势时，逐步增加座面上的平衡载荷直到这种倾翻趋势停止为止 ⑥矩形凳子应依次把力水平向后施加在矩形脚架相邻两边的每一边中点相对应的座面前沿各5次 　三角形脚架凳子依次把力沿任意二边中线方向加载各5次	1 2 3 4 5	— 410 450 550 700	①测量第1次和第10次加载时椅背相对位移，按下式计算 $$\frac{d}{h}$$ 式中　d——椅背顶端的位移； 　　　h——椅背中间部位的纵向长度（背长）。 ②检查整体结构 ③评定损坏和产生缺陷情况
⑦椅背的角度可调节时，应调到背斜角为100°～110°进行试验			

注：座面静载荷和椅背静载荷可联合试验。

表 6-43　椅子扶手和枕靠侧向静载荷试验（GB/T 10357.3—2013）

试　验　方　法	加　载　值			试验结果评定
	试验水平（级）	扶手侧向载荷（N）	枕靠侧向载荷（N）	
①用 φ100mm 刚性圆柱体的小型加载垫在扶手最易损坏处加水平向外一对力 ②加载 10 次每次加力至少保持 10s ③带枕靠椅子也用同样方法按规定加载值施加在两枕靠上作试验	1	200	100	①检查椅子整体结构 ②评定损坏和产生的缺陷
	2	300	200	
	3	400	300	
	4	600	400	
	5	900	500	

表 6-44　椅子扶手垂直向下静载荷试验（GB/T 10357.3—2013）

试　验　方　法	加　载　值		试验结果评定
	试验水平（级）	载荷（N）	
①用小型座位加载垫（φ200mm）刚性体凸形表面曲率半径 300mm）在扶手表面最易损坏处加垂直作用力 ②加载 10 次每次加力至少保持 10s ③为防止翻倒，可在不加载的一侧座面上加平衡载荷	1	300	①检查椅子整体结构 ②评定损坏和产生的缺陷
	2	700	
	3	800	
	4	900	
	5	1000	

表 6-45　椅凳腿向前静载荷试验（GB/T 10357.3—2013）

试　验　方　法	加　载　值			试验结果评定
	试验水平（级）	载荷（N）	座面平衡载荷（N）	
①前腿靠住挡块 ②用模板确定座面加载点，并在座面上加上平衡载荷 ③用局部加载垫在座面后沿中间部位加一水平向前力 ④加载 10 次，每次加力至少保持 10s ⑤加力时椅凳发生倾翻，应将所加的力减少到刚好不使向前倾翻程度，记下实际所加的力	1	300	780	①检查椅凳整体结构 ②评定损坏和产生的缺陷
	2	375	780	
	3	500	1000	
	4	620	1250	
	5	760	1800	

表 6-46 椅凳腿侧向静载荷试验（GB/T 10357.3—2013）

试 验 方 法	加 载 值			试验结果评定
	试验水平 （级）	水平载荷 （N）	座面平衡 载荷（N）	
①将加力相对方向侧腿靠住挡块 ②座面上加垂直平衡载荷，此平衡载荷不能施加在离座面边缘150mm距离范围内 ③在座面上沿侧边中间部位水平方向加载 ④若把座面平衡载荷放于座面允许加载区域内最靠近加力一侧时仍发生倾翻应把所加的力减少到刚好不使椅子倾翻程度，记录实际加力值 ⑤加载10次，每次加力至少保持10s ⑥三腿凳，则把挡块靠住在凳子中心线上的腿和相邻一腿的外侧	1 2 3 4 5	250 300 390 490 760	780 780 1000 1250 1800	①检查椅凳整体结构 ②评定损坏和产生的缺陷

第二，冲击试验

■ 椅凳面冲击试验。见表 6-47（根据 GB/T 10357.3—2013 编制）。

■ 椅背冲击试验：见表 6-48（根据 GB/T 10357.3—2013 编制）。

■ 椅扶手冲击试验：见表 6-49（根据 GB/T 10357.3—2013 编制）。

■ 椅凳腿跌落试验：见表 6-50（根据 GB/T 10357.3—2013 编制）。

（2）耐久性试验

■ 椅凳面耐久性试验：见表 6-51（根据 GB/T 10357.3—2013 编制）。

■ 椅背耐久性试验：见表 6-52（根据 GB/T 10357.3—2013 编制）。

表 6-47 椅凳面冲击试验（GB/T 10357.3—2013）

试 验 方 法	试验指标		试验结果评定
	试验水平（级）	冲击高度（mm）	
①将一块泡沫塑料放在座面上 ②利用座面冲击器（φ200mm 重块）从规定高度自由跌落到由模板确定的座面冲击部位及座面最易损坏的部位上各冲击10次 ③软座椅凳用小型座面加载荷对座面施加20N 载荷，以加载下陷后表面作为调节冲击高度的起点，再按上述做试验	1 2 3 4 5	— 140 180 240 300	①检查椅凳整体结构 ②评定损坏和产生的缺陷

表 6-48　椅背冲击试验（GB/T 10357.3—2013）

试 验 方 法	试验指标			试验结果评定
	试验水平（级）	冲击高度（mm）	冲击角度（°）	
①将椅凳前腿靠住挡块	1	70	20	①检查椅凳整体结构
②确定冲击位置	2	120	28	②评定损坏和产生的缺陷
a. 椅背顶沿外侧上端中部	3	210	38	
b. 无靠背凳子座面前沿中部	4	330	48	
c. 带枕靠椅应从枕靠顶部外侧表面呈直角方向最易	5	620	68	
损坏部位作冲击				
③冲击摆锤按规定高度自由跌落				
④冲击 10 次				

注：此试验冲击高度或冲击角度的数值以任一项为准。

表 6-49　椅扶手冲击试验（GB/T 10357.3—2013）

试 验 方 法	试验指标			试验结果评定
	试验水平（级）	冲击高度（mm）	冲击角度（°）	
①椅子一侧靠住挡块	1	70	20	①检查椅凳整体结构
②冲击点选在一侧扶手表面最易损坏的位置	2	120	28	②评定损坏和产生的缺陷
③冲击锤头由扶手外侧向内沿水平方向按规定高度或	3	210	38	
角度作自由跌落，冲击 10 次	4	330	48	
	5	620	68	

注：此试验冲击高度或冲击角度的数值以任一项为准。

表 6-50　椅凳腿跌落试验（GB/T 10357.3—2013）

试 验 方 法	试验指标				试验结果评定
	试验水平（级）	跌落高度（mm）			
		椅腿或基座大于 200mm 可叠放椅子	腿或基座大于 200mm 不可叠放转椅	腿或基座小于 200mm 椅、凳	
①将椅凳吊起，使受冲击腿的底端与其对角线相对一腿的底端连线与水平面成10°夹角，其余两条腿的连线成水平	1	150	—	—	①检查椅凳整体结构
	2	300	150	75	②评定损坏和产生的缺陷
	3	450	200	100	
②三腿凳时，两腿底端连线成水平使受冲击，另一腿底端到此连线中点的连线与水平面成10°夹角	4	600	300	150	
	5	900	450	250	

（续）

试 验 方 法	试验指标				试验结果评定
	试验水平（级）	跌落高度（mm）			
		椅腿或基座大于200mm可叠放椅子	腿或基座大于200mm不可叠放转椅	腿或基座小于200mm椅、凳	
③对前后腿作跌落冲击各10次					

表6-51　椅凳面耐久性试验（GB/T 10357.3—2013）

试 验 方 法	加载次数		试验结果评定
	试验水平（级）	循环次数（次）	
①用椅类加载位置模板确定加载中心位置 ②用座位加载垫将950N力垂直向下重复施加在座面加载点上 ③加载速率不超过40次/min 	1	12500	①测量第一次和最后一次加载垫最低位置离地面的距离 ②计算出座位试验前后的位移 ③检查椅凳整体结构 ④评定损坏和产生的缺陷
	2	25000	
	3	50000	
	4	100000	
	5	200000	

表6-52　椅背耐久性试验（GB/T 10357.3—2013）

试 验 方 法	加载次数		试验结果评定
	试验水平（级）	循环次数（次）	
①椅子后腿靠住挡块 ②座面上加950N平衡载荷 ③通过椅背加载垫反复施加330N力，于由模板确定的椅背加载点或椅背纵向轴线上距椅背上沿100mm处，两者中取较低的一个部位 ④椅背施加330N力时，椅子发生倾翻应把加的力减少到刚好不使椅子倾翻程度 ⑤加载速率不超过40次/min ⑥靠背很低的椅子或无靠背的凳子须将力加在座面前沿中点。座面纵横向不对称的四脚凳，以一半加载次数分别沿座面的纵横两条对称轴线方向加载，三脚圆凳应沿两条主要对称轴线方向加载 	1	12500	①检查椅凳整体结构 ②评定损坏和产生的缺陷
	2	25000	
	3	50000	
	4	100000	
	5	200000	

（3）稳定性试验

椅凳类家具稳定性试验适用于家庭、宾馆、饭店等场合使用的各种直背椅、凳家具，也适用于可调节成直背状态的躺椅和靠背可倾式坐椅。采用实验法和计算法确定椅凳的稳定性。此两种试验方法所规定的加载方法和加载部位是相同的，试验结果是等效的。试验方法是模拟椅、凳类家具在日常使用时承受载荷条件下，所具有的抗倾翻的能力。计算法不需使用座面加载垫对座面加载，而是根据经受约束腿的正反方向力矩相等原理，在实测空载稳定性的基础上计算出座面加载使稳定性增加后所须施加的倾翻力。计算法不适用于扶手软椅及受载时改变形状的椅子，如折椅和某些用金属材料、塑料制成的椅子等。

■ 椅子向前倾翻试验和无扶手椅侧向倾翻试验。见表6-53（根据 GB/T 10357.2—2013 编制）。

■ 椅子向后倾翻试验：见表6-54（根据 GB/T 10357.2—2013 编制）。

■ 扶手椅侧向倾翻试验：见表6-55（根据 GB/T 10357.2—2013 编制）。

■ 凳子任意方向倾翻试验：见表6-56（根据 GB/T 10357.2—2013 编制）。

表 6-53 椅子向前倾翻试验和无扶手椅侧向倾翻试验（GB/T 10357.2—2013）

试 验 方 法		加 载 方 式
实 验 法	计 算 法	
①将椅子前腿和一侧两腿靠住挡块 ②通过加载垫（φ200mm 刚性圆形物体，加载球面曲率半径为300mm）依次在座面中心线离前沿和边缘 60mm 部位上垂直施加 600N 力 ③从加载垫接触座面的部位沿水平方向向外施加水平力 F ④记录椅子是否倾翻和实际施加的水平力	①将椅子前腿和一侧两腿靠紧挡块 ②先后沿座面与椅背交线的中点向前和沿椅座面与椅背面交线朝侧向约束腿方向水平施加一个递增力 F_0，直到与受约束腿相反方向的椅腿刚好翘离地面为止 ③记录空载倾翻力 F_0 测量 h 和 a 距离 ④按下式计算，假定座面加载重 $W = 600N$ 时倾翻椅子所需的力 F_c 为 $$F_c = F_0(W \cdot a/h)$$ 式中 h——外加水平倾翻作用力与放置椅子水平面间的垂直距离； a——按实验法规定座面载荷 W 加载点的垂直投影线与约束腿的约束支点间的水平距离。	

注：①试验椅背角度可调椅子，应把背斜角调到 100°~110°（椅背平面与水平面夹角）。②试验椅背可自由转动椅子时水平施力方向应通过椅背回转轴线。

表 6-54 椅子向后倾翻试验（GB/T 10357.2—2013）

试 验 方 法		加 载 方 式
实 验 法	计 算 法	
①椅子后腿靠住挡块 ②通过加载垫在座面中心线上离该线与椅背中心线相交点175mm 处垂直向下施加 600N 力 ③在椅背中心线上，离该线与座面中心线相交点 300mm 处，向后施加水平力 F，椅背高度低于300mm 时水平力施加在椅背顶端边缘上 ④记录椅子是否倾翻和实际施加的水平力	①椅子后腿靠住挡块 ②在椅背中心线上，离未加载座面上方 300mm 处水平方向施加一递增力 F_0 至椅前腿刚好翘离地面为止 椅背高度不足 300mm，应将力施加于椅背上缘 ③记录 F_0 和测出 h 和 a 值 ④按下式计算假定座面加载量 $W = 600N$ 时倾翻椅子所需的力 F_c $$F_c = F_0 + (W \cdot a/h)$$ 式中 h——外加水平倾翻作用力与放置椅子水平面间的垂直距离； a——按实验法规定座面载荷 W 至加载点的垂直投影线与约束腿的约束支点间的水平距离。	

表 6-55 扶手椅侧向倾翻试验(GB/T 10357.2—2013)

试 验 方 法		加 载 方 式
实 验 法	计 算 法	
①将椅子一侧两腿靠住挡块 ②在离座面中心线一侧100mm与离座面后沿175～250mm范围内任何相交点垂直施加250N力 ③用加载垫在离扶手外侧边沿40mm扶手上最不稳定的部位垂直向下施加350N力 ④从扶手垂直力加载部位施加水平力F ⑤记录椅子是否倾翻和实际施加的力	①将椅子一侧两腿靠住挡块 ②在止滑一侧扶手上最易倾翻部位向外施加一递增水平力F_0,此力与倾翻轴线应垂直 ③当另一侧两腿刚好翘离地面时记录实际施加水平力F_0并测得h和a、b距离。b为扶手加载点与约束腿的约束支点间的水平距离 ④用下式计算假定座面加载量$W=600N$时倾翻椅子的力F_c $$F_c = F_0 + (250a/h \pm 350b/h)$$ 注:当扶手加载点垂直投影在椅腿约束支点外侧时取减号,在内侧时取加号	(加载示意图：350N、250N、100mm、F、h、b、a)

表 6-56 凳子任意方向倾翻试验(GB/T 10357.2—2013)

试 验 方 法		加 载 方 式
实 验 法	计 算 法	
①将凳子稳定性最差的一侧腿靠住挡块 ②通过加载垫,在凳面中心线离边沿60mm部位垂直向下施加600N力 ③从凳面中心部位向止滑腿方向施加水平力F ④记录凳子是否倾翻及实际施加的力	①将凳子稳定性最差一侧腿靠住挡块 ②沿座面中心线朝约束腿方向施加递增水平力F_0直到相反方向的腿刚好翘离地面 ③记录空载倾翻力F_0测出h和a值 ④按下式计算出假定座面加载量$W=600N$时倾翻椅子所需的力F_c $$F_c = F_0 + (W \cdot a/h)$$ 式中 a、h 与上表同。	(加载示意图：600N、F、60mm、h、a)

6.7.4 柜类家具力学性能检测

柜类家具力学性能检测包括强度、耐久性和稳定性试验,主要用于家庭、宾馆、饭店、办公等场合使用的各种柜类家具的试验。

柜类家具强度和耐久性试验主要用于上述各种柜类家具的试验,其他柜类家具及其他家具的搁板、抽屉和门等部件,也可按此进行力学强度试验。根据柜类家具的结构组成,其强度和耐久性试验又分为非活动部件试验、活动部件试验、安装在建筑物或其他物体上的柜试验3类。对柜类家具进行强度试验时,须在非试验部件上加试验载荷,见表6-57(根据GB/T 10357.5—2011编制);试验中储物部件的载荷,见表6-58(根据GB/T 10357.5—2011编制)。

表 6-57 柜类家具非试验部件的加载载荷

部 件	载 荷
水平部件、搁板、门篮等	0.65 kg/dm²
推拉构件	0.2 kg/dm²
吊挂的文件袋	1.5 kg/dm²
挂衣棍	2 kg/dm

注:测量文件袋平面的垂直线。

表 6-58 试验中储物部件加载载荷

部件	单位	载荷或加载力*			
		1	2	3	较高试验水平的增长幅度
门挂篮	kg/dm²	1	1.5	2	0.5
推拉构件(抽屉)*	kg/dm²	0.2	0.35	0.5	0.15
文件袋	kg/dm	2.0	3.0	4.0	不推荐

*：推拉构件的体积计算为：内深×内宽×内净高。

试验结果评定：每一项试验后，应按 GB/T 10357.5—2011 中的规定进行检查，记录所有产生的变化。检查可能包括测量，如启闭力、变形量。试件的试验顺序按标准规定的条款顺序，当通过上一个项目的试验时，则调整试件进行下一个项目的试验。每项试验时和试验后试件应符合下面的要求：

- 所有部件或连接件不应断裂损坏；
- 通过手触压证实，用于紧固的部件不应松动；
- 所有零部件不应因磨损或变形，使其使用功能削弱；
- 五金连接件不应松动；
- 活动部件的活动应灵活；
- 搁板弯曲挠度变化值应≤0.5%；
- 顶板、底板最大挠度≤0.5%；
- 挂衣棍最大挠度≤0.4%。

6.7.4.1 非活动部件试验

非活动部件试验包括搁板强度试验、顶板和底板强度试验、挂衣棍和支承件强度试验、结构强度试验等。

（1）搁板强度试验

除待试搁板外，其他用于储物的部位，均应按表 6-57 中规定的非试验部件载荷值加载。

① 搁板定位试验。在搁板前缘的中部施加一个水平方向朝外的作用力。见表 6-59（根据 GB/T 10357.5—2011 编制）。

② 搁板弯曲试验。将搁板安装在支承件；金属、玻璃或石材制搁板均布加载 1 h；其他材质制搁板均布加载 7 天。见图 6-10 和表 6-59（根据 GB/T 10357.5—2011 编制）。

③ 搁板支承件强度试验。以规定的一半载荷对搁板均匀加载，但在靠近支承件的一端 220 mm 处，以规定的冲击钢板在靠支承件部位跌倒 10 次，钢板的撞击面应包覆橡胶。见图 6-11 和表 6-59（根据 GB/T 10357.5—2011 编制）。

（2）顶板和底板强度试验

除待试部件外，其他用于储物的部位，均应按表 6-57 中规定的非试验部件载荷值加载。

① 顶板、底板持续加载试验。对所有的底板和距地面高度不大于 1000 mm 的顶板进行；金属、玻璃或石材制顶板或底板均布加载 1 h；以其他材质制造的顶板或底板均布加载 7 天。见表 6-59（根据 GB/T 10357.5—2011 编制）。

② 顶板和底板静载荷试验。仅适用于距地面高度不大于 1000 mm 的顶板和净高大于等于 1600 mm 的

底板；通过加载垫在最易损坏、距边缘不小于 50 mm 的部位垂直向下加载 10 次，如果有几个这种部位，最多在三个部位上各加载 10 次；如果顶板或底板的位置是可调节的，应把它放到最易损坏的位置上进行试验。见表 6-59（根据 GB/T 10357.5—2011 编制）。

（3）挂衣棍和支承件强度试验

除挂衣棍和支承件外，其他用于储物的部位，均应按表 6-57 中规定的非试验部件载荷值加载。

① 挂衣棍支承件强度试验。将挂衣棍装在支承件上，按规定的载荷，在尽可能靠近强度最弱的支承件上加载；如果有三个以上的支承件，每个支承件都应以规定的载荷同时加载。见图 6-12 和表 6-59（根据 GB/T 10357.5—2011 编制）。

② 挂衣棍弯曲试验。将挂衣棍装在支承件上，按规定的载荷均布加载；金属挂衣棍加载 1 h；其他材质挂衣棍加载 7 天。见图 6-13 和表 6-59（根据 GB/T 10357.5—2011 编制）。

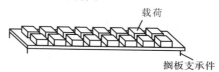

图 6-10 搁板、顶板、底板弯曲试验

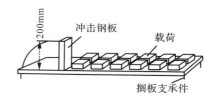

图 6-11 搁板支承件强度试验

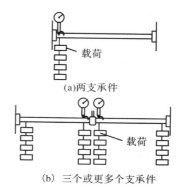

（a）两支承件

（b）三个或更多个支承件

图 6-12 挂衣棍支承件强度试验

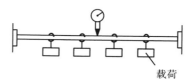

图 6-13 挂衣棍弯曲试验

（4）结构强度试验

① 结构和底架强度试验。用挡块围住柜基座或柜脚，底脚调平装置应从完全关闭的位置打开10 mm。按规定的载荷对所有储物部件加载，关上推拉构件、翻门、卷门和拉门。在试件侧面的中心线上，尽可能高但不超过距地面高度1600 mm的A位置加载10次，如该位置无加载结构，则通过一个刚性杆件加力。在挡块仍然围住柜基座或柜脚的基础上，分别在B、C、D的位置上重复试验10次。见图6-14和表6-59（根据GB/T 10357.5—2011编制）。

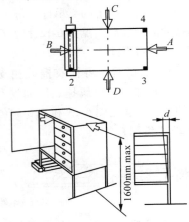

图6-14　结构和底架强度试验加载点和加载方向

② 跌落试验。试件不应加载。底脚调平装置应从完全关闭的位置打开10 mm，测量抬起试件一端所需要的力。将柜的一端抬起到所确定的跌落高度，松手让柜自由跌落到规定的地面上，若在该特定跌落高度上试验时柜有失去平衡趋向，则降低跌落高度至跌落时能平衡为止，并在试验报告中记录该跌落高度。一般试验进行6次。对于可调整跌落高度的试件应在最高位置跌落3次，在最低位置跌落3次。在柜的另一端重复进行以上试验。见表6-59（根据GB/T 10357.5—2011编制）。

③ 脚轮往复试验。在试件侧面的中心线上，尽可能高但不超过距地面高度1600 mm的位置施加作用力，如该位置无加载结构，则通过一个刚性杆件加力。以每分钟（10±2）次的速率，按规定次数，使柜在（600±20）mm的行程做往复运动，往复一个循环为1次。在试验后，经24 h恢复期后，立即检查脚轮和结构是否有影响功能的损坏。见表6-60（根据GB/T 10357.5—2011编制）。

6.7.4.2　活动部件试验

活动部件试验包括拉门试验、移门及侧向启闭卷门试验、翻门试验、垂直启闭卷门试验、推拉构件（抽屉）试验、锁具及插销试验等。

（1）拉门试验

用挡块围住柜座或柜脚，以防止试验时试件在地面上移动，但不限制试件的倾翻。在所有用于储物的部位上，均应按表6-57中规定的非试验部件载荷值加载。

① 拉门强度试验。包括拉门垂直加载试验和拉门水平加载试验。

拉门垂直加载试验：把规定的载荷悬挂在距门铰链最远的侧边100 mm处。前后启闭门10次，每次从距离全关位置45°处至距离全开位置10°处，往复一个循环计1次，最大开启角度为距离全关位置135°处，开启与关闭时间各为3～5 s。见图6-15（a）和表6-59（根据GB/T 10357.5—2011编制）。

拉门水平加载试验：在门全开位置，将规定的水平静载荷施加在垂直于门平面方向上远离铰链的侧边100 mm处的水平中心线上。试验进行10次。见图6-15（b）和表6-59（根据GB/T 10357.5—2011编制）。

② 拉门猛关试验。将拉门打开30°，通过系在门背后尽可能接近拉手中心线位置的绳索关闭。若拉手长度大于200 mm，绳索应系在拉手上端以下100 mm处，但离地高度不应超过1200 mm；如果门没有拉手，绳索应系在门高的中部远离铰链的侧边距前缘25 mm处。绳索应垂直于门面，在关门过程中，绳索方向的角度变化应不大于10°。试验载荷为m_1+m_2，m_1为刚好使门运动所需的载荷，m_2按规定。用绳索的另一端系住质量为m_1+m_2的重物，使门猛关10次。在门离全关闭位置10 mm时，重物应预先落地。选择重物下落距离为300 mm或者使门关30°所需要的距离中较小的距离。见图6-16和表6-59（根据GB/T 10357.5—2011编制）。

③ 拉门耐久性试验。将两个质量各为1 kg的重物，分别挂在门的每一面的垂直中心线上。按规定的循环次数，全开门到最大开启130°的位置后关闭，前后往复运动，门在开启位置时嵌入的挡块没有作用力。如果在某位置上装有定位装置，则每往复一次，定位装置应动作一次。试验中门应缓慢启闭，每个循环中门的开启时间和关闭时间各约为3 s，推荐的最大速率为每分钟往复6次。见图6-17和表6-60（根据GB/T 10357.5—2011编制）。

（2）移门及侧向启闭卷门试验

用挡块围住柜座或柜脚，以防止试验时试件在地面上移动，所有储物部件均应按表 6-57 中规定的非试验部件载荷值加载。

① 移门及侧向启闭卷门猛关或猛开试验。门应通过系在拉手中部的绳索开启或关闭。若拉手长度大于 200 mm，绳索应系在拉手上端以下 100 mm 但离地高度不超过 1200 mm 处，如果门没有拉手，绳索应系在门高的中部。试验载荷为 $m_1 + m_2$，m_1 为刚好使门运动所需的载荷，m_2 按规定。用绳索的另一端系住质量为 $m_1 + m_2$ 的重物，使移门或卷门从离全开或全关位置 300 mm 处开始运动，向全开或全关位置开启或关闭 10 次，在移门或卷门在全开或全关位置前 10 mm 时，重物应预先落地。见图 6-18 和表 6-59（根据 GB/T 10357.5—2011 编制）。

② 移门及侧向启闭卷门耐久性试验。按规定的循环次数开启和关闭移门或卷门，门从全关位置开始运动到离全开位置约 50 mm 处，启闭时不应使挡块受力。门的启闭应缓慢，其速率为每分钟往复 6 ~ 15 次。推荐平均速度为（0.25 ± 0.1）m/s。如果在某位置上装有定位装置，则每往复一次，定位装置应动作 1 次。见图 6-19 和表 6-60（根据 GB/T 10357.5—2011 编制）。

（3）翻门试验

所有储物部件均应按表 6-57 中规定的非试验部件载荷值加载，试验时如发生倾翻，应加大载荷或将试件固定，使其保持稳定。

① 翻门下铰链强度试验。用挡块围住柜基座或柜脚以防止试验时试件在地面上移动。本试验仅适用于在开启位置可对其加载的翻门，但制造商说明书规定禁止加载的情况除外。将翻门开启到全开位置（伸展位置），以规定的静载荷在距最薄弱的边角 50 mm 处加载 10 次。见图 6-20 和表 6-59（根据 GB/T 10357.5—2011 编制）。

② 翻门耐久性试验。按规定的循环次数开启和关闭翻门，开启或关闭翻门的时间分别约为 3 s。推荐的最大速率为每分钟启闭循环 6 次。如果在某位置上装有定位装置，则每往复一次，定位装置应动作一次。自锁拉杆应在锁住前松开并在离开锁住位置后关闭。当翻门配有可调节的阻尼撑杆时，应将其调节到使翻门能在其自重下刚好能打开的状态，试验期间重调次数不得超过 10 次。见表 6-60（根据 GB/T 10357.5—2011 编制）。

③ 上铰链翻门猛关试验。本试验不适用于装有阻尼机构的上铰链翻门。开启并将上铰链翻门提升到水平位置，使其自由下落，循环次数参见表 6-59 规定（图 6-21）。推荐速率为每分钟 6 次。

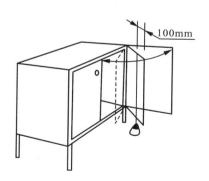

(a)拉门垂直加载试验

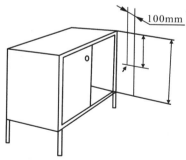

（b）拉门水平加载试验

图 6-15 拉门强度试验

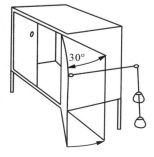

图 6-16 拉门猛关试验

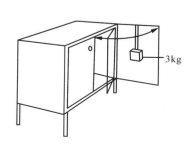

图 6-17 拉门耐久性试验

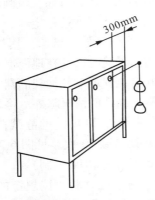

图 6-18　移门及侧向启闭卷门猛关或猛开试验

图 6-19　移门及侧向启闭卷门耐久性试验

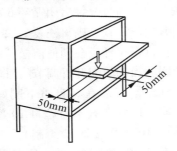

图 6-20　翻门下铰链强度试验

图 6-21　上铰链翻门猛关试验

（4）垂直启闭卷门试验

所有储物部件均应按表 6-57 中非试验部件载荷值加载。

① 垂直启闭卷门的猛关或猛开试验。按表 6-59 规定的次数（根据 GB/T 10357.5—2011 编制），使卷门从尽可能接近其升降平衡点的位置上自由降落（图 6-22）。如果卷门不能自行降落，应按在垂直中心线上加力进行试验。

② 垂直启闭卷门的耐久性试验。按表 6-60 规定的次数（根据 GB/T 10357.5—2011 编制），在卷门的垂直中心线上加力使卷门以每分钟 6～15 次的速率缓慢地作启闭往复运动。推荐的平均速度为（0.25 ± 0.1）m/s。如果在某位置上装有定位装置，则每往复一次，定位装置应动作一次。

图 6-22　垂直启闭卷门的猛关或猛开试验

（5）推拉构件试验

用挡块围住柜基座或柜脚以防止试验时试件在地面上移动。除被试抽屉外，其他所有储物部件均应按表 6-57 中规定的非试验部件载荷值加载。

① 推拉构件强度试验。将推拉构件抽出到限位状态，如果没有限位挡块，则抽出滑道内长（推拉构件深度）的 2/3 处，内留 1/3，或使推拉构件至少有 100 mm 留在柜内（图 6-23）。在推拉构件面板上部一角上按表 6-59 规定的力垂直向下加载 10 次（根据 GB/T 10357.5—2011 编制）。

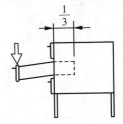

图 6-23　推拉构件强度试验

② 推拉构件耐久性试验。按表 6-57 规定对推拉构件加载，当推拉构件用于贮放袋装文件时，载荷以打字纸均布加载（根据 GB/T 10357.5—2011 编制），如图 6-24 所示。

既不要冲击推拉构件挡板，也不要提供垂直支承件，按表 6-60 规定循环次数缓慢地启闭推拉构件。对没有开启限位块的推拉构件，抽出位置是将推拉构件抽出内长（深度）的2/3，内留1/3或内留不少于100 mm，如图6-25所示。

如果推拉构件在某位置上装有定位装置，则每往复一次，定位装置应动作一次。通过推拉构件拉手施加启闭力，有两个拉手时，力施加在两个拉手的中间，没有拉手时，力施加在和滑道等高的推拉构件面板中部。推拉构件应以每分钟6～15次的速率缓慢启闭，推荐启闭平均速度为(0.25±0.1)m/s。

③ 推拉构件猛关或猛开试验。本试验的猛开部分仅适用于在打开时装有开启限位挡块的推拉构件。将推拉构件装在滑道上，用玻璃弹子按表6-59的规定加载，或均布装载文件袋时，用袋装打字纸加载（图6-24）。

将推拉构件拉出300 mm，如果推拉构件拉出长度不足300 mm则将推拉构件充分拉出，没有开启限位挡块的推拉构件则将推拉构件抽出到内留

100 mm位置。按表6-59规定速度将推拉构件猛关10次，关闭力应在距推拉构件最后行程前10 mm位置停止（根据GB/T 10357.5—2011编制）。

关闭力施加在拉手上，有两个拉手时，力施加在两个拉手的中间。没有推拉构件拉手时，力施加在和滑道等高的推拉构件面板中部。如果推拉构件在开启位置装有限位挡块，则按上述同一原理进行猛开试验。

④ 推拉构件结构强度试验。将推拉构件装在滑道上或以类似方法将推拉构件悬挂起来，按表6-57的规定加载。在推拉构件面板和后板内侧中部离推拉构件底板约25 mm高的部位按表6-59规定缓慢加力，如图6-26。试验进行10次（根据GB/T 10357.5—2011编制）。

⑤ 联锁装置试验。当装有联锁装置时，完全拉出一个推拉构件，按表6-59规定的力向外依次施加在其他推拉构件的拉手上。每个推拉构件进行10次试验。记录推拉构件是否保持关闭状态。

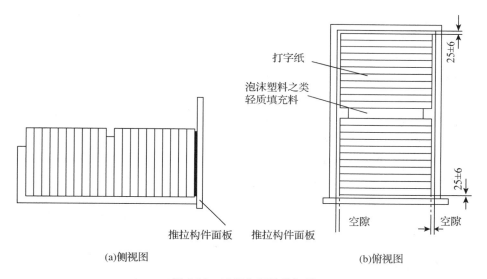

图6-24　以打字纸装袋加载

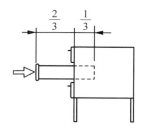

图6-25　推拉构件（抽屉滑道）耐久性试验

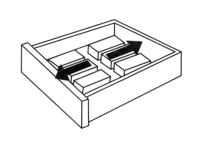

图6-26　推拉构件（抽屉底板）强度试验

（6）锁具、插销强度试验

试验过程中应防止试件运动以免试件干扰锁具的工作。关闭全部拉门、翻门和推拉构件，将所有的锁具、插销都锁上。

①推拉构件锁具强度试验。在推拉构件行程方向上施加一个力，该力施加在推拉构件面板成90°及与之向上、向下、向左、向右成30°方向上。力的大小按表6-59规定（根据 GB/T 10357.5—2011 编制）。若推拉构件装有一个宽度不超过推拉构件面板宽度1/3的专用拉手或装有多个拉手，则此力施加在拉手中央。如果推拉构件不装拉手，则将力加在推拉构件面板中心，在距推拉构件面板左边和右边50 mm处施加表6-59规定的力。如拉手长度超过推拉构件面板宽度的1/3，则在拉手中央及距拉手每端50 mm处加力。对每个推拉构件重复此试验。

②门锁、插销的强度试验。在包括拉门、移门、翻门、卷门在内的各种门的开启行程方向上及与之向上、向下成30°角的方向上按表6-59规定加力（根据 GB/T 10357.5—2011 编制）。力应施加在拉手中央。若不装拉手且制造商的说明书中未说明拉手位置，则力应施加在最不利的位置上。如果要通过旋转把手来操作锁具或联锁装置，则应在开启方向上对把手施加适当的扭矩，使旋转把手处于打开状态。对每个门重复本试验。

③锁具、插销装置耐久性试验。采用适当的试验设备以每分钟启闭6~15次的速率开启、关闭锁具或插销装置至表6-60规定次数。

6.7.4.3　安装在建筑物上或其他物体上的柜试验

（1）不通过地面支承柜的试验

本试验仅适用于评价把不靠地面支承的柜安装到建筑物上或结构上的装置的强度，也包括柜附件的强度。试验可在单个部件上进行。相应按制造商的安装说明书安装，若有多种安装方法，则应将试验时的安装方法记录在试验报告中。固定柜的装置（吊码）可调节时，应调到最大深度（尽可能远离墙面）且达到高度调节范围的中间值，水平空间调节装置应放置在尽可能低、尽可能远处。

①活动部件、搁板支承件、顶板和底板试验。

按表6-57的规定加载试件，按照前述的相关试验方法，在这些部件上进行以下将引发墙面固定装置故障的试验：搁板支承件强度试验、顶板和底板静载荷试验、拉门垂直加载试验、移门和侧向启闭卷门的猛关或猛开试验、翻门下铰链强度试验、垂直启闭卷门的猛关或猛开试验、推拉构件强度试验（根据 GB/T 10357.5—2011 编制）。

②持续加载试验（过载试验）。在进行上述活动部件、搁板支承件、顶板和底板试验后，按以下原则和表6-59规定载荷对所有储物部位加载（根据 GB/T 10357.5—2011 编制）。

柜内装搁板数量不确定，也没有在说明书中规定时，则以柜的内部高度（单位：mm）除以200并按去尾数取整数法作为装搁板数。试验中应按此搁板数和以下规定加载：

底板载荷：按表6-59规定载荷；

第一层搁板载荷：表6-59规定载荷×0.6；

第二层搁板载荷：表6-59规定载荷×0.4；

第三层及以上搁板载荷：表6-59规定载荷×0.25；

顶板载荷：表6-59规定载荷×0.20。

若以内宽、内深和内高计算的柜体积大于0.225 m³时，总载荷还应乘系数 R：

$$R = \frac{1.2}{0.75 + 2V}$$

式中　V——柜体积（m³）。

当必须减少载荷时，应从试件底部移去。

加载时间为7天。

检查柜是否在墙面或其他物体上牢固固定，检查后卸载。

③脱离试验。按制造商说明书组装柜。在空载柜前缘最不利位置上，按表6-59的规定施加垂直向上的力（根据 GB/T 10357.5—2011 编制）。

（2）地面支承的柜试验

本试验适用于通过地面支承且安装在建筑物（例如墙面）上的柜。产品应按制造商说明书安装，若有多种安装方法，则应将试验时的安装方法记录在试验报告中。在柜顶部边缘中央施加一个表6-59规定的、方向朝外的水平力（根据 GB/T 10357.5—2011 编制）。

表 6-59 强度试验

检验项目	单位	载荷或加载力①			
		1	2	3	较高试验水平的增长幅度
搁板定位试验	N	搁板空载时自重的50%			不推荐
搁板弯曲试验	kg/dm²	1	1.5	2	+0.5
搁板支承件强度试验	kg	1.1	1.7	2.5	不推荐
顶板、底板持续加载试验②	kg/dm²	1	1.5	2	+0.5
顶板和底板静载荷试验	N	600	750	1000	250
挂衣棍支承件强度试验	kg/dm	4	4	5	不推荐
挂衣棍弯曲试验	kg/dm	4	4	5	不推荐
结构和底架强度试验	N	200	300	450	150
跌落试验	mm	—	50	100	50
拉门强度(拉门垂直加载)试验	kg	10	20	30	10
拉门强度(拉门水平加载)试验	N	50	60	70	10
拉门猛关试验	m₂,kg	2	3	4	1
移门和侧向启闭卷门的猛关或猛开试验	m₂,kg	2	3	4	1
翻门下铰链强度试验	N	150	200	250	50
上铰链翻门猛关试验	次数	125	250	500	乘以2
垂直启闭卷门的猛关或猛开试验(不包括自重下的跌落)	m₂,kg	2	3	4	1
	循环次数	10	20	30	10
推拉构件强度试验	N	100	200	300	100
推拉构件猛关或猛开试验(推拉构件的速度 m/s)	5 kg	1.1	1.3	1.4	0.1
	35 kg	0.8	1.0	1.1	0.1
	系数 K	1.6	2.5	2.9	GB/T 10357.5—2011 附录 B.3
推拉构件结构强度试验	N	40	60	70	不推荐
联锁装置试验	N	200	200	200	不推荐
推拉构件锁具强度试验	N	200	200	200	不推荐
门锁、插销的强度试验	N	200	200	200	不推荐
持续加载试验(过载试验)	kg/dm²	2	2.5	3	0.5
脱离试验	N	—	100	200	200
地面支承的柜试验	N	200	200	200	不推荐

注:①表中1、2、3水平的推荐载荷或加载力是较多家用、商用柜类家具领域适用的,最后一列显示的是特殊使用的有较高要求的柜类家具的推荐载荷或加载力。

②制定者应规定最大可接受的挠度,挠度应用试样的长度百分比表示。

表 6-60 耐久性试验(GB/T 10357.5—2011)

检验项目	单位	循环次数*			
		1	2	3	较高试验水平的增长幅度
脚轮往复试验	次数	500	1000	2000	乘以2
拉门耐久性试验	次数	20000	40000	80000	乘以2
移门和侧向启闭卷门的耐久性试验	次数	10000	20000	40000	乘以2
翻门耐久性试验	次数	5000	10000	20000	乘以2
垂直启闭卷门的耐久性试验	次数	5000	10000	20000	乘以2
推拉构件耐久性试验	次数	20000	40000	80000	乘以2
锁具、插销装置耐久性试验	次数	2500	5000	10000	乘以2

* 表中1、2、3水平的推荐载荷或加载力是较多家用、商用柜类家具领域适用的,最后一列显示的是特殊使用的有较高要求的柜类家具的推荐载荷或加载力。

6.7.4.4 稳定性试验

柜类家具稳定性试验是模拟柜类家具在日常使用中空载或承受载荷时所具有的抗倾覆的能力。

（1）搁板稳定性试验

① 搁板水平加载稳定性试验。用挡块靠在试件前脚或底座外侧，在空载搁板前沿中间施加一搁板自重50%的水平力（图6-27，根据 GB/T 10357.4—2013编制）。试验时，关闭其他的门、抽屉等活动部件，其他搁板不应加载。依次对各层空载搁板进行试验，记录空载搁板是否脱落。

② 搁板垂直加载稳定性试验。用挡块靠在试件前脚或底座外侧，在距离最易引起试件倾翻的空载搁板前沿25 mm的任一点，向下施加100 N的垂直力（图6-28，根据 GB/T 10357.4—2013编制）。试验时，关闭其他的门、抽屉等活动部件。其他搁板不应加载。记录空载搁板是否倾翻。

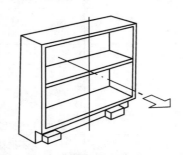

图6-27 搁板水平加载稳定性试验

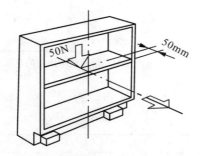

图6-28 搁板垂直加载稳定性试验

（2）非固定柜空载稳定性试验

① 活动部件关闭时的空载稳定性试验。用挡块靠在试件前脚或底座外侧，关闭试件上所有的门、翻门或类似折板、抽屉等活动部件。

当柜高≤1000 mm时，在柜子顶部最易引起倾翻的部位离柜外边沿50 mm处，垂直施加750 N的力；当柜高＞1000 mm时，在柜子顶部最易引起倾翻的部

位离柜外边沿50 mm处，垂直施加350 N的力和40 N·m的瞬时力矩。记录试件是否倾翻。

② 活动部件打开时的空载稳定性试验。用挡块靠在试件前脚或底座外侧，把所有拉门开到90°，抽屉等推拉件拉出2/3，翻门或折板开到水平或接近水平状态。记录试件是否倾翻。

（3）非固定柜加载稳定性试验

① 活动部件关闭时的加载稳定性试验。用挡块靠在试件前脚或底座外侧，所有贮存区域按表6-61的规定均布加载。

锁住锁定装置（当需要对柜子内部的推拉构件或翻/折板进行稳定性试验时，其外面的门或翻/折板可打开），沿着活动部件开启方向，通过拉手、旋钮等中心位置，对锁住的门、推拉构件或翻/折板向外施加100 N·m的瞬时力矩。记录试件是否倾翻。

② 活动部件打开时的加载稳定性试验。用挡块靠在试件前脚或底座外侧，所有贮存区域按表6-61的规定加载。

表6-61 贮存区域载荷

部 件	载荷要求
所有水平贮存区域，如搁板、折板、底板等	$0.325 \ kg/dm^2$
净高（H，如图6-29）≤100 mm的拉篮、抽屉等推拉构件	$0.2 \ kg/dm^3$
100 mm＜净高＜250 mm的拉篮、抽屉等推拉构件	$(0.2667 - 0.0667H) \ kg/dm^3$ （H用分米表示）
净高≥250 mm拉篮、抽屉等推拉构件	$0.1 \ kg/dm^3$
吊杆或挂衣棍	$2 \ kg/dm$
吊杆的文件袋	$1.25 \ kg/dm^*$

注：测量文件袋口平面的垂直高度。

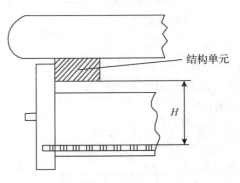

图6-29 净高 H

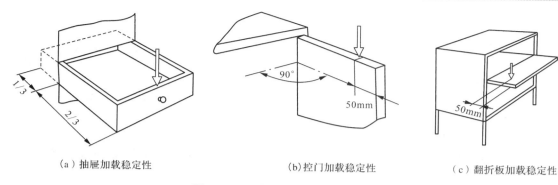

（a）抽屉加载稳定性 （b）控门加载稳定性 （c）翻折板加载稳定性

图6-30 活动部件加载稳定性试验

把所有拉门开到90°，抽屉等推拉件拉出2/3，翻门或折板开到水平或接近水平状态，但在柜子宽度方向的推拉构件和翻/折板应全部打开，在同一垂线上的推拉构件仅打开使柜子最易倾翻的一个。

在打开的抽屉前沿中心或门、翻/折板的离外沿50 mm最易倾翻的位置，垂直向下依次施加活动部件总质量的20%的力（图6-30）。活动部件总质量＝活动部件自重＋活动部件支撑或贮存的质量，活动部件支撑或贮存的质量可由产品制造商提供，或根据表6-62计算。记录试件是否倾翻。

表6-62 活动部件支撑或贮存的载荷

活动部件	最大支撑或贮存载荷
所有水平贮存区域，如搁板、折板、底板等	0.65 kg/dm²
拉篮、抽屉等推拉构件	0.2 kg/dm³
吊杆或挂衣棍	4 kg/dm
吊杆的文件袋	2.5 kg/dm*

注：测量文件袋口平面的垂直高度。

（4）固定柜稳定性试验

按照产品生产商规定的安装说明，安装好产品。在试件顶面前沿的中点，施加200 N水平向外的力，保持10～15 s。

记录试件是否倾翻，连接件是否松动和损坏。

6.7.5 床类家具力学性能检测

床类家具力学性能检测包括强度和耐久性试验，主要是指家庭、旅馆等场合供成人使用的硬铺面单层床的试验，其他类型的床，根据使用功能，也可参照。它是模拟单层床在正常使用和习惯性误用情况下，受到一次性和重性载荷的条件下检验其强度和耐久性的。

所进行的各项试验应按规定的试验程序在同一试件上进行。每项试验前和结束后，应检查试件的质量，并做记录，如果缺陷影响试验结果或使试验无法进行，则应停止试验。

（1）床铺面均布静载荷试验（根据 GB/T 10357.6—2013 编制）

试验前测量床铺面中心对地距离 H_{10} 和床宽 B。

在床铺面上，单人床均布放置 1200 N 载荷；双人床均布放置 1800 N 载荷，载荷应离床铺面边沿 50 mm，加载7天（图6-31）。

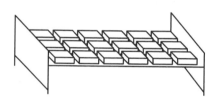

图6-31 床铺面均布载荷试验

卸载后即测床铺面中心对地距离 H_1，并计算床铺面中心剩余变形量 Δ_1 和相对挠度 P_1：

$$\Delta_1 = H_{10} - H_1$$

式中 Δ_1——床铺面中心剩余变形量，mm；

H_{10}——试验前床铺面中心对地距离，mm；

H_1——卸载后床铺面中心对地距离，mm。

$$P_1 = \Delta_1 / B$$

式中 P_1——相对挠度；

Δ_1——床铺面中心剩余变形量，mm；

B——床宽，mm。

（2）床铺面集中静载荷试验（根据 GB/T 10357.6—2013 编制）

试验前测量床铺面中心对地距离 H_{20} 和床宽 B。

在床铺面中心通过 200 mm 加载垫垂直向下施加 1100 N 力10次，每次加载至少保持 10 s，前后两次加载间隔时间不大于 30 s（图6-32）。最后一次卸载后即测床铺面中心对地距离 H_2，并计算床铺面中心剩

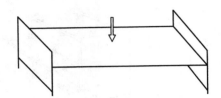

图 6-32 床铺面集中载荷试验

余变形量 Δ_2 和相对挠度 P_2，计算方法同上。在床铺面强度最弱处做同样的试验。

（3）床屏水平静载荷试验（根据 GB/T 10357.6—2013 编制）

①单人床。如床屏顶部离床铺面高度小于300 mm时，不进行本项试验。

用挡块把床腿挡住，防止床在试验中移动。

在床铺面上做出距离被测床屏为 175 mm 的直线，在该直线的 2 个三等分点上通过 200 mm 加载垫各放置 500 N 平衡载荷。

在被测床屏的中心线离床铺面高度 300 mm 处，通过 250 mm 加载垫，垂直床屏水平向外施加 250 N 力 10 次，每次加载至少保持 10 s，前后 2 次加载间隔时间不大于 30 s（图 6-33）。

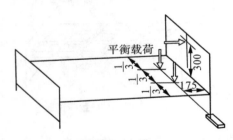

图 6-33 床屏水平载荷试验（单人床）

如加载垫中心放置在床屏离床铺面高度 300 mm 处时加载垫的上沿超出床屏顶部，则应降低加载点的高度，使得加载垫上沿与床屏顶部相平。

在另一床屏做同样试验。

②双人床。如床屏顶部离床铺面高度小于 340 mm 时，不进行本项试验。

用挡块把床腿挡住，防止床在试验中移动。

在床铺面上做出距离床屏为 175 mm 的直线，在该直线的 3 个四等分点的中间那个点上通过 200 mm 加载垫各放置 600 N 平衡载荷，边部 2 个点上通过 350 mm 加载垫各放置 600 N 平衡载荷。

在被测床屏上做出上述四等分线中心线除外的 2 条延长线，在该延长线离床铺面高度 300 mm 处，通过 250 mm 加载垫垂直床屏水平向外同时各施加250 N 力 10 次，每次加载至少保持 10 s，前后 2 次加载间隔时间不大于 30 s（图 6-34）。

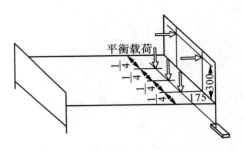

图 6-34 床屏水平静载荷试验（双人床）

如加载垫中心放置在床屏离床铺面高度 300 mm 处时加载垫的上沿超出床屏顶部，则应降低加载点的高度，使得加载垫上沿与床屏顶部相平。

与另一床屏做同样试验。

（4）床长边静载荷试验（根据 GB/T 10357.6—2013 编制）

试验前测量床的一长边中点对地距离 H_{30}。如床长边中点有支承，则测量床长边四分之一处的对地距离。把该长边均分成三等分，在每个等分点距边沿 20 mm 处，通过 50 mm 加载垫，同时垂直向下各施加 1500 N 力 10 次，每次加载至少保持 10 s，前后 2 次加载间隔时间不大于 30 s（图 6-35）。

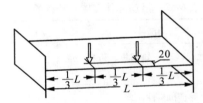

图 6-35 床长边静载荷试验

最后一次卸载后，即测该长边中点对地距离 H_3，如床长边中点有支承，则测量床长边四分之一处对地距离，并计算剩余变形量：

$$\Delta_3 = H_{30} - H_3$$

式中 Δ_3——剩余变形量，mm；

H_{30}——试验前长边中点对地距离，mm；

H_3——试验后长边中点对地距离，mm。

在床另一长边进行同样的试验。

（5）床结构耐久性试验（根据 GB/T 10357.6—2013 编制）

用挡块把床腿挡住，防止床在试验中移动。

在床铺面中心通过 350 mm 加载垫放置 1000 N 平衡载荷。

取床铺面两短边上距同一长边为 50 mm 的 A、B 两点和两长边上距同一短边为 50 mm 的 C、D 两点共 4 个加载点。加载点高度和床铺面高度相同，如床铺面是活动的，则加载高度和床梃相同。

按照 A、B、C、D 次序轮流在该 4 点上通过 50 mm加载垫垂直床边水平向内施加 300 N 力作为一个循环，每次循环的时间（10±1）s，共进行 10000 次循环（图 6-36）。

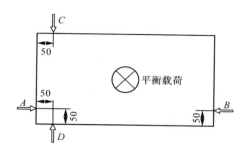

图 6-36 床结构耐久性试验

试验前测量 A 点与某一挡块的纵向水平距离 E₀，最后一次卸载后再测量 A 点与该挡块的纵向水平距离 E，并计算 A 点的纵向剩余变形量：

$$\Delta_4 = E - E_0$$

式中　Δ_4——纵向剩余变形量，mm；

　　　E——试验前测量 A 点与某一挡块的纵向水平距离，mm；

　　　E_0——卸载后测量 A 点与某一挡块的纵向水平距离，mm。

（6）床铺面冲击载荷试验

床铺面上应无床垫和任何覆盖物。用冲击体在床铺面上方以 140 mm 冲击高度（指冲击体底面至被测床铺面的垂直距离），在床铺面中心和床铺面的最弱点各冲击 10 次，前后两次冲击间隔时间不大于 30 s。

床强度与耐久性的试验结果评定：

试验结果仅对试件有效，当试件在同类产品中有代表性时，试验结果可代表该类型号的产品性能。每一项试验后进行检查，记录所有产生的变化。每项试验时和试验后试件应符合下面的要求：

① 所有部件或连接件不应断裂损坏；

② 通过手触压证实，用于紧固的部件不应松动；

③ 所有零部件不应因磨损或变形，使其使用功能削弱；

④ 五金连接件不应松动；

⑤ 活动部件的活动应灵活；

⑥ 剩余变形量应符合相应产品标准要求。

6.7.6　沙发类软体家具力学性能检测

沙发类软体家具（QB/T 1952.1—2012）力学性能检测主要是指沙发的座、背和扶手的耐久性试验。它是模拟日常使用条件，用一定形状和质量的加载模块，以规定的加载形式和加载频率分别对座、背和扶手表面进行重复加载，检验沙发在长期重复性载荷作用下的承受能力。

沙发耐久性试验。一般分为 3 个阶段，试验前须对沙发座面进行预压，调整好加载模块的跌落高度，并测量在进行各阶段耐久性试验之前的座面高度和压缩量以及试验后背后面及扶手的松动量及剩余松动量。

（1）座面高度和压缩量的测定

第一，座面高度测量。

■ 将沙发平稳放置于平板上。

■ 用直径为 100mm 圆形垫块安放在座面的一个检测位置上，如图 6-37 所示。其表面与座面相接触。

■ 通过圆形垫块中心垂直向下施加 4N 力。

■ 测量垫块表面与平板间的距离。

■ 对另一检测位置做同样测定。

■ 取两检测位置测得距离的算术平均值，作为某阶段试验时的试验部位的座面高度。

第二，压缩量测量。

■ 按上述方法做座面高度测量，并在施加 4N 力后，以（100±20）mm/min 匀速继续加力至 40N、200N、250N。

■ 计算出检测位置 3 个压缩量 a、b、c，如图 6-38 所示。

■ 重复测定另一检测位置的 3 个压缩量。

■ 分别计算两检测位置 3 个压缩量的算术平均值，作为某阶段试验实测的压缩量 a、b、c。

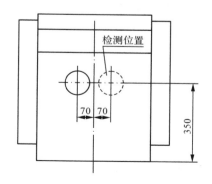

图 6-37　座面高度检测位置

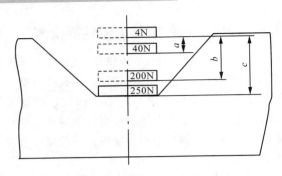

图 6-38 施加不同载荷后的压缩量

（2）松动量和剩余松动量的测定

第一，背松动量和剩余松动量测量。

■ 进行耐久性试验前，将沙发安放在试验机的基面上，处于原始自由状态。测量背后面中心位置顶点在基面上的投影点到某一适宜的基准点（例如沙发两后脚落地点连线中心）的距离 d_1；在耐久性第二（或第三及其以后各）阶段试验结束后，在保载条件下，测量背后面中心位置顶点在基面上的投影点到基准点的距离 d_2。根据沙发背高 H_3 和公式 $x = \arcsin[(d_2 - d_1)/H_3]$ 可计算出背松动量 x。

■ 在耐久性第二（或第三及其以后各）阶段试验结束后，在卸载条件下，再测量背后面中心位置顶点在基面上的投影点到基准点的距离 d_3。根据沙发背高 H_3 和公式 $y = \arcsin[(d_3 - d_1)/H_3]$ 可计算出背剩余松动量 y。

第二，扶手松动量和剩余松动量测量。

■ 进行耐久性试验前，将沙发安放在试验机的基面上，处于原始自由状态。两只扶手前沿任选同一水平线上的两固定点，测量这两点之间的距离 D_1，与耐久性第二（或第三及其以后各）阶段试验结束后，在保载条件下，测得两相同测量点之间距离 D_2 的差值，为耐久性第二（或第三及其以后各）阶段试验结束后的扶手松动量。

■ 在扶手卸载 1h 后再测得两相同测量点之间距离 D_3 与扶手耐久性试验前测得距离 D_1 的差值，为耐久性第二（或第三及其以后各）阶段试验结束后的扶手剩余松动量。

（3）座面预压

在耐久性试验之前，沙发的座面应先进行预压。座面预压方法和试验部位见表 6-63（根据 QB/T 1952.1—2012 编制）。

（4）耐久性试验

沙发耐久性试验是对沙发的座、背和扶手进行耐久性试验，一般分为 3 个阶段。其试验阶段、试验方法和试验结果评定见表 6-64（根据 QB/T 1952.1—2012 编制）。加载次数第一阶段为 5000 次，第二阶段为 15000 次，第三阶段及以后各阶段分别为 20000 次。不同类型、不同等级的软体沙发，其耐久性试验的总次数要求也不相同，对于中凹形螺旋弹簧沙发、海绵沙发、混合型弹簧沙发、蛇簧沙发等，A 级为 60000 次，B 级为 40000 次，C 级为 20000 次。

表 6-63 座面预压方法和试验部位（QB/T 1952.1—2012）

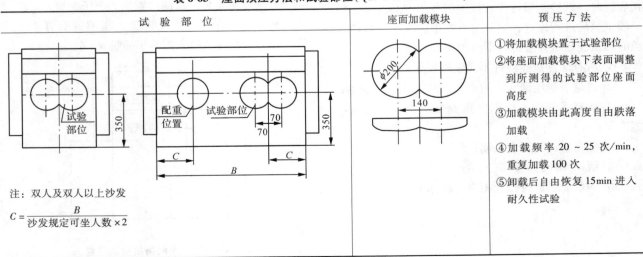

试　验　部　位	座面加载模块	预　压　方　法
注：双人及双人以上沙发 $$C = \dfrac{B}{沙发规定可坐人数 \times 2}$$		①将加载模块置于试验部位 ②将座面加载模块下表面调整到所测得的试验部位座面高度 ③加载模块由此高度自由跌落加载 ④加载频率 20 ~ 25 次/min，重复加载 100 次 ⑤卸载后自由恢复 15min 进入耐久性试验

表 6-64 沙发耐久性试验（QB/T 1952.1—2011）

试验阶段	试 验 方 法	试验结果评定
1	座面 ①测量座面、高度及试验部位的压缩量 a、b、c ②将座面加载模块置于沙发座面的试验部位，将其下表面至基面的距离调到所测得的座面高度与压缩量 a 的 50% 之和作为加载模块的跌落高度 ③以频率为 20~25 次/min 重复加载 5000 次 背面 ①确定试验部位 单人沙发试验部位如图 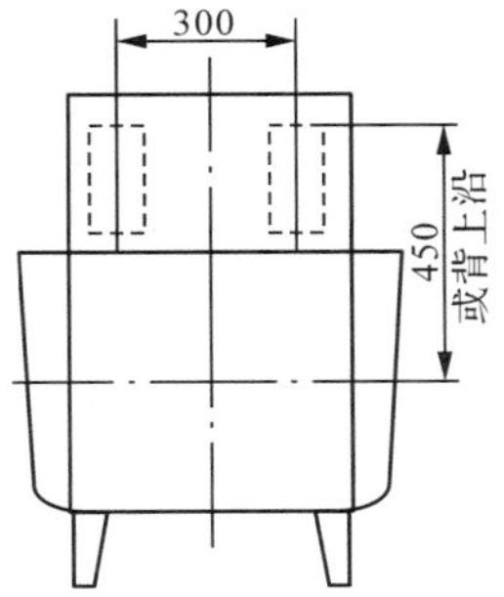 双人或多人沙发的试验部位中心应与座面试验部位中心在同一垂直平面上 ②背面耐久性试验与座面同时进行，通过两个背面加载模块对背面各施水平力 300N，交替加载 5000 次 ③每次加载应稍后于对座面的加载，卸载时，背面先卸载座面后卸载 扶手 ①确定试验部位 单人沙发试验部位如图所示 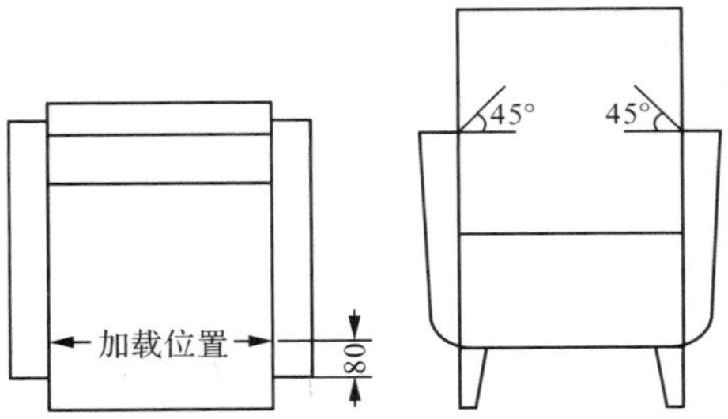 双人沙发或多人沙发试验部位与单人沙发同，但只对接近座面试验部位的一只扶手进行试验 ②扶手耐久性试验与座面同时进行，通过与水平成 45°方向的扶手加载模块对扶手各施加 250N 力，加载 5000 次 ③每次加载应与座面加载同步	①检查面料、弹簧应完好，衬垫料无明显移位 ②背部松动量不大于 2°，背部剩余松动量不大于 1°评为通过第 1 阶段耐久性试验 ③卸载后，自由恢复 15min 后进入下一阶段试验
2	①测量座面高度和压缩量 a ②对座面、背面、扶手作耐久性试验，加载方法与第一阶段试验同 ③加载值 座面加载模块跌落高度应为所得的座面高度与压缩量 a 的 50% 之和，加载 25000 次 ④测量背后面，扶手松动量及剩余松动量 ⑤测量试验部位压缩量 b、c	①检查面料、弹簧应完好，衬垫料无明显移位 ②背松动量不大于 2°，背剩余松动量不大于 1°，扶手松动量不大于 30mm，扶手剩余松动量不大于 15mm，双人或多人沙发扶手松动量及剩余松动量分别不大于 15mm 及 7.5mm 即为通过第二阶段试验 ③卸载后自由恢复 3h 后根据产品要求再进入下阶段试验

（续）

试验阶段	试验方法	试验结果评定
3	①测量座面高度和压缩量 a ②对座面、背面、扶手作耐久性试验，加载方法与第一阶段试验同 ③座面加载模块跌落高度为所得座面高度与压缩量 a 的 50% 之和，加载20000次 ④测量背后面、扶手的松动量和剩余松动量 ⑤测量压缩量 b、c	①检查面料、弹簧应完好，衬垫料无明显移位 ②背松动量不大于 2°，背剩余松动量不大于 1°，扶手松动量不大于 30mm，扶手剩余松动量不大于 15mm，双人或多人沙发扶手松动量及剩余松动量分别不大于 15mm 及 7.5mm，即通过第三阶段试验

6.7.7 弹簧软床垫力学性能检测

弹簧软床垫（QB/T 1952.2—2004）的耐久性试验是模拟日常使用条件，用两个一定形状和质量的加载模块，从床垫上方规定高度以相同频率交替自由跌落，对床垫进行重复加载，以检验床垫对长期重复性载荷的承受能力。床垫耐久性试验一般分为四个阶段，在每一阶段试验前需对垫面高度和预压后的压缩量进行测量，以确定各阶段的加载模块的跌落高度。

（1）试验部位垫面高度和压缩量的测定

第一，垫面高度测量。

■ 将床垫水平放于平板上。

■ 用直径为 100mm 圆形刚性垫块放于如图 6-39 所示的一个检测位置上，使垫块测量表面和床垫表面相接触。

■ 通过垫块垂直施加 4N 力。

■ 测量垫块表面与平板间的距离。

■ 对另一检测位置作同样测定。

■ 取两个检测位置上所测得距离的算术平均值，即为进行某阶段耐久性试验时试验部位的垫面高度。

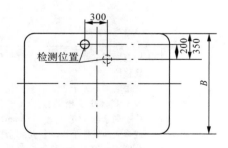

图6-39 垫面高度检测位置

第二，压缩量测量。

■ 按垫面高度测量方法，在施加 4N 力后，以（100±20）mm/min 匀速继续加力至 40N、200N 和 250N，分别测得施加这些力后所在的高度。计算这一检测位置的压缩量 b、c，如图 6-40 所示。

■ 重复上述测得另一检测位置的压缩量。

■ 分别计算出两个检测位置压缩量的算术平均值，即为某阶段耐久性试验的实测压缩量 b、c。

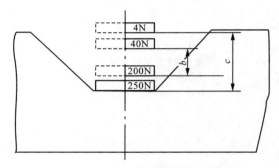

图6-40 施加不同载荷后的压缩量

（2）垫面预压

在耐久性试验之前，床垫的垫面应先进行预压。垫面预压方法和试验部位见表 6-65（根据 QB/T 1952.2—2004 编制）。

（3）耐久性试验

弹簧软床垫耐久性试验一般分为 4 个阶段。其试验阶段、试验方法和试验结果评定见表 6-66（根据 QB/T 1952.2—2004 编制）。加载次数第一阶段为5000次，第二阶段为 20000 次，第三阶段为 15000 次，第四阶段为 20000 次，以后需继续加载时每个阶段为 10000 次。不同类型、不同等级的弹簧软床垫，其耐久性试验的总次数要求也不相同。对于中凹形螺旋弹簧软床垫、圆柱形包布弹簧软床垫等，A 级为80000次，B 级为 40000 次，C 级为 25000 次。

《软体家具　弹簧软床垫》（QB/T 1952.2—2011）的耐久性试验是通过辊筒加载模拟人躺在床垫上滚动使用情况。

表6-65 垫面预压方法和试验部位（QB/T 1952.2—2004）

试验部位	50 ±0.25kg 加载模块	预压方法
		①将加载模块置于试验部位 ②将模块下表面调整到所测得的试验部位垫面高度 ③用两个加载模块在此高度下交替自由跌落，频率为 17～25 次/min ④重复加载 100 次 ⑤卸载下自由恢复 15min 后进行耐久性试验

表6-66 弹簧软床垫耐久性试验（QB/T 1952.2—2004）

试验方法	试验结果评定
第一阶段试验： ① 测量垫面高度和压缩量 b、c ② 将加载模板下表面调整到试验部位垫面高度加 24mm 作为 加载模块的跌落高度 ③ 以频率为 19～21 次/min 交替自由跌落加载 5000 次	① 检查应面料无破损，无断簧，缝边无脱线，铺垫料无破损或移位 ② 卸载后自由恢复 15min 进入下一阶段试验
第二阶段试验： ① 测量试验部位垫面高度 ② 将加载模块的跌落高度调整到垫面高度加 24mm ③ 加载 20000 次 ④ 测量压缩量 b、c	① 检查应面料无破损，无断簧，缝边无脱线，铺垫料无破损或移位 ② 压缩量 b 应不大于 70mm ③ 卸载后自由恢复 2h 进入下一阶段试验
第三阶段试验： ① 测量试验部位垫面高度 ② 将加载模块的跌落高度调整到垫面高度加 24mm ③ 加载 15000 次 ④ 测量压缩量 b、c	① 检查应面料无破损，无断簧，缝边无脱线，铺垫料无破损或移位 ② 压缩量 b 应不大于 70mm ③ 卸载后自由恢复 2h 进入下一阶段试验
第四阶段试验： ① 测量试验部位的垫面高度 ② 将加载模块的跌落高度调整到垫面高度加 24mm ③ 加载 20000 次，以后各阶段加载均为 10000 次 ④ 测量压缩量 b、c	① 检查应面料无破损，无断簧，缝边无脱线，铺垫料无破损或移位 ② 压缩量 b 应不大于 70mm

注：①产品应通过耐久性第二阶段试验；②如产品标准规定需要，可进行耐久性第三、第四及以后阶段试验。

（1）耐久性试验设备

耐久性试验设备由两部分组成，一是辊筒，其形状、尺寸如图 6-41 所示；一是能驱动辊筒在床垫表面做相对水平运动的机械装置。耐久性试验设备应能在静态下施加(1400 ±7)N 的力。

■ 辊筒表面的外形尺寸公差为 ±2 mm。

■ 辊筒表面应坚硬、光滑、没有刮痕和其他表面缺陷，摩擦系数应在 0.2～0.5 之间。

■ 辊筒的旋转惯性矩应为(0.5 ±0.05) kg · m²。实体的辊筒旋转惯性矩为 $1/2\rho \times \pi r^4 L$，其中 ρ 为辊筒密度，r 为指定位置的辊筒半径，L 为辊筒长度。

■ 辊筒可绕其中心轴自由转动并保持平衡。在转动过程中辊筒贴合在床垫表面上，在规定区域循环滚动加载（施力误差为 ±10%），并能在床垫表面随床垫的滚压变形上下浮动，其加载频率应为(16 ±2)次/min。

（2）耐久性试验条件

试验按下列规定的程序在同一件试样上进行（软硬程度不一致的床垫，应使用同型号的两件床垫，分别在床垫的软硬面进行）试验：

■ 试样应在温度（23±2）℃、相对湿度（50±5）%的标准环境下至少陈放 24 h，陈放平衡期间，床垫应保持平整、空载状态。

■ 移出床垫，在室内 5 min 内测试试样的围边高度 H_{wo} 和垫面高度 H_{d0}。

（3）床垫铺面耐久性试验

使用耐久性试验设备进行床垫铺面耐久性试验。试验前，调整辊筒设备：将辊筒放在睡眠区域中心线处（图6-42），设备可以进行水平驱动（-0°，+2°）；辊筒的运行长度应为睡眠区域长轴中心线处两边各 50 mm，运动方向垂直于长轴方向。

在试验前，应对产品进行 100 次循环的预加载。试验应总共进行 30000 次的加载，除了试验中的检侧外，试验期间不应中断加载。一次循环加载为辊筒一次来回往复运动。

■ 循环加载 100 次，试验后在标准环境中至少陈放 30 min。

■ 测量试件垫面高度 H_{d1} 和硬度（整个测试在床垫从标准环境下移出后 5 min 内完成），计算垫面高度的变化量。

■ 再循环加载 29900 次，试验后在标准环境中至少陈放 3 h。

■ 测量试样的垫面高度 H_{d2}，测试硬度（整个测试在床垫从标准环境下移出后 5 min 内完成），计算垫面高度和硬度的变化量。

■ 检查床垫损坏情况。

（4）床垫边部耐久性试验

通过边部加载点（图6-43）在床垫长边中点、距离表面边部 200 mm 处（图6-44），垂直向下加载 1000N，共加载 5000 次，每次保载（3±1）s。

■ 耐久性试验 100 次，试验后在标准环境中至少陈放 30 min。

■ 测量试件围边高度 H_{w1}（整个测试在床垫从标准环境下移出后 5 min 内完成），计算围边高度的变化量。

■ 继续耐久性试验 4900 次，试验后在标准环境中至少陈放 3 h。

■ 测量试件的围边高度 H_{w2}（整个测试在床垫从标准环境下移出后 5 min 内完成），计算围边高度的

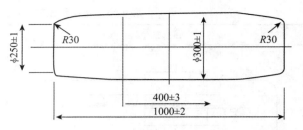

图 6-41　辊筒（单位：mm）

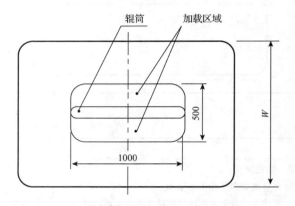

图 6-42　铺面滚动耐久性试验（单位：mm）

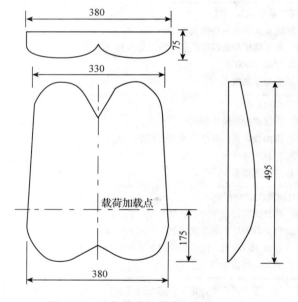

图 6-43　边部载荷加载点（单位：mm）

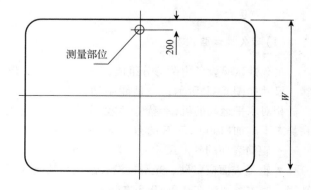

图 6-44　边部耐久性试验（单位：mm）

变化量。

■ 检查床垫损坏情况。

6.8 家具中有害物质的检测

6.8.1 家具有害物质的来源

由于家具的种类、档次、用途、形态、色彩、质感的繁多，造成家具污染的毒物种类、毒物浓度、污染形式、污染时间、危害对象、消除办法等也就各不相同。从国内家具市场近年来的情况来看，人造板类家具污染重于其他类家具，箱柜类家具污染重于其他类家具，胶接合的家具污染重于连接件接合或榫接合或钉接合的家具，装修类家具污染重于商品类家具，家庭类家具污染重于公共类家具，小厂家生产的家具污染重于大厂家生产的家具或名牌家具。通过大量的科学研究，证实家具已成为室内空气污染的主要污染源之一。

(1)家具材料的污染形式

家具材料的种类很多，产品材料选取不当时，将会对环境造成很大的影响和污染，主要表现在以下几个方面：

第一，家具材料及其在使用过程中会对环境产生污染。当前，许多家具产品在使用过程中会不同程度地对室内环境不断产生污染，其主要是由家具材料引起的。

第二，家具材料在被制造加工过程中会对环境产生污染。家具在制造过程中，由于所选材料的加工性能不同或规格大小不当，使得设备工具消耗大、能量消耗大，生产加工过程中产生的废气、废液、切屑、粉尘、噪声、边角余料以及有害物质等，都会对资源消耗和环境的影响较大。

第三，家具材料使用报废后易对环境造成污染。采用不同材料制成的家具在使用报废后，为进行回收处理、或处理方法手段不当、或其回收处理困难，都会对环境造成污染。

第四，家具材料本身的制造过程会对环境造成污染。许多家具产品，其生产使用和加工过程对环境污染都很小，而且其回收处理也比较容易，但材料本身的生产过程对环境污染严重。

(2)家具材料的污染来源

家具中的有害物质(毒物)主要来自于木质人造板材中固有的胶黏剂、家具制作过程中使用的胶黏剂、家具油漆过程中使用的涂料等。

第一，木质人造板材中固有的胶黏剂。是指在生产人造板材时所使用的胶黏剂，人造板材包括胶合板、刨花板、细木工板、中(高)密度板、胶合层积材、集成材等产品，这些产品靠大量的胶黏剂将单板、薄片、碎料、纤维、小木块黏合到一起，在表面再胶贴一层材质较好的材料。这些胶黏剂中含有大量有毒的有机溶剂，如甲醛、苯、甲苯、二甲苯、丙酮、氯仿(三氯甲烷)、二氯甲烷、环己酮等。从生产角度来讲，这些有机溶剂对保证产品质量起到了不可替代的作用；从健康角度来说，这些有机溶剂被称为有害物质，严重威胁着人们的健康，特别是人造板类家具。

第二，家具制作过程中使用的胶黏剂。在家具制作过程中也要使用大量的胶黏剂，对于商品类家具，如果厂家在制造家具过程中不采用连接件接合、榫接合或钉接合进行结构固定，而使用大量的胶黏剂，这就使得家具中带有大量的毒物；对于装修类家具，装修工人通常图省事，抢工期，几乎不采用加工机器，大量地使用胶黏剂，使得装修类家具成为主要的污染源，其毒物种类也为甲醛、苯、甲苯、二甲苯等有机溶剂。

第三，家具油漆过程中的涂料。家具油漆通常采用的是溶剂性涂料，如聚氨酯漆 PU、硝基漆 NC、醇酸漆等。这类家具漆以有机溶剂为溶剂，与合成树脂、颜料、填料、助剂等组成。用于家具的涂料在市场上销售时，一般分成组漆，每组漆包括底漆、固化漆、面漆、稀释剂、泥子等，其中稀释剂即为多种有机溶剂的混合物，如苯、甲苯、二甲苯、丙酮、二氯乙烷、环己酮、乙酸乙酯等，是造成室内污染的污染源。同时，涂料中颜料和助剂中的铅、铬、镉、汞、砷等重金属及其化合物，也是有毒物质，主要通过呼吸道、消化道进入人体，对健康造成危害。

(3)家具材料的有害物质种类

据检测，目前室内空气环境污染物约有 300 多种，其中，在家具中有害物质(毒物)种类为甲醛、挥发性有机化合物 VOC、苯、甲苯、二甲苯、汽油、乙酸乙酯、乙酸丁酯、丙酮、乙醚、丁醇、环己酮、TDI(甲苯二异氰酸酯)、松节油、氨、氡等上百种能挥发到室内空气中的有机溶剂，这些毒物可以通过人们呼吸或者污染皮肤侵入体内，是造成人们健康危害的主要隐患。另外，在家具表面漆涂层中还含有铅、镉、铬、汞、砷等可溶性重金属有害元素以及装饰石材放射性核素污染物等，也可以对人们健康造成威胁，特别是对儿童造成的危害更大。家具材料中的有害物质主要有以下几类：

第一，游离甲醛。家具行业最突出的，也是最难彻底解决的问题，就是人造板材料中游离甲醛释放量超标问题。

甲醛（Formaldehyde）是一种挥发性有机物，常温下为无色、有强烈辛辣刺激性气味的气体（CH_2O），易溶于水、醇和醚，其35%～40%的水溶液常称"福尔马林"，因为甲醛溶液的沸点为19℃，所以通常室温下其存在的形态都为气态。

甲醛主要隐藏在各种木质或贴面人造板、家具或塑料、装饰纸、合成织物、化纤布品等大量使用胶黏剂的材料或环节。其危害性主要表现在对人的眼睛、鼻子和呼吸道有刺激性，使人出现嗅觉异常、眼睛刺痛、流泪、鼻痛胸闷、喉咙痛痒、多痰恶心、咳嗽失眠、呼吸困难、头痛无力、皮肤过敏、以及消化、肝功能、肺功能和免疫功能异常等。大多数报道其作用浓度均在 $0.12mg/m^3$（0.1×10^{-6}）以上。根据经验，通常嗅觉界限为 $0.15～0.3mg/m^3$；刺激界限为 $0.3～0.9mg/m^3$；忍受界限为 $0.9～6mg/m^3$；口服15mL（浓度35%）即可致死。因此，长时间处于甲醛浓度高的空气中能诱发各种疾病。

第二，挥发性有机化合物VOC。挥发性有机化合物VOC是指熔点低于室温、沸点在50～260℃，具有强挥发性、特殊刺激性和有毒性的有机物气体的总称，是室内重要的污染物之一。VOC的主要成分为脂肪烃、芳香烃、卤代烃、氧烃、氮烃等达900多种，其中，部分已被列为致癌物，如氯乙烯、苯等。

VOC易被肺吸收，具有强烈芳香气味。主要隐藏在油漆涂料、涂料的填加剂或稀释剂、以及某些胶黏剂、防水剂等材料中。其危害性主要表现为刺激眼睛和呼吸道、皮肤过敏，使人产生头痛、咽痛、腹痛、乏力、恶心、疲劳、昏迷等。在家具的生产、销售、使用的过程中长期释放，危害人体健康，特别是危害儿童的健康。根据经验，总挥发性有机化合物（TVOCs）浓度在 $0.2mg/m^3$ 以下，对人体不产生影响，无刺激、无不适；在 $0.2～3.0mg/m^3$，会可能使人出现刺激和不适；在 $3.0～25mg/m^3$，会使人出现刺激和不适，产生头痛、疲倦和瞌睡；浓度在 $25mg/m^3$ 以上，可能会导致中毒、昏迷、抽筋以及其他的神经毒性作用，甚至死亡。即使室内空气中单个VOC含量都远低于其限制浓度（常为 $0.025～0.03mg/m^3$），但由于多种VOC的混合存在及其相互作用，可能会使总挥发性有机化合物（TVOCs）浓度超过要求的 $0.2～0.3mg/m^3$，使危害强度增大，整体暴露后对人体健康的危害仍相当严重。

第三，苯及同系物甲苯、二甲苯。苯（C_6H_6）、甲苯（$C_6H_5—CH_3$）和二甲苯[$C_6H_4—(CH_3)_2$]都是芳香族烃类化合物，为无色透明、具有特殊芳香气味和挥发性的油状液体。主要以蒸汽形式由呼吸道或皮肤进入人体，吸收中毒。苯是致癌物，可引发癌症、血液病等，苯、甲苯、二甲苯也是室内主要污染物之一。

苯及同系物甲苯、二甲苯主要隐藏在人造板和家具的胶黏剂、油漆涂料以及填加剂、溶剂和稀释剂等材料中。苯属于中等毒类，甲苯和二甲苯属于低毒类，急性中毒主要作用于中枢神经系统，慢性中毒主要作用于造血组织及神经系统，短时间高浓度接触可出现头晕、头痛、恶心、呕吐，以及黏膜刺激症状如流泪、咽痛或咳嗽等，严重者可意识丧失、抽搐，甚至呼吸中枢麻痹而死亡，少数人可出现心肌缺血或心律失常。长期低浓度接触出现头晕、头痛，以后有乏力、失眠、多梦、记忆力减退、免疫力低下，严重者可致再生障碍性贫血、白血病（血癌）。因此，应严格控制室内苯污染，目前室内空气评价标准规定的苯最高浓度为 $0.03mg/m^3$，而民用建筑工程室内污染物浓度限量为 $0.09mg/m^3$。

第四，游离甲苯二异氰酸酯（TDI）。甲苯二异氰酸酯（TDI）是二异氰酸酯类化合物中毒性最大的一种，它在常温常压下为乳白色液体，有特殊气味，挥发性大，它不溶于水，易溶于丙酮、醋酸乙酯、甲苯等有机溶剂中。

由于TDI主要用于生产聚氨酯树脂和聚氨酯泡沫塑料，且具有挥发性，所以一些新购置的含此类物质的家具、沙发、床垫、椅子、地板，一些家装材料，做墙面绝缘材料的含有聚氨酯的硬质板材，用于密封地板、卫生间等处的聚氨酯密封膏，一些含有聚氨酯的防水涂料等，都会释放出TDI。

TDI的刺激性很强，特别是对呼吸道、眼睛、皮肤的刺激，可能引起哮喘性气管炎或支气管哮喘，表现为眼睛刺激、眼膜充血、视力模糊、喉咙干燥，长期低剂量接触可能引起肺功能下降，长期接触可引起支气管炎、过敏性哮喘、肺炎、肺水肿，有时可能引起皮肤炎症。室内装饰材料和家具所释放的TDI都会通过呼吸道进入人体，尽管浓度不高，但是往往释放期是比较长的，故对人体是长期低剂量的危害。

国际上对于在涂料内聚氨酯含量的标准是小于0.3%，而我国生产的聚氨酯涂料一般是5%或更高，即超出国际标准几十倍。根据中国涂料协会的统计，此类涂料的年产量高达11万t以上，可见应用是相当广泛的，对室内空气的污染也是相当严重的。

第五，氨。氨（NH_3）为无色而有强烈刺激性恶臭气味的气体，极易溶于水。乙醇和乙醚可燃，浓度达到16%～25%易爆炸，是人们所关注的室内主要污染物之一。

室内空气中氨的隐藏点主要有 3 个，一是来自于高碱混凝土膨胀剂和含尿素与氨水的混凝土防冻剂等外加剂，这类含有大量氨类物质的外加剂在墙体中随着温度、湿度等环境因素的变化而还原成氨气从墙体中缓慢释放出来，造成室内空气中氨的浓度增加，特别是夏季气温较高，氨从墙体中释放速度较快，造成室内空气中氨浓度严重超标；二是来自于家具用木质板材，这些木质板材在加压成型过程中使用了大量胶黏剂，如脲醛树脂胶，主要是甲醛和尿素聚合反应而成，它们在室温下易释放出气态甲醛和氨，造成室内空气中氨的污染；三是来自于家具和室内装饰材料的油漆，如在涂饰时所用的添加剂和漂白剂大部分都用氨水，它们在室温下易释放出气态氨，造成室内空气中氨的污染。但是，这种污染释放期比较快，不会在空气中长期大量积存，对人体的危害相对小一些。

氨是一种碱性物质，对皮肤或眼睛造成强烈刺激，浓氨可引起皮肤或眼睛烧灼感，氨可以吸收皮肤组织中的水分，使组织蛋白变性，并使组织脂肪皂化，破坏细胞膜结构，它对接触的皮肤组织都有腐蚀和刺激作用。人对氨的嗅阈为 $0.5 \sim 1.0 mg/m^3$，对口、鼻黏膜及上呼吸道有很强的刺激作用，其症状根据氨的浓度，吸入时间以及个人感受性等而有轻重。轻度中毒表现有鼻炎、咽炎、气管炎、支气管炎。一般要求空气中氨的浓度限制在 $0.2 \sim 0.5 mg/m^3$ 以下。

第六，氡。氡（Rn^{222a}）是天然存在的无色无味、不可挥发的放射性惰性气体，不易被觉察地存在于人们的生活和工作的环境空气中。自然界的铀系、钍系元素衰变为镭（Ra^{226a}），而氡是镭的衰变产物。室内氡（Rn^{222a}）的污染，一般是指氡（Rn^{222a}）及其子体对人的危害。

氡（Rn^{222a}）主要来自于含镭量较高的土壤、黏土、水泥、砖、石料或石材等家具与室内建筑装修材料。氡（Rn^{222a}）及其子体极易吸附在空气中的细微粒上，被吸入人体后自发衰变，放射出电离辐射，杀死或杀伤人体细胞组织，被杀死的细胞可以通过新陈代谢再生，但杀伤的细胞就有可能发生变异，成为癌细胞，使人患有癌症。因此，氡（Rn^{222a}）对人体的危害是通过内照射进行的，其危害性会导致肺癌、血液病（白血病）等。科学研究表明，氡（Rn^{222a}）诱发癌症的潜伏期大多在 15 年以上，由于其危害是长期积累的，且不易察觉，因此，必须引起高度重视。一般要求室内氡气浓度不超过 $200 Bq/m^3$（贝可［勒尔］，放射性活度，$1 Bq = 1 s^{-1}$）。

第七，重金属。铅、镉、铬、汞、砷等重金属是常见的有毒污染物，其可溶物对人体有明显危害。皮肤长期接触铬化合物可引起接触性皮炎或湿疹。重金属主要通过呼吸道、消化道进入人体，造成危害。过量的铅、镉、汞、砷会损伤中枢神经系统、骨髓造血系统、神经系统和肾脏，特别是对儿童生长发育和智力发育影响较大。因此，应注意这些有毒污染物误入口中。

重金属离子主要来源于涂料中颜料以及含有金属有机化合物的防腐防霉剂等助剂，这些涂料中的金属有机化合物具有较强的杀菌力，虽然重金属离子含量比较少，但其中有许多是半挥发性物质，其毒性不亚于挥发性有机物，有的毒性可能更大，其挥发速度慢，对居室有长期慢性的作用，对人体也有较大的毒害。

第八，酚类物质。由于一些酚具有可挥发性，所以室内空气中的酚污染主要是释放于家具和家装建材中的酚。由于其可以起到防腐、防毒、消毒的作用，所以常被作为涂料或板材的添加剂；另外家具和地板的亮光剂中也有应用。

酚类物质种类很多，均有特殊气味，易被氧化，易溶于水、乙醇、氯仿等物质，分为可挥发性酚和不可挥发性酚两大类。酚及其化合物为中等毒性物质。这种物质可以通过皮肤、呼吸道黏膜、口腔等多种途径进入人体，由于渗透性强，可以深入到人体内部组织，侵害神经中枢，刺激骨髓，严重时可导致全身中毒。它虽然不是致癌突变性物质，但是它却是一种促癌剂。居住环境中的酚多为低浓度和局部性的酚，长期接触这类酚会出现皮肤瘙痒、皮疹、贫血、记忆力减退等症状。

第九，放射性核素。放射性核素主要是指建筑材料、装修材料以及家具石材中天然放射性核素镭（$Ra^{226'}$）、钍（$Th^{232'}$）、钾（$K^{39}_{40}{}^{\beta\cdot\varepsilon}_{41}$）等，它们无色、无臭、无形，主要隐藏在各种天然石材、花岗岩、砖瓦、陶瓷、混凝土、砂石、水泥制品、石膏制品等。镭（$Ra^{226'}$）、钍（$Th^{232'}$）、钾（$K^{39}_{40}{}^{\beta\cdot\varepsilon}_{41}$）等天然放射性核素的危害性主要表现为对人体的造血器官、神经系统、生殖系统、消化系统等造成损伤，导致血液病（白血病）、癌症、生育畸形或不育等症状。

第十，有毒玻璃和五金配件。劣质家具所采用的玻璃为含铅的玻璃，这种玻璃中的铅成分会缓慢积累在人体的肌肉、骨骼中，特别是对婴幼儿和少年儿童的脑部和骨骼发育有不良的影响，容易导致畸形。另外，有些劣质的家具五金配件表面含有氰化物的电镀液，这种物质对人体健康也是有害的。

6.8.2 人造板及其制品中甲醛释放量的测定

木家具(包括实木家具和板式家具等)中游离甲醛的释放源主要是木质人造板(WBP)基材,如中密度纤维板(MDF)、高密度纤维板(HDF)、刨花板(PB)、定向刨花板(OSB)、胶合板(PW)、薄木贴面胶合板(PW)、细木工板(BB)等;贴面(或饰面)人造板以及封边材料、涂料、胶黏剂等。

(1)木质人造板及其制品中甲醛释放限量要求

根据 GB 18580—2001《室内装饰装修材料 人造板及其制品中甲醛释放限量》强制性标准,以及其后新近颁布的 GB/T 9846.1~8—2004《胶合板》、GB/T 5849—2006《细木工板》、GB/T 15102—2006《浸渍胶膜纸饰面人造板》、GB/T 15104—2006《装饰单板贴面人造板》、GB/T 13010—2006《刨切单板》、GB/T 20241—2006《单板层积材》、GB/T 20239—2006《体育馆用木质地板》、GB/T 20240—2006《竹地板》,以及《强化木地板》《实木复合地板》等新出台的有关木质人造板及其制品国家推荐性标准的规定,国内家具与室内装饰装修用木质人造板及其制品中甲醛释放量应符合表6-67的要求。

在上述这些标准中,为了控制木制产品的甲醛释放量,以减小居室的污染,保护消费者身体健康,甲醛限量等级被分成 E0、E1、E2 3个级别。其中E0级(甲醛释放量≤0.5mg/L)可直接用于室内;E1级(甲醛释放量≤1.5mg/L),也可直接用于室内;E2级(甲醛释放量≤5.0mg/L),其产品表面必须经过涂饰后才可用于室内装修中。

GB 18580—2017《室内装饰装修材料 人造板及其制品中甲醛释放限量》强制性标准要求:室内装饰装修材料人造板及其制品中甲醛释放限量为 0.124 mg/m³,限量标识 E$_1$。试验方法按GB/T 17657—2013中甲醛释放量测定:1 m³气候箱法的规定进行。

(2)木质人造板及其制品中甲醛释放量测定方法

根据上述相关标准,对于不同的人造板及其制品,主要采用了穿孔萃取法、干燥器法、气候箱法等3种不同的检测方法,不同的检测方法对应有不同的限量指标,也具有不同的物理意义。由于这3种方法影响其测定结果的因素差异较大,因此这3种方法测定结果的相关关系并不密切。

第一,穿孔萃取法。是将样品锯切成小块状,通过固液萃取,将样品中的甲醛萃取到甲苯中,再通过液液萃取,将甲苯中的甲醛转移到蒸馏水中,然后再测定水溶液中的甲醛数量,最后计量出每100g绝干样品被萃取出的甲醛量(mg/100g)。具体测定方法按GB/T 17657—2013《人造板及饰面人造板理化性能试验方法》中的规定进行。

第二,干燥器法。是将一定表面积的样品(表面尺寸为150mm×50mm共10块试件)置于密闭的具一定容积的干燥器中,干燥器底部放置一容器,加入规定数量的蒸馏水(吸收液),在 20℃条件下放置 24 h,然后测定吸收液中的甲醛数量,最后换算成每升吸收液中含有多少毫克甲醛(mg/L)。具体测定方法按GB/T 17657—2013《人造板及饰面人造板理化性能试验方法》中的规定进行。

第三,气候箱法。是将 1m² 表面积的样品(表面尺寸为 1000mm×500mm 试件)放入 1m³ 容积的气候箱内,气候箱内模拟具代表性的温度、湿度和空气流通状况,经过7天后测定箱内空气中的甲醛浓度即为

表 6-67　国内木质人造板及其制品中甲醛释放限量要求

产　品	测试方法	标准指标	使用范围	限量标志[①]
中密度纤维板、高密度纤维板、刨花板、定向刨花板等	穿孔萃取法	≤9mg/100g	可直接用于室内	E1
		≤30mg/100g	饰面后可用于室内	E2
胶合板、薄木贴面胶合板、细木工板等	干燥器法	≤0.5mg/L	可直接用于室内	E0
		≤1.5mg/L		E1
		≤5.0mg/L	饰面后可用于室内	E2
饰面人造板(实木复合地板、强化地板、竹地板、浸渍胶膜纸饰面人造板等)	干燥器法	≤0.5mg/L	可直接用于室内	E0
		≤1.5mg/L		E1
	气候箱法[②]	≤0.12mg/m³		

注:① E0、E1 为可直接用于室内的人造板,E2 为必须饰面处理后允许用于室内的人造板;② 仲裁时采用气候箱法。

本表根据 GB 18580—2001、GB/T 9846.1~8—2004、GB/T 5849—2006、GB/T 15102—2006、GB/T 15104—2006、GB/T 13010—2006、GB/T 20241—2006 等标准编制。

释放的甲醛量（mg/m³）。具体测定方法按GB 18580—2017《室内装饰装修材料 人造板及其制品中甲醛释放限量》中的规定进行。

6.8.3 木家具涂料中有害物质含量的测定

目前，大量用于家具和室内装饰装修的木器涂料以溶剂型为主，主要品种有聚氨酯漆（PU）、硝基漆（NC）、醇酸漆以及在此基础上改性的各类涂料等。这些木器涂料大部分以有机物作为溶剂。二甲苯系溶剂由于具有溶解力强、挥发速度适中等特点，是目前涂料业常用的溶剂。聚氨酯涂料是综合性能优异并广泛应用的品种，在木器涂料中占有很重要的位置。由于目前国内许多中小企业受生产技术落后及生产条件的限制，致使其产品中游离甲苯二异氰酸酯（TDI）含量偏高。

（1）溶剂型木器涂料中有害物质限量要求

根据木器涂料的类型、组成及性质，在施工以及使用过程中能够造成室内空气质量下降以及有可能影响人体健康的有害物质主要为挥发性有机化合物、苯、甲苯和二甲苯、游离甲苯二异氰酸酯以及可溶性铅、镉、铬和汞等重金属。根据GB 18581—2009《室内装饰装修材料 溶剂型木器涂料中有害物质限量》强制性标准的规定，家具用溶剂型木器涂料中有害物质限量应符合表6-68的要求。

（2）溶剂型木器涂料中有害物质含量测定方法

溶剂型木器涂料中有害物质含量的具体测定方法按GB 18581—2009《室内装饰装修材料 溶剂型木器涂料中有害物质限量》中的规定进行。测定前，产品取样应按GB/T 3186的规定进行。其测定方法的原理如下所示：

第一，挥发性有机化合物（VOC）含量的测定。按GB 18581—2009标准中附录A的规定进行。

第二，苯、甲苯、乙苯、二甲苯和甲醇含量的测定。按GB 18581—2009标准中附录B的规定进行。

第三，游离二异氰酸酯（TDI、HDI）含量的测定。直接按照GB/T 18446—2009的规定进行。

第四，卤代烃含量的测试。按GB 18581—2009标准中附录C的规定进行。

第五，可溶性重金属（铅、镉、铬、汞）含量的测试。按GB 18592—2008中附录A的规定进行。

表6-68 溶剂型木器涂料中有害物质限量要求

项 目		限 量 值				
		聚氨酯类涂料		硝基类涂料	醇酸类涂料	腻子
		面漆	底漆			
挥发性有机化合物（VOC）含量*（g/L） ≤		光泽（60°）≥80，580 光泽（60°）＜80，670	670	720	500	550
苯含量①（%） ≤		0.3				
甲苯、二甲苯、乙苯含量总和①（%） ≤		30		30	5	30
游离二异氰酸酯（TDI、HDD）含量总和②（%） ≤		0.4		—	—	0.4 （限聚氨酯类腻子）
甲醇含量①（%） ≤		—		0.3	—	0.3（限硝基类腻子）
卤代烃含量①③（%） ≤		0.1				
可溶性重金属含量（限色漆、腻子和醇酸清漆）（mg/kg） ≤	铅 Pb	90				
	镉 Cd	75				
	铬 Cr	60				
	汞 Hg	60				

注：① 按产品明示的施工配比混合后测定。如稀释剂的使用量为某一范围时，应按照产品施工配比规定的最大稀释比例混合后进行测定。

② 如聚氨酯类涂料和腻子规定了稀释比例或由双组分或多组分组成时，应先测定固化剂（含游离二异氰酸酯预聚物）中的含量，再按产品明示的施工配比计算混合后涂料中的含量。如稀释剂的使用量为某一范围时，应按照产品施工配比规定的最小稀释比例进行计算。

③ 包括二氯甲烷、1，1-二氯乙烷、1，2-二氯乙烷、三氯甲烷、1，1，1-三氯乙烷、1，1，2-三氯乙烷、四氯化碳。

本表根据GB 18581—2009标准编制。

6.8.4 木家具胶黏剂中有害物质含量的测定

在木家具胶黏剂中，常用苯、甲苯、二甲苯、丙酮、乙酸乙酯、乙酸丁酯等溶剂来降低胶黏剂黏度，使胶黏剂有好的渗透力，改进工艺性能。除了胶黏剂溶剂本身是有害物质外，某些使用了甲醛或含甲醛的材料生产胶黏剂时，未反应完的甲醛将存在于溶剂中，使用时随溶剂一起挥发出来，如脲醛树脂胶黏剂；而聚氨酯胶黏剂中采用甲苯二异氰酸酯（TDI）作固化剂，在使用中未反应完的甲苯二异氰酸酯（TDI）也会随溶剂一起挥发出来。

室内家具与建筑装饰装修用胶黏剂分为溶剂型、水基型、本体型三大类。

（1）木家具胶黏剂中有害物质限量要求

根据 GB 18583—2008《室内装饰装修材料 胶黏剂中有害物质限量》强制性标准的规定，木家具用溶剂型胶黏剂、水基型胶黏剂和本体型胶黏剂中有害物质限量应分别符合表6-69至表6-71的要求。

（2）木家具胶黏剂中有害物质含量测定方法

木家具胶黏剂中有害物质含量的具体测定方法可按 GB 18583—2008《室内装饰装修材料 胶黏剂中有害物质限量》等标准中的规定进行：

第一，游离甲醛含量的测定。按标准附录 A 进行。

第二，苯含量的测定。按标准附录 8 进行。

第三，甲苯及二甲苯含量的测定。按标准附录 C 进行。

第四，游离甲苯二异氰酸酯（TDI）含量的测定。按标准附录 D 进行。

第五，二氯甲烷、1，2-二氯乙烷、1，1，2-三氯乙烷和三氯乙烯含量的测定。按标准附录 E 进行。

表 6-69 溶剂型胶黏剂中有害物质限量要求

项 目	指 标			
	氯丁橡胶胶黏剂	SBS 胶黏剂	聚氨酯类胶黏剂	其他胶黏剂
游离甲醛（g/kg）	≤0.50		—	—
苯（g/kg）	≤5.0			
甲苯十二甲苯（g/kg）	≤200	≤150	≤150	≤150
甲苯二异氰酸酯（g/kg）	—		≤10	—
二氯甲烷（g/kg）		≤50		
1，2-二氯乙烷（g/kg）	总量≤5.0		—	≤50
1，1，2-三氯乙烷（g/kg）		总量≤5.0		
三氯乙烯（g/kg）				
总挥发性有机物（g/L）	≤700	≤650	≤700	≤700

注：如产品规定了稀释比例或产品有双组分或多组分组成时，应分别测定稀释剂和各组分中的含量，再按产品规定的配比计算混合后的总量。如稀释剂的使用量为某一范围时，应按照推荐的最大稀释量进行计算。

根据 GB 18583—2008 标准编制。

表 6-70 水基型胶黏剂中有害物质限量要求

项 目	指 标				
	缩甲醛类胶黏剂	聚乙酸乙烯酯胶黏剂	橡胶类胶黏剂	聚氨酯类胶黏剂	其他胶黏剂
游离甲醛（g/kg）	≤1.0	≤1.0	≤1.0	—	≤1.0
苯（g/kg）	≤0.20				
甲苯十二甲苯（g/kg）	≤10				
总挥发性有机物（g/L）	≤350	≤110	≤250	≤100	≤350

注：根据 GB 18583—2008 标准编制。

表 6-71 本体型胶黏剂中有害物质限量要求

项 目	指 标
总挥发性有机物（g/L）	≤100

注：根据 GB 18583—2008 标准编制。

第六，总挥发性有机物含量的测定。按标准附录F进行。

6.8.5 木家具中有害物质含量的测定

由于家具品种繁多，家具中采用的材料多种多样，从天然木材、人造板、人造石、金属材料到布艺、皮革、塑料、玻璃等，都可以用于制造家具，或作为家具的主要用材，或作为家具的辅料，或作为家具中的装饰用材，家具材料是家具中产生有害物质的主要因素。目前家具中存在的有害物质主要是人造板及胶黏剂中释放出的游离甲醛，涂料中挥发性有机化合物、苯、甲苯和二甲苯、游离甲苯二异氰酸酯等，以及家具漆膜中的可溶性铅、镉、铬和汞等重金属。这些物质都会对人体健康造成危害。

（1）木家具中有害物质限量要求

根据 GB 18584—2001《室内装饰装修材料 木家具中有害物质限量》强制性标准的规定，木家具中有害物质限量应符合表 6-72 的要求。

表 6-72 木家具中有害物质限量要求

项　目		限量值
甲醛释放量（干燥器法）（mg/L）		≤1.5（E1）
重金属含量（限色漆）（mg/kg）	可溶性铅	≤90
	可溶性镉	≤75
	可溶性铬	≤60
	可溶性汞	≤60

注：根据 GB 18584—2001 标准编制。

（2）木家具中有害物质含量测定方法

木家具中有害物质含量的具体测定方法可按 GB 18584—2001《室内装饰装修材料 木家具中有害物质限量》强制性标准中的规定进行。

第一，甲醛释放量的测定。按 GB/T 17657—1999《人造板及饰面人造板理化性能试验方法》中规定的 24h 干燥器法进行。

■ 试件取样。应在满足试验规定要求的出厂合格产品中取样。取样时应充分考虑产品的类别，使用人造板材料的种类和实际面积抽取部件。若产品中使用同种木质材料则抽取 1 块部件；若产品中使用数种木质材料则分别在每种材料的部件上取样。试件应在距家具部件边沿 50mm 内制备。

■ 试件规格。长（150±1）mm，宽（50±1）mm。

■ 试件数量。共 10 块，制备试件时应考虑每种木质材料与产品中使用面积的比例，确定每种材料部件上的试件数量。

■ 试件封边。试件锯完后其端面应立即采用熔点为 65℃ 的石蜡或不含甲醛的胶纸条封闭。试件端面的封边数量应为部件的原实际封边数量，至少保留 50mm 一处不封边。

■ 试件存放。应在实验室内制备试件，试件制备后应在 2h 内开始试验，否则应重新制作试件。

■ 甲醛收集。在直径为 240mm、容积为 9~11L 的干燥器底部放置直径为 120mm、高度为 60mm 的结晶皿，在结晶皿内加入 300mL 蒸馏水。在干燥器上部放置金属支架。金属支架上固定试件，试件之间互不接触。测定装置在（20±2）℃ 下放置 24h，蒸馏水吸收从试件释放出的甲醛，此溶液作为待测液。

■ 甲醛定量。量取 10mL 乙酰丙酮（体积分数为 0.4%）和 10mL 乙酸铵溶液（质量分数为 20%），将其装入 50mL 带塞三角烧瓶中，再从结晶皿中移取 10mL 待测液到该烧瓶中。塞上瓶塞，摇匀，再放到（40±2）℃ 的水槽中加热 15min，然后把这种黄绿色的反应溶液静置暗处，冷却至室温（18~28℃，约 1h）。在分光光度计上 412mm 处，以蒸馏水作为对比溶液，调零。用厚度为 5mm 的比色皿测定该反应溶液的吸光度 A_s。同时用蒸馏水代替反应溶液作空白试验，确定空白值为 A_b。此乙酸丙酮法与气候箱法比较，操作简便，行之有效，试验周期短，试验成本低，并已被多数国家所采用。

第二，可溶性重金属含量的测定。按 GB/T 9758—1988《色漆和清漆"可溶性"金属含量的测定》标准中规定的火焰（或无焰）原子吸收光谱测定可溶性重金属元素。其主要原理为：采用一定浓度的稀盐酸溶液处理制成的涂层粉末，然后使用火焰原子吸收光谱法或无焰原子吸收光谱法测定溶液中的可溶性重金属元素含量。

■ 可溶性铅含量的测定按 GB/T 9758.1—1988 中第 3 章的要求进行。

■ 可溶性镉含量的测定按 GB/T 9758.4—1988 中第 3 章的要求进行。

■ 可溶性铬含量的测定按 GB/T 9758.6—1988 进行。

■ 可溶性汞含量的测定按 GB/T 9758.7—1988 进行。

目前，GB 18584—2001《室内装饰装修材料 木家具中有害物质限量》正在修订中。

复习思考题

1. 家具产品质量检验主要有哪两种形式？各是什么意思？各有哪些内容和意义？

2. 试简要说明家具产品质量检验的主要内容。并根据木质家具、金属家具、软体沙发、软体床垫等家具产品分别举例说明质量检验的主要项目及其分类。

3. 家具产品质量检验结果如何判定（或评定）？有几种评定方法？

4. 试分别简要说明家具产品尺寸与形状位置公差、表面加工质量等检验的项目和内容。

5. 试分别简要说明家具材料质量、表面覆面材料剥离强度、表面涂饰质量等检验的项目和内容。

6. 家具产品力学性能检测包括哪些试验内容？试验水平主要有几级？各适合于什么使用条件？试分别简要说明各类家具力学性能检测（试验）的具体内容和依据标准。

7. 家具中有害物有哪些种类？其主要来源哪些形式？

8. 试分别简要说明人造板及其制品、涂料、胶黏剂、木家具中有害物质的种类及其检测方法和依据标准。

第 **7** 章
质量成本管理

【本章重点】

1. 质量成本管理的作用与意义。
2. 质量成本管理的概念与内容。
3. 质量成本的内涵与构成。
4. 质量成本管理与控制方法。

在一般情况下，讨论质量管理问题，往往会使人们误认为进行质量管理的目的就是提高产品质量，因此，人们对"产品质量低不利于提高企业经济效益，不利于满足用户的需求"深信不疑。其实，从经营和适用的角度衡量质量管理是否有效，产品质量过高或过低对企业、用户和社会都不利，因为产品质量的每一变化都与其所发生的费用变化有着密切的关系，产品质量存在于产品的设计、制造销售、使用直至报废的全过程中，涉及企业生产者、使用消费者和整个社会的利益。因此，提出质量成本概念，强化质量成本管理，对科学地评价质量管理的有效性、为制定质量改进措施提供依据，有着直接的意义。

7.1 质量成本管理的作用与意义

7.1.1 质量经济性的概念

在商品经济中，质量管理的目的和作用突出地体现在质量的经济性上。消费者希望购买的商品物美价廉，从而使自己在有限的经济条件下尽量获得较高的生活质量。也就是说，质量是消费和生产的基础，没有质量就没有经济。

质量经济性是指质量与经济的关系，以及质量因素对经济产生影响和影响结果的特性。质量与经济的关系是商品经济社会内固有的特性。质量对经济的影响及其结果则不是固有的特性。在短缺经济和卖方市场形势下，质量对经济的影响较弱；在社会经济繁荣和买方市场形势下，质量对经济的影响较强。在不同的社会经济条件下，人们对质量的要求也表现出巨大差异。因此，质量经济性不能直接包括在质量特性之中。反映质量经济性的主要指标是质量成本、质量经济效果和质量经济效益。

在 ISO/TR10014《质量经济性指南》中，给出了如下改进企业经济效益的结构图（图 7-1）。

从图 7-1 中可以看出，增加收入和降低成本是提高企业经济效益的两个基本要素。要增加收入就必须进行产品（服务）开发和市场开拓；要降低成本就必须降低各种符合性成本和非符合性成本。可以通过种种途径（图 7-1 中列出了一部分）来实现这些目标，但归根结底是产品或服务能不断满足广大消费者的期望和需求，使产品或服务获得广大消费者的高度满意和忠诚。符合消费者需要的高质量以及和质量相对应的低成本历来是成功企业核心竞争力的标志。中国加入WTO 以来，无论是国内市场还是国际市场，在规范化的市场竞争中，质量优势和成本优势是赢得市场的关键。因此，在不断提高产品或服务的质量和降低产品或服务的成本基础上，研究质量和成本之间的内在

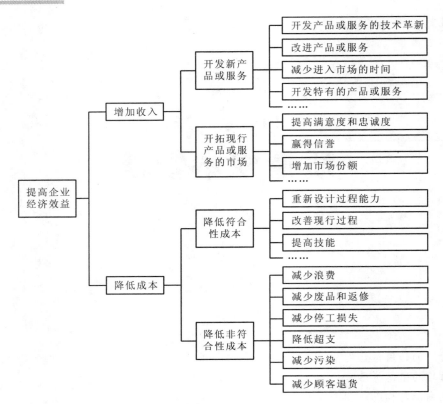

图 7-1 改进企业经济效益的结构图

联系和辩证关系，寻求两者的最佳结合，是摆在广大企业面前的一个现实课题。

企业质量管理的目的是为了保持并提升产品或服务的质量竞争力，从而有效地实现企业经营发展的经济效益目标，因此，对企业经济效益的贡献是衡量企业质量管理成效的主要指标。我国推行全面质量管理已有 20 多年了，但许多企业的质量管理活动未能达到期望的目标，或者因质量平庸无特色而缺乏竞争力，或者因盲目追求质量技术指标导致质量功能过剩而脱离了消费者的实际需要，或者因资源投入不足而影响了质量，或者因资源过度消耗导致成本上升从而影响了价格竞争力。究其原因，主要是忽略了质量的适用性和经济性，未能将企业的质量管理活动和经营发展目标很好地协调和统一。

质量的适用性和经济性问题，也就是企业在实现其经济效益目标的过程中，产品或服务的质量和成本的辩证统一问题。质量成本管理的理论和方法是解决这个问题的有效工具。

7.1.2 质量成本管理的作用

质量成本是质量适用性和经济性的综合体现，开展质量成本管理能够很好地将企业质量管理活动与企业的经济效益密切地联系起来，推动企业质量管理活动的有效开展，并直接对企业的经济效益产生影响。

具体来说，企业开展质量成本管理的作用大致有如下 3 个方面。

- 企业质量成本数据可以显示其经营管理能够进一步合理化的潜力。
- 企业质量成本数据是其产品质量缺陷和质量管理薄弱环节的重要指示器，通过质量成本分析可以为企业改进产品质量，为改善全面质量管理体系和提高经济效益寻找突破口。
- 企业高层管理人员对于货币数据非常敏感，因而质量成本的货币形式能引起企业领导对于质量管理的足够重视，支持质量管理工作和落实质量改进措施，从而促进企业提高经营管理水平和实现经济效益增长的目标。

7.1.3 质量成本管理的意义

家具工业企业在实行全面质量管理的过程中，为什么要进行质量成本管理？为什么要分析和研究质量成本呢？一般说来，进行质量成本管理、分析研究质量成本的重要意义有如下几点：

第一，有利于控制和降低成本。质量成本，特别是直接质量成本的每一个类别，都可以通过提高工作质量，使质量成本得到显著的降低。质量成本的降低一方面带来了企业利润的增加，同时也大大加强了企业的竞争地位。因此，在产品成本中，对于与产品质量有关的费用，如检验费、试验费、废品损失、保证质量的技术改造费等项目，若能分类记录、汇总、纳入计划年度的财务预算，严加控制与考核，就能起到扩大预算项目，控制和降低产品成本的目的。

第二，有利于贯彻经济责任制。建立和完善经济责任制是家具工业企业顺利运行的重要条件。质量责任制是经济责任制的重要内容，一个企业，如果上自领导下至工人的工作质量都很低劣，其产品质量也必然不会优良。这样，要取得较高的经济效益是不可能的。如果设置了质量成本项目，就可以使企业内部的各个单位明确自己在质量方面应负的经济责任。一旦质量出了问题，如检验发现废品，就应将废品损失按责任单位记录考核。这样就能督促责任单位采取有力措施，加强质量责任制，改进本单位质量管理工作，保证和提高产品质量。

第三，有利于满足消费者对质量成本方面的要求。在现代家具产品市场的激烈竞争中，顾客往往会提出质量成本的要求。如关于预防和纠正不合格品的费用；由于工作缺点造成的人工和材料损失、不合格品返修费以及承包商对转包商、供货商实施质量控制所支出的费用；使用过程中造成人身健康、生命和财产损失的费用；使用中由于产品质量缺陷造成停用、停工、误期损失或增加大量维修的费用；由于假冒伪劣产品给消费者带来不同程度损失的费用等。在我国《产品质量法》《消费者权益保护法》等法律法规中，都有明确的规定，即对消费者的损失给予全部或部分赔偿，其目的在于避免或减少消费者的质量损失，保护消费者的利益。

第四，促进企业领导重视产品质量。通过质量成本的分析研究，可以把由于人们未能正确地做好工作所造成的损失用货币的语言直观地表现出来，从而有助于企业领导更清楚地了解企业的产品质量和质量管理中存在的问题；了解它们对企业竞争力的影响；了解质量成本的改善所能为企业带来的巨大效益。这样，就能从经济效益上促使领导重视产品质量和质量管理工作，提高企业的质量管理水平。

第五，有利于监测和评价质量体系。质量体系是为保证产品质量满足市场或用户的要求，由组织机构、职责、程序、过程和资源等构成的有机整体。质量体系是否协调、有效，可以从多方面进行评价，其中质量成本可以从与质量有关的成本方面对质量体系进行监测和评价。进行质量成本的数据统计、核算和分析，可以及时掌握产品质量情况、质量改进情况和工作人员的工作质量及其对经济效益的影响。同时还可以分清质量体系内部各单位应承担的质量责任和经济责任等，从而对质量体系的有效程度进行监测和评

价，促使质量体系不断改善，并能推动整个企业的全面质量管理工作的不断深化和加强。

7.2 质量成本管理的概念与内容

7.2.1 质量成本管理的含义

20世纪50年代，由美国质量管理大师朱兰和费根堡姆等人首先提出了质量成本的概念，进而把产品质量与企业的经济效益联系起来，这对深化质量管理的理论、方法和改变企业经营观念都有重要意义。人们开始认识到，产品质量对企业经济效益的影响至关重要。从长远看更是如此。因此，必须从经营的角度衡量质量体系的有效性，而质量成本管理的重要目的正是为评定质量体系的有效性提供手段，并为企业制定内部质量改进计划、降低成本提供重要依据。质量成本管理的推行及其制度和标准的建立，使众多行业的许多企业都取得了良好的经济效益。

提高产品质量与产品增值效益，降低质量管理的费用，把质量管理的经济性纳入质量管理环节中，是现代质量管理的重要组成部分。在质量管理过程中，我们不但要关注产品或服务的质量是否满足用户的需要，同时也要关注质量管理所付出的代价，尽量地以最小的成本获得最大的用户满意度，这是质量成本管理的根本目的。

质量成本管理旨在探讨产品质量和企业经济效益之间的关系，是企业质量体系的重要组成部分。通过对质量成本的统计、核算、分析、报告和控制，有助于发现降低成本的途径，从而提高企业的经济效益。质量成本管理对深化全面质量管理的理论和方法，改进企业的经营观念，帮助企业走质量效益型的发展道路都有重要意义。

7.2.2 质量成本管理的原理

(1)质量经济效果与质量成本的关系

质量成本管理的理论基础之一是质量与成本的关系。企业的经营收入从根本上说取决于产品和服务的质量。任何产品和服务的质量都需要投入一定资源才能达到。由于任何企业的资源都是有限的，因此需要在质量、成本和收益之间进行权衡、比较和设计。也就是说，使质量与成本的关系处于适宜状态，以最恰当的质量成本投入，争取最理想的质量经济效果，获得最好的质量经济效益。质量经济效果与质量成本之间的关系如图7-2所示。图中，横坐标表示质量水平

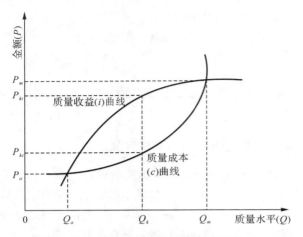

图 7-2　质量经济效果与质量成本的关系

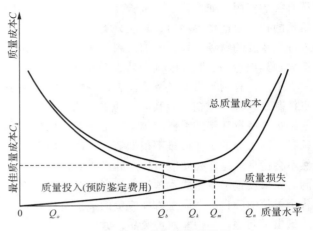

图 7-3　质量成本特性的模型

（Q）；纵坐标表示金额（P），既表示质量成本支出的金额，也表示质量收益的金额。

质量成本（c）曲线的含义是：质量成本由 P_a 逐渐增加到 P_{kc} 时，质量水平由 Q_a 提高到 Q_k，即以较小的质量成本投入使质量水平有较大幅度的提高，这段曲线表示这部分质量成本支出非常必要；随着质量成本的进一步增加，由 P_{kc} 增加到 P_m，质量水平也进一步提高，但提高的速度逐渐变慢，这段曲线表示这部分质量成本支出仍然有经济价值；当质量成本的增加超过 P_m 后，质量水平的提高微乎其微，这段曲线表示这部分质量成本支出不经济。

质量收益（i）曲线的含义是：随着质量水平从 Q_a 提高到 Q_k，质量收益明显增加，由 P_a 增加到 P_{ki}，这段曲线表示这部分质量改进对提高质量收益具有十分重要的意义；随着质量水平由 Q_k 提高到 Q_m，质量收益也进一步增加，但增加速度逐渐变慢，这段曲线表示这部分质量改进仍然有经济价值；当质量水平的提高超过 Q_m 点后，质量收益的增长微乎其微，而质量成本却大幅度增加，这段曲线表示这部分质量水平的提高在经济上不合算。

质量成本（c）曲线和质量收益（i）曲线共同表明：当质量成本大于 P_a 小于 P_m 时，质量水平保持在 Q_a 和 Q_m 之间，这种条件可以带来质量收益；当质量成本处于最佳点 P_{ki} 时，质量水平也处于最佳点 Q_k，这时会产生最大的质量收益 $P_{ki} - P_{kc}$。所谓进行质量成本管理，就是采取有效措施，使质量成本控制在最合理的范围内（P_{kc} 附近），使质量水平保持在最适宜的状态（Q_k 附近），从而获得最理想的质量收益（P_{ki} 附近）。

（2）质量成本特性的模型

质量成本特性的模型如图 7-3 所示。其基本思想

是：任何企业在质量方面的投资都是有限的。不同的质量投入对应于不同的质量水平。从质量成本与质量水平之间的关系出发，可以寻求一种适宜的质量成本，使质量水平的提高最为明显，从而使企业在有限的质量成本条件下，最大限度地实现顾客满意。

在图 7-3 中，横坐标表示质量水平（Q），纵坐标表示质量成本（C）。

质量投入曲线的含义是：质量投入（包括为防止不合格所发生的质量预防费用和进行产品检验所发生的质量鉴定费用投入）越多，质量水平就越好。当质量水平很低时（$Q_a \sim Q_b$），较少的质量投入就可明显提高质量水平；当质量水平已经相对比较高时（$Q_m \sim Q_n$），质量投入大幅度增加，但质量水平的提高逐渐缓慢。

质量损失曲线含义是：当质量水平较低时，质量损失（包括返工损失、废品损失、质量赔偿等）较大；随着质量水平的不断提高，质量损失逐渐减少。

总质量成本曲线的含义是：总质量成本是质量投入与质量损失之和。当质量水平较低时（$Q_a \sim Q_b$），质量投入较少，质量损失较大；随着质量投入的增加，总质量成本逐渐下降；当质量投入使质量水平超过 Q_b 点之后，总质量成本的下降趋于平缓；在质量水平达到 Q_k 点时，总质量成本达到最低点 C_k；然后，随着质量投入的进一步增加，在 $Q_k \sim Q_m$ 范围内，总质量成本开始缓慢上升；当质量投入的增加使质量水平超过 Q_m 以后，尽管质量损失进一步减少，但所需的质量投入金额大幅度上涨，由此导致总质量成本急剧增加，在市场上必然表现为商品价格昂贵，销售量很少。因此，$Q_m \sim Q_n$ 范围内的质量水平表现为大多数顾客在价格上难以接受的质量过剩。在新产品开发投入市场初期，质量成本水平落在 $Q_m \sim Q_n$ 这段曲线内是正常情况。在产品大量生产阶段，质量成本水平

则应保持在最佳质量成本 C_k 附近，质量水平相应地保持在 $Q_b \sim Q_m$ 之间，这是质量成本与质量水平比较适宜的状态。

质量成本特性模型的核心在于寻求质量成本的最佳状态，使总质量成本在结构上合理，质量投入（质量预防成本、质量鉴定成本）和质量损失成本（内、外故障成本）在比例上适当，质量水平保持在适宜状态，以获得良好的质量经济效益。

7.2.3 质量成本管理的内容

质量成本管理的主要内容包括三个方面：

（1）质量成本预测与计划

第一，质量成本预测。是在对已有质量成本收集分析的基础上，对未来质量成本的预先测算，包括质量成本的总额、质量成本的构成、影响质量成本变化的主要因素、与一定质量水平相联系的质量成本目标、与一定质量成本相联系的质量收益等。

为了编制质量成本计划，就必须进行质量成本的预测。进行质量成本预测的主要依据包括企业历史资料、企业方针目标，国内外同行业质量成本资料，企业产品生产技术条件、产品质量要求、顾客要求等。进行质量成本预测的目的主要是为编制质量成本计划提供依据，表明未来一定时间内的质量成本目标和质量改进重点。

质量成本预测按时间可分为长期、中期和短期预测；按产品可分为 A 产品、B 产品预测；按项目可分为甲项目、乙项目预测。企业可根据实际需要编制具体的质量成本预测。质量成本预测方法可以采用：① 经验判断法。② 计算分析法。③ 比例测算法。

第二，质量成本计划。是对未来一定时期质量成本的总体安排和实施方案。质量成本计划在质量成本预测的基础上作出，包括预期的质量成本目标和具体的指标，为完成质量成本目标所采取的措施和方法，计划实施的重点事项和安排等。

质量成本计划的主要内容包括：① 总质量成本计划。② 质量成本构成比例和项目分类详细计划。③ 主要产品的单位质量成本计划。④ 全部产品的质量成本计划。⑤ 质量改进措施和费用计划等，可依据需要制定。

编制质量成本计划的理论依据是质量成本特性模型。通过计算最佳质量成本点，制定质量成本目标，使质量水平保持在适宜状态。当质量水平欠缺时，适当地增加预防成本和鉴定成本，大幅度降低质量损失成本；当质量水平过剩时，适当地降低预防成本和鉴定成本，使总质量成本降低；当质量水平已经处于适

宜状态时，要注意分析市场变化、产品结构变化、产量变化、技术发展等因素的影响，根据这些影响适当地调整质量成本的总额和结构，使之能在可预见的未来时期持续地保持适宜状态。

（2）质量成本分析与报告

第一，质量成本分析。是质量成本管理的重要环节，通过质量成本的核算数据，对质量成本的形成、变动原因进行分析和评价，找出影响质量成本的关键因素和管理上的薄弱环节。

质量成本分析的内容包括：① 质量成本总额分析。计算本期质量成本总额，并与上期的质量成本进行比较，了解变动情况。② 质量成本的构成分析。计算各项质量成本与总的质量成本之间的比例，分析其构成是否合理，以便寻找降低质量成本的途径。③ 质量成本与各种经济指标的比较分析。计算质量成本在产值、利润、销售额中所占的比重。

质量成本的分析，除了列表方式外，还可以采用趋势分析图、排列图等方法，可以掌握质量成本在一定时期的变化情况，考核质量成本控制的绩效变化，为质量成本控制提供依据。

第二，质量成本报告。是根据质量成本分析的结果，向企业领导和有关部门做出书面的陈述，作为制定质量方针、计划、评价质量体系的有效性和进行质量改进的依据。质量成本报告也是企业质量管理部门和财会部门对质量成本管理活动或某一典型事件进行调查、分析、建议的总结性文件。

质量成本报告的内容根据呈报的对象不同而不同。送高层主管的报告尽量以简明扼要的文字、图表形式说明企业质量成本的执行情况与趋势，着重报告质量改进与降低成本的效果与改进的潜力；如果是送给各中层主管部门，可以按照车间或科室的实际需要提出专题报告，使他们知道本部门的质量成本情况，从中找出问题的原因进行改进。

质量成本报告的频次，通常对高层领导较少，以一季度一次为宜；对中层或基层单位，以一月一次为宜，甚至可每旬报送一次，以便及时为有关领导或部门的决策和控制提供依据。提出报告应由财会部门与质量管理部门共同承担，以便既保证质量成本数据的可信度，又有助于分析质量趋势。

（3）质量成本控制与考核

第一，质量成本控制。就是为达到既定的质量成本目标，采取的一系列措施、方法，对质量成本进行有效控制的管理活动，以及由于客观情况变化而对原质量成本计划的调整。

质量成本管理在质量管理中不是一个孤立的活动，它贯穿于质量管理的过程中，因为质量成本是伴随着质量管理活动而产生的，因此质量管理不单单是控制产品或服务的质量水平，还要控制好质量管理的支出。质量成本控制是质量管理的重要组成部分。

第二，质量成本考核。是对质量管理部门、人员的质量管理活动的消耗与支出进行考核，从而从经济性角度考核其质量管理的绩效。质量成本的考核应与经济责任制和质量否决权相结合，也就是说，是以经济尺度来衡量质量体系和质量管理活动的效果。一般由质量管理部门和财会部门共同负责，会同企业综合计划部门总的考核指标体系和监督检查系统进行考核奖惩。建立科学完善的质量成本指标考核体系，是企业质量成本管理的基础。实践证明，企业建立质量成本指标考核体系应坚持全面性、系统性、科学性、有效性、可比性、实用性、简明性等原则。

建立和实施质量成本责任制是进行质量成本控制的制度保证。质量成本的各项具体指标要按企业组织结构和质量管理职责层层分解，明确质量管理体系中各部门、岗位及独立行使权利的人员的管理责任，严格考核，将质量成本执行情况与岗位经济责任制相联系，以便激励所有员工，用最有效的质量成本生产出最高质量水平的产品，取得最好的质量经济效益。

7.3 质量成本的内涵与构成

随着人们对质量问题重视程度的增加，现在人们逐渐认识到了低质量往往意味着高成本。为此，本节将专门对质量成本进行分析。

7.3.1 质量成本的定义

成本的概念并不是新概念，每个企业都要进行成本管理和核算。企业中常见的成本类型有生产成本、销售成本、运输成本、设计成本等，也可以分为工厂成本、车间成本或分为可变成本、不变成本等类。但是，质量成本不同于其他成本概念，有它特定的含义，很多人还不熟悉，甚至根本不知道。曾经有过这样的错误观念，认为一切与保持和提高质量直接或间接有关的费用，都应计入质变成本，结果导致管理上的混乱，成本项目设置很不规范，使企业之间缺少可比性。例如，有的企业把技术改造、设备大修、职工一般培训、新产品开发设计等的费用都一起计如质量成本之中，因为这些费用总可以找到它们直接或间接保持与提高质量的关系。实际上这样计算出来的质量成本与生产总成本没有多少区别。

质量成本（quality cost）也称质量费用。它是质量管理体系的一个重要要素。目前，我国已经等同采用ISO 9000系列国际标准，即国家标准GB/T 19000（idt ISO 9000）。根据这个标准，质量成本的定义是：将产品质量保持在规定的质量水平上所需的有关费用。它是企业生产总成本的一个组成部分。

因此，所谓质量成本，是指企业为稳定、提高产品质量进行质量活动所支付的费用和由于质量故障造成损失的总和，是企业产品寿命周期总成本的一个组成部分。即：质量成本是企业为确保达到满意的质量而导致的费用以及没有获得满意的质量而导致的损失。

因此，质量成本有别于各种传统的成本概念，是会计核算中的一个新科目。它既发生在企业内部，又发生在企业外部；既与满意的质量有关，又与不良质量有关。

严格说来，企业发生的所有费用都和质量问题存在直接或间接的关系，质量成本只是其中和满意质量及不满意质量有直接关系的那部分费用。不能认为质量成本是指高质量所需要的高成本，恰恰相反，如换一种角度看，质量成本的内容大多与不良质量有直接的关系，或者是为了避免不良质量所发生的费用，或者是发生不良质量后的补救费用。因此，美国质量管理协会前主席哈林顿（James Harrington）于1987年在其著作《不良质量成本》中提出，应将质量成本改称为"不良质量成本"（Poor Quality Cost）。虽然哈林顿的看法尚未被普遍认同，但这种观点对于澄清人们关于质量成本概念的种种误解，以及推动质量成本在企业经营决策中的应用研究是十分有益的。

7.3.2 质量成本的构成

根据国际标准（ISO）的规定，质量成本是由两部分构成，即运行质量成本（Operating Quality Costs）和外部质量保证成本（External Assurance Quality Costs），如图7-4所示。

由于企业产品、工艺及成本核算制度等差别，对质量成本的具体构成有不同的认识和处理。质量成本的构成分析直接影响企业会计科目的设置及管理会计工作的运作。一般认为，三级质量成本科目的设置较

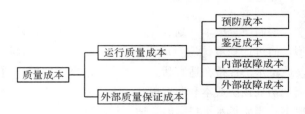

图7-4 质量成本的构成

有利于企业质量成本管理的实际运作。即：一级科目——质量成本；二级科目——预防成本、鉴定成本、内部故障成本和外部故障成本，以及外部质量保证成本；三级科目按二级科分别展开，具体如下：

（1）运行质量成本

运行质量成本是企业内部运行而发生的质量费用，又可分为两类：一类是企业为确保和保证满意的质量而发生的各种投入性费用，如预防成本和鉴定成本；另一类是因没有获得满意的质量而导致的各种损失性费用，如内部故障成本和外部故障成本。

第一，预防成本（prevention cost）。预防产生故障和不合格品的费用。一般包括：① 质量工作费用（企业质量体系中为预防发生故障、保证和控制产品质量、开展质量管理所需的各项有关费用）。② 质量培训费用。③ 质量奖励费用。④ 质量改进措施费用（制定和贯彻各项质量改进措施的费用）。⑤ 质量评审费用（新产品开发或者产品质量改进的评审费用）。⑥ 工资及附加费用（质量管理专业人员的工资及附加费用）。⑦ 质量情报及信息费用等。

第二，鉴定成本（appraisal cost）。为评定产品是否符合质量要求而进行的试验、检验和检查的费用。一般包括：① 进货检验、工序检验、成品检验费用。② 试验材料及劳务费。③ 检验试验设备校准维护费、折旧费。④ 相关办公费（为检测、试验发生的）。⑤ 工资及附加费（专职检验、计量人员的工资及附加费用）等。

第三，内部故障成本（internal failure cost）。在交货前因产品或服务未能满足质量要求所发生的费用或造成的损失。一般包括：① 废品损失。② 返工、返修损失。③ 复检费用。④ 因质量问题而造成的停工损失。⑤ 质量事故处置费用。⑥ 质量降等降级损失等。

第四，外部故障成本（external failure cost）。在交货后因产品或服务未能满足质量要求所发生的费用或造成的损失。一般包括：① 索赔损失。② 退货或退换损失。③ 保修费用。④ 诉讼费用损失。⑤ 降价处理损失等。

（2）外部质量保证成本

外部质量保证成本不同于外部故障成本。外部质量保证成本是企业开展外部质量保证活动（为用户提供所需要的客观证据）所支出的费用，譬如特殊和附加的质量保证措施、程序、数据、证实试验和评定费用。因此，外部质量保证成本一般发生在合同环境下，根据用户要求，企业为提供客观证据而发生的各种费用。一般包括：

■ 按合同要求，为提供特殊附加的质量保证措施、程序、数据等所支付的专项措施费用及提供证据费用。

■ 按合同要求，对产品进行附加的验证试验和评定的费用，如经认可的独立试验机构对特殊的安全性能进行检测试验所发生的费用。

■ 为满足用户要求，进行质量体系认证所发生的费用等。

7.3.3 质量成本的边界条件

目前，对质量成本的认识和应用还处于发展阶段。严格说来，质量成本并不属于成本会计范畴，而属于管理会计范畴。因此，研究质量成本的目的并不是为了计算产品成本，而是为了分析寻找改进质量的途径，达到降低成本的目的。

质量管理是一项全员全过程的管理，企业中的每一项活动都可能与质量有关，而每一项活动又都有费用支出，所以很容易混淆质量成本的界限。根据以上关于质量成本的定义及其费用项目的构成，有必要将现行的质量成本作以下说明，以明晰质量成本的边界条件。

第一，质量成本只针对产品制造过程的符合性质量而言。也就是说，只有在设计已经完成、质量标准和规范已经确定的条件下，才开始质量成本计算。因此，它不包括重新设计或改进设计以及用于提高质量等级或质量水平而发生的费用。

第二，质量成本是指在制造过程中与不合格品密切相关的费用。例如，预防成本就是预防出现不合格品的费用；鉴定成本是为了评定是否出现不合格品的费用；而内、外故障成本是因产品不合格而在厂内或在厂外阶段所产生的损失费用。可以这样理解，假定有一种根本不可能出现不合格品的理想式生产系统，则其质量成本为零。事实上，这种理想式生产系统是不存的，在生产过程中由于人、机、料、法、环等各种因素波动的影响，或多或少总会出现一定的不合格品，因而质量成本是客观存在的。

第三，质量成本并不包括制造过程中与质量有关的全部费用，而只是其中的一部分。这部分费用是制造过程中与质量水平（合格品率或不合格品率）最直接、最密切、最敏感的那一部分费用。诸如，生产工人的工资、车间和企业管理费，多多少少与质量有关，但这些费用是正常生产所必须具备的前提，均不应计入质量成本。

第四，质量成本的计算和控制是为了用最经济的手段达到规定的质量目标。质量成本的计算，不是单纯为了得到它的结果，而是为了分析，在差异中寻找质量改进的途径，达到降低成本的目的。

7.3.4 质量成本的优化

企业进行质量成本管理的主要目的，是在保证产品或服务质量的前提下，有效控制并不断降低产品或服务的成本，从而最大限度地提高企业的经济效益。不同的质量成本构成不仅影响到产品或服务的成本，还直接决定了产品或服务的总体质量水平。因此，对质量成本进行优化，寻求质量成本的合理构成，是企业质量成本管理的一项经常性的重要任务。

（1）质量成本的合理构成

质量成本的优化与质量成本的合理构成有关。根据国外统计资料分析，质量成本的各个项目之间有一定的比例关系。通常是：内部故障成本占全部质量成本的 25% ～ 40%；外部故障成本占全部质量成本20% ～40%；鉴定成本占全部质量成本 10% ～50%；预防成本仅占全部质量成本 0.5% ～5%。

尽管这种比例关系在不同的行业、不同的企业之间会有很大差别，而且随企业产品的差别和质量管理方针的差异而有所不同，但是通过对历史资料的比较分析，通过同行业的比较分析，通过不同产品的比较分析，还是可以揭示出提高产品质量，降低质量成本的潜力所在，从而为企业制定质量管理大纲、质量计划，以及进行质量决策等提供依据。

上述各项成本相互之间有着内在的联系，例如，出厂前疏于检验，内部故障成本减少了，但是产品出厂后的外部故障成本肯定会增加。反之，出厂检验加强了，内部故障成本和鉴定成本增加，但外部故障成本会减少。如果企业采取预防为主的质量管理方针，预防成本会有所增加，但其他成本费用会减少。所谓质量成本的合理构成就是寻求一个比例，在保证产品质量的同时，使质量成本总额尽可能小一些。

20 世纪 60 年代初，美国质量管理专家费根堡姆曾经对质量成本的构成作过分析，他指出，实行预防为主的全面质量管理，预防成本增加 3% ～5%，可以取得质量成本总额降低 30% 的良好效果。从推行全面质量管理的结果来看，适当增加预防成本，确实可以减少内、外故障成本和鉴定成本，使质量成本总额降低，让过剩的质量成本转化为企业的利润，以取得较好的经济效益。

（2）质量成本的优化方法

从图 7-3 质量成本特性的模型可以看出，质量成本中 4 大项目的费用大小与产品的质量水平（合格率）

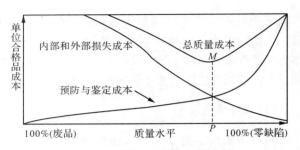

图7-5　质量成本特性曲线

之间存在一定的关系，这种变化关系通常又被称为质量成本特性曲线，如图 7-5 所示。

在图 7-5 中，横坐标表示产品质量的合格率（质量水平），最左端表示 100% 不合格（废品），最右端则是 100% 合格（零缺陷）。图中有 3 条曲线，包括质量投入曲线（质量预防成本、质量鉴定成本）、质量损失成本曲线（内、外故障成本）、质量成本总额曲线（总质量成本中没有包括外部质量保证成本是因为该项成本比较稳定，对质量成本优化的影响不大，所以不予考虑）。

从图中可以发现质量成本的构成对质量水平影响很大。在 100% 不合格的极端情况下，此时的预防成本和鉴定成本几乎为零，说明企业完全放弃了对质量的控制，后果是故障成本极大，企业是无法生存下去的。随着企业对质量问题的重视，对质量管理的投入逐步加大，预防成本和鉴定成本逐步增加，产品合格率上升，同时故障成本明显下降。当产品合格率达到一定水平以后，如要进一步提高合格率，则预防成本和鉴定成本将会急剧增加，而故障成本的降低率却十分微小。从图中可以看出，总质量成本随着质量的提高先降低而后上升，在某个位置上达到最低。即存在质量成本的极小值点 M，企业如把质量水平维持在 P 点，则有最小质量成本。

在图 7-5 中，根据总质量成本曲线，对质量成本最小点 M 附近的范围作研究，可把质量管理的工作分为 3 个区域：质量改善区、质量控制区、质量过剩区，如图 7-6 所示。

第一，左边区域为质量改进区。企业质量状态处

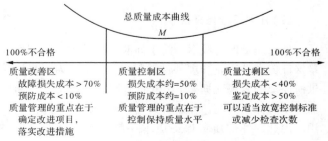

图7-6　质量成本特性曲线区域划分

在这个区域的标志是故障成本比重最大，可达到70%，而预防成本很小，比重不到5%。此时，质量成本的优化措施是加强质量管理的预防性工作，提高产品质量，可以大幅度降低故障成本，质量总成本也会明显降低。一般地说，当内、外部故障成本之和大于70%，预防成本小于10%时，工作重点应放在研究提高质量的措施和加强预防性上。

第二，中间区域为质量控制区。此区域内，故障成本大约占50%，预防成本在10%左右。在最佳点附近，质量成本总额是很低的，处于理想状态。一般地说，当内、外部故障成本之和接近于50%，预防成本接近10%时，工作重点应放在维持和控制在现有的质量水平上。

第三，右边区域为质量过剩区。处于这个区域的明显标志是鉴定成本过高，鉴定成本的比重超过50%，这是由于不恰当地强化检验工作所致，当然，此时的不合格品率得到了控制，是比较低的，故障成本比重一般低于40%。一般地说，当内、外部故障成本之和小于40%，鉴定成本大于50%时，相应的质量管理工作重点应放在巩固工序控制的成效、改进检验程序上，适当放宽标准，减少检验程序，维持工序控制能力，可以取得较好的效果。

以上的讨论有两个前提，一个是 M 点的质量水平 P 满足实际的质量要求；另一个是质量成本曲线区域划分图已经获得。

对于第一种情况，如果 P 未能满足实际的质量要求，在短期内只能将质量控制点右移，即使引起质量成本上升，也必须保证产品或服务的质量要求；长期来说，企业必须依靠技术进步，优化质量成本特性曲线，使 P 点向右移，以满足实际的质量要求。

对于第二种情况，如果企业还不具备质量成本曲线区域划分图，则需要经过一段时期的实践与总结，才能逐步建立起自己的质量成本特性的模型。在摸索过程中应该借助质量成本特性曲线所揭示的规律，避免盲目性。例如，如果企业在原来基础上采取某些质量改进措施，即增加预防成本和鉴定成本，得到的结果是质量总成本有所下降，则基本可以肯定企业的质量成本工作处于改进区；反之，如果采取质量改进措施后，质量成本反而上升了，则可以认为质量成本工作处于过剩区，此时，应该采取相反的措施。

7.4 质量成本管理与控制方法

质量成本的控制是以降低成本为目标，把影响质量总成本的各个质量成本项目控制在计划范围内的一种管理活动，是质量成本管理的重点。质量成本控制是以质量计划所制定的目标为依据，通过各种手段以达到预期效果。由此可见，质量成本控制是完成质量成本计划、优化质量目标、加强质量管理的重要手段。

7.4.1 质量成本管理的程序

在家具生产企业，质量成本管理工作需要质量管理部门、生产经营部门、财务会计等部门以及全体职工相互配合。从一般意义上讲，进行质量成本管理分3个阶段。

（1）宣传试行阶段

这一阶段的主要目的是要使企业全体职工明确质量成本的重要性及其计算方法，要象推行全面质量管理和其他一切现代化管理方法一样，进行全员教育，使人们确认存在经常性的质量成本问题，而且是可以从经济上加以控制的。这个阶段的主要工作任务是为实行改进质量、降低成本的计划搜集有关数据。其资料来源主要是质量管理人员对费用的估计，并且也利用会计科目查出某些费用。这样，就可以通过估计、查账，找出降低质量成本的机会和途径。

（2）计划实施阶段

这一阶段的主要内容是在执行质量改进计划期间，观察并推动计划的进展。要正式开展质量成本的统计核算、分析、报告工作，通过这一系列工作使人们一目了然地看到质量成本的实际态势、改进的可能性和改进的进展状况。其资料来源主要是利用会计科目查出费用，同时，也辅之以质量管理人员对费用的估计。显然，这个阶段有据可查的费用数字增多了。

（3）巩固控制阶段

这一阶段亦称控制阶段，其主要内容是在保持现有质量成本和巩固执行质量改进计划取得成果的基础上，为继续控制质量成本提供信息，以便在新的水平上进一步控制质量成本，使之保持良好状态，取得最佳质量效益。显然，这个阶段已基本形成了质量成本的会计科目，因而其资料来源主要是会计科目所列的各项费用。

7.4.2 质量成本管理的过程

根据全面质量管理的要求，质量成本管理主要也是从4个过程进行：产品设计过程的质量成本管理、物料采购过程的质量成本管理、生产制造过程的质量成本管理、销售服务过程的质量成本管理，以及过程中每一个环节(特别是关键环节)的控制。

(1)产品设计过程的质量成本管理

产品设计过程的质量成本管理的主要内容包括:

第一,控制产品质量在最佳水平。通过产品质量的最佳水平分析,确定所设计产品的最佳质量水平。从质量成本特性曲线可以看出,质量水平越高,成本费用就越高,因此,在确定产品的质量水平时,我们必须根据需要选择恰当的质量水平。

第二,运用价值工程原理进行质量成本分析。价值工程强调以最低的成本来获得可靠的效用,改进功能,降低成本。价值工程的核心是对产品进行价值分析,提高用户的价值系数,即如何降低成本,提高功能。利用价值工程的方法,可以在保证产品功能与质量的前提下,降低产品的成本。

(2)物料采购过程的质量成本管理

第一,明确采购的质量水平和质量保证协议。要作好物料采购的质量成本工作,首先应明确采购物料的质量要求,选择合适的供货单位,规定由供货方负责的质量保证条款,提高物资供应的质量。

第二,组织好进货检验和进货质量控制。对进厂的材料、外购件、外协件进行进货检验和质量控制,以免不合格物料混入,并完善进货质量记录,以便在分析产品质量时对外购物资进行跟踪。有些企业为了降低生产成本,尽量采用价格便宜的材料,这种以低价购进的低质量材料,不可能生产高质量的产品。

(3)生产制造过程的质量成本管理

产品生产制造过程中的质量成本管理的重点在于减少生产损失与再加工损失,为此必须提高加工精度,降低不合格品率。因此,减少内部故障成本——生产损失与再加工损失,是生产制造过程的质量成本控制的关键。

第一,加强工序质量控制,降低不合格品率。生产制造过程的质量成本控制重点是工序质量控制,加强操作培训与质量意识的教育,提高产品的合格率,降低不合格率。对于工序过程出现的不合格产品,应坚持"三不放过"原则:不查清原因不放过;不查清责任者不放过;不落实改进措施不放过。

第二,减少返工数量,提高产品的一次检验合格率。除了生产损失外,返工、再加工成本损失也是生产制造过程的质量成本的一个重要组成部分。首先,返工、再加工需要消耗更多的劳动时间、更多的设备损耗和检验时间;其次,返工、再加工的产品在工序之间的流动,增加了在制品的库存量,这意味着库存

成本增加。

第三,减少质量事故,提高生产正常运转率。在生产过程中,一旦发生质量事故而停产,将直接影响生产计划的正常完成,为了不延迟交货,不得不加班加点,从而增加了生产费用的开支。一旦发生质量事故,应采取必要的措施尽快排除,恢复正常生产,减少因此造成的损失。

第四,确保物资供应的质量,加强生产过程的物流管理。在投产前确保所有材料、外购件均应符合相应的规范和质量标准,不合格的不投料、不生产、不装配;在生产过程中,注意物资的合理堆放、搬运、贮存、保管、流转等,以确保易于识别和可溯源性。

第五,加强技术培训,提高员工的素质。有些企业以低工资招募的员工,不是工作质量差,就是工作态度不好,流动性大,生产不稳定,最终也会导致产品质量低下。这种做法是得不偿失的。低质量的产品其鉴定成本与故障成本也会很高,更可怕的是使用维护成本也增加,并且降低产品在用户中的形象。

因此,企业不要一味追求降低制造成本,而忽略了由此而导致的制造过程的质量成本的上升。

(4)销售服务过程的质量成本管理

销售服务过程的质量成本,是指销售过程为保证产品或服务质量而支出的费用,以及未达到产品或服务质量标准而发生的一切损失费用,包括索赔、保修、退货等。销售服务质量成本属于外部损失成本。销售服务过程的质量成本控制主要应做好以下几方面的工作。

第一,提高服务质量,降低服务费用。为了降低服务费用,应加强产品的安装、使用的质量管理,防止由于安装不当造成的损失。

第二,跟踪用户对产品的使用情况,减少索赔退货等造成质量成本损失。

第三,增加用户信息反馈,使企业不断改进产品设计、制造质量,降低服务维修等费用。

7.4.3 质量成本控制的步骤与方法

(1)质量成本控制的步骤

质量成本控制贯穿质量形成的全过程,存在于企业对所有活动的全过程控制之中,一般应采取以下步骤:

第一,事前控制。事先确定质量成本项目控制标准,按质量成本计划所定的目标作为控制的依据,分解、展开到单位、班组、个人,采用限额费用控制等

方法作为各单位控制的标准，以便对费用开支进行检查和评价。

第二，事中控制。按生产经营全过程进行质量成本控制，即按开发、设计、采购、制造、销售服务几个阶段提出质量费用的要求，分别进行控制，对日常发生的费用对照计划进行检查对比，以便发现问题和采取措施，这是监督控制质量成本目标的重点和有效的控制手段。

第三，事后控制。查明实际质量成本偏离目标值的问题和原因，在此基础上提出切实可行的措施，以便进一步为改进质量、降低成本进行决策。

（2）质量成本控制的方法

质量成本控制的方法，一般有以下几种：
- 限额费用控制的方法。
- 围绕生产过程重点提高合格率水平的方法。
- 运用改进区、控制区、过剩区（图7-6）的划分方法进行质量改进、优化质量成本的方法。
- 运用价值工程原理进行质量成本控制的方法。

企业应针对自己的情况选用适合本企业的控制方法。

复习思考题

1. 什么是质量经济性？质量成本管理的作用和意义各包括哪些内容？
2. 质量成本管理的内涵是什么？其原理有几种形式？质量成本管理的内容主要包括哪些？
3. 什么是质量成本？其有几部分构成？质量成本的合理构成是多少？如何进行优化？
4. 质量成本管理的程序和过程各包括哪些内容？质量成本控制的步骤和方法又各包括哪些内容？

第**8**章
质量管理法制

【本章重点】

1. 产品质量责任与义务。
2. 产品质量监督。
3. 产品质量法规。
4. 原产地域产品保护制度。

改革开放以来，我国在提高产品质量方面取得了很大进展，产品质量不断提高。但是，产品质量差仍然是我国经济生活和社会生活中的一个突出问题。产品质量问题的原因是多方面的，但有关质量法制不健全、质量监督不到位、处罚力度不够是其中一个重要因素。我国曾颁发过一些行政法规，对控制或促进产品质量曾起过一定的作用。但是，随着市场经济的发展和改革开放的深化，以往制定的行政法规，已不能适应当前发展社会主义市场经济的需要。而且，有些法规相互间不够协调，处罚普遍偏轻，形不成威慑力量。对市场商品的质量监督，缺乏法律规范，许多违法行为无法追究。因产品存在缺陷造成损害的受害人得不到及时、合理的赔偿。因此，迫切需要进行质量管理法制建设。"质量第一"是我国经济建设的长期战略方针，发展和完善社会主义市场经济，不断提高产品质量，保护用户、消费者的合法权益，是产品质量立法的根本指导思想，也必将促进我国产品质量工作进一步走上依法管理的轨道。

8.1 产品质量责任与义务

8.1.1 产品质量责任与义务概述

（1）产品质量义务

产品质量义务是指法律规定的产品质量法律关系中的主体，必须为一定行为或者不为一定行为。也就是说，国家法律强制规定必须做什么，或者不许做什么，这是必须履行的义务。

行为人必须为一定行为的义务，是积极的义务，如生产者生产的合格产品必须符合该产品标准所规定的质量要求；行为人必须不为一定行为的义务，是消极的义务，如生产者不得生产国家明令淘汰的产品。行为人如果不履行其质量义务，就要承担相应的质量责任。产品质量义务与产品质量责任相对应。

（2）产品质量责任

产品质量责任是指产品的生产者、销售者及其他有关主体，违反国家有关产品质量法律法规的规定，不履行或者不完全履行法定的产品质量义务，对其作为或者不作为的行为，应当依法承担的法律后果。

违反质量法律法规的行为可分为两类：故意行为和过失行为。故意行为一般是为了某种利益，在产品生产、销售中故意以假充真、以次充好、以不合格品充合格品。过失行为则是由于疏忽大意等原因，客观上给他人、其他组织或社会造成损害结果的行为。例如，家具生产中，由于检验设备出现偏差，某种板材中的游离甲醛释放量超标没有发现，该产品以合格品出厂销售，消费者购买后出现严重过敏反应，有的甚至造成严重损害。这就是一种典型的过失行为造成的产品质量责任，直接原因是产品有缺陷。

无论是故意行为或过失行为,如果在产品售出之前就存在某种问题,该问题的严重性足以使他人人身或财产受到损害,该产品的提供者就必须承担由产品缺陷导致的产品质量责任。产品质量责任与产品缺陷密切相关。产品质量责任是一种综合责任,包括承担相应的行政责任、民事责任和刑事责任。

第一,行政责任(又称行政制裁)。是指国家行政机关依靠国家行政权力,对违反行政法规的单位和个人实施惩罚性强制措施,包括行政处罚和行政处分两种形式。

行政处罚的对象是有违法行为的公民、法人或者其他组织。行政处罚的形式包括:批评、警告、通报;罚款,没收违法生产、销售的产品,没收违法所得;责令停止生产、销售;暂扣、吊销许可证,吊销营业执照;责令赔偿损失、责令改正等。

行政处分的对象是有违法失职行为尚不构成犯罪的国家工作人员和企事业单位的职工。行政处分的形式包括:警告、记过、记大过、降级、降职、撤职、开除留用察看、开除。

第二,民事责任(又称民事制裁)。是指企业、事业单位、个体工商业主、其他组织或公民,因产品质量问题致使他人的人身或财产、其他组织的财产或社会公共财产受到损害,应承担的民事法律责任。质量方面的民事责任主要包括产品瑕疵担保责任(合同责任)和产品侵权损害赔偿责任(产品责任)。

第三,刑事责任。是指犯罪嫌疑人犯有"生产、销售伪劣商品罪"所必须承担的刑事法律责任。根据《中华人民共和国刑法》的有关规定,对"生产、销售伪劣商品罪"的处罚,根据犯罪金额大小和造成危害的严重程度,分别处拘役、有期徒刑、无期徒刑、死刑,并处罚金或者没收财产。

(3)产品缺陷

第一,缺陷的定义。西方国家法律中几乎都对产品缺陷有严格规定。例如:德国产品责任法规定,"如果产品不能提供人们有权期待的安全性,就是存在缺陷的产品";英国消费者保护法规定,缺陷是指"产品不具有人们有权期待的安全性"。确定人们有权期待某种产品应具有的安全性时,应考虑与产品有关的所有情况,包括产品售出的方式和目的、产品的标识和警示说明、可合理期待的产品的用途或与产品有关的用途、向他人提供产品的时间等。

产品存在缺陷的关键是产品没有提供(或者不具备)人们有权期待的安全性,或者说,产品具有不合理的危险性。在 ISO 9000:2000 标准中,"缺陷"被定义为"未满足与预期或规定用途有关的要求"。该定义有两个注解:①"缺陷"与"不合格"有区别,"缺陷"有法律内涵,与产品责任有关。②"缺陷"可能是由于顾客受供方信息的内容的影响产生的。

我国法律借鉴了国外关于缺陷的定义。《中华人民共和国产品质量法》第 46 条规定:"本法所称缺陷,是指产品存在危及人身、他人财产安全的不合理的危险;产品有保障人体健康和人身、财产安全的国家标准、行业标准的,是指不符合该标准。"

上述定义有以下含义:

■ 缺陷是指产品存在危及人身、他人财产安全的不合理的危险。所谓"危险",可能是明显存在的,也可能是潜在的;可能已经发生,也可能还没有发生。只要产品在正常合理使用条件下存在可能危及人体健康和人身、财产安全的危险,该产品就有缺陷。所谓"不合理"的危险,是指排除了合理的危险。许多产品的特性、化学成分、环境条件、使用要求等决定了这些产品不可避免地存在某些危险。

■ 缺陷是指产品质量不符合我国有关健康、安全方面的强制性标准。《中华人民共和国标准化法》明确规定,涉及人和动植物的健康以及人身和财产安全的国家标准、行业标准是强制性标准。这些标准规定了对这些产品安全性能的基本要求。如果有关健康、安全方面的产品不符合这些强制性标准的要求,就意味着这些产品不能为消费者提供有权期待的安全性,即该产品存在缺陷。因此,强制性标准是衡量这类产品是否存在缺陷的依据。

现实中存在这样的情况,产品符合现行的有关健康、安全方面的强制性标准的要求,但仍存在标准规定以外的其他明显的或潜在的不合理的危险,这时依然可以认定产品存在缺陷。这是因为,产品的安全性并不一定全部体现在当前的强制性标准中。随着时间的推移、科学技术的进步以及环境条件的改变,过去没有发生、没有发现、没有认识、没有规定的"缺陷",现在才发生或刚刚被认识。这些产品目前还没有被列入健康、安全类产品,也没有相应的有关健康、安全的强制性标准,但产品出现了危害人体健康和人身、财产安全的缺陷。这时,决不能以产品没有保障人体健康和人身、财产安全的强制性标准为由,反证产品不存在缺陷。

第二,缺陷与不合格、瑕疵的区别。它们在概念上有不同的含义,在逻辑上有包含和并列的关系。

■ 不合格。就是未满足要求。全部要求中的任何一项或多项要求没有满足,就是不合格。"不合格"包括"瑕疵"和"缺陷"。

■ 瑕疵。是指产品质量不符合预期的使用要求,或者不符合规定的产品标准、实物样品、合同等书面文件的要求；但是，产品不存在危及人体健康和人身、财产安全的不合理的危险；而且，产品并未丧失其原有的使用价值。因此，"瑕疵"是一种轻微的不合格。

■ 缺陷。是指产品存在危及人身、他人财产安全的不合理的危险，不符合明确规定的有关健康、安全方面的法律法规及强制性标准的要求，或者不符合顾客、消费者、使用者有关健康、安全方面的合理要求及期望。由于缺陷可能导致人体健康和人身、财产安全方面的严重后果，因此"缺陷"是一种严重的不合格。

第三，缺陷的分类。缺陷的分类主要有以下几种：

■ 设计缺陷。是指产品在设计上存在着不安全、不合理的潜在危险。例如：设计输入有欠缺，结构设计不合理，材料选择不当，安全系数不充分，产品使用条件设计不当等。设计缺陷表现为产品不能达到预期的使用目的或不符合预期的使用要求。不明显的设计缺陷往往在产品使用一段时间后才暴露出来。

■ 原材料缺陷。是指产品的原材料存在着不安全、不合理的潜在问题，导致产品有缺陷。

■ 制造缺陷。是指产品在加工、制作、装配的生产过程中，未达到规定的技术要求，产品存在健康、安全方面的隐患。

■ 标识缺陷。是指产品在可能危及人体健康和人身、财产安全方面未履行或未完全履行法律规定的标识义务，未附有警示标志、中文警示说明；或者未能清楚地告诉使用人应当注意的使用方法，以及应当引起警惕的注意事项；或者产品使用了不真实的、不适当的甚至是虚假的说明，致使使用人遭受损害。

■ 技术局限缺陷。是指在当时（产品投入流通时）的科学技术水平条件下难以发现，而在使用一段时间后才发现存在的产品缺陷。对这种缺陷是否应承担赔偿责任，各国规定不一。

8.1.2 生产者的产品质量责任与义务

（1）总的要求

《中华人民共和国产品质量法》明确规定：生产者应当对其生产的产品质量负责。产品质量应当符合下列要求：

第一，产品无缺陷。生产者生产的产品不存在危及人身、财产安全的不合理的危险，有保障人体健康和人身、财产安全的国家标准、行为标准的，应当符合该标准。

保证产品符合有关健康、安全方面的要求，是生产者法定的义务。生产者不得以"降价产品售出概不退换"等约定或任何合同的方式，减少或免除其产品质量义务和相应的产品质量责任。

第二，产品具有适用性。是指产品具备应当具备的使用性能，但是，对产品存在使用性能的瑕疵作出说明的除外。

产品具有适用性的要求具体包括：产品性能符合明确规定的使用性能要求，能满足预期的使用目的；产品存在使用性能上的瑕疵，但仍具有一定的使用性能，能满足某种预期的使用目的，只要对该瑕疵作出明确说明，产品的真实使用性能与所说明的有瑕疵的产品使用性能一致，该有瑕疵的产品便可认为是能满足适用性的产品。

第三，产品具有符合性。是指产品质量符合在产品或者其包装上注明采用的产品标准，符合以产品说明、实物样品等方式表明的质量状况。

产品标准一经注明采用，并且将其标注在产品或产品包装上，就是向顾客和公众表示：该标准是生产者组织生产和检验产品的依据，也是对产品明示的质量担保条件和质量是否合格的判定依据。所注明的产品标准，无论是国家标准、行业标准、地方标准或企业标准，都是必须执行的标准。对涉及健康、安全方面的产品，企业所采用的标准，在其健康、安全性能要求方面，必须符合有关法律法规的有关规定。

生产者可以运用标识、合同、产品说明书、实物样品、广告宣传等各种方式，对产品特性、质量指标或质量状况，给以明确表示和陈述。这些明示的表示、陈述、保证、承诺即是对顾客和公众的产品质量担保。生产者向顾客提供的"产品说明书"、"产品使用说明书"以及有关产品性能指标、使用方法、保养方法、注意事项、"三包"事项等说明性资料，既是生产者对其产品质量作出承诺和保证的表示，也是生产者在售前、售中或售后向顾客提供服务的重要组成部分。"实物样品"是一种实物资料，以实物形式明确表明产品的质量状况，作为判定产品质量是否符合要求的重要依据。

（2）产品标识要求

"产品标识"是标明本产品是什么的信息表示。产品标识的内容包括：产品名称、规格、型号、等级、产品标准、产品质量检验合格证明、产品主要成分及其他质量指标、产地、生产者名称、生产者地址、生产日期、安全使用期限、警示说明、警示标志等。产品标识是产品的重要组成部分。由于产品标识指示不当或没有标识，造成使用者、消费者损害的事件屡有发生。产品标识指示不当或没有提供完整有效的产品标识，已成为判定产品不合格或存在缺陷的重要因素。

产品标识由生产者提供，目的是给产品的销售者或使用者提供有关产品的真实信息，帮助他们了解产品的内在质量、用途、使用方法、注意事项，起到指导使用或消费的目的。

对于产品标识的法律要求，《中华人民共和国产品质量法》规定，产品或者其包装上的标识必须真实，并符合下列要求：

- 有产品质量检验合格证明。
- 有中文标明的产品名称、生产厂厂名和厂址。
- 根据产品的特点和使用要求，需要标明产品规格、等级、所含主要成分的名称和含量的，用中文相应予以标明；需要事先让消费者知晓的，应当在外包装上标明，或者预先向消费者提供有关资料。
- 限期使用的产品，应当在显著位置清晰地标明生产日期和安全使用期或者失效日期。
- 使用不当，容易造成产品本身损坏或者可能危及人身、财产安全的产品，应当有警示标志或者中文警示说明。

其他根据产品的特点难以附加标识的裸装产品，可以不附加产品标识。

(3)生产者不得从事的行为

《中华人民共和国产品质量法》规定：

- 生产者不得生产国家明令淘汰的产品。
- 生产者不得伪造产地，不得伪造或者冒用他人的厂名、厂址。
- 生产者不得伪造或者冒用认证标志等质量标志。
- 生产者生产产品，不得掺假、掺杂，不得以假充真、以次充好，不得以不合格产品冒充合格产品。

8.1.3 销售者的产品质量责任与义务

(1)总的要求

第一，进货检查验收。销售者应当建立并执行进货检查验收制度，验明产品合格证明和其他标识。《中华人民共和国合同法》等法律法规，对销售者与生产者、供货者之间货物买卖的检查验收分别作出了各项明确规定。进货检查验收的目的是确保销售者进货的质量、数量符合法律法规规定和合同要求。

第二，保持产品质量。销售者应当采取措施，保持销售产品的质量。销售者购进产品后，不一定立即将其全部销售给顾客或消费者，有些产品会在销售者处存放一段时间。销售者为保持产品质量，应当采取

适当的防止产品变质的各项必要措施。

第三，产品标识管理。销售者销售的产品的标识应当符合对生产者的产品标识的规定。

(2)销售者不得从事的行为

- 销售者不得销售国家明令淘汰并停止销售的产品和失效、变质的产品。
- 销售者不得伪造产地，不得伪造或者冒用他人的厂名、厂址。
- 销售者不得伪造或者冒用认证标志等质量标志。
- 销售者销售产品，不得掺假、掺杂，不得以假充真、以次充好，不得以不合格产品冒充合格产品。

8.2 产品质量监督

在经济运行过程中，除了依靠市场机制激发广大企业提高产品质量，促进其加强微观质量管理以外，国家、政府以及顾客和第三方还必须对产品质量进行监督。原因在于：由于市场经济存在着某些固有的缺陷，在短期利益驱动下，企业也可能不顾长远利益，出现产品质量下降、粗制滥造和假冒伪劣等行为。因此，质量监督是宏观质量管理的一项重要内容和手段，也是质量管理学的一个特定的概念。

8.2.1 产品质量监督概述

(1)质量监督的含义

质量监督是指为了确保符合规定的质量要求，由顾客或第三方对企业的产品或质量体系等的状况进行持续的监督和验证，并对完成的情况或达到的结果的记录进行分析的宏观管理方式。我们可从以下几个方面理解这一概念的含义：

- 质量监督是一种质量分析和评价活动。监督的对象是实体，如产品、质量体系等。
- 质量监督的目的是保证顾客得到符合质量要求的产品。
- 质量监督的依据是国家和政府制定的质量法规和产品技术标准。
- 质量监督的范围是从生产、流通到运输、贮存、销售的整个过程。
- 质量监督的手段是测试、检验和宣传工具等。

(2)质量监督的意义

质量监督是对产品质量进行宏观管理的重要手

段。它的任务是根据国家的质量法规和产品技术标准，对生产、流通、运输、贮存领域的产品进行有效的监督管理和检验，实现对产品质量的宏观控制，保护消费者、生产者和国家利益不受到损害。因此，实施质量监督具有重要意义。

第一，有利于保护消费者和生产者的合法权益。满足人民不断增长的物质和文化生活的需要，是社会主义生产的目的，但是不少企业在处理国家、集体和个人利益，长远利益和当前利益，数量和质量的关系中，由于思想认识上、技术上、管理上和市场供需关系上等种种原因，常常违背社会主义生产的目的，忽视质量，粗制滥造，以次充好，甚至弄虚作假，欺骗顾客，以损害顾客和国家利益来获取个人和小集体的利益。更有甚者，有些不法商贩为了"发财致富"，制造和倾销大量假冒伪劣产品，严重危害了人们的身体健康和生命安全，也侵犯了生产单位的合法权益。因此，国家通过加强质量监督，同各种偏离社会主义生产目的的倾向、经济领域中的不正之风和不法商贩的犯罪行为作斗争，以维护消费者和生产者的利益。

第二，有利于贯彻产品技术标准和有关质量法规。产品技术标准是衡量产品质量的主要依据，它对产品性能、规范、检查方法和包装、贮运条件等都作了具体规定。只有严格按照它进行生产，产品质量才能有保证。长期以来重产量、轻质量，重产值、轻效益的思想根深蒂固，产品的技术标准往往得不到认真贯彻，因此，必须采取强制性的监督措施才能使产品的技术标准得以贯彻执行。同样，国家制定和颁布许多质量法规和法律，也需要质量监督予以维护和保证。

第三，有利于开拓国际市场和保护国家的经济利益。当今发达国家为了争夺国际市场都十分强调质量监督工作。例如，在日本，不但各公司有自己的检验机构，国家还指定专门机构对有关产品进行监督检验。与此同时，这些国家开始将国内的合格认证、安全认证向区域之间、国际之间相互认可发展。我国经济是外向型的经济，我国的产品将越来越多地进入国际市场，参与国际市场的竞争。为了提高我国产品在国际市场上的竞争力，必须采用国际标准和国外先进标准，同时，还要加强我国的质量监督工作，提供良好的环境条件，保护国家的经济利益。

第四，有利于促进技术进步和提高企业素质及质量管理水平。我国大多数企业的生产检验工作基础薄弱，检验机构不健全，检验人员的数量和质量满足不了要求，计量检测手段还很落后，有些企业根本没有检测手段，无法对产品质量进行严格的测试检验。建立国家或行业的检验监督机构，有助于指导企业建立健全检验机构，帮助培训检验测试人员，开展检测手段现代化工作，提高企业的检测水平，促进企业的技术进步。

（3）质量监督的范围

产品质量监督的范围是指经过加工、制作、用于销售的产品。没有经过加工、制作的物品，都不能纳入质量监督范围，自产自用的、不用于销售的产品，虽然经过加工、制作，也不纳入质量监督范围。由于产品品种成千上万，政府不可能也没有必要对所有产品进行质量监督。产品质量监督是对重点产品的监督。重点产品是指可能危及人体健康和人身、财产安全的产品，影响国计民生的重要工业产品，以及消费者、有关组织反映有质量问题的产品。重点产品的具体范围由国家质量监督检验检疫总局制定的国家质量监督抽查产品目录，以及各省、自治区、直辖市制定的地方质量监督检查产品目录规定。

（4）质量监督的内容

产品质量监督的内容包括：进行定期和不定期的产品质量抽检，监督产品标准的贯彻执行情况；处理产品质量申诉，进行产品质量仲裁检验、产品质量鉴定；打击生产、销售假冒伪劣产品的违法行为；对产品质量认证工作进行监督管理，对获得认证产品的质量及产品认证标志的使用进行监督检查；参与对免检产品、名牌产品的审定，对获得免检产品、名牌产品称号和标志的产品，当发生质量问题时，进行产品监督检验。

（5）质量监督的形式

产品质量监督可以分为企业外部的宏观质量监督和企业内部的微观质量监督，具体形式包括：

第一，国家监督。是一种行政监督执法，是国家通过立法授权的特定国家机关，如国家质量监督主管部门，利用国家的权力和权威，依据国家法律、法规、规章以及有关标准，实施具有执法性质的国家监督。由于这种执法是从国家的整体利益出发，以法律为依据，不受部门、行业利益的局限，也不必征得被监督者的同意，是单方面的，所以这种执法，具有法律的权威性和严肃性。它只受行政诉讼法的约束，不受其他单位的影响和干扰。

第二，行业监督。指有关行业主管部门为加强行业质量管理，进行具有行政管理性质的行业监督。行业的质量监督，与国家监督有所不同，因为它是属于经济生产管理机构，主要任务是贯彻、执行国家有关的法律、法规，其监督职能是对所辖行业、企业在生产经营方面进行管理性监督，但不能与国家监督等同，更无权使用国家法律、法规对所辖行业、企业实行行政处罚。在产品质量问题上，他们的主要任务或职责是根据国家产业政策，组织制定好本行业或企业的产品升级换代规划、计划，指导企业按国家或市场的需求，调整产品结构，提高产品质量水平或档次，推动技术进步，生产适销对路的优质名牌产品，提高企业生产的产品在国内外市场中的竞争能力。

第三，社会监督。指社会上没有执法资格也不具备行政管理职能的相关方进行的社会监督，包括消费者、社会团体、社会舆论的监督。它是协助国家或行业有关质量监督部门做好质量监督工作。保护用户或消费者的合法权益，协助用户或消费者对假冒伪劣产品的揭露和投诉，进行一般质量争议的仲裁等工作。事实证明，社会监督是整个质量监督体系中不可缺少的组成部分。

第四，企业监督。指企业内部进行的自我质量监督。企业内部的质量检验部门、质量保证部门就是起这种监督作用的。内部和外部的质量监督同时并存，才有充分、足够而有效的监督能力。

在上述情况下建立起来的国家监督、行业监督、社会监督和企业监督体系，各自按不同的性质、不同的层次、不同的范围，为了一个共同的目标，各尽其职，相辅相成，齐抓共管，促进产品质量稳定地提高，只有进行这样全面的监督，才能创造一个生产、营销优质产品的客观环境和条件，维护正常的社会经济秩序，使我国的市场经济建设得以健康地发展。

（6）质量监督的特点

产品质量监督的突出特点是法律手段、行政手段与技术手段相结合。质量监督是政府的一种具体行政执法行为。行政执法的主体是政府质量监督管理部门，行政执法的相对人是企业、事业单位、社会团体或者其他组织，也可以是公民个人。执法行为是指对特定的人或事采取具有法律效力的措施。在质量监督行政执法中，质量检验、试验的技术手段具有十分重要的作用。产品质量检验、试验的结果是实施行政处罚的前提和基础。产品质量监督部门对违反产品质量法律法规行为的认定和采取行政处罚措施，在许多情况下要以产品质量监督检验的结果作为依据。此外，通过对有关产品质量进行检查，还可以掌握生产者、销售者和其他人员遵守产品质量法律法规的情况，掌握有关产品的质量状况和整体产品质量水平，找出影响产品质量的薄弱环节和存在的问题，从而可以有针对性地采取相关措施，以保证法律法规的正确实施。

（7）质量监督的原则

根据我国质量监督的实践经验，以及国外开展质量监督工作的有益经验，做好质量监督工作应遵循以下几条原则：

第一，统筹安排、分工协作、组织协调、服务监督。所谓"统筹安排"，是指质量监督工作必须在统一的方针指导下，做到步调一致，事半功倍。所谓"分工协作"，是指质量监督工作量很大，需要监督检查的产品种类很多，必须充分调动和发挥行业和地方两个积极性，妥善分工协作才能完成。所谓"组织协调，服务监督"，是指质量监督是我国政府机构管理经济的职能之一，因此应按照政府机构的层次分设管理；政府各专业性经济管理部门在对本部门、本行业的管理中，也应对产品质量进行监督；还要依靠新闻舆论和社会团体等实行社会监督、群众监督。这就需要把上述各种监督进行组织协调，避免重复，给企业增添麻烦和负担。定期召开监督检验计划协调会议就是一个好办法。在组织协调中，质量监督部门要同时做好服务和监督，即帮助解决在开展质量监督检验工作中的困难，监督质量监督工作的方针和原则的贯彻和实施。

第二，科学性和公正性。科学性是指监督检验机构出示的数据要准确。公正性是指严格按照产品技术标准和检测数据，对产品进行评价，不受不正之风的干扰和影响。为了坚持科学性和公正性，监督检验机构的人员素质、计量检测设备和环境条件等方面都必须同所承担的检验任务相适应。监督检验机构必须既是能独立对外开展检验活动的机构，不受产需双方利益和责任的影响，又是不以营利为目的的事业单位。用立法手段对检验机构的资格、条件作出规定，让其一切活动都置于国家、人民和法律的监督之下。

第三，监督与帮助、处理与教育相结合。质量监督就是要通过各种监督教育形式，把产品管理起来，对不合格品进行处理，对生产不合格品的责任者和企业，根据有关法规，采取经济的、行政的、法律的和思想教育的方法加以处置。对于那些经营思想不端正、有意制造伪劣产品、欺骗顾客的企业和责任者，必须绳之以法；而对于那些认识不清或技术和管理水平一时上不去的企业，则立足于帮助和教育，必要时才给予一定的处罚。

8.2.2 产品质量监督体制

产品质量监督体制是指产品监督管理的主体、权限、职责、制度、形式和方法的总称，也是指国家和行业（或地域）在质量监督管理方面的权限和职责范围。世界各国质量监督体制基本上分为两种类型，即集中型和分散型。两种类型各有特点，下面给予介绍。

（1）集中型

集中型质量监督体制概括起来有以下特点：

■ 政府有庞大的专职管理机构，实行全国统一的垂直管理。

■ 实行标准、计量和质量工作三位一体的统一管理体制。

■ 建立国家产品质量监督检查制度，对企业生产的产品实行全面质量监督。

■ 监督质量所依据的产品技术标准具有法规性质，强制贯彻执行，行政干预的力度很大。

（2）分散型

分散型行政监督体制概括起来有以下特点：

■ 一般没有全国统一的专职管理机构进行集中管理，往往是多部门从不同角度和不同方位进行局部的监督和管理。

■ 质量监督和管理机构是官方和民间并举，有官方机构，也有民间机构，或民办官助的机构。

■ 国家对涉及安全、卫生、环境和消费者利益的产品，根据国家的法规，实行强制性监督和质量认证；而对于一般产品则由国家授权或认可的民间机构实行自愿性监督与认证。

目前，我国质量监督已经形成了"集中为主，集中与分散相结合"的管理体制。

第一，国家质量监督检验检疫总局主管全国的质量监督工作。其主要职责包括：拟定并贯彻执行国家有关法律法规及相关的质量监督政策，制定和发布有关产品质量监督的规章和制度，指导质量监督行政执法工作，管理和指导产品质量监督抽查，管理产品质量仲裁的检验、鉴定，组织协调查处生产和销售假冒伪劣产品的违法行为，组织协调全国各行业、各专业领域的质量监督工作。地方各级质量监督部门主管本行政区域内的产品质量监督工作。

第二，国务院其他有关部门（如国家工商行政管理总局等），在各自的职权范围内负责产品的质量监督工作。国家工商行政管理总局的职责包括：组织查处侵犯消费者权益案件，保护消费者合法权益，组织查处市场管理和商标管理中的掺假、售假、假冒等违法行为。

第三，我国处理产品质量投诉的社会组织主要是中国消费者协会，处理产品质量申诉的国家行政机关主要是质量监督部门、工商行政管理部门及其他有关

部门，进行产品质量仲裁检验、产品质量鉴定的是质量监督部门及其下属的检验、检测机构。

8.2.3 产品质量监督制度

产品质量监督管理工作按其性质、目的、内容和处理方法的不同，主要有抽查型质量监督、评价型质量监督、仲裁型质量监督、打假型质量监督等几种基本形式（或制度）：

（1）抽查型质量监督制度

抽查型质量监督，又称质量监督抽查，是指政府有关行政部门（国家质量监督机构）依据法律、法规、规章和标准，对企业或个人生产、经销的产品实行强制性抽查检验，是实施质量监督的一种方式。《中华人民共和国产品质量法》明确规定：国家对产品质量实行以抽查为主要方式的监督检查制度，各级质量监督部门是实施这一制度的主体。产品质量监督检查的性质是执法主体履行职责、执行公务、对企业产品质量实施监督的一种行政行为，是一项强制性的行政措施。产品质量抽查的结果应当公布。

第一，监督抽查类型。我国产品质量监督抽查包括国家抽查和地方抽查。监督抽查工作由国家质量监督检验检疫总局负责统一管理，定期组织对产品质量进行的监督抽查；县级以上地方质量监督部门在本行政区域内也可以组织产品质量监督抽查。

第二，监督抽查特征。国家监督抽查具有以下几个特征：

■ 国家监督抽查的产品目录和被抽查的企业名单，由国家质量监督检验检疫总局用随机方法选定，承担国家监督抽查产品质量检查的单位是依法设置或依法授权的产品质量监督检验机构。

■ 国家监督抽查每季度抽查一次，承检单位及其工作人员对国家监督抽查产品的品种以及随机选定的被抽查企业的名单必须严守保密，不得将抽查计划事先告知被抽查的企业。

■ 国务院有关行业、企业主管部门或地方组织的产品质量监督抽查均不得以国家监督抽查的名义进行，发布的质量抽查结果也不得冠以"国家监督抽查"字样。

■ 为了避免重复抽查和增加企业负担，凡经国家监督抽查的产品，自抽样之日起 6 个月内，免予其他监督抽查；国家监督抽查的产品，地方不得另行重复抽查；上级监督抽查的产品，下级不得另行重复抽查。

■ 承检单位持"产品质量国家监督抽查通知书"直接到生产企业、销售企业或用户处按规定抽取样

品;被抽查的产品样品由被抽查企业或个体商户提供,无正当理由,不得拒绝抽查;产品质量抽检的费用由国家支出,国家监督抽查不向企业收取产品检验费用,不赢利且具有公正性;所抽检的产品样品在保存期满后退还企业或按企业意见处理。

■ 承检单位在产品检验结束后,在规定时间内将检验结果报送国家质量监督检验检疫总局、行业主管部门,并通知受检企业。对国家产品质量监督抽查的结果,国家质量监督检验检疫总局定期向社会公布监督抽查公报即质检报告。

第三,监督抽查的范围。《产品质量法》规定质量监督抽查的产品主要是:

■ 可能危及人体健康和直接关系到人身、财产安全的产品。

■ 关系到国计民生的重要生产资料及工业产品。

■ 涉及人民群众安全和经济利益的重要消费品。

■ 顾客、用户、消费者、有关组织反映有质量问题的产品。

■ 获得许可证、认证标志和名优标志的产品。

第四,监督抽查的程序。产品质量国家监督抽查的工作程序一般包括:制定抽查计划与抽查方案、确定抽查产品目录和被抽查企业名单、抽取样品(抽样)、检验样品、综合汇总、发布质检报告、进行抽查的处理等。

第五,监督抽查的质检报告。质检报告是产品质量国家监督抽查的主要成果,其内容包括受检单位名称、样品名称、规格、型号、产品批号或出厂日期、检验依据、检测结果和综合拟定结论。检测报告上的所有数据、图表、术语均应准确无误,字迹、图形清晰,应有检验人员和有关负责人、审核人员的签名。

第六,监督抽查的处理。同一类产品合格率低的,由行业归口部门会同有关部门组织检查生产企业的质量管理状况,制定整改措施。生产不合格产品的企业,厂长要立即向全体员工通报情况,检查存在的问题,查清质量责任;清理在制品和库存产品,不合格品不准出厂;已出厂的,对顾客或用户实行包修、包换、包退,承担赔偿实际经济损失的责任。企业完成整改后,向当地省、自治区、直辖市质量监督部门提出复查申请。对不具备生产条件或产品质量问题严重且限期整顿无效的,责令企业停止该产品的生产;已获得生产许可证、产品质量认证以及产品荣誉称号的,建议有关发证部门撤销其证书、标志及称号。免检产品和名牌产品出现质量问题时,启动产品质量监督检验程序。我国的国家监督抽查自1985年第二季度开始实行以来、抽查了成千上万个企业与产品,尽管产品抽查合格率仅70%左右,但有效地促进了被抽查企业提高产品质量,并教育了其他企业,保障了国家和顾客的权益。

(2)评价型质量监督制度

评价型质量监督,是指国家的质量监督机构对申请新产品生产证、产品生产许可证、优质产品、名牌产品、免检产品和质量认证证书与标志等的企业,进行生产条件、质量体系的考核和产品抽查试验,以及对获得这些资格证书的企业,进行生产条件、质量体系和产品质量的复查的一种质量监督活动。诸如新产品质量鉴定、生产许可证质量监督、质量认证监督、优质品质量监督、名牌产品质量监督、免检产品质量监督等均属于这种形式。

这种形式的质量监督大致有如下特点:按照国家规定的条例、细则和标准对产品进行形式试验,以确定质量水平;对生产产品的企业的生产条件、质量体系进行严格审查和评定;由政府或政府的主管部门颁发相应的证书,如生产许可证书、质量认证证书、名牌产品证书、免检产品证书等;允许在产品上、包装上、出厂合格证上和广告上使用、宣传相应的质量标志(或标记),例如国家质量认证标志、名牌产品标志、免检产品标志等;实行事后监督,使产品质量保持稳定和不断提高。

评价型质量监督是国家干预产品质量的手段之一,其目的是扶优限劣,鼓励生产企业为国家、为人民提供更多的优质产品、新产品,把我国的产品质量推向新的更高的水平。

第一,产品生产许可证的管理与监督。国家对保护国家安全、保护人类健康或安全、保护动植物生命或健康、保护环境等重要工业产品实施生产许可证制度。许可证是按国家有关法规,通过对企业的产品质量检验测试及其质量体系的评审,确认其符合生产经销合格产品规定要求而颁发的许可该企业生产经销有关产品的一种资格证号。国家统一制定并公布《实施工业产品生产许可证制度的产品目录》。凡在中华人民共和国境内生产并销售列入目录的产品,都在实施许可证的范围内。任何企业、单位和个人,未取得生产许可证不得生产目录中的产品。未取得生产许可证而擅自生产该产品的,视为无证生产。实践充分证明,许可证管理是质量监督的一种好办法。

■ 实行工业产品许可证管理的基本目的有两个:一是促进工业产品生产企业完善生产合格产品的条件,确保产品质量,保护国家、用户及生产企业的合法利益,也限制不具备生产合格产品条件的企业,通过对无证产品的查处,制止劣质产品冲击市场,规范市场经济秩序;二是配合国家产业政策的实施,通过强制性的压缩过剩的生产能力，避免低水平重复，引导企业投资方向，发展符合社会需求的产品，从而促进社会主义市场经济的健康发展。国内外实施许可证管理的实践充分说明：实施许可证管理是强化质量监督的有效手段，也是促进社会主义市场经济顺利发展的重要措施。

国家质检总局在充分发挥国务院各部门和行业作用的基础上，对全国工业产品生产许可证工作实施统一管理。根据工作需要，国家质检总局授权各省、自治区、直辖市质量技术监督局。各类发证产品审查部门及各类发证产品检验机构，共同完成工业产品生产许可证的受理、企业生产条件审查、产品质量检验以及材料汇总上报工作。工业产品生产许可证管理工作应当坚持依法行政，公正、公开、高效的原则，不搞重复检查。

■ 企业取得生产许可证必须具备的基本条件：企业经营范围应当覆盖申请取证产品；产品质量符合现行的国家标准或者行业标准以及企业明示的标准；具有正确、完整的技术文件和工艺要求；具有保证该产品质量的生产设备、工艺装备、计量和检验手段；具有保证正常生产和保证产品质量的专业技术人员、熟练技术工人以及计量、检测人员；具有健全有效的质量管理制度；符合法律、行政法规及国家有关政策规定的相关要求。

■ 生产许可证标记和编号：工业产品生产许可证标记和编号采用大写汉语拼音 XK 加十位阿拉伯数字编码组成：XK××-×××-×××××。其中 XK 代表许可，前两位数（××）代表行业编号，中间三位（×××）代表产品编号，后五位（×××××）代表企业生产许可证编号。凡取得生产许可证的产品，企业必须在产品、包装或者说明书上标注生产许可证标记和编号。

■ 生产许可证有效期：一般不超过 5 年，有效期自证书签发之日算起。企业应当在生产许可证有效期满前 6 个月内，向所在地省级质量技术监督局提出换证申请。因未按时提出申请而延误换证时间的，由企业自行承担责任。在生产许可证有效期内，产品标准发生改变的，由审查部门提出重新检验和评审方案，由国家质检总局组织进行补充审查；企业生产条件发生变化的（包括改建、改制、扩建、迁移获证产品的生产地点等），应当在变化后 3 个月内向所在省级质量技术监督局提出申请，并按规定程序办理变更手续；企业名称发生变化的，应当在变更名称后 3 个月内向所在地省级质量技术监督局提出生产许可证证书更名申请。

第二，名牌产品的管理与监督。为推动企业实施名牌战略，引导和支持企业创名牌，指导和督促企业提高质量水平，增强我国产品的市场竞争力，根据《产品质量法》和国务院赋予国家质量监督检验检疫总局的职能，2001 年制定发布了《中国名牌产品管理办法》。这是我国政府部门第一次将实施名牌战略推进机制纳入到行之有效的法律法规中来。

■ "中国名牌产品"的定义。"中国名牌产品是指实物质量达到国际同类产品先进水平、在国内同类产品中处于领先地位、市场占有率和知名度居行业前列、用户满意程度高、具有较强市场竞争力的产品。"

质量与名牌紧密相连。所有的名牌产品能够在市场上叫得响、站得住，没有一个不是以可靠的质量为依托的。但是，质量好的产品不一定是名牌产品。产品的质量长期好，在广大的市场范围内得到众多顾客和消费者的普遍称赞，才能形成名牌。在 20 世纪，工厂带动了市场，市场培育了名牌；在 21 世纪，则是名牌左右市场，市场重于工厂，先有订单后有生产，赢得市场的最有效手段是拥有占据市场主导地位的名牌产品。因此，一个国家经济实力强弱的重要标志之一是看它有多少名牌产品，名牌产品的生产规模有多大，在国际市场上占有多少份额。对一个企业而言，名牌则是企业发展的战略财富和市场竞争能力的主要源泉。

■ 名牌产品的管理。为推动我国的名牌产品战略，引导和促进企业创名牌产品，规范中国名牌产品的评价和命名方式，有效地保护中国的名牌产品，抑制假冒名牌产品的行为，国家质量监督检验检疫总局先后颁布了部门规章《中国名牌产品管理办法》和《中国名牌产品标志管理办法》，规定了中国名牌产品的定义、名牌产品管理的机制、申请名牌产品的条件、名牌产品的评价指标和评价程序、名牌产品的监督管理，以及名牌产品的标志及使用方法等。

国家质量监督检验检疫总局负责制定中国名牌产品推进工作的目标、原则、计划、任务和范围，对中国名牌战略推进委员会的工作进行监督和管理，并依法对创中国名牌产品成绩突出的生产企业予以表彰。国家质量监督检验检疫总局授权中国名牌战略推进委员会统一组织实施中国名牌产品的评价工作。各省、自治区、直辖市质量监督部门在本行政区域内负责中国名牌产品的申报和推荐工作，并组织实施对中国名牌产品的监督管理。

■ 申请中国名牌产品的条件。应具备的具体条件包括：符合国家有关法律法规和产业政策的规定；实物质量在同类产品中处于国内领先地位，并达到国际先进水平，市场占有率、出口创汇率、品牌知名度居国内同类产品前列；年销售额、实现利税、工业成本费用利润率、总资产贡献率居本行业前列；企业具有先进可靠的生产技术条件和技术装备，技术创新、产品开发能力居行业前列；产品按照采用国际标准或国外先进标准的我国标准组织生产；企业具有完善的计量检测体系和计量保证能力；企业质量管理体系健全并有效运行，未出现重大质量责任事故；企业具有完善的售后服务体系，顾客满意程度高。

具有下列情况之一者，不能申请中国名牌产品称号：使用国（境）外商标的；列入生产许可证、强制性产品认证及计量器具制造许可证等管理范围的产品而未获证的；在近3年内，有被省（自治区、直辖市）级以上质量监督抽查判为不合格经历的；在近3年内，出口商品检验有不合格经历的，或者出口产品遭到国外索赔的；近3年内发生质量、安全事故，或者有重大质量投诉经查证属实的；有其他严重违反法律法规行为的。

■中国名牌产品的评价。中国名牌产品评价建立了以市场评价、质量评价、效益评价和发展评价为主要评价内容的评价指标体系。市场评价主要评价申报产品的市场占有水平、用户满意水平和出口创汇水平；质量评价主要评价申报产品的实物质量水平和申报企业的质量管理体系；效益评价主要评价申报企业实现利税、工业成本费用利润水平和总资产贡献水平；发展评价主要评价申报企业的技术开发水平和企业规模水平，评价指标向拥有自主知识产权和核心技术的产品适当倾斜。

中国名牌产品评价每年进行一次，企业自愿申请。各省、自治区、直辖市质量监督部门在规定的期限内组织本省、自治区、直辖市的有关部门及有关社会团体，对申请企业是否符合申报条件、申报内容是否属实等进行评价，对符合条件的，给出推荐意见，报送中国名牌战略推进委员会秘书处。中国名牌战略推进委员会秘书处汇总各地方推荐材料后组织初审，确定初审名单，将初审名单及其材料送专业委员会。各专业委员会按评价细则进行评价，作出评价报告，提出本专业的中国名牌产品建议名单。中国名牌战略推进委员会全体委员会审议确定初选名单，向社会公示，在一定期限内征求社会意见。经广泛征求意见后，中国名牌战略推进委员会全体委员会再次审议，最终确定名单，并向社会公布。最后，以国家质量监督检验检疫总局的名义授予"中国名牌产品"称号，颁发中国名牌产品证书及奖牌。

■中国名牌产品生产企业的权利。中国名牌产品证书的有效期为3年。在有效期内，企业可以在获得中国名牌产品称号的产品及其包装、装潢、说明书、广告宣传以及有关材料中使用统一规定的中国名牌产品标志，并注明有效期。中国名牌产品在有效期内，免于各级政府部门的质量监督检查。对符合出口免检有关规定的，依法优先予以免检。中国名牌产品在有效期内，列入国家保护名优产品的范围，受国家重点保护。

■中国名牌产品的标志。中国名牌产品标志是质量标志。质量标志受国家法律保护，如有冒用、伪造、转让中国名牌产品标志的，则按产品质量法规有关冒用、伪造、转让质量标志的规定进行查处。中国名牌产品标志如图8-1所示。

图8-1　中国名牌产品标志

中国名牌产品标志是用象征经济发展指标的4个箭头图案，组合成汉字"中国名牌"的"名"字和"品评名牌"的"品"字，简洁、形象、直观地表达了"品评中国名牌"带动企业技术创新，增强企业国际竞争力，推动中国经济发展的评价宗旨。4个箭头还是4个向上腾飞的阿拉伯数字"1"字，形象、生动、丰富地象征着中国名牌评价的4个第一的品质标准：即4大评价指标、4大核心理念和"科学、公平、公开、公正"的四项评价原则。标志中的一大四小五颗五角星象征着新世纪的"中国名牌"脱颖而出，并带动着中国企业不断创新、争创名牌的含义。五颗五角星正好吻合"五星级"的概念，在表达品质的同时，寓示着通过中国名牌战略的推进必将会带动中国经济的腾飞。4个箭头还是英文"Best"和英文"Business"缩写字首"B"，直观地寓示着中国名牌的品格属性和商业特质。整体造型采用具有中国特色的图章样式，形象直观地表达了中国名牌认证的严肃性和权威性。

■中国名牌产品的监督。国家质量监督检验检疫总局对中国名牌产品及其标志的使用实施监督管理。各省、自治区、直辖市质量监督部门负责对所辖区域内中国名牌产品及其标志的使用实施监督管理。已获得中国名牌产品称号的产品，如果产品质量发生较大波动，顾客或消费者对产品质量问题反映强烈，出口产品遭国外索赔，企业发生重大质量事故，企业的质量管理体系运行出现重大问题，国家质量监督检验检疫总局将暂停直至撤销该产品的中国名牌产品称号。

第三，免检产品的管理与监督。国家通过多年实施产品质量监督抽查，企业通过多年实行质量管理，我国相继出现了许多质量稳定合格、品牌信誉良好的产品和生产企业。为了提高国家产品质量监督抽检的有效性和效率，避免对质量长期稳定的合格产品进行重复性检查，减轻这些企业的负担，体现国家产品质量监督抽检"扶优治劣"的原则，鼓励所有企业提高产品质量，国家实行产品免检制度。国家质量监督检验检疫总局发布的《产品免于质量监督抽检管理办法》规定了产品免检制度的基本内容。该制度的核心是免检产品。免检是指对符合规定条件的产品免予政府部门实施的质量监督检查的活动。免检产品是指在一定时间内免于国家有关主管部门和地方各种形式的质量监督检验的产品。

■ 免检产品管理的体制和职责。国家质量监督检验检疫总局负责组织和管理全国的产品质量免检工作，确定免检产品的类别目录；对省、自治区、直辖市级质量监督部门审查通过并汇总上报的申报产品进行审定，最终确定免检产品；对获得免检资格的产品向社会公布，并颁发免检证书；组织对违反产品免检规定的单位和企业进行处理。省级质量监督部门负责产品免检工作的具体实施，即受理企业提出的产品免检申请；对企业提供的有关材料进行书面审查；对经书面审查通过的产品进行汇总后，按规定时间上报；对获得免检证书的产品组织进行监督管理；组织调查处理消费者对免检产品质量的申诉和举报；对《产品免于质量监督抽检管理办法》的执行情况进行监督，并对违反规定的单位和产品进行处理。市、县级质量监督部门的职责是在本省省级质量监督部门的组织下，参与对免检产品的监督管理，受理消费者对免检产品的申诉、举报，并及时向省级质量技术监督部门移送或报告。

■ 免检产品的申请条件和申请范围。凡国家公布的免检产品类别目录中所列的产品，其生产企业符合下列条件的，均可提出产品免检申请：企业具备独立法人资格；产品连续稳定生产两年以上，质量长期稳定，未出现批不合格，未发生严重质量事故；企业有完善的质量管理体系，有健全的质量检验机构，有完善的售后服务体系；产品有一定知名度，市场占有率和经济效益在本行业内排名前列；产品标准达到或者严于国家标准、行业标准要求；产品经省级以上质量监督部门连续三次以上监督检查均为合格，且在两年内没有不合格；产品符合国家质量、标准、计量、环保、节能等法律法规要求和国家产业政策。

申请企业可以是国有企业、集体企业、私有企业、个体工商户、联营企业、股份制企业、外资企业及其他企业。所申报的产品既可以是在国内生产并销售的产品，也可以是进口后在国内销售的产品。进口产品由其在国内的办事处或者总代理商提出申请。企业可以申请某一具体规格产品免检，也可以申请某一系列产品免检。企业申请免检的产品范围越大，风险也越大。例如：企业申请某一具体规格的产品免检，审查时仅审查该规格产品是否符合有关条件，取得免检资格后，只有当该规格产品发生异常情况时才启动监督程序；如果企业申请某一系列产品免检，审查时则要求该系列中所有规格的产品都符合有关条件，才能取得免检资格，取得免检资格后，该系列中若有任一规格的产品发生异常情况，则启动监督程序。

■ 免检证书和免检标志。免检证书是证明产品免于质量监督检查和许可使用免检标志的证明文件，由国家质量监督检验检疫总局统一制作、编号。对审定通过的免检产品，国家质量监督检验检疫总局向企业颁发"产品质量免检证书"。

免检标志是一种质量标志。获得免检证书的企业在免检有效期内，可以自愿将免检标志标示在获准免检的产品或者其铭牌、包装物、使用说明书、质量合格证上。使用免检标志时，免检标志下方应当标出免检证书编号和有效期。我国"国家免检产品"的标志如图8-2所示。国家质检总局统一规定的免检标志呈圆形，正中位置为"免"字汉语拼音声母"M"的正、倒连接图形，上实下虚，意指免检产品的外在及内在质量都符合有关质量法律法规的要求。在这一中心图案上方，有"国家免检产品"的字样，显示了国家免检的权威性。

图8-2　我国"国家免检产品"标志

■ 免检产品生产企业的权利、责任和义务。企业的免检产品目获准免检之日起至有效期满3年内，在全国范围内免除各地区、各部门在生产和流通领域实施的各种形式的产品质量监督检查。获得免检证书和标志的生产企业不得将免检证书和免检标志转让给其他企业使用，也不得将免检证书和免检标志用于本企业未获免检的产品。免检证书和标志的有效期限为3年。

产品在生产、销售过程中，由于受到材料、工艺、设施、环境、人员等方面的影响，产品质量存在一定波动是不可避免的。免检产品的生产企业应将产品质量波动尽量控制在最小范围内。一旦质量波动出现异常情况,企业就要及时分析问题,查找原因,采取预防措施;如果免检产品的质量波动超出规定的允许范围,要立即采取纠正措施,保证不合格品绝不出厂,同时停止使用免检标志,直到免检产品的质量波动恢复正常后,再恢复使用免检标志,以维护免检产品的质量信誉。

产品免于质量监督抽检后,质量监督部门无法通过产品监督抽检获得免检产品的质量信息。为了对免检产品的质量进行动态管理,免检产品的生产企业必须执行免检产品信息报告制度。免检产品生产企业每年 6 月应向所在地的省级质量监督部门报告一次免检产品的质量情况,包括:企业组织结构是否变化,产品标准是否修订,生产条件有无变化,产品出厂检验质量是否稳定,有关免检产品的质量投诉、质量事故情况及其处理结果,市场占有率和经济效益与上年度相比较在全国同行业中的排名变化情况,对有关变化及处理情况的说明等。

当企业的生产条件或组织结构发生重大变化,对免检产品标准进行修订,以及出现免检产品不合格或免检产品质量波动超出规定的允许范围,企业主动暂停使用免检标准时,免检产品的生产企业应当在 30日内向所在地的省级质量监督部门报告。报告内容包括:变化的具体内容,变化对免检产品质量的影响,企业针对变化采取的相应措施,以及措施实施后的效果。

(3)仲裁型质量监督制度

仲裁型质量监督,是指国家质量监督机构站在第三方的立场上,公正地处理质量争议中的问题,从而加强对质量不法行为的监督,促进产品质量提高的一种质量监督活动。对产品质量争议进行仲裁,这是质量监督工作的主要任务之一。

当产品质量发生民事纠纷或争议时,可以通过用户委员会或消费者委员会协商调解,予以解决。如果协商调解木成,可以由当事人协议或按合同中条款向质量仲裁机构申请仲裁,此仲裁机构可以是国家监督机构以第三方的立场或国家授权的具有第三方公正立场的机构。如果仲裁后尚不能达成协议,可向法院起诉,最终由法院裁决。

第一,仲裁型质量监督一般有以下特点:

■ 仲裁监督的对象是有质量争议的产品。

■ 具有较强的法制性,必须根据质量申诉或《产品质量仲裁申请书》,申诉方提供的合同或协议书和有质量争议的产品的技术标准才能受理立案。

■ 只对有质量争议的产品进行监督检验、全面调查,直至查清质量责任。

■ 根据监督检验的数据和全面调查的情况,由受理仲裁的质量监督部门进行调解和裁决,质量责任由败诉方承担。

第二,质量仲裁工作的一般程序是:申请仲裁、受理立案、调查研究、抽取样品、检查样品、作出质量判定(包括质量调解)、最终裁决(由人民法院执行)。

(4)打假型质量监督制度

为了打击和防止假冒伪劣产品进入市场和流通领域,切实维护消费者的合法权益,必须对市场上的产品进行专门的质量监督抽查,对"假冒"产品实施打假措施。打假型质量监督制度是指市场商品的监督部门定期或不定期地对市场商品进行监督抽查,其目的是为了防止假冒伪劣产品的流通,治理市场环境,维护流通领域的经济秩序。

第一,假冒伪劣产品的含义。"假冒"产品是指在未经授权、许可的情况下,对受知识产权保护的产品进行复制和销售的产品;或逼真地模仿别人的产品,使顾客或消费者误认为该产品就是别人的产品,从而利用别人产品的名声销售自己的产品。复制或模仿的对象包括产品的内在质量、外观和包装,通常是商品的包装、商标、标签及其他主要外观特征,以及与产品标识有关的其他重要特征,如免检产品标志、名牌产品标志、原产地域产品标志、产品质量认证标志、生产许可证、厂名、厂址等。"假冒"行为违反了与知识产权保护有关的商标法、著作权法和专利法等法律法规规定。

"伪劣"产品包括伪产品和劣产品。伪产品通常称"假货",是指把其他东西伪装当作某种产品。伪产品在本质上不具有真正产品的主要质量特性。劣产品通常被称为"不合格品",指不能满足预期使用要求的劣质产品、过期产品或变质产品。劣产品在使用价值上达不到产品应当具有的使用要求,这与能满足预期使用目的、顾客同意让步接受的不合格品或处理品在本质上不同。

假冒产品和伪劣产品既有区别,也有联系,可能互相包含,也可能互相转化。通常,伪劣产品冒充合格品,特别是假冒品牌产品,这时,它既是伪劣产品,又是假冒产品。

第二,假冒伪劣产品产生的原因及其危害。生产、销售假冒伪劣产品的犯罪行为屡禁不止的原因主要是有暴利可图。造"假"、售"假"比走私、贩毒的风险小,利润高。除少数恶性事件外,总体来说,造"假"、售"假"属于低级犯罪,往往被放在刑事犯罪的次要地位。此外,许多国家市场管理机制不健全,知识产权保护等方面的法律法规不健全,从而使造"假"、售"假"活动有机可乘。造"假"、售"假"是全世界市场经济中的一个难题。

在我国社会主义市场经济体制尚未健全时期,生产、销售假冒伪劣产品的行为屡禁不止,对消费者,对生产优质产品的企业,对国家、社会和公众都造成了十分严重的危害。对消费者而言,假冒伪劣产品严重损害消费者的利益。有缺陷的产品直接对消费者的人体健康和人身、财产安全造成危害,不合格的产品给消费者直接带来经济损失,同时还带来与人身危害和经济损失相关的精神上的伤害。对生产优质产品的企业而言,假冒伪劣产品严重损害了企业的利益,使相当一批名优产品不同程度地遭受假冒伪劣商品的冲击,造成企业产品销售额和利润明显下降,信誉受损。对社会而言,假冒伪劣产品同样造成了严重危害,对群众的生命安全造成威胁,并影响到社会安定。在经济上,假冒伪劣商品采取非法市场销售手段,导致国家税收大量流失;假冒国内名牌产品出口损害了出口商品的信誉;假冒国外名牌产品还损害了我国的国家形象。此外,长期造"假"、售"假"的地区和人员往往与黑社会勾结,为其他犯罪团伙提供财源,拉拢、腐蚀国家公务人员,使其充当造"假"、售"假"的保护伞,成为社会的毒瘤。

第三,"打假"的措施。打击以非法牟利为目的生产、销售假冒伪劣产品的行为,简称为"打假"。近年来,我国在"打假"方面采取的重要措施主要有:

■ 健全法律法规,为"打假"工作提供法律依据。

■ 开展联合打假和专项打假活动,协调全国各部门、各地区的力量,联合打假,对造"假"、售"假"问题突出的产品,实施专项打假。

■ 推广防伪技术,使打假与保护名牌产品、优质产品相结合。

8.3 产品质量法规

产品质量法规是调整产品的生产者、储运者、消费者和政府主管部门等法律主体之间关于产品质量的权利、义务、责任关系的法律规范的总称。它是市场经济法制建设的重要组成部分。

8.3.1 产品质量法律法规体系

我国产品质量的法律法规体系的构成与其他经济法律法规体系相同,也由法律、法规和规章三个层次组成,如图 8-3 所示。根据《中华人民共和国立法法》的规定,质量法律是指经全国人民代表大会通过的有关质量方面的国家法律;质量法规包括国务院批准、发布的有关质量方面的行政法规和省、自治区、直辖市人民代表大会通过的有关质量方面的地方法规;质

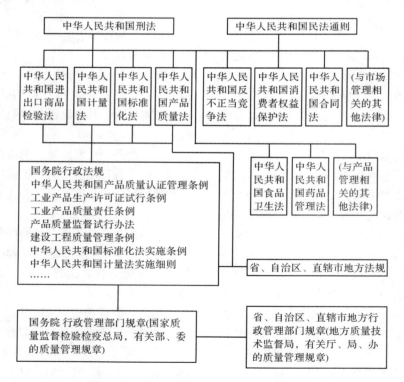

图 8-3 中国质量法律、法规和规章体系

量规章包括国务院行政主管部门批准、发布的质量管理规章和地方政府及其主管部门批准发布的地方质量管理规章。

8.3.2 产品质量法律法规内容

（1）与产品质量相关的有关法律

目前，我国有关产品质量的法律是由全国人民代表大会审议通过的具有法律效力的规范。主要有以下几种：

第一，《中华人民共和国刑法》的有关规定。该法规定的刑事犯罪中，与质量有关的是"生产、销售伪劣商品罪"，包括以下犯罪行为：

■ 生产者、销售者在产品中掺杂、掺假，以假充真，以次充好，以不合格品冒充合格品，销售金额5万元以上的。

■ 生产、销售假药、劣药，足以严重危害人体健康的。

■ 生产、销售不符合卫生标准的食品，足以造成严重食物中毒事故或者其他严重食源性疾患的。

■ 在生产、销售的食品中掺入有毒、有害的非食品原料，或者销售明知掺有有毒、有害的非食品原料的食品的。

■ 生产不符合国家标准、行业标准的医疗器械、医用卫生材料，或者销售明知是不符合国家标准、行业标准的医疗器械、医用卫生材料，并且对人体健康造成严重危害的。

■ 生产不符合国家标准、行业标准的电器、压力容器、易燃易爆产品或者其他不符合国家标准、行业标准的产品；或者销售明知不符合国家标准、行业标准的产品，并且造成严重后果的。

■ 生产假农药、假兽药、假化肥，销售明知是假的或者失去使用效能的农药、兽药、化肥、种子，或者生产者、销售者以不合格的农药、兽药、化肥、种子冒充合格的农药、兽药、化肥、种子，使生产遭受较大损失的。

■ 生产不符合卫生标准的化妆品，或者销售明知是不符合卫生标准的化妆品，造成严重后果的。

对以上犯罪行为，根据其销售金额、危害程度不同，依法定罪处罚。

第二，《中华人民共和国民法通则》的有关规定。该法中有关质量的规定主要是：因产品质量不合格造成他人财产、人身损害的，产品制造者、销售者应当依法承担民事责任；因运输者、仓储者原因造成产品质量损失的，运输者、仓储者应承担相应责任，产品制造者、销售者有权要求赔偿损失。

第三，《中华人民共和国产品质量法》的有关规定。该法是质量管理的核心法律，其要点是：

■ 制定和实施产品质量法的目的，是加强对产品质量的监督管理，提高产品质量水平，明确产品质量责任，保护消费者的合法权益，维护社会经济秩序。

■ 产品质量法的适用范围，是在中华人民共和国境内从事产品生产、销售活动的一切单位和个人。其中，产品是指经过加工、制作，用于销售的产品（不包括建筑工程）。

■ 国家鼓励推行科学的质量管理方法，采用先进的科学技术，鼓励企业产品质量达到并且超过行业标准、国家标准和国际标准。对产品质量管理先进和产品质量达到国际先进水平、成绩显著的单位和个人，给予鼓励。

■ 各级人民政府应当把提高产品质量纳入国民经济和社会发展规划，加强对产品质量工作的统筹规划和组织领导，引导、督促生产者、销售者加强产品质量管理，提高产品质量。国务院产品质量监督部门主管全国产品质量监督工作，各级地方产品质量监督部门主管本行政区域内的产品质量监督工作。

■ 生产者、销售者应当建立健全内部产品质量管理制度，严格实施岗位质量规范、质量责任以及相应的质量考核办法。

■ 生产者、销售者的产品质量责任详见本章第8.1节。

■ 在生产和销售过程中，禁止以下行为：伪造或者冒用认证标志等质量标志；伪造产品的产地；伪造或者冒用他人的厂名、厂址；在生产、销售的产品中掺杂、掺假，以假充真，以次充好。

■ 产品质量监督（详见本章第8.2节）。

第四，《中华人民共和国标准化法》的有关规定。该法及其实施条例的主要内容有：

■ 对下列需要统一的技术要求，应当制定标准。工业产品的品种、规格、质量、等级或者安全、卫生要求；工业产品的设计、生产、试验、检验、包装、贮存、运输、使用的方法或者生产、贮存、运输过程中的安全、卫生要求；有关环境保护的各项技术要求和检验方法，建设工程的勘察、设计、施工、验收的技术要求和方法；有关工业生产、工程建设和环境保护的技术术语、符号、代号、制图方法、互换配合要求；农业（含林业等）产品的品种、规格、质量、等级、检验、包装、贮存、运输，以及生产技术、管理技术的要求和信息、能源、资源、交通运输的技术要求。通过制定和修定上述标准，促进技术进步，促进开发新产品和改进产品质量。

■ 对需要在全国范围内统一的下列技术要求，制定国家标准(含标准样品)。互换配合、通用技术语言要求；保障人体健康和人身、财产安全的技术要求；基本原料、燃料、材料的技术要求；通用基础件的技术要求；通用的试验、检验方法；通用的管理技术要求；工程建设的重要技术要求；国家需要控制的其他重要产品的技术要求。国家鼓励企业自愿采用推荐性国家标准；鼓励企业积极制定严于国家标准或行业标准的企业标准；鼓励企业积极采用国际标准。

■ 涉及人和动植物的健康、人身和财产安全、国家安全、工程建设、环境保护等方面的下列国家标准和行业标准，属于强制性标准。药品标准；食品卫生标准；兽药标准；产品及产品生产、储运和使用中的安全、卫生标准；劳动安全、卫生标准；运输安全标准；工程建设的质量、安全、卫生标准及国家需要控制的其他工程建设标准；环境保护的污染物排放标准和环境质量标准；重要的通用技术术语、符号、代号和制图方法；通用的试验、检验方法标准；互换配合标准；国家需要控制的重要产品质量标准。对强制性标准，国家依法强制执行。不符合强制性标准的产品，禁止生产、销售和进口。

第五，《中华人民共和国计量法》的有关规定。该法中与质量管理密切相关的内容主要有：

■ 我国允许使用的计量单位是国家法定计量单位，由国际单位制计量单位和国家选定的其他计量单位组成。

■ 计量器具管理实行强制检定和非强制检定。

■ 计量检定必须执行计量检定规程。

■ 使用计量器具不得破坏其准确度，损害国家和消费者利益。

■ 制造、修理计量器具的企业、事业单位必须取得许可证。

第六，《中华人民共和国进出口商品检验法》的有关规定。该法中与质量管理相关的内容主要有：

■ 进出口商品检验应当根据保护人类健康和安全、保护动物或植物的生命和健康、保护环境、防止欺诈行为、维护国家安全的原则，由国家商检部门制定、调整"必须实施检验的进出口商品目录"。对列入该目录的商品和国家有关法律法规规定须经商检机构检验的进出口商品，必须到商检机构进行法定检验，包括根据需要到商检机构批准许可的其他检验机构进行法定检验以外的进出口商品的检验鉴定。对该目录以外的其他进出口商品，商检机构可以抽查检验。对实施许可制度的进出口商品，商检机构进行验证管理。

■ 列入目录的进出口商品，按照国家有关强制性要求进行检验，检验标准包括：国家标准、行业标准，以及有关法律法规规定必须执行的检验标准；对于尚未制定国家强制性要求的，参照国家商检部门指定的国外有关标准进行检验。进出口商品检验的合格评定程序包括：抽样检验和检查；评估、验证和合格保证；注册、认可和批准；以上各项的组合。

■ 必须经商检机构检验的进口商品未报经检验而擅自销售或使用的，或者必须经商检机构检验的出口商品未报经检验合格而擅自出口的，由商检机构没收非法所得，并处罚款；构成犯罪的，依法追究刑事责任。

■ 进口或出口属于掺杂掺假、以假充真、以次充好的商品或者以不合格进出口商品冒充合格进出口商品的，由商检机构责令停止进口或者出口，没收非法所得，并处罚款；构成犯罪的，依法追究刑事责任。商品未经检验合格的，不准出口。对其他未规定必须进行商检的进出口商品，可以抽查检验；出口商品抽检不合格的，不准出口。

■ 对进出口商品和国内产品实行统一的认证制度。

第七，《中华人民共和国反不正当竞争法》的有关规定。该法对于经营者的欺骗性市场交易行为做了禁止性规定。主要针对假冒他人的商标；擅用知名商标特有的或近似的名称、包装、装潢；擅用他人的企业名称或姓名；在商品上伪造或假冒认证标志、名优标志等质量标志，伪造产地等行为，严加禁止。该法中与质量有关的内容主要有：

■ 经营者不得在商品上伪造或者冒用认证标志、名优标志等质量标志，伪造产地，对商品质量作引入误解的虚假表示。

■ 经营者不得利用广告或者其他方法，对商品的质量、制作成分、性能、用途、生产者、有效期限、产地等作引人误解的虚假宣传。

第八，《中华人民共和国消费者权益保护法》的有关规定。该法从保护消费者合法权益的角度，对经营者规定了相应的产品质量义务，主要有：依照法律、法规的规定和消费者的约定履行的义务；接受消费者监督的义务；保证商品和服务安全的义务等。另外，对于侵权伤害赔偿也做了一些具体规定。该法中规定了消费者的权利，其中与质量有关的权利有：

■ 安全权。消费者在购买、使用商品和接受服务时享有人身、财产安全不受损害的权利。消费者有权要求经营者提供的商品和服务符合保障人身、财产安全的要求。

■ 知情权。消费者享有知悉其购买、使用的商品或者接受的服务的真实情况的权利。消费者有权根据商品或者服务的不同情况，要求经营者提供商品的价格、产地、生产者、用途、性能、规格、等级、主要成分、生产日期、有效期限、检验合格证明、使用方法说明书、售后服务，或者服务的内容、规格、费用等有关情况。

■ 获知权。消费者享有获得有关消费和消费者权益保护方面的知识的权利。

■ 获赔权。消费者因购买、使用商品或者接受服务时受到人身、财产损害的，享有依法获得赔偿的权利。

第九，《中华人民共和国合同法》的有关规定。该法中与质量有关的规定有：

■ 合同内容中一般应包括质量条款，或关于质量的补充协议。合同中质量要求不明确的，按照国家标准、行业标准履行；没有国家标准、行业标准的，按照通常标准或者符合合同目的的特定标准履行。

■ 质量不符合约定的，应当按当事人的约定承担违约责任；没有约定或约定不明确的，受损害方根据标的的性质以及损失的大小，可以合理选择要求对方承担修理、更换、重作、退货、减少价格或者报酬等违约责任。

■ 买卖合同中与质量有关的要求：出卖人应当按照约定的质量要求交付标的物，因标的物质量不符合质量要求，致使不能实现合同目的的，买受人可以拒绝接受标的物或者解除合同；可以要求出卖人承担违约责任。买受人收到标的物时应当在约定的检验期间内检验，发现质量不符合约定的情形，应当在约定的检验期间内通知出卖人；有质量保证期的，适用质量保证期的规定；没有约定检验期间也没有规定质量保证期的，应当在合理期间内通知出卖人，自收到标的物起，最长不超过两年。

■ 承揽合同中与质量有关的要求：承揽人提供材料的，承揽人应当按照约定选用材料，并接受定做人检验；定做人提供材料的，定做人应当按照约定提供材料；承揽人发现定做人提供材料不符合约定时，应当及时通知定做人更换、补齐或采取其他补救措施。承揽人交付的工作成果不符合质量要求的，定做人可以要求承揽人承担修理、重作、减少报酬、赔偿损失等违约责任。

■ 建设工程合同中与质量有关的要求：建筑工程竣工后，发包人应当根据施工图样及说明书、国家颁发的施工验收规范和质量检验标准及时进行验收。勘察、设计的质量不符合要求或者未按照期限提交勘察、设计文件拖延工期，造成发包人损失的，勘察人、设计人应当继续完成勘察、设计，减收或者免收勘察费、设计费并赔偿损失。因施工人的原因致使建设工程不符合约定的，发包人有权要求施工人在合理期限内无偿修理或者返工、改建。经过修理或者返工、改建后，造成逾期交付的，施工人应当承担违约责任。

■ 仓储合同中与质量有关的要求：保管人应当按照约定对入库仓储物进行验收。保管人验收时发现入库仓储物与约定不符的，应当及时通知存货人。保管人验收后，发生仓储物的品种、数量、质量不符合约定的，保管人应当承担赔偿责任。贮存期间，因保管人保管不善造成仓储物毁损、灭失的，保管人应当承担损害赔偿责任。

（2）与产品质量相关的有关法规

产品质量法规，又称质量行政法规，包括国家行政法规和地方行政法规两大类，是由国务院或省级（包括直辖市、自治区）人大及其常务委员会为领导和管理质量行政工作所制定发布的各种产品质量的"条例""规定"和"办法"之总称。目前，我国产品质量法规分为5类：

第一，各类有关质量法律的实施条例：如《标准化法实施条例》《进出口商品检验法实施条例》《环境保护法实施条例》《计量法实施条例》以及《产品质量法实施条例》等。

第二，质量管理方面的行政法规：如《工业产品质量责任条例》《工业产品生产许可证条例》《国家优质产品评选条例》等。

第三，质量监督行政法规：如《产品质量监督试行办法》、建筑工程领域的《建筑工程质量监督条例》等。

第四，质量认证行政法规：如《中华人民共和国产品质量认证管理条例》等。

第五，地方质量行政法规：根据《中华人民共和国宪法》规定，质量行政法规除了由国务院制定外，各省（自治区、直辖市）的人民代表大会和它们的常委会也可以批准发布地方质量行政法规，如《北京市产品质量监督管理条例》《浙江省查处生产和经销假冒伪劣商品行为条例》《上海市产品质量监督条例》《黑龙江省产品质量纠纷仲裁条例》等都是地方质量行政法规。

（3）与产品质量相关的有关规章

有关产品质量的规章是指国务院各部门及地方人民政府，或者地方各级政府主管部门所制定的质量方面"规定""办法""实施细则"等的总称。有关产品质量管理的规章分为两类：

第一，部门质量管理规章：如《××部质量管理规定》《乡镇企业工业产品质量管理办法》等。

第二，地方质量管理规章：如《××市市场商品质量监督检查的规定》《××省优质产品标志实施细则》等。

各类企事业单位自行制定发布的质量管理制度和质量管理标准，是对质量规章的具体补充和细化，在企业范围内也具有法规性，但不是产品质量管理规章，只可称为"企业质量管理规章制度""企业质量管理制度"或"企业质量管理标准"。

8.3.3　产品质量法律法规核心

中国质量法律法规的核心内容要点如下：

■ 国家鼓励企业加强质量管理，提高产品质量，实施名牌战略，多创名牌产品。

■ 国家对药品、食品、安全和健康要求、互换配合要求、工程建设、环境保护、国家需要控制的重要产品等制定强制性标准，依法强制执行。不符合强制性标准要求的产品，禁止生产、销售和进口。

■ 国家对危及人体健康、人身和财产安全等方面的工业产品，实施强制性产品认证；对这类产品的生产，实行产品生产许可证制度。

■ 产品质量必须符合规定的质量要求，产品生产者和销售者各自承担相应的产品质量责任。

■ 对生产、销售伪劣商品的行为，依法给予处罚；因产品质量问题给他人造成损害的，依法承担民事责任；构成生产销售伪劣商品罪的，依法追究其刑事责任。

■ 国家依法对产品质量进行监督，包括进行产品质量抽检。

■ 国家在质量方面打击不正当竞争行为，保护消费者的合法权益，维护社会经济秩序。

8.4　原产地域产品保护制度

原产地域产品保护制度起源于法国的葡萄酒原产地域保护制度。100 多年前，法国人发明并建立了以独特的自然地理条件、独特的加工制作方法和独特的法律制度为主要内容的原产地域保护制度。经过 100 多年的发展，法国已建立了完善的原产地域产品保护法律法规体系，这在国际贸易中得到了广泛的国际认同，在维护国际贸易秩序方面发挥了巨大的作用，并促进了原产地域产品保护国际公约的制定。世界贸易组织《原产地规则协议》中对原产地域产品保护作出了专门规定。我国原产地域产品保护制度是在吸取国外经验基础上根据我国实际情况和特点建立的。1999 年，原国家质量技术监督局发布了我国第一部专门规定原产地域产品保护的部门规章《原产地域产品保护规定》。该规定明确了我国实施原产地域产品保护制度的基本原则，并规定原产地域产品必须制定强制性国家标准作为原产地域产品保护的技术基础。

8.4.1　原产地域产品及其标志

（1）原产地域产品的定义

根据 GB 17924—1999《原产地域产品通用要求》，原产地域产品是"利用产自特定地域的原材料按照传统工艺在特定地域内生产的，质量、特色或声誉在本质上取决于其原产地域地理特征的，并以原产地域名称命名的产品"。根据上述定义，原产地域产品具有以下特点：

第一，产品在特定地域内生产，按传统生产工艺或用特殊的传统生产设备，产品生产的历史悠久，具有稳定的质量，风味独特，享有盛名。

第二，产品生产所用的原材料产自特定地域。

第三，产品的质量、特色或声誉在本质上取决于原产地域的地理特征，体现原产地域的自然属性和人文因素。

第四，产品以原产地域名称命名，产品名称由原产地域名称和反映产品真实属性的通用名称构成。

第五，产品的原产地域是公认的、协商一致的，并经国家有关主管部门确认。

（2）原产地域产品的标志

原产地域产品标志是国家在审核批准原产地域产品后，经注册登记，向社会公告，赋予原产地域产品专用的特殊产品标志。它不仅表明该产品产自特定的原产地域，还表明该产品具有特殊的产品质量特征，其加工工艺、生产过程受到严密的质量监控。

我国原产地域产品标志如图 8-4 所示。原产地域产品专用标志的轮廓为椭圆形，灰色外圈，绿色底色，在椭圆上方标注"中华人民共和国原产地域产品"字样，字体黑色，椭圆中央为红色的中国地图，

图 8-4　中国原产地域产品标志

椭圆下方为灰色的万里长城围起的椭圆形框架，框架上还书有"中华人民共和国原产地域产品"的英文字，椭圆最下方是负责原产地域产品质量监督认证机构的全称。

原产地域产品标志的所有权属于国家，是国家监控企业使用的法定产品标志。带有原产地域产品标志的产品是受国家法律保护的正宗产品，禁止任何单位和个人伪造和冒用。

第一，原产地域产品标志与原产地标记的区别。原产地标记是指用来表示商品原产于某一个国家、地区的说明性标志，如中国制造、日本制造等。根据《中华人民共和国产品质量法》的规定，凡在中华人民共和国境内加工、制造、销售的产品，都必须在产品或者其包装上的标识中用中文标明产品名称、生产厂厂名和厂址，标明产品的原产国、原产地、生产厂厂名和厂址是为了便于消费者了解产品的真实来源，这是生产者和销售者必须履行的产品质量责任和义务。作为消费者，根据《中华人民共和国消费者权益保护法》的规定，有要求经营者提供商品真实产地的权利。也就是说，产地标记是必须的，但它仅标明产品的产出地点，并不直接表示产品的质量好坏。原产地域产品标志则不同，它不仅标明产品的原产地，而且表明产品具有与原产地相关的特殊质量特性。此外，原产地域产品标志仅用于经过严格审批的少数原产地域产品，而不是市场上的所有产品。

第二，原产地域产品标志与商标的区别。其具体区别是：

■ 原产地域产品命名是一种公有权利，属国家所有或由国家监控，保护的是国家利益；商标是企业、事业单位和个体工商业者所有的，保护的是商标持有者的利益。

■ 原产地域产品标志不可以买卖，不能从特定地域转移到另外地域；商标可以买卖，可以跨地区转让。

■ 原产地域产品仅在特定的地域内生产，产品的质量特性取决于独特的地理特征；商标则不表明产品的原产地域地理特征。

■ 原产地域产品名称由地域名称和产品通用名称组合而成；商标使用地域名称时则受到限制，根据《中华人民共和国商标法》的有关规定，县级以上行政区划的地名或公众知晓的外国地名不得作为商标。

■ 实施原产地域保护的产品必须采用该原产地域产品的强制性国家标准；实施商标注册的产品则不一定采用强制性国家标准。

■ 原产地域产品标志由国家质量管理部门审批；商标则由国家商标管理部门审批。

8.4.2 原产地域产品保护制度的性质与意义

（1）原产地域产品保护的性质

原产地域产品保护的性质是一种知识产权保护。在世界贸易组织《与贸易有关的知识产权协议》（THIPS）中，地理标志作为一种独立的知识产权与专利权、商标权、版权并列，受到各国法律的保护。

原产地域产品中所具有的独特的质量特性和所蕴涵的深厚的人文因素，是当地人民群众在长期的生产实践中不断创造和逐渐形成的。原产地域产品既是当地的特产品，也是民族精品和国家精品，这些产品代表着一个民族和一个国家的形象。因此，由地理、技术、人文和历史文化遗产组合构成的原产地域产品的知识产权属国家所有。国际上实施原产地域保护的国家，都实行国家保护。虽然目前国际上原产地域产品通报及注册的多边体系尚未形成，但世界各国都在通过国家政府间的双边协议积极推进这项制度在国际贸易中的实施。

（2）原产地域产品保护的意义

"橘生淮南则为橘，生于淮北则为枳。"许多产品的质量与产地密切相关。中国原产地域产品保护制度对我国一些具有地方特色的产品以及其他类似产品进行保护，对于提高原产地域产品的知名度，增加其产品的附加值，带动当地经济的发展，促进当地环境、生态、资源的保护，培育世界知名品牌，增强国际竞争力，有效地保护民族文化的精品免遭外来非原产地域产品的侵害，便于让生产者、经营者在国际贸易中容易获得关税、通关等方面的优惠，便于让消费者买到货真价实、有质量信誉保证的真品，都具有十分重要的意义。

实施原产地域产品保护有以下好处：

第一，对消费者有利。由于贸易的全球化，消费者离生产者的距离远了，消费者不了解生产者的生产情况，对其产品质量有些担心。而原产地域产品标志能告诉消费者：原产地域产品标志是国家为产品的原产地提供的官方保证；原产地域产品标志表示其产品符合特定的质量要求，产品只有严格按规定的生产工艺进行生产并符合规定的标准要求，国家才会批准授予其原产地域产品标志；原产地域产品标志意味着产品享有良好的声誉，国家批准授予原产地域产品标志是国家对该产品声誉的官方肯定。因此，原产地域产品标志提示消费者能够购买到信得过的产品。

第二，对生产者有利。一个成功的原产地域产品命名，能使产品具有鲜明的特色并获得较高的知名度。实施原产地域产品保护制度，使原产地域产品的生产者能获得因维护地域环境和继承传统工艺而应得到的高额回报，使原产地祖先留下来的具有悠久历史和文化传统的宝贵财富得以继承和光大。此外，使用原产地域产品标志的好处还在于该地域内的多个生产者可以同时享有原产地域产品标志的集体知名度。

第三，对批准原产地域产品标志的国家有利。原产地域产品保护制度保护的是生产者的劳动。生产者的劳动及其成果应该受到保护，这是生产者的合法愿望，也是国家的责任。这种保护既能保护生产者的积极性和切身利益，又能保护国家的优秀产品。原产地域产品保护的最大受益者是国家。原产地域产品是国家历史文化遗产的重要组成部分。在国际贸易中，原产地域产品标志不仅代表一个产品，更重要的是代表一个国家，代表一个国家的声誉。原产地域产品出口所带来的利益既是企业的利益，也是国家的利益。

8.4.3 原产地域产品保护制度的内容

(1) 原产地域产品的申请

任何地方申报原产地域产品必须按照法定程序进行审核批准。任何单位和个人申请使用原产地域产品标志来保护原产地域产品，必须依照规定进行注册登记。依据规定，我国对原产地域产品实施两级管理：

一级是国家质量监督检验检疫总局作为原产地域产品保护工作的主管部门，下设原产地域产品保护办公室，具体负责组织对原产地域产品保护申请进行审核、确认保护地域范围、产品品种和注册、登记等管理工作。保护办下设若干专家审查委员会，负责对原产地域产品保护申请的技术审查工作。

另一级是有关省、自治区、直辖市质量技术监督部门根据有关地方人民政府的建议，组织有关地方行业管理部门、行业协会和生产者代表，成立原产地域产品保护申报机构，受理并初审生产者的产品保护申请，初审通过后向国家原产地域产品保护办公室提交申报材料。

申请原产地域产品保护需要进行两级申请，即需要经过地方申报初审和国家终审。

第一，第一级申请。地方原产地域产品申报机构向国家原产地域产品保护办公室提出原产地域产品保护申请。提交的申请材料包括：原产地域产品保护申请书；产品生产地域范围及地理特征说明；产品生产技术规范（包括产品传统加工工艺、安全卫生要求、加工设备的技术要求）；产品的理化指标等质量特性及其与生产地域地理特征之间关系的说明；产品生产

销售情况及历史渊源的说明。申请要经过国家原产地域产品保护办公室的形式审查和专家委员会的技术审查。

第二，第二级申请。生产者向地方原产地域产品申报机构提出原产地域产品保护和使用专用标志的申请。提交的申请材料包括：原产地域产品标志使用申请书；产品生产者简介；产品（包括原材料）产自特定地域的证明；产品符合强制性国家标准的证明材料；有关产品质量检验机构出具的检验报告。申报机构对生产者提出的申请进行初审。初审合格的，由申报机构报送国家原产地域产品保护办公室审核。

为使原产地域产品保护工作公正、公开、透明，在审核程序中还专门设立了公告和异议制度。国家原产地域产品保护办公室受理申报申请经形式审核合格后，在公开发行的报刊上向社会进行公告。在公告开始的3个月之内，任何单位或个人对申请有异议的可向国家原产地域产品保护办公室提出。国家原产地域产品保护办公室应当在接到异议起1个月内对异议进行处理。公告3个月之后，国家原产地域产品保护办公室组织相关的专家审查委员会对没有异议或者有异议但被驳回的申请进行技术审查；审查合格的，由国家质量监督检验检疫总局予以批准并向社会公布。

(2) 原产地域产品的标准

原产地域产品必须实施国家强制性标准。国家依据有关法律法规对原产地域产品的通用技术要求和原产地域产品标志，以及各种原产地域产品的质量、特性等方面的要求，制定强制性国家标准。

国家强制性原产地域产品标准的制定应依据国家标准化管理的有关规定，严格按照工作程序进行。主要工作程序如下：

第一，国家强制性标准立项。包括接收原产地域产品公告文件、标准立项可行性研究、标准立项申请、安排工作进度。

第二，形成标准草案。包括成立标准起草工作组、确定标准框架及主要技术内容、调查研究、收集资料、提出标准草案及编制说明。

第三，标准草案初审（初审会）。包括会议准备、会议审查、对标准草案进行审议、形成标准初审会议征求意见汇总处理表、修改标准草案形成标准草案征求意见稿。

第四，征求意见（函审）。包括确定征求意见名单、征求意见、形成函审征求意见汇总处理表、完成送审稿。

第五，标准审查（审查会）。包括会前准备、会议审查、征求专家意见、形成意见汇总处理表、会议

投票表决、投票意见统计、完成标准报批稿。

第六，标准报批。

第七，标准发布。

（3）原产地域产品的监督

各级地方质量监督管理部门负责对原产地域产品的生产和销售进行监督管理，对各种产品质量违法行为进行处罚；国家指定的检验机构负责对已获得原产地域产品标志的产品质量进行监督检验，并出具有法律效力的检验报告。

为保证原产地域产品的质量信誉，保护生产者、消费者的合法权益，国家需要对原产地域产品的生产和销售进行全过程的严格监控。监控内容主要有以下方面：

第一，对原产地域范围的监控。原产地域产品的主要特征就是在规定的原产地域范围内进行生产。对那些在原产地域范围之外的产品冒充原产地域产品的，要依法严厉查处，坚决禁止。

第二，对原产地域产品原材料的监控。原产地域产品所使用的原材料应按规定在特定地域内生产，原材料的质量应符合规定的标准要求。

第三，对原产地域产品生产技术工艺的监控。原产地域产品的生产厂家必须建立规范化的生产技术工艺文件，符合国家规定的技术标准要求，并严格按工艺文件规定进行操作。有传统工艺的，要保持传统工艺的规范性；在保持传统工艺的同时，鼓励采用先进技术。

第四，对原产地域产品的质量进行监控。原产地域产品的质量必须符合国家强制性标准要求，不符合标准的，不得以原产地域产品的名义出厂销售。

第五，对原产地产品质量等级的监控。原产地域产品的不同产品等级要明确区分，不得混级、混等。

第六，对原产地域产品数量的监控。原产地域范围的限定决定了原产地产品的数量不可能无限增长。监控数量是为了保证质量。

第七，对原产地域产品包装、标识、标签的监控。原产地域产品的包装、标识、标签要清楚地标明产品名称、厂名、厂址、出厂日期、质量标准、产品等级等信息。

第八，市场监控。对侵害原产地域产品合法权益的各类假冒行为，依法处罚，有效保护原产地域产品的质量信誉。

第九，环境监测。原产地域产品生产企业必须遵守国家有关环境的法律法规，污染物排放达标。地方环境保护部门及环境监测机构负责监测原产地域的环境质量，对原产地域产品生产企业的环境行为进行管理。

复习思考题

1. 什么是产品质量义务和产品质量责任？什么是产品缺陷？其有哪些种类？

2. 生产者、销售者的产品质量责任与义务分别是什么？

3. 产品质量监督的含义和意义是什么？其范围、内容、形式和特点是什么？

4. 质量监督应遵循哪些原则？产品质量监督体制和制度各有哪几种类型或形式？

5. 产品质量法律法规的内容和核心是什么？

6. 什么是原产地域产品？其标志的构成及其内容是什么？原产地域产品保护制度的性质、意义和内容包括哪些？

参考文献

陈忠祥. 2002. 现代生产与运作管理[M]. 广州：中山大学出版社.

龚益鸣. 2003. 现代质量管理学[M]. 北京：清华大学出版社.

洪生伟，钱高娣. 1991. 质量手册编写指南[M]. 北京：中国计量出版社.

胡铭. 2004. 质量管理学[M]. 武汉：武汉大学出版社.

家具质量管理编写组. 1986. 家具质量管理[M]. 北京：轻工业出版社.

李春田. 2001. 标准化基础[M]. 北京：中国计量出版社.

林荣瑞(台湾). 2000. 品质管理[M]. 厦门：厦门大学出版社.

刘广第. 1996. 质量管理学[M]. 北京：清华大学出版社.

刘丽文. 2002. 生产运作与管理[M]. 北京：清华大学出版社.

陆肖宝. 1999. 人造板生产质量管理与控制[M]. 北京：中国林业出版社.

马国柱. 1996. 新编质量管理和质量保证[M]. 北京：机械工业出版社.

石保权. 2002. 室内装饰装修材料有害物质限量国家标准实施指南[M]. 北京：中国标准出版社.

王延超. 1991. 工业企业质量计量标准化管理[M]. 北京：轻工业出版社.

吴悦琦. 1998. 木材工业实用大全·家具卷[M]. 北京：中国林业出版社.

吴智慧. 2004. 木质家具制造工艺学[M]. 北京：中国林业出版社.

吴智慧. 2005. 室内与家具设计·家具设计[M]. 北京：中国林业出版社.

吴智慧. 2006. 绿色家具技术[M]. 北京：中国林业出版社.

席宏卓. 1992. 产品质量检验技术[M]. 北京：中国计量出版社.

尹松年. 2003. 室内装修与健康[M]. 北京：金盾出版社.

于启武. 2003. 质量管理学[M]. 北京：首都经济贸易大学出版社.

章渭基，秦士嘉，韩之俊，等. 1988. 质量控制[M]. 北京：科学出版社.

周中平，赵寿堂，朱立，等. 2002. 室内污染检测与控制[M]. 北京：化学工业出版社.